《水利工程建设标准强制性条文》
（2016 年版）

实 施 指 南

水利部水利水电规划设计总院
中水北方勘测设计研究有限责任公司
长江勘测规划设计研究有限公司　　编
北京川流科技开发中心

中国水利水电出版社
www.waterpub.com.cn

内 容 提 要

为了方便建设各方理解和掌握水利工程建设标准强制性条文并配合强制性条文监督检查，水利部水利水电规划设计总院组织中水北方勘测设计研究有限责任公司、长江勘测规划设计研究有限公司等单位的专家编写了本指南。

本指南包含了 2016 年版《水利工程建设标准强制性条文》所有条文内容，并结合实际工程经验对条文进行了摘编说明，阐述了作为强制性条文的缘由，针对条文执行过程中应注意的问题编写了检查要点和方法，并对部分条文进行了案例分析。

本指南是一部体系完备、资料翔实的"工具书"和"培训教材"。

图书在版编目（ＣＩＰ）数据

《水利工程建设标准强制性条文》（2016年版）实施
指南 / 水利部水利水电规划设计总院等编. -- 北京：
中国水利水电出版社，2016.6(2019.6重印)
ISBN 978-7-5170-4452-9

Ⅰ．①水… Ⅱ．①水… Ⅲ．①水利工程－工程施工－
标准－中国－指南 Ⅳ．①TV5-65

中国版本图书馆CIP数据核字(2016)第139604号

书　　　名	《水利工程建设标准强制性条文》（2016 年版）实施指南
作　　　者	水利部水利水电规划设计总院　中水北方勘测设计研究有限责任公司 长江勘测规划设计研究有限公司　北京川流科技开发中心　编
出 版 发 行	中国水利水电出版社 （北京市海淀区玉渊潭南路 1 号 D 座　100038） 网址：www.waterpub.com.cn E-mail：sales@waterpub.com.cn 电话：(010) 68367658（营销中心）
经　　　售	北京科水图书销售中心（零售） 电话：(010) 88383994、63202643、68545874 全国各地新华书店和相关出版物销售网点
排　　　版	中国水利水电出版社微机排版中心
印　　　刷	清淞永业（天津）印刷有限公司
规　　　格	210mm×297mm　16 开本　20.75 印张　467 千字
版　　　次	2016 年 6 月第 1 版　2019 年 6 月第 5 次印刷
印　　　数	14001—16000 册
定　　　价	98.00 元

前　言

水利工程建设标准强制性条文的内容，是直接涉及人的生命财产安全、人身健康、水利工程安全、环境保护、能源和资源节约及其他公众利益，且必须执行的技术条款。强制性条文的发布和实施是水利部贯彻落实国务院《建设工程质量管理条例》的重要措施，是水利工程建设全过程中的强制性技术规定，是参与水利工程建设活动各方必须执行的强制性技术要求，也是政府对工程建设强制性标准实施监督的技术依据。

经过十几年的实践证明，水利工程建设标准强制性条文对提高水利工程建设质量发挥了积极作用，进一步促进了水利标准化体制改革。随着水利技术标准制修订工作的不断推进，水利部印发了《水利工程建设标准强制性条文管理办法（试行）》（水国科〔2012〕546号），对《强制性条文》的制定、实施和监督检查做出了具体规定，明确水利工程建设各方应严格执行强制性条文。为了方便工程建设各方理解和掌握强制性条文以及强制性条文的监督检查，水利部水利水电规划设计总院组织中水北方勘测设计研究有限责任公司、长江勘测规划设计研究有限公司等单位的专家编写了《〈水利工程建设标准强制性条文〉（2016年版）实施指南》（简称《实施指南》）。本书以2016年版《水利工程建设标准强制性条文》为依据，在2010年版《实施指南》的基础上进行全面系统地补充和修订，与2010年版《实施指南》相比，主要变化有：取消了水文预报、工程规划与水力计算、水力机械、混凝土防渗墙、沥青混凝土防渗墙等节内容，取消了单项工程一章，简化了混凝土工程一章，增加了疏浚与吹填一节。2016年版《实施指南》共涉及98项水利工程建设标准、共有614条强制性条文。

本书编写过程中，参考了2004年版和2010年版宣贯辅导教材、相关技术标准条文说明、其他行业强制性条文宣贯教材等资料，结合实际工程经验对条文进行了摘编说明，阐述了作为强制性条文的缘由，针对条文执行过程中应注意的问题编写了检查要点和方法，并对部分条文进行了案例分析。

在本书的编写中，得到水利部国际合作与科技司等部门的指导，以及有关专家的支持和帮助，在此谨表示谢意。鉴于标准化及强制性条文管理机制的不断创新与发展，同时编写者水平有限，本书编写中难免有不足或不当之处，敬请提出宝贵意见和建议，我们深表感谢。水利部水利水电规划设计总院联系方式：010-63206755（传真），jsbz@giwp.org.cn（E-mail）。

编写单位：
水利部水利水电规划设计总院
中水北方勘测设计研究有限责任公司
长江勘测规划设计研究有限公司
北京川流科技开发中心

主　　编：刘志明　朱党生
副主编：杜雷功　温续余　覃利明

主要编写人员：
水　　文：赵学民　郑永良　吕　洁
工程勘测：司富安　宋子玺　马贵生　高玉生　任增平　张黎平
工程规划：侯传河　蒋　肖　李小燕　郑永良　李维涛　刘海瑞
　　　　　江瑞勇　李　琳　王德鸿
工程设计：刘志明　杜雷功　温续余　陆宗磐　李现社　汪庆元
　　　　　王　伟　何定恩　邵剑南　邵月顺　雷兴顺　王化翠
机电与金属结构：覃利明　龚长年　刘淑兰　游　超　刘　辉
　　　　　樊路琦　王晓红　陈昊
环境保护、水土保持和征地移民：朱党生　潘尚兴　史晓新
　　　　　王治国　刘卓颖　朱　文
水利工程施工：王跃峰　张力忠　王永军　陈立秋
劳动安全与卫生：覃利明　龚长年　陆宗磐　马贵生　王跃峰
水利工程验收：王跃峰　王永军

目　　录

第一篇

水利工程设计

本篇主要包括与水利工程前期工作中相关的强制性技术要求，分为水文，工程勘测，工程规划，工程设计，机电与金属结构，环境保护、水土保持和征地移民等六部分。

1 水　　文

本章分水文测验和水文计算两节，涉及 5 项标准，强制性条文共 18 条，详见表 1-1。主要技术内容涉及水文基础设施建设及技术装备、河流流量测验、水文缆道测验、工程水文等。

表 1-1　　　　　　　　水文部分涉及标准汇总表

序号	标　准　名　称	标准编号	条　　数
1	河流流量测验规范	GB 50179—93	1
2	水文基础设施建设及技术装备标准	SL 276—2002	5
3	水文缆道测验规范	SL 443—2009	1
4	水利水电工程设计洪水计算规范	SL 44—2006	8
5	水利水电工程水文计算规范	SL 278—2002	3

1-1　水　文　测　验

1-1-1　《河流流量测验规范》GB 50179—93

为统一全国水文站的流量测验方法和分析计算等方面的技术要求，保证流量测验精度，提供可靠的基础资料，制定本标准。本标准适用于天然河流、湖泊、水库、人工河渠、潮汐影响和建设工程附近河段的流量测验。

a)　2.2.15　水文测验河段应设立保护标志。在通航河道测流，应根据需要设立安全标志。严重漫滩的河流，可在滩地固定垂线上设标志杆，其顶部应高出历年最高洪水位以上。

〖摘编说明〗

为了切实保证水文测验河段不受影响，测验设施不被人为破坏，在高水位时滩地水文测验得以顺利完成，在水文测验河段设立相应标志是必要的。

〖检查要点和方法〗

本条主要检查内容包括：长江、珠江等通航的大江大河，以及南方河网地区的水文站在设计和建设时，要考虑保护标志和保护措施。北方通航河道的保护标志应具防冰能力。

〖案例分析〗

长江徐六泾水文站采用浮筒安装 ADCP 测流，在浮筒周围设置了避航标志。长江的六滧潮位站设计新建自记水位计井时，考虑了防撞柱设计，并配置了附属安全维护活接灯桩 1 座，自记台及活接灯桩的安全警示灯（航行专用等）5 台，安全警示灯配套太阳能电池板 5 套，安全警示灯配套电源 5 只。

1－1－2　《水文基础设施建设及技术装备标准》SL 276—2002

为统一全国水文基础设施建设及技术装备原则与规模，促进其向规范化、现代化方向发展，使水文生产适应防汛抗旱、水资源管理、保护和开发利用以及国民经济建设与社会发展的需要，制定本标准。本标准适用于各类水文测站及其以上水文机构主要生产部门的基础设施建设和技术装备；水文部门的水质监测站和水环境监测中心的基础设施建设和技术装备；水文资料整编、水文数据库建设及泥沙颗粒分析等专项业务相关设施的建设和技术装备；地下水、冰情、水温观测、水下地形测量等专项测验项目的建设和配置。本标准主要规定了水文基础设施建设和技术装备的原则与规模，并给出了有关建设与装备的具体内容和标准。

a)　4.1.1　水文测站设施建设应分别满足防洪标准和测洪标准的要求。当出现防洪标准相应洪水时，应能保证设施设备、建筑物不被淹没、冲毁，人身安全有保障。当发生测洪标准相应洪水时，水文（水位）设施设备应能正常运行。测站测报工作应能正常开展。

〖摘编说明〗

本条对测站的防洪、测洪建设标准的制定主要依据了《防洪标准》（GB 50201）、《国务院批转水利部关于加强长江近期防洪建设若干意见的通知》（国发〔1999〕12 号）、《国务院办公厅转发水利部关于加强嫩江松花江近期防洪建设若干意见的通知》（国办发〔2000〕31 号）、《关于颁发〈水文基础设施建设意见〉的通知》（水资文〔1999〕38 号）等文件。

测站水文基础设施作为防护对象应保证其防洪安全，尽可能避免受洪水灾害而造成难以挽回的损失。技术装备在发生不大于测洪标准洪水时，应保证能开展正常工作。防洪标准和测洪标准主要以洪水的重现期或出现频率表示。

〖检查要点和方法〗

重点了解测验河道段的不同重现期洪水位、最大流速、最大流量及洪水发生时漂浮物的类型，北方河流封、开河的形式及冰塞冰坝情况，流冰尺寸和冰流速，河势演变和断面冲淤情况；复核水文站站房及基础设施的建设高程，涉水建筑物的抗冲能力等；检查缆道基础混凝土的碳化情况，缆道支架的锈蚀情况，主缆和循环索的断丝情况，测船的使用年限，相关使用证书；检查自记水位台的基础、结构、外观。

〖案例分析〗

（1）2006 年 7 月，北江流域一级支流武江水系遭遇了超 100 年一遇的特大暴雨洪水，武江流域普降大到暴雨，局部地区特大暴雨，其中乐昌市白石镇10h内降水达到334mm。坪石、乐昌、韶关等地受灾严重，供水、供电和交通、通信中断，房屋倒塌。在"2006.7"特大暴雨洪水过程中，坪石（二）水文站于7月16日11时42分出现165.43m的洪峰水位，比实测历史最高水位高出5.05m，比查测的1853年洪水位高出3.74m；塘角站（乐昌峡水利枢纽工程专用水文站）于16日10时出现115.30m的洪峰水位，与2005年9月设站以来97.11m的最低水位相比，变幅达18.19m；乐昌（二）水文站于7月16日14时出现93.96m的洪峰水位，比实测历史最高水位高出2.91m，比查测1853年洪水位高出2.42m；犁市（二）水文站于17日1时出现64.86m的洪峰水位，比实测历史最高水位高出2.78m，比查测1853年洪水位高出1.63m；赤溪（四）水文站于7月15日16时12分出现199.71m的洪峰水位，比实测历史最高水位高出0.93m。这场洪水的规模远远超过了坪石（二）水文站、塘角水文站、乐昌（二）水文站、犁市（二）水文站、赤溪（四）水文站基本的水文测洪能力，各站纷纷启动非常规的测洪方案来完成高洪测验任务。由于洪水来势猛，涨率大，坪石（二）水文站16日5时左右，洪水已漫过缆道室屋顶，自记台被冲塌，水位自记仪、测流缆道等测验设施已全部摧毁，不得不设置临时水尺，人工观测水位。乐昌（二）水文站在这场超历史记录的稀遇洪水中站舍受淹，水尺受破坏，自记水位计台过顶倒塌，观测人员人身安全受到威胁。

（2）黄河防洪花园口以上按22000 m³/s设防，艾山以下按11000 m³/s设防。1982年黄河大水花园口水文站洪峰流量15300m³/s，洪水量级小于1958年的22300 m³/s（该次洪水没有分洪），启用了东平湖滞洪区，造成了一定的经济损失。原因之一是某水文站断面上游生产堤决口，部分流量从滩地行洪，测验断面只测到主河道流量，滩地流量估计不准。决策部门为安全起见，决定分洪。

b) **4.1.2 水文（水位）站的防洪、测洪建设标准应根据水文测站级别划分原则和水文（水位）站的重要性，按表4.1.2的规定执行。**

表4.1.2　　　　　水文（水位）站防洪、测洪建设标准

等　级	防　洪　标　准	测　洪　标　准
大河重要控制站	高于100年一遇，或不低于近50年以来发生的最大洪水	50年一遇至100年一遇，或不低于当地和下游保护区防洪标准
大河一般控制站	50年一遇至100年一遇，或不低于近30年以来发生的最大洪水	高于30年一遇，或不低于当地和下游保护区防洪标准
区域代表站	30年一遇至50年一遇	20年一遇至30年一遇
小河站	30年一遇至50年一遇	10年一遇至20年一遇

〖摘编说明〗

我国水文测站分布极其广泛，有很大的地理位置差异，其测站规模大小、重要性和功能也有较大差异，根据本标准第3章水文测站级别划分原则，对不同级别的水文（水

位）站选定不同的防洪、测洪建设标准。大河重要控制站的防洪标准原则上应高于 100 年一遇，若受地形条件限制确实无法达到 100 年一遇，同时近 50 年以来也未发生过 100 年一遇洪水，其防洪标准应不低于近 50 年以来发生过的最大洪水。大河一般控制站的防洪标准无法达到 50 年一遇，同时近 30 年以来也未发生过 50 年一遇的洪水，其防洪标准应不低于近 30 年以来发生的最大洪水；大河重要控制站和大河一般控制站的测洪标准不能低于当地和测站下游保护区的防洪标准；测洪标准内的洪水一般情况下应尽可能采用常规测验方法实测，特殊情况下可以采用应急测洪方案。

〖检查要点和方法〗

主要检查水文站的站类，相应站类的防洪标准和测洪标准。了解对应标准的洪水水位、流速、含沙量以及洪水发生时漂浮物的情况。对比防洪水位高程，分析站房和其他设施的位置；河道冲刷变化趋势对水位台和缆道以及其他设施的基础是否有影响；北方河流的流冰情况以及冰塞冰坝发生情况，应急对策；对于超标准的洪水防洪和测洪的预案情况应进行检查。

〖案例分析〗

2000 年 8 月至 2010 年 8 月，长江水利委员会的"长江中下游宜昌—大通河段水文测报工程"项目是 1998 年长江洪水的重要水文基础设施建设项目，采用的水文设施防洪标准，即大河控制站为高于 100 年一遇，或不低于近 50 年以来发生的最大洪水；大河一般控制站为 50 年一遇至 100 年一遇，或不低于近 30 年以来发生的最大洪水。

（1）岸上观测设施应高于有实测资料以来最高洪水水位 1.00m 以上，测验河段有堤防的测站应高于堤顶高程。

（2）受测验河道洪水影响的专用变压器应高于历年最高水位 3.00m 以上，专用供电线路及通信天线应高于历年最高洪水位 5.00m 以上。

（3）跨河缆道最大垂度点的高程满足河道相应通航标准的航道净空高度要求。

采用的测洪标准，即：大河控制站为 50~100 年一遇，或不低于当地和下游保护区防洪标准；大河一般控制站为高于 30 年一遇，或不低于当地和下游保护区防洪标准。

（1）水位观测设施能测记到本站最高洪水位以上 1.00m，水位自记设施能测记到本站有实测资料以来的最高洪水位。

（2）长江干流及重要支流控制站流量观测设施能较准确地施测有实测资料以来的最大洪水；测验河段有堤防的站，应测到堤防设计洪水。超标准洪水发生时应有应急措施，获取洪水流量过程信息。

c）4.1.3 水文测站岸上观测设施和站房防洪建设应符合下列要求：

1 非平原河网地区，测站岸上观测设施和站房应建在表 4.1.2 规定的防洪标准洪水水位 1.0m 以上；测验河段有堤防的测站，应高于堤顶高程；平原河网地区按需建设；雨量、蒸发及其他气象要素观测场地高程宜设置在相应洪水水位以上。

3 测站专用变压器、专用供电线路、专用通信线路及通信天线应建在历年最高洪水位 3.0m 以上。

4 测验河段、码头应有保护措施，确保出现高洪水位时不因崩岸或流冰而导致岸边设施和观测道路被毁。

5 沿海地区的水文基础设施应能抵御十二级台风。

〖摘编说明〗

　　水文测站岸上观测设施和站房防洪建设十分重要。过去由于条件限制，一些测站站房建在大堤之内，站房防洪标准低于堤防标准。相应的供水、供电、防洪标准等均不能达到标准。因此，对水文测站岸上观测设施和站房防洪建设提出强制要求是必要的。

〖检查要点和方法〗

　　主要检查内容包括：测站岸上观测设施一般包括雨量气象场、码头、自记台的仪器房、缆道基础支架、报汛天线等。应检查其防洪高程与最高洪水位的情况；供电线路在近河侧要考虑河道最高洪水位，在背河侧要注意涝水位的影响；北方河流注意了解流冰情况，并检查设施的防冰能力；沿海的水文测站包括潮位站，要检查天线、太阳能极板安装的牢固度。

d) **4.1.4** 水文测站测洪标准与报汛设施设备应符合下列要求：

1 水位监测应能观测到历史最高最低水位。测验河段有堤防的测站，应能测记到高于堤防防洪标准的水位。水位自记设施应能测记到表 4.1.2 规定测洪标准相应的水位。

〖摘编说明〗

　　本条主要是水文测站测洪能力与报汛的技术要求。

〖检查要点和方法〗

　　主要检查内容包括：水文站和水位站的水位观测能力是否测到历史最高和最低水位，在水库的坝上水位自计台设计中，要求测到校核洪水位和水库死水位以下；检查水文站和水位站的应急测验措施，在超标准洪水出现以及由于漂浮物较多等特殊情况，水位观测和流量确定的方案；检查报汛水文站的报汛设备的完好情况及其畅通率。

e) **6.9.4** 对于水文测站从事水上作业人员，应配备救生衣等。

〖摘编说明〗

　　水文测站从事水上作业应配备救生设备，在实际生产过程中很多作业人员在测船上没有严格执行，存在安全隐患。

〖检查要点和方法〗

　　主要检查内容包括：水文站在吊箱上和船上作业要求作业人员穿着救生衣，船上配备救生圈等设备；应检查测船上救生设备配备情况，吊箱测流的水文站救生衣配备情况和安全生产制度。

〖案例分析〗

　　在 20 世纪 60—70 年代吊箱的控制系统没有现在完善，在雨天测流时，滑轮和升降索之间摩擦力减小，某水文站曾出现测流吊箱落水的问题，两名测验人员落水，其中一名穿了救生衣，在下游获救；另一名未穿救生衣，失踪。

1-1-3　《水文缆道测验规范》SL 443—2009

为统一全国水文缆道测验的技术规定，适应水文缆道技术发展，保证缆道测验安全和测验成果质量，制定本标准。本标准适用于水文测站水文缆道的建设、测验和维护管理。

a）3.1.5　为确保缆道操作与运行安全，测站应根据需要配备下列装置：

1　水平、垂直运行系统的制动装置。

2　极高、极远、极近的标志或限位保护装置，限位保护装置应独立于正常操作系统。

3　在通航河流进行测验时，应按航道部门的规定设置明显的测量标志。

4　夜间测验时的照明装置。

〖摘编说明〗

水文缆道制动和保护装置对水文缆道的安全运行至关重要。

〖检查要点和方法〗

主要检查内容包括：对上述制动装置的状况进行检查；通航河道的保护设施应明显和完整，尤其是夜间测验活动时灯光配置要切实配置。除此以外，河道的断面清障非常重要，如遮住操作间与测流铅鱼的通视，则测验安全无法保障。

〖案例分析〗

除以上制动要求外，河道的断面清障非常重要，某水文站滩地杨树高大，遮住操作间与测流铅鱼的通视，测验安全无法保障。

1-2　水　文　计　算

1-2-1　《水利水电工程设计洪水计算规范》SL 44—2006

为满足水利水电工程设计需要，统一设计洪水计算的基本原则和方法，制定本标准。本标准适用于大、中型水利水电工程各设计阶段设计洪水计算和运行期设计洪水复核，江河流域规划阶段和小型水利水电工程设计洪水计算可参照执行。本标准主要技术内容包括总则、基本资料、根据流量资料计算设计洪水、根据暴雨资料计算设计洪水、设计洪水的地区组成以及干旱、岩溶、冰川、平原及滨海地区设计洪水计算、水利和水土保持措施对设计洪水的影响。

a）1.0.9　对设计洪水计算过程中所依据的基本资料、计算方法及其主要环节、采用的各种参数和计算成果，应进行多方面分析检查，论证成果的合理性。

〖摘编说明〗

设计洪水成果是水利水电工程设计的重要依据，若成果偏小，将造成工程失事；若成果偏大，将造成经济上的浪费。在同一条河流的上、下游或同一地区的洪水具有一定的水文共性，因而应对采用的各种计算参数和计算成果进行地区上的综合分析，多方面检查、论证其合理性。

〖检查要点和方法〗

主要检查内容包括：在审查过程中要检查采用成果合理性分析内容；应对采用的各种计算参数和计算成果进行地区上的综合分析；比较同流域和邻近流域的已建和拟建工程采用的洪峰模数等成果，或点绘集水面积与洪峰流量的对数关系线进行分析。

〖案例分析〗

某防洪工程，参证站1964年和1994年发生大洪水，为实测资料最大洪水，两次洪峰流量成果对设计频率曲线定线作用很大。设计报告直接应用水文年鉴成果，未对原成果进行复核。审查要求，了解两次洪水测验方式，如采用浮标法测流，应了解使用的浮标系数和借用断面情况，并分析采用成果的可靠性和一致性。

b)　2.1.2　对计算设计洪水所依据的暴雨、洪水、潮位资料和流域、河道特征资料应进行合理性检查；对水尺零点高程变动情况及大洪水年份的浮标系数、水面流速系数、推流借用断面情况等应重点检查和复核，必要时还应进行调查和比测。

〖摘编说明〗

计算设计洪水所依据的暴雨、洪水资料一般为不同历史时期所积累，其精度各异，因此对有关资料进行合理性检查是必要的，特别是应重点检查和复核测验精度较差的资料、大暴雨洪水资料及明显受自然和人为因素影响时期的资料。当大洪水采用浮标测流，且缺乏高水流速仪比测资料时，应组织进行比测，以分析所采用的浮标系数的合理性。大暴雨洪水资料应着重进行地区上的暴雨洪水的综合分析比较，以论证观测成果的合理性。明显受自然和人为因素影响时期的资料，应分析影响因素和程度。

计算设计洪水采用的水（潮）位、流量资料其重点复核内容如下：

（1）水（潮）位观测资料。由于不同时期引用的水准基面、水尺断面、水尺零点高程可能不完全一致，以至影响水（潮）位精度。在汛期，特别是大洪水时，有时存在缺测、漏测以及失真等问题，因此对上述情况应逐项进行了解复查，对存在的问题应进行改正。

（2）流量测验资料。由于受测站控制条件、测验设施及方法的影响，存在的问题比较复杂。如高水测洪能力不够，采用浮标测流，浮标系数往往是假定或者根据中低水位的系数加以外延确定；采用水面一点法测流，也存在水面流速系数的确定问题；还有计算流量断面的借用问题等，因此大洪水的浮标系数、水面流速系数、借用断面、水位流量关系曲线的高水延长及其变化规律等问题应作为复查重点。

〖检查要点和方法〗

主要检查内容包括：检查不同时期引用的水准基面、水尺断面、水尺零点高程；检查缺测、漏测资料插补方法和成果合理性，对存在的问题应进行改正。对大洪水采用浮标测流包括人工浮标和天然浮标的测流方法，重点检查采用的浮标系数、借用断面的合理性，重点复查水位流量关系曲线的高水延长及其变化规律等问题。一些水文站在不同时期浮标系数采用值不同，应检查对这些资料的处理。

c）2.2.1 洪水系列应具有一致性。当流域内因修建蓄水、引水、提水、分洪、滞洪等工程，大洪水时发生堤防溃决、溃坝等，明显改变了洪水过程，影响了洪水系列的一致性；或因河道整治、水尺零点高程系统变动影响水（潮）位系列一致性时，应将系列统一到同一基础。

〖摘编说明〗

　　洪水系列的一致性是必要，对不同时期的资料如不加分析地直接采用势必造成系列资料的混乱，严重时会直接影响到设计洪水成果的质量。

〖检查要点和方法〗

　　影响洪水系列一致性的因素复杂多变，应重点检查洪水系列的一致性。具体处理方式和方法应根据影响因素的特点和工程设计需要确定。

　　（1）水库溃坝、堤防溃决、分蓄洪工程启用等都具有突发性，对下游洪水影响较大，应将受这些因素影响的洪水还原到天然状况。

　　（2）实测洪水系列受上游已建的大、中型蓄水工程，引水和提水工程等影响较大时，应将受这些工程影响的洪水还原至天然状况。设计洪水计算时，一般都有历史洪水，而历史洪水发生时往往上游还没有已建工程的影响，属天然洪水，应与还原的洪水系列组成不连序系列，以保持洪水系列的一致性。

　　（3）对已建水库工程进行设计洪水复核时，建库前的坝址洪水系列和建库后的入库洪水系列不一致，应将两者处理为具有一致性的洪水系列。处理的基本原则是水量平衡，常用的处理方法是假定建库前后入库与坝址的某一时段洪量相等，分别建立坝址洪峰流量、入库洪峰流量与该时段洪量的相关关系，利用两者洪量相等，从相关线上分别获得入库与坝址洪峰流量或者短时段洪量，从而插补出入库洪峰、短时段洪量的入库或坝址洪水系列。

　　（4）随着堤防防洪标准及防洪能力的逐步提高，原来堤防遇一般洪水就漫溃，目前遇超标准洪水才有可能漫溃，在时间序列中，洪水系列就存在不一致性。因此，一方面，应将漫溃洪水还原为受堤防约束的归槽洪水，其还原方法可采用马斯京根法或槽蓄曲线法，将上游入流演进至设计断面，演算时应选用归槽洪水时的参数；另一方面，也应将归槽洪水按一定的堤防标准或全部漫溃的堤防水平，将洪水系列还原为无堤防约束的天然洪水，具体还原时，可将演算河段的槽蓄量当做有一定调蓄能力的调蓄容积曲线，用水量平衡方法或马斯京根法演算成天然洪水。事实上，需要还原为归槽洪水或天然洪水的年份一般不多，只有比较大的洪水才存在归槽与不归槽的问题，中小洪水可不考虑归槽与还原问题。

d）2.3.5 对插补延长的洪水、暴雨和潮位资料，应进行多方面的分析论证，检查其合理性。

〖摘编说明〗

　　对插补的洪水、暴雨和潮位资料应进行合理性分析。插补延长的洪水、暴雨和潮位资料的可靠程度，受基本资料的精度、实测点据的数量及变幅、相关程度以及外延幅度等多种因素的影响，因此任何一种因素都可能影响插补延长的成果质量。为保证所采用资料的精度，应对相关关系的突出点据进行分析，合理采用。对插补延长的洪水成果，应从上、下游的水量平衡，上、下游洪峰流量或时段洪量相关关系，上、下游相应水位相关关系，本站洪峰流量和洪量、长短时段洪量相关关系，以及降雨径流关系的变化规律等方面进行综合分析，检查插补成果的合理性。对插补的暴雨成果，应从暴雨成因、暴雨地区分布规律等方面进行合理性分析。对插补延长的潮位资料，应从潮汐过程、逐日、逐月、逐年高低潮位的变化规律、涨落潮差等方面进行合理性分析。

〖检查要点和方法〗

对于暴雨和洪水资料的插补和延长应重点关注（特）大暴雨和（特）大洪水资料，由于特大洪水发生时，水文设施可能发生破坏，资料的连续过程不完整，断面的冲刷和淤积过程不能施测到，对特大洪水的成果应做认真分析，不宜直接采用水文年检的刊印成果。由于特大洪水和特大暴雨的采用成果可能对频率曲线产生影响。因此，分析确定洪水和暴雨的重现期是十分重要的。潮位站资料的插补延长应检查与参证站的关系，并分析滩涂工程和岸线调整等工程对潮位站系列的影响。

〖案例分析〗

当前随着经济发展，沿海的海堤和入海河口的堤防和防潮闸建设项目增多，用到潮位站资料较多，但水利部门的站点不足，需要延长插补潮位系列。某工程用到潮位资料，其中依据站只有 3 个月潮位资料，相关站具有 1957 年以来资料。两者建立相关认为相关系数 0.932。审查认为，因相同时段资料太短，相关线代表性只能说明当时的河口情况、相应时段的潮位情况，随着工程影响的变化、潮位尺度的限制，不能确定其很好的相关性。建议加强调查和高潮位的观测，并了解堤防、滩涂开发等工程对潮位相关线的影响。

e) 2.4.1 对搜集的历史洪水、潮位、暴雨资料及其汇编成果，应进行合理性检查；对历史洪水洪峰流量应进行复核，必要时应补充调查和考证；对近期发生的特大暴雨、洪水及特大潮，应进行调查。

〖摘编说明〗

设计洪水分析计算要求具有较长系列的水文资料作基础。用短期资料计算设计洪水，成果可靠度较差，当充分考虑历史洪水资料后，计算成果可以得到显著改善。根据我国早期 50 座大型水库统计，在使用了历史洪水以后的设计洪水数据经多次复核计算，始终比较稳定。在设计洪水计算中应充分运用历史洪水资料，这是我国水利水电工程实践所得到的一条重要经验。

全国大多数河流都进行过历史洪水调查，并取得了大量的调查成果。1979 年后，原水利电力部组织有关单位将以往调查的洪水资料进行了全面的搜集、整理、汇编。经筛选、率定，全国共有 6500 个河段的调查洪水成果，并由各省（自治区、直辖市）和流域机构分别刊布。

在使用调查洪水资料汇编成果时，应当注意不同河段或同一河段不同年份，洪峰流量的精度往往不同，因此在使用之前应对河段资料整编情况进行全面了解，对重大的历史洪水调查成果应做进一步检查、核实。复核的重点应侧重在所选用估算流量的方法及各项计算参数是否适当和合理。有条件时，应根据近期所发生的大洪水，对原采用的水位流量关系曲线、高水糙率、比降等参数进行率定。

除掌握调查洪水资料外，还应通过历史文献、文物资料的考证，进一步了解更长历史时期内大洪水发生的情况和次数，以便合理确定历史洪水的重现期。

由于我国雨量站网密度总体较稀，且分布不均匀，暴雨中心的雨量往往不易观测到，尤其是在干旱地区，经常发生局地性大强度暴雨，而这些地区站网密度更稀，因此用暴雨计算设计洪水时，暴雨调查更有必要。国内一些点暴雨极值也是通过调查获得的。因此，对近期发生的大暴雨进行调查是非常必要的。对近期发生的大洪水，在没有水文测站的河段或由于水文测验设施等限制没有观测到时，还应及时进行洪水调查。对滨海地区近期发生的特大潮也应及时进行调查。

〖检查要点和方法〗

各省（自治区、直辖市）大多开展过历史洪水、潮位、暴雨资料调查并汇编成册，但调查成果在量级、重现期和可靠性方面可能存在矛盾和差异。主要检查使用的历史洪水成果量级和重现期的可靠性。对于近期发生的大暴雨、大洪水、风暴潮是否进行了调查，以及采用情况。

〖案例分析〗

历史洪水的加入可以提高设计洪水的可信度，但对历史特大洪水的重现期确定以及实测系列特大洪水的处理问题应引起重视。同一次洪水根据不同考证期提出不同的重现期，如福建沙溪沙县水文站调查 1800 年洪峰流量 9880m³/s，报告提供了 3 个起点：

（1）1556 年迄今，1556 年大于 1800 年，考证期 454 年，重现期 223 年。

（2）1800 年迄今，1800 年最大，考证期 210 年，重现期 210 年。

（3）1764 年迄今，1800 年最大，考证期 246 年，重现期 246 年。

报告采用重现期 220 年，审查认为根据分析，采用了合理的重现期成果。

f）3.4.5　分期设计洪水计算时，历史洪水重现期应在分期内考证，其重现期不应短于在年最大洪水系列中的重现期。

〖摘编说明〗

历年分期洪水选样原则为分期内最大值，因此在考虑历史洪水时，其重现期应遵循分期洪水系列的选样原则，在分期内考证。分期考证的历史洪水重现期应不短于其在年最大洪水系列中的重现期。

〖检查要点和方法〗

首先应分析分期洪水分期的合理性，检查分期内历史洪水的重现期及在年最大洪水系列中的重现期。检查是否满足上述条文要求。

g）4.3.1　由设计暴雨计算设计洪水或由可能最大暴雨计算可能最大洪水时，应充

分利用设计流域或邻近地区实测的暴雨、洪水对应资料，对产流和汇流计算方法中的参数进行率定，并分析参数在大洪水时的特性及变化规律。参数率定与使用方法应一致；洪水过程线的分割与回加应一致。不同方法的产流和汇流参数不应任意移用。

〖摘编说明〗

在由设计暴雨计算设计洪水或由可能最大暴雨计算可能最大洪水时，参数率定方法应与使用方法一致。例如在率定瞬时单位线的滞时（m）时，采用汇流时间内的平均雨强与 m 建立关系，在使用时，就不能根据其他时段的雨强查用 m 值。不同方法中的产流和汇流参数不得任意移用，如经验单位线的滞时不能移用瞬时单位线的滞时。暴雨洪水的量级会对计算参数产生影响，故应重视分析大洪水的参数。在评估参数时，应当着重考虑较大洪水的拟合程度，即使在采用流域模型进行连续模拟时，亦应着重检查较大洪峰的拟合程度。

当发现流域内水利与水保措施对参数有明显影响时，则应利用近年内发生的较大洪水分析确定参数。

〖检查要点和方法〗

设计暴雨计算设计洪水或可能最大暴雨计算可能最大洪水时，用到设计暴雨资料，对使用的雨量站应检查是否在流域内或邻近流域，并检查下垫面条件，如海拔、迎风坡背风坡等是否接近。在做水汽放大时，应考虑不同地区的天气和下垫面影响条件。

h）4.3.7　由设计暴雨计算的设计洪水或由可能最大暴雨计算的可能最大洪水成果，应分别与本地区实测、调查的大洪水和设计洪水成果进行对比分析，以检查其合理性。

〖摘编说明〗

由暴雨计算设计洪水或由可能最大暴雨推算可能最大洪水受到多因素及多环节的影响，如雨量与洪水资料的代表性、暴雨与洪水同频率的假定、设计雨型的选定、设计暴雨发生前的流域下垫面干湿程度的确定等。这样计算出来的设计洪水成果难免带有误差，因此应强调将当地和邻近地区的实测和调查的特大洪水以及地区内设计洪水，与本流域设计洪水成果进行对比分析，以检验其合理性。

〖检查要点和方法〗

设计暴雨计算的设计洪水或由可能最大暴雨计算的可能最大洪水成果，应分别与本地区实测、调查的大洪水和设计洪水成果进行对比分析，以检查其合理性。应从设计暴雨和设计洪水两个方面进行分析，可能最大暴雨取值，是否大于当地实测降雨量成果，如果小于实测值，则采用设计最大可能降雨成果可能偏小。可能最大洪水应大于实测或调查的设计洪水成果。一般情况下，1000 年一遇的洪峰流量不应小于考证期在 500 年以内的调查洪水或实测系列中的最大洪水。

1-2-2　《水利水电工程水文计算规范》SL 278—2002

为适应水利水电工程设计需要，统一水文计算的技术要求，保证成果质量，制定本标准。本标准适用于大中型水利水电工程可行性研究和初步设计阶段的水文计算，大中型水利水电工程项目建议书阶段、小型水利水电工程及江河流域规划的水文计算可参照执行。本标准分为总则，基本资料，径流，泥沙，水位和流量关系，气象要素、水面蒸发、水温和冰情，水文自动测报系统等。

a）2.2.1　水文计算依据的流域特征和水文测验、整编、调查资料，应进行检查。对重要资料，应进行重点复核。对有明显错误或存在系统偏差的资料，应予改正，并建档备查。对采用资料的可靠性，应作出评价。

〖摘编说明〗

　　流域特征和水文测验、整编、调查等资料是水文计算的依据，对有明显错误或存在系统偏差的资料，要会同有关单位共同分析研究，必要时需到现场调查，以取得改正依据。

〖检查要点和方法〗

　　主要检查内容包括：检查分析用于水文分析的依据站和参证站的代表性，资料条件，测站断面的变化情况，高程系统的采用和变更情况，水文站流量测验方式，水位流量关系，悬移质含沙量测验方式和分析方法，上下游已建蓄水、引水工程分布和蓄水引水能力信息。对分析历年资料发现问题应及时处理修正，如：个别年份水位流量关系不合理，采用浮标测流或比降法测流时相关参数不合理，冰期的流量测验不合理，缺测资料插补方法使用不当，水准点基准发生变动未及时修正，上游工程对下游水沙条件产生影响未进行改正，测站迁站前后资料衔接出现不合理等。

〖案例分析〗

　　河北省双峰寺水库水文分析的依据站是武烈河承德水文站，由于近年断面上游修建橡胶坝，造成泥沙观测成果较小，系列明显不一致，为推求水库断面输沙量，故采用未受橡胶坝影响的泥沙系列进行推算。

b）5.3.1　根据工程设计要求，应拟定设计断面工程修建前天然河道的水位流量关系。水位高程系统应与工程设计采用的高程系统一致。

〖摘编说明〗

　　设计断面天然河道的水位流量关系是水利水电工程规划设计的基本依据。我国各地水位观测和洪、枯水调查采用的高程系统较多，同一水准点基面平差前后的数值也有差异，水文站、水位站多采用冻结基面和假定基面。拟定水位流量关系曲线时，要查明水位高程的基面系统、平差情况及其换算关系，如与工程设计采用的基面不一致，要予以转换。

〖检查要点和方法〗

　　主要检查内容包括：除个别工程点恰在水文站断面附近，绝大部分工程断面需要新建专用水文站或临时水位站，率定工程设计断面的水位流量关系成果；包括工程修建前的天然断面和工程修建过程及修建后的水位流量关系；水文测验采用高程系在工程勘测设计前可能采用假定基面，因此换算到与工程采用高程系是十分重要的；应检查换算关系。

c)　5.3.7　水位流量关系曲线的高水外延，应利用实测大断面、洪水调查等资料，根据断面形态、河段水力特性，采用多种方法综合分析拟定。低水延长，应以断流水位控制。

〖摘编说明〗

　　实测水位流量关系曲线的范围不能满足工程设计要求而需要高水外延时，可用史蒂文斯法、水位面积与水位流速关系曲线法、水力学法、顺趋势外延等方法。低水延长时，断流水位可用图解法、试算法推求，也可从河道纵断面图上的河床凸起处的高程确定。低水延长产生的相对误差一般较大，应特别慎重。

〖检查要点和方法〗

　　主要检查内容包括：工程断面水文测验一般是专用水文站或水位站，设站时间一般较短，测验范围不能满足设计要求，需要进行高水和低水外延，应检查外延方法和采用成果的合理性。尤其是高水外延一般采用两种以上方法进行分析，合理确定采用成果。

2 工 程 勘 测

本章涉及 6 项标准，强制性条文共 43 条，详见表 2-1。

表 2-1   工程勘测部分涉及技术标准汇总表

序号	标 准 名 称	标准代号	条 数
1	水利水电工程地质勘察规范	GB 50487—2008	25
2	中小型水利水电工程地质勘察规范	SL 55—2005	2
3	堤防工程地质勘察规程	SL 188—2005	6
4	水利水电工程钻探规程	SL 291—2003	1
5	水利水电工程施工地质勘察规程	SL 313—2004	8
6	水利水电工程物探规程	SL 326—2005	1

工程地质勘察部分主要是涉及工程地质勘察质量，进而影响工程安全的条文。水利水电工程失事造成的人民生命财产和环境损失都是不可估量的，如：1963 年意大利瓦依昂坝因水库滑坡造成溃坝，死亡近 2000 人；1976 年美国提堂坝失事，直接损失 4.0 亿～4.5 亿美元；1976 年巴基斯坦博郎坝失事，淹没土地 21km²。根据 1988 年以前注册的世界大坝统计资料，共有 216 座坝失事，其中，由于地质原因失事的占 36%。

2-0-1 《水利水电工程地质勘察规范》GB 50487—2008

为统一水利水电工程地质勘察工作，明确勘察工作深度和要求，保证勘察工作质量，制定本标准。本标准适用于大型水利水电工程地质勘察工作。主要内容为大型水利工程包括水库、土石坝、混凝土重力坝（拱坝）、溢洪道、地面（地下）厂房、隧洞、导流明渠及围堰工程、通航建筑物、边坡工程、渠道及渠系建筑物、水闸及泵站、深埋长隧洞、堤防工程、灌区工程、河道整治工程、移民新址等各阶段工程地质勘察和病险水库除险加固工程地质勘察。强制性条文共 25 条，其中可行性研究阶段工程地质勘察 1 条、初步设计阶段工程地质勘察 20 条、病险水库除险加固工程地质勘察 4 条。

a） 5.2.7 工程场地地震动参数确定应符合下列规定：

1 坝高大于 200m 的工程或库容大于 $10 \times 10^9 \mathrm{m}^3$ 的大（1）型工程，以及 50 年超越概率 10% 的地震动峰值加速度大于或等于 0.10g 地区且坝高大于 150m 的大（1）型工程，应进行场地地震安全性评价工作。

5　场地地震安全性评价应包括工程使用期限内，不同超越概率水平下，工程场地基岩的地震动参数。

〖摘编说明〗

本条涉及地震作用下水利水电工程的安全运行，是保证大坝安全、保护大坝下游人民生命财产与环境的强制性条文。可行性研究阶段的一项重要任务是对水利水电工程区域构造稳定性进行评价，对地震危险性进行分析。20世纪70年代以来，区域构造稳定性研究有了较大的发展，主要是从区域地质构造、深部构造和挽近期地壳活动、断层活动、地震活动、现代地壳应力场等方面，预测地震危险性，以确定工程建筑物抗震的必要性。早期是以确定地震基本烈度为主要任务，20世纪90年代以后则以进行地震危险性分析、确定不同超越概率水平条件下地震动参数为主要任务。

关于地震安全性评价，近几年国家颁布了一系列法规和条例，如《地震安全性评价管理条例》（2001年）、《中国地震动参数区划图》（GB 18306—2001）等。

国内一些大型、特大型水利水电工程，如三峡、小浪底、二滩、构皮滩、彭水、小湾、大柳树、溪洛渡、拉西瓦等均进行过地震的专题论证，有的还建立了地震和地形变监测网。地震危险性分析应根据工程的规模、等级、坝高等，确定是进行专门地震危险性分析还是地震动参数复核。

〖检查要点和方法〗

是否按要求做了地震安全性评价；承担地震安全性评价的单位是否具备相应的资质要求；地震安全性评价的内容是否符合国家法规以及本条文的要求，地震安全性评价成果是否已通过评审。

〖案例分析〗

由于地震而遭受损坏的典型水利工程当属美国的帕卡伊玛拱坝，该坝位于加利福尼亚州帕卡伊玛峡谷，于1929年建成，坝高113m，坝顶长180m，总库容750万 m^3。坝基为片麻质石英闪长岩，岩体受节理和剪切带切割严重，坝址6km范围内分布7条大断层。坝址区历史上很少发生地震，仅有的几次地震震级也不大，因此，设计时未考虑地震荷载。1971年2月9日，在坝址西北6.4km处发生里氏6.6级地震，发震断层从坝址下5km处通过，强震持续时间8s，地震对坝体及两岸拱座造成一定损坏。

我国已建大坝由于地震而遭受破坏的也不乏其例。据统计，1970年1月云南省通海地震，在烈度7~10度区的73座土坝中，发生轻重不同震害的有41座；1975年2月辽宁海城地震，在烈度7~9度区的54座土坝中，有震害的36座；1976年7月河北唐山地震，在烈度7~9度区的48座土坝中，有震害的36座。震害的主要表现形式为裂缝、沉陷、渗漏和坝基砂土液化。

b)　**6.2.2**　可溶岩区水库严重渗漏地段勘察应查明下列内容：

1　可溶岩层、隔水层及相对隔水层的厚度、连续性和空间分布。

4　主要渗漏地段或主要渗漏通道的位置、形态和规模，喀斯特渗漏的性质，估算渗漏量，提出防渗处理范围、深度和处理措施的建议。

〖摘编说明〗

在可溶岩地区，岩溶洞穴常常成为渗漏通道，是主要工程地质问题之一。一方面，库水通过岩溶通道渗漏，使水库的效益不能正常发挥；另一方面，库水通过岩溶通道渗漏，可能造成出逸地区边坡失稳、大面积浸没等次生灾害。

可行性研究阶段对水库渗漏问题已经作出初步评价，初步设计阶段是针对严重渗漏地段的进一步勘察。

喀斯特渗漏问题比较复杂，在本阶段仍应对可溶岩、隔水层或相对隔水层、喀斯特发育特征和洞穴系统、喀斯特水文地质条件、地下水位及动态进行勘察研究，确定渗漏通道的位置、形态和规模，估算渗漏量。喀斯特发育程度是根据可溶岩岩性、岩层组合和喀斯特化程度的差异等确定，可分强、中、弱三类，同时应特别注意弱喀斯化地层的作用及空间分布。对于喀斯特水文地质条件，要特别重视喀斯特水系统（泉、暗河）的勘察研究，对代表稳定地下水的泉和暗河，要尽可能查明补给、径流、水量、水化学及其动态，分析泉水之间的相互关系。最后，根据勘察成果及地质评价结论，提出防渗处理的范围、深度和措施的建议。

〖检查要点和方法〗

隔水层或相对隔水层的分布范围，可溶岩层的分布与喀斯特发育特征；渗漏分析是否合理。

〖案例分析〗

由于水库渗漏问题而造成损失的国内外水利水电工程实例较多。例如：土耳其凯班坝，1965 年动工，原计划 1971 年投产发电，后因坝基下发现巨大溶洞被迫改变工程设计和施工安排，使工期延长了 3 年，投资由原定的 3.37 亿美元增加到 5.0 亿美元，1973 年 11 月蓄水后又发现水库大量漏水，最大漏水量达 26m³/s，接着又进行了复杂的处理；西班牙蒙特热克坝，高 72m，因渗漏导致水库不能蓄水。我国猫跳河四级，坝高 73m，左岸河湾岩溶发育，初期漏水量达 20m³/s；水槽子水库，向邻谷娜姑盆地漏水 1.8m³/s，造成当地农田农舍浸没，处理后减少到 0.3m³/s；桃曲坡水库，坝高 61m，初期平均漏水量 0.67m³/s，经过 4 年处理后，减少到 0.075m³/s。

c)　6.2.3　**非可溶岩区水库严重渗漏地段勘察，应查明断裂带、古河道、第四纪松散层等渗漏介质的分布及其透水性，确定可能发生严重渗漏的地段、渗漏量及危害性，提出防渗处理范围和措施的建议。**

〖摘编说明〗

水库渗漏可能导致水库周边地区地下水位抬升，造成环境水文地质问题，影响人民的生产、生活，甚至导致建筑物破坏，是重要的工程地质问题。可行性研究阶段已对水库渗漏问题做出了初步评价，如对非可溶岩的单薄分水岭、强透水大断层、大断层破碎带和古河道等的渗漏量作出估算。初步设计阶段主要是提高勘察精度。

〖检查要点和方法〗

根据地层岩性与地质构造等条件，判定是否查明了各可能的漏水地段。

d) **6.2.5** 水库浸没勘察应包括下列内容：

4 对于农作物区，应根据各种现有农作物的种类、分布，查明土壤盐渍化现状，确定地下水埋深临界值。

5 对于建筑物区，应根据各种现有建筑物的类型、数量和分布，查明基础类型和埋深，确定地下水埋深临界值。查明黄土、软土、膨胀土等工程性质不良岩土层的分布情况、性状和土的冻结深度，评价其影响。

6 确定浸没的范围及危害程度。

〖摘编说明〗

对农作物区，水库浸没可以导致土壤盐渍化或影响农作物生长；对建筑物区，轻者造成建筑物内潮湿无法居住，重者对建筑物造成破坏，如深陷、开裂、倾斜，直至倒塌。

农作物区的地下水临界埋深有两个标准：一是适宜于作物生长的地下水最小埋深；二是防止土壤次生盐渍化的地下水最小埋深。

(1) 适宜于作物生长的地下水最小埋深。

农作物在不同的生长期要求保持一定的地下水适宜深度，即土壤中的水分和空气状况适宜于作物根系生长的地下水深度。

我国幅员辽阔，各地区自然条件差异较大，而影响地下水适宜埋深的因素又很多，如农作物种类、品种，以及气候、土壤、生育阶段、农业技术措施等，难以定出统一标准。

确定适宜于作物生长的地下水最小埋深的合理方法是对当地农业管理和科研部门以及农民进行调研，针对实际农作物类型因地制宜地确定适当的地下水埋深标准。

用传统的公式（土的毛管水上升高度加农作物根系深度）确定适宜的地下水最小埋深，难以反映不同农作物的实际情况和需求，且据此确定的浸没范围往往偏大，因此只用于初判。

(2) 防止土壤次生盐渍化的地下水最小埋深。

土壤次生盐渍化的影响因素较多，其中气候（主要是降雨量和蒸发量）是基本因素，干旱、半干旱地区易于产生土壤次生盐渍化，而湿润性气候区不会出现盐渍化。土壤质地和地下水矿化度是影响次生盐渍化的主要因素。砂性土的毛管水上升高度虽比黏性土低，但其输水速度却大于黏性土，上升的水量多，更易于产生盐渍化。地下水矿化度低，土壤积盐作用就小；反之，地下水矿化度高，土壤积盐作用就大。

各地区的防止盐渍化地下水最小埋深各不相同，应根据实地调查和观测试验资料确定。总体而言，防止土壤次生盐渍化所要求的地下水最小埋深要大于作物适宜生长的地下水最小埋深。

无资料地区，防止土壤次生盐渍化的地下水最小埋深及盐渍化程度分级可参考表2-2、表2-3确定。

表 2－2　　　　　　　几种土在不同矿化度下防止次生盐渍化的地下水最小埋深

地下水矿化度 / (g/L)	地下水最小埋深/m			
	砂　土	砂壤土	黏壤土	黏　土
1～3	1.4～1.6	1.8～2.1	1.5～1.8	1.2～1.9
3～5	1.6～1.8	2.1～2.2	1.8～2.0	1.2～2.1
5～8	1.8～1.9	2.2～2.4	2.0～2.2	1.4～2.3

表 2－3　　　　　　　　　　　　土壤盐渍化程度分级

成　　分	轻度盐渍化	中度盐渍化	重度盐渍化	盐　土
苏打（CO_3^{2-}＋HCO_3^-）	0.1～0.3	0.3～0.5	0.5～0.7	＞0.7
氯化物（Cl^-）	0.2～0.4	0.4～0.6	0.6～1.0	＞1.0
硫酸盐（SO_4^{2-}）	0.3～0.5	0.5～0.7	0.7～1.2	＞1.2

建筑物区因地下水上升引起的环境恶化主要表现为：①地面经常处于潮湿状态，无法居住；②房屋开裂、沉陷以致倒塌。

第①种情况，表明地下水位或毛管水带到达地面，导致生态环境恶化，应判定为浸没区。这种情况的浸没地下水埋深临界值为地下水的毛管水上升高度。

第②种情况，房屋开裂、沉陷、倒塌的原因有：冻胀作用（北方地区）；地基持力层饱水后强度大幅度下降，承载力不足或持力层饱水后产生大量沉降变形或不均匀变形。上述这些情况是否会出现，与现有建筑物的类型、层数、基础型式、砌置深度、持力层性质（特别是有无湿陷性黄土、淤泥、软土、膨胀土等工程性质不良岩土层）密切相关。因此应针对具体情况进行相应调查、勘察和试验研究工作，在掌握充分资料后进行建筑物区浸没可能性评价。当地基持力层在饱水后出现承载力不足或大量沉陷时，浸没地下水埋深临界值为土的毛管水上升高度加基础砌置深度。

不做任何调查分析，简单地采用土的毛管水上升高度加基础砌置深度作为临界值进行建筑物区浸没评价，实际上是认为任何建筑物的持力层，只要含水量达到饱和，就必然承载力不足或产生过量沉陷，而实际情况显然不完全都是如此，结果将造成预测的浸没范围偏大。

当判定的浸没区面积较大时，宜将浸没影响程度划分为严重浸没区和轻微浸没区。目前，划分严重浸没区和轻微浸没区尚没有统一的标准。各工程在实际研究中，均根据当地条件而确定。如汉江兴隆水利枢纽是根据预测的地下水位将浸没影响程度划分为严重（预测地下水埋深 $d<0.5\text{m}$）、较严重（$0.5\text{m}<d<1.0\text{m}$）、轻微（$1.0\text{m}<d<1.5\text{m}$）三个区。

进行浸没程度分区前，应根据勘察区的具体情况和勘察结果，确定严重浸没区和轻微浸没区相应的地下水埋深临界值。

〖检查要点和方法〗

地下水埋深临界值的确定是否合理；浸没影响程度分区是否正确。

e) **6.2.7** 水库库岸滑坡、崩塌和坍岸区的勘察应包括下列内容：

1 查明水库区对工程建筑物、城镇和居民区环境有影响的滑坡、崩塌的分布、范围、规模和地下水动态特征。

2 查明库岸滑坡、崩塌和坍岸区岩土体物理力学性质，调查库岸水上、水下与水位变动带稳定坡角。

3 查明坍岸区岸坡结构类型、失稳模式、稳定现状，预测水库蓄水后坍岸范围及危害性。

4 评价水库蓄水前和蓄水后滑坡、崩塌体的稳定性，估算滑坡、崩塌入库方量、涌浪高度及影响范围，评价其对航运、工程建筑物、城镇和居民区环境的影响。

〖摘编说明〗

水库蓄水可能使库区的大坍滑体和潜在不稳定岸坡失稳，不仅危及大坝的安全，也危及附近城镇和居民点、交通线路的安全。

查明大型不稳定岸坡，尤其是近坝库段的岸坡稳定性是水利水电工程地质勘察的一项十分重要的任务。

水库坍岸预测理论最早来源于前苏联。在 20 世纪 40—50 年代，苏联萨瓦连斯基、卡丘金、佐洛塔廖夫等研究了水库坍岸问题，提出了坍岸预测的基本计算方法和图解法。目前水库坍岸预测常用的方法有：工程地质类比法、动力法、统计法、卡丘金法、佐洛塔廖夫法、平衡剖面法、图解法等。

滑坡涌浪初始浪高一般用经验公式计算，主要有潘家铮方法、无量纲组合方法和无量纲动能方法。

〖检查要点和方法〗

是否查明了对工程建筑物、城镇和居民区环境有影响的滑坡、崩塌在水库蓄水前后的稳定性；是否对水库蓄水后坍岸范围进行了预测；是否估算了滑坡涌浪高度。

〖案例分析〗

1963 年 10 月 9 日，意大利瓦依昂拱坝就是因为库区发生大规模的山体滑坡，导致大坝和电站报废，人员死亡近 2000 人。滑体长 1800m，宽 1600m，滑体体积 2.7 亿 m^3，水库在 30～45s 内几乎全部被滑体材料填没，滑体水平移动了 400m，越过宽 80m 的河谷冲上对岸山坡，爬高达 140m。滑坡形成高 125m 的浪，漫过坝顶，横扫下游河谷，整个失事过程历时仅 7min。

瓦依昂枢纽库岸由侏罗系和白垩系石灰岩、白云岩组成，其中下白垩系石灰岩中夹有绿色黏土，断层发育并有岩溶现象，滑动面大多位于这一岩层内。从 20 世纪 20 年代规划到 1959 年开工，对两岸的地质勘查认为：两岸岸坡处于稳定状态，只可能存在局部坍滑。1959 年对这一地区进行了详细的工程地质测绘，认为左岸存在一史前古滑坡，据此进行了地球物理勘探，结果认为左岸山体由坚实的未扰动岩体组成，弹性模量很高，不存在古滑坡。1960 年 5 月在左岸山坡上发现糜棱岩，补充的 3 个钻孔未发现滑动面（孔深未达到）。1960 年 7 月大坝竣工前，再次对库岸稳定进行了检查，认为只可能在表面的松散岩层附近有小的坍滑，过去未曾发生过滑坡，将来也不可能有大规模的滑坡发生。1960年底，当库水位升高到高程635.00m时，左岸山坡出现M形大裂缝并伴有小的坍滑体，随后对以往的资料进行了系统的分析，并进行了地震波测量，然而对滑坡的规模仍存在分歧。1961年布置了2个探洞和4个水位观测孔，结果认为地下水的影响并不严重。1962年6月进行了滑坡模型试验，认为库水位蓄至高程700.00m是安全的。1963年9月28日—10月9日，连降大雨，库水位上升至高程700.00～710.00m，左岸山体突然失稳下滑。

1961年3月6日，我国湖南省柘溪水库近坝库区右岸，发生塘岩光滑坡，165×10⁴m³的滑坡体以高达25m/s的速度滑入深50余m的水库中，激起巨大涌浪，最大高度达21m，坝前的涌浪高度达2.5m，至上游15km处浪高仍达0.3～0.5m。涌浪漫过坝顶，造成60人死亡，延误工期达1年之久。

汉江支流黄龙滩水库，近百处滑坡在蓄水后变形失稳，殃及众多水库移民，之后耗资7000万元将受灾的居民迁出滑坡区重新安置。

f) **6.2.10　泥石流勘察应包括下列内容：**

2　查明可能形成泥石流固体物质的组成、分布范围、储量及流通区、堆积区的地形地貌特征。

〖摘编说明〗

泥石流具有突然性，以及流速快、流量大、物质容量大和破坏力强等特点，常对建筑物和人民生命财产造成巨大损失，见图2-1。

图2-1　典型泥石流示意图

按水源成因，可分为暴雨（降雨）泥石流、冰川（冰雪融水）泥石流、溃决（含冰湖溃决）泥石流。按物源成因，可分为坡面侵蚀型泥石流、崩滑型泥石流、冰碛型泥石流、火山泥石流、弃渣泥石流、混合型泥石流。按集水区地貌特征，可分为沟谷型泥石流和坡面型泥石流。按暴发频率，可分为高频泥石流、中频泥石流、低频泥石流和极低频泥石流。按物质组成，可分为泥流型、水石型、泥石型。按流体性质，可分为黏性泥石流、稀性泥石流。按泥石流一次性暴发规模，可分为特大型、大型、中型和小型泥石流。

泥石流的形成需要三个基本条件：有陡峭便于集水集物的适当地形；上游堆积有丰富的松散固体物质；短期内有突然性的大量流水来源。

〖检查要点和方法〗

是否查明泥石流的物质组成、分布范围、储量及流通区、堆积区的地形地貌特征。

〖案例分析〗

泥石流对人类的生存与工程活动危害极大。据统计，我国每年有近百座县城受到泥石流的直接威胁和危害；有 20 条铁路干线的走向经过 1400 余条泥石流分布范围内，1949 年以来，先后发生中断铁路运行的泥石流灾害 300 余起，有 33 个车站被淤埋。在我国的公路网中，以川藏、川滇、川陕、川甘等线路的泥石流灾害最严重，仅川藏公路沿线就有泥石流沟 1000 余条，先后发生泥石流灾害 400 余起，每年因泥石流灾害阻碍车辆行驶时间长达 1～6 个月。泥石流还对一些河流航道造成严重危害，如金沙江中下游、雅砻江中下游和嘉陵江中下游等，泥石流活动及其堆积物是这些河段通航的最大障碍。泥石流还对修建于河道上的水电工程造成很大危害，如云南省近几年受泥石流冲毁的中、小型水电站达 360 余座、水库 50 余座；上千座水库因泥石流活动而严重淤积，造成巨大的经济损失。

1969 年 8 月云南省大盈江流域弄璋区南拱泥石流，使新章金、老章金两村被毁，97 人丧生，经济损失近百万元。1978 年 7 月，甘川公路 394km 处对岸的石门沟暴发泥石流，堵塞白龙江，公路因此被淹 1km，白龙江改道使长约 2km 的路基变成了主河道，公路、护岸及渡槽全部被毁，该段线路自 1962 年以来，由于受对岸泥石流的影响已 3 次被迫改线。2010 年 8 月 7—8 日，甘肃省舟曲爆发特大泥石流，造成 1270 人遇难、474 人失踪，舟曲 5km 长、500m 宽区域被夷为平地。

g) **6.2.12** 水库诱发地震预测应符合下列规定：

1 当可行性研究阶段预测有可能发生水库诱发地震时，应对诱发地震可能性较大的地段进行工程地质和地震地质论证，校核可能发震库段的诱震条件，预测发震地段、类型和发震强度，并应对工程建筑物的影响作出评价。

2 对需要进行水库诱发地震监测的工程，应进行水库诱发地震监测台网总体方案设计。台网布设应有效控制库首及水库诱发地震可能性较大的库段，监测震级（M_L）下限应为 0.5 级左右。台网观测宜在水库蓄水前 1～2 年开始。

〔摘编说明〕

水库诱发地震一般震级不大，但可以恶化基本稳定岸坡，对库周农房造成不同程度的破坏等。常见的水库诱发地震有构造型（断层破裂型）、浅表应力局部调整型（微破裂型）和岩溶型三种类型。水库诱发地震主要与水库规模、岩性条件、构造条件、渗透条件、地应力状态以及区域地震活动水平有关，并具有下列特点：

（1）震中仅分布在水库及其周围 5km 范围内，震源深度多在 5km 以内，少有超过 10km 的。

（2）在水库蓄水的初期，地震活动与库水位升降变化有较好的相关性，较强的地震多出现在第一、第二个蓄水的高水位期，有些出现在水位回落或低水位期，也有的当水库达到一定水位时即发震。

（3）水库诱发地震的频度和强度随蓄水时间的延长而呈明显下降的趋势。

（4）水库诱发地震以弱震和微震为主。

（5）与天然地震相比，水库诱发地震具有较高的地震动频率和较高的地面峰值加速度、震中烈度。

监测台网设计一般包括台网技术要求、台网布局和台站选址、台网信道、系统设备选型及配置、资料分析与预测、运行与管理等内容。

为了掌握水库区的地震活动的本底情况，便于和蓄水后地震活动情况进行对比，地震观测起始时间宜在水库蓄水前1～2年。根据统计资料，当蓄水后地震活动没有变化，观测时限宜延续至水库达设计正常蓄水位后2～3年；水库蓄水后，地震活动有变化，观测时限宜延续至地震活动水平恢复到原活动水平后2～3年。

〖检查要点和方法〗

可行性研究阶段工程地质勘察报告对水库诱发地震的预测结论；初步设计阶段工程地质勘察报告中对诱发地震可能性较大的地段是否进行了论证；水库诱发地震监测台网总体方案设计。

〖案例分析〗

水库诱发地震的预测主要有经验判断法、统计分析法和数值分析法。三峡工程水库诱发地震预测结果显示：库首结晶岩库段水库诱发地震最大震级小于4级；断裂穿过水库区部位可能诱发构造型地震，诱发地震为5.0～5.5级，最大不超过6级；碳酸盐岩分布的库段，可能诱发地震的震级不超过4级；碎屑岩分布库段诱发地震的可能性小。

h)　6.3.1　土石坝坝址勘察应包括下列内容：

2　查明坝基河床及两岸覆盖层的层次、厚度和分布，重点查明软土层、粉细砂、湿陷性黄土、架空层、漂孤石层以及基岩中的石膏夹层等工程性质不良岩土层的情况。

4　查明坝基水文地质结构，地下水埋深，含水层或透水层和相对隔水层的岩性、厚度变化和空间分布，岩土体渗透性。重点查明可能导致强烈漏水和坝基、坝肩渗透变形的集中渗漏带的具体位置，提出坝基防渗处理的建议。

7　查明坝区喀斯特发育特征，主要喀斯特洞穴和通道的分布规律，喀斯特泉的位置和流量，相对隔水层的埋藏条件，提出防渗处理范围的建议。

〖摘编说明〗

本条涉及对土石坝安全有影响的主要工程地质问题，如渗漏、渗透变形、大坝沉降变形等，也是初步设计阶段要重点查明的。

土石坝坝址包括第四纪地层坝址和基岩坝址，由于当地材料坝对坝基强度的要求相对较低，基岩坝基一般都可以满足要求，故条文内容侧重于第四纪地层坝基。对于可溶岩坝基，条文中只强调了相对隔水层、喀斯特情况等的勘察。

软土层、粉细砂、湿陷性黄土、架空层、漂孤石层以及基岩中的石膏夹层等工程性质不良岩土层对坝基的渗漏、渗透稳定、不均匀变形等影响较大，是土石坝坝基勘察的重点内容。

〖检查要点和方法〗

工程地质勘察报告中对影响坝基沉降、渗透变形、渗漏等的特殊土（岩）层论述与评价，喀斯特发育规律与防渗处理建议等。

〖案例分析〗

美国提堂坝最大坝高 126m，总库容 3.18m³。该坝于 1972 年初动工，1975 年 10 月开始蓄水，1976 年 6 月失事，造成 14 人死亡，40 万亩农田被淹，全部损失达 4 亿美元。失事原因：一是坝基岩石中发育张开的节理；二是设计决策存在缺陷。

i)　6.4.1　混凝土重力坝（砌石重力坝）坝址勘察应包括下列内容：

3　查明断层、破碎带、断层交汇带和裂隙密集带的具体位置、规模和性状，特别是顺河断层和缓倾角断层的分布和特征。

4　查明岩体风化带和卸荷带在各部位的厚度及其特征。

5　查明坝基、坝肩岩体的完整性、结构面的产状、延伸长度、充填物性状及其组合关系。确定坝基、坝肩稳定分析的边界条件。

9　查明地表水和地下水的物理化学性质，评价其对混凝土和钢结构的腐蚀性。

〖摘编说明〗

对重力坝而言，坝基抗滑稳定、坝基变形、渗透稳定等是主要工程地质问题，因此在初步设计阶段要重点查明其影响因素。

确定建基岩体质量标准和可利用岩面高程，是本阶段混凝土重力坝的重要勘察内容。影响建基岩体质量标准主要因素有岩体风化程度、岩体完整程度、岩体强度、透水性等。

地表水和地下水对混凝土和钢结构的腐蚀性会影响到混凝土坝体质量，缩短混凝土坝使用寿命，因此也是混凝土坝勘察中应重点关注的内容之一。

由以往的经验可知，其中的易溶岩层、软弱岩层、软弱夹层和蚀变带、断层、破碎带、断层交汇带和裂隙密集带等，是造成大坝失事的直接原因。

〖检查要点和方法〗

工程地质勘察报告中对影响坝基抗滑稳定、坝基变形、渗透稳定等主要工程地质问题的分析与评价，水文地质中对地表水和地下水腐蚀性评价内容。

〖案例分析〗

美国圣弗兰西斯混凝土重力坝的溃决就是因为对坝基断层和岩体认识不足而导致的。圣弗兰西斯坝位于圣弗兰西斯溪上，坝高 62.5m，控制流域面积 95.8km²。水库从 1926 年 3 月 1 日开始蓄水，1928 年 3 月 5 日库水位升至 559.23m 高程（此时库容 0.47 亿 m³），并保持此水位直至 3 月 12 日溃坝。水库突然泄降，引起库岸大滑坡。波涛汹涌的洪水从坝址至入海 84.5km，沿途河谷内的居民几乎无法逃生，死亡 236 人，失踪 200 人，直接经济损失达几百万美元。

沿圣弗兰西斯溪分布有一条与河谷近似平行的断层，倾向北西，倾角 30°～45°。下盘为前寒武系片岩，组成河谷的东南岸；上盘为第三系砾岩，组成河谷的西北岸。断层上下盘相对运动致使片岩磨碎形成厚 20cm 的断层泥，由磨碎的砾岩形成的断层泥厚 120cm。片岩形成的断层挤压破碎带宽 3m。片岩的片理与河谷近乎平行，东南岸为顺向坡，是坝溃决后产生大滑坡的主要原因之一；靠近断层一定距离内，干燥时砾岩的强度中等，但浸水后会很快崩解，几乎丧失掉岩石的特性。

j）6.5.1 混凝土拱坝（砌石拱坝）坝址的勘察内容除应符合本规范第 **6.4.1** 条的规定外，还应包括下列内容：

2 查明与拱座岩体有关的岸坡卸荷、岩体风化、断裂、喀斯特洞穴及溶蚀裂隙、软弱层（带）、破碎带的分布与特征，确定拱座利用岩面和开挖深度，评价坝基和拱座岩体质量，提出处理建议。

3 查明与拱座岩体变形有关的断层、破碎带、软弱层（带）、喀斯特洞穴及溶蚀裂隙、风化、卸荷岩体的分布及工程地质特性，提出处理建议。

4 查明与拱座抗滑稳定有关的各类结构面，特别是底滑面、侧滑面的分布、性状、连通率，确定拱座抗滑稳定的边界条件，分析岩体变形与抗滑稳定的相互关系，提出处理建议。

〖摘编说明〗

拱坝的主要工程地质问题除坝基抗滑稳定、坝基变形、渗透稳定等外，还有拱座稳定，本条规定主要是针对这些工程地质问题，在拱坝初步设计阶段勘察中应重点查明。

拱坝承受的荷载大部分传向两岸，在这一推力作用下，拱座的稳定性备受关注。两岸岩体的质量直接影响拱座开挖深度、抗滑稳定、变形稳定等问题的评价。拱肩嵌入深度取决于岩体风化、卸荷、喀斯特发育强度及工程荷载等因素。拱座抗滑稳定与各类结构面有关，一般来说，缓倾结构面构成底滑面，与河流呈小锐角相交的结构面构成侧滑面，而岩体中厚度较大的软弱（层）带构成压缩变形的"临空面"。

拱座变形稳定评价中，要注意拱座不同部位岩体质量的不均一性，还应注意两岸岩体质量的差异。

〖检查要点和方法〗

工程地质勘察报告中对影响拱座抗滑稳定、变形稳定等主要工程地质问题的分析与评价。

〖案例分析〗

法国马尔帕塞拱坝，最大坝高 66.0m，坝底宽 6.78m，宽厚比仅 0.11，坝基岩体为带状片麻岩。大坝于 1952 年开工，1954 年建成，初期蓄水缓慢，历时 4 年尚未蓄满，1959 年 12 月初，连降大雨，库水位迅速上升接近坝顶时，大坝突然溃决失事，共死亡、失踪 500 余人，财产损失达 300 亿法郎。

马尔帕塞坝是第一座失事的现代双曲拱坝，因而引起了世界各国坝工界的极大重视，法国政府曾三次组织调查委员会进行事故调查鉴定，并由法院进行审理，官方和非官方的调查勘探实验和分析研究历时 5 年，最后未下定论，世界各国的坝工专家、工程地质专家不断参与研究，持续 20 多年至今不衰。

虽然各种调查报告对马尔帕塞拱坝的失事原因未作十分明确肯定的结论，但有几点是一致的：

（1）坝址的工程地质勘察工作做得太少，直到大坝施工前总共只在河床打了 2 个钻孔，孔深分别为 10.4m 和 25m，坝线较原地质报告所研究的坝线下移 200m，坝型也由原推荐的空心重力坝改为双曲拱坝，而这些变动却没有做相应的补充地质工作。

（2）几乎所有的人都同意，马尔帕塞坝失事的根本机制是坝基岩体沿下游的断层产生了滑动，在设计和施工阶段没有查明位于坝基开挖面以下 15～40m 存在的断层和坝后 20m 以外的断层露头。

k）　6.6.1　溢洪道勘察应包括下列内容：

1　查明溢洪道地段地层岩性，特别是软弱、膨胀、湿陷等工程性质不良岩土层和架空层的分布及工程地质特性。

2　查明溢洪道地段的断层、裂隙密集带、层间剪切带和缓倾角结构面等的性状及分布特征。

〖摘编说明〗

　　溢洪道是水利水电枢纽工程中重要的泄洪建筑物，洪水季节水库中的超额洪水通过溢洪道排泄出水库，从而防止漫坝、损坝或溃坝。应选择有利的地形将溢洪道布置在岸边或垭口，并应避免深挖形成高边坡（特别是对于不利的地质条件），以免造成边坡失稳或处理困难。应将溢洪道布置在稳定的地基上，并应考虑岩体结构特征、地质构造以及建库后水文地质条件的变化对建筑物和边坡稳定的不利影响。

〖检查要点和方法〗

　　工程地质勘察报告中对溢洪道渗漏、防冲、边坡等问题的分析与评价。

l）　6.7.1　地面厂房勘察应包括下列内容：

2　查明厂址区地层岩性，特别是软弱岩类、膨胀性岩类、易溶和喀斯特化岩层以及湿陷性土、膨胀土、软土、粉细砂、架空层等工程性质不良岩土层的分布及其工程地质特性。

厂址地基为可能地震液化土层时，应进行地震液化判别。

3　查明厂址区断层、破碎带、裂隙密集带、软弱结构面、缓倾角结构面的性状、分布、规模及组合关系。

〖摘编说明〗

　　地面厂房的边坡主要包括厂址区的天然边坡和厂房地基开挖边坡。其中，厂址区的天然边坡，特别是厂房后山坡的高边坡，常常是地面厂房的主要工程地质问题。因此，条文规定要查明厂址区地质构造和岩体结构特征，评价厂址区边坡和厂基开挖边坡稳定条件。

〖检查要点和方法〗

　　工程地质勘察报告中对地面厂房地基与边坡稳定性等问题的分析与评价。

m）　6.8.1　地下厂房系统勘察应包括下列内容：

3　查明厂址区岩层的产状、断层破碎带的位置、产状、规模、性状及裂隙发育特征，分析各类结构面的组合关系。

4　查明厂址区水文地质条件，含水层、隔水层、强透水带的分布及特征。可溶岩区应查明喀斯特水系统分布，预测掘进时发生突水（泥）的可能性，估算最大涌水量和对围岩稳定的影响，提出处理建议。

8 查明岩层中的有害气体或放射性元素的赋存情况。

〖摘编说明〗

地下厂房掘进时如发生突水（泥）影响施工安全和施工进度，岩层中如存在有害气体或放射性元素，不仅影响施工安全而且对长期运行会造成不利影响，必须予以重视。

地下厂房的地质勘察除应布置顺厂房轴线的主勘平洞外，还应布置相应的横向平洞，目的是控制厂房两侧边墙的地质条件，正确评价边墙稳定性，为确定施工方法和支护措施提供地质资料。勘探平洞最好能结合施工和总体布置，使之（或扩大后）能在施工中或作为永久建筑加以利用。

〖检查要点和方法〗

工程地质勘察报告中对地下厂房洞室稳定性、施工过程中突水涌泥以及有害气体等问题的分析与评价。

n）6.9.1 隧洞勘察应包括下列内容：

3 查明隧洞沿线岩层产状、主要断层、破碎带和节理裂隙密集带的位置、规模、性状及其组合关系。隧洞穿过活断层时应进行专门研究。

4 查明隧洞沿线的地下水位、水温和水化学成分，特别要查明涌水量丰富的含水层、汇水构造、强透水带以及与地表溪沟连通的断层、破碎带、节理裂隙密集带和喀斯特通道，预测掘进时突水（泥）的可能性，估算最大涌水量，提出处理建议。提出外水压力折减系数。

5 可溶岩区应查明隧洞沿线的喀斯特发育规律、主要洞穴的发育层位、规模、充填情况和富水性。洞线穿越大的喀斯特水系统或喀斯特洼地时应进行专门研究。

10 查明压力管道地段上覆岩体厚度和岩体应力状态，高水头压力管道地段尚应调查上覆山体的稳定性、侧向边坡的稳定性、岩体的地质结构特征和高压水渗透特性。

11 查明岩层中有害气体或放射性元素的赋存情况。

〖摘编说明〗

地下洞室施工过程中，常常发生的和地质有关的事故主要有岩爆、冒顶、涌水、有害气体和放射性辐射等，常威胁施工人员的生命安全和身体健康。

近年来西部地区隧洞工程往往要跨越活动断裂带，需要评价活动断裂带的活动情况及其对工程的影响，并据此采取工程措施。当隧洞穿越喀斯特水系统、喀斯特汇水盆地时，地质条件复杂，勘察难度大，根据多年实践经验，需要扩大测绘范围，并应进行专题研究，提高预测评价的准确性。根据多年实践经验，隧洞洞径大于 15m 时，需分部位研究结构面的组合及其对围岩稳定的影响。

隧洞掘进时如发生突水（泥）影响施工安全和施工进度，岩层中如存在有害气体或放射性元素，不仅影响施工安全，而且对长期运行会造成不利影响，必须予以重视。

〖检查要点和方法〗

工程地质勘察报告中对隧洞围岩稳定性、施工过程中突水涌泥以及有害气体等问题的分析与评价。

〖案例分析〗

地下洞室发生坍方的事故屡见不鲜，表 2-4 列出了塌方量较大的几个工程实例。可见，洞室发生塌方的各种原因中，地下水起着非常重要的作用。

表 2-4 隧 洞 塌 方 实 例

工程名称	断面形式	跨度/m	塌方规模/m³	塌 方 原 因
下马岭引水隧洞	圆	7.02	600	围岩为薄层灰岩和玢岩，C_{69} 断层宽 1～3m，充填亚黏土；断层宽 1～2m，充填碎石、断层泥，断层有水流出。支撑不及时，施工时放炮振动，塌方沿断层发生
		7.62	300	围岩为薄层灰岩，产状近水平，破碎。两条断层，宽 0.1～0.5m，渗水量 0.1～0.3L/s。在断层流水处发生塌方
		6.62	500	C_1 断层宽 1.6m，C_6 断层宽 2～3m，雨季滴水增加
刘家峡厂房	方圆	31×60	450	围岩为云母石英片岩，倾向厂房，受挤压破碎带及裂隙切割。塌方发生在边墙
建溪导流洞	椭圆	18～20	300	围岩为半风化花岗岩，裂隙发育，岩体被切割成块状，裂隙中有水渗出。施工时支撑不及时，放炮振动导致洞顶塌方
官厅输水洞	马蹄	8	1000	围岩为含燧石条带灰岩，断层宽 1.5m，节理破碎带极发育。钻孔压水使岩层恶化，导致塌方
龙亭引水洞	圆	7.5	600	围岩为花岗斑岩，有宽 1m 的大裂隙，裂隙内充填风化土和块石，沿裂隙左侧涌水。施工时放炮导致塌方
碧口左岸泄洪洞	圆	10.5	500	围岩为千枚岩，扭曲破碎，层面与洞轴线交角小于 20°。由于锚杆浅，混凝土层太薄，在右拱角发生塌方
	城门洞	10×12	5000	围岩为千枚岩、凝灰岩，多组断层斜穿洞身，宽 9m，断层间夹泥，沿断层有渗水。未及时支护，长期暴露导致全面冒顶
碧口排砂洞	圆	6.8	500	围岩为千枚岩，与洞轴线近乎平行，层厚 0.3m，破碎。应力释放导致两侧向洞内鼓肚，连同锚杆与钢架破坏
南桠河三级引水洞	城门洞	5.5	1000	围岩为全强风化花岗岩，岩体破碎，F_{150} 断层宽 6m，斜穿洞身，沿断层有水渗出
			约 1000	围岩为花岗岩，F_{241} 断层与洞正交，宽 1m，F_{239} 断层渗水量 450～500L/s
			1500	围岩为花岗岩，F_{241} 断层与洞轴线交角小于 45°，高 6m，渗水量很大。先掉碎块，后有大块崩塌
乌江渡导流洞	马蹄	11	200	围岩为页岩，发育 F_{116}、F_{306} 断层和 NWW 向裂隙，断层泥化，渗水量 2L/s。开挖 3 个月未支护，顶拱塌方

o) 6.10.1 导流明渠及围堰工程勘察应包括下列内容：

2 查明地层岩性特征。基岩区应查明软弱岩层、喀斯特化岩层的分布及其工程地质特性；第四纪沉积物应查明其厚度、物质组成，特别是软土、粉细砂、湿陷性黄土和架空层的分布及其工程地质特性。

〖摘编说明〗

导流明渠、施工围堰虽然是水利水电工程施工建设的临时性工程，但对枢纽布置、施工组织设计、工程施工安全影响很大。因此，要重视导流明渠及围堰工程的勘察。

基岩区导流明渠一般存在挖方边坡稳定问题和岩溶渗漏问题；而在第四系沉积物区则存在沉陷、边坡稳定、冲刷等问题。围堰虽然是临时性挡水建筑物，但其沉陷、稳定，渗漏与渗透破坏等与大坝同样重要。

〖检查要点和方法〗

工程地质勘察报告中对导流明渠与围堰地质条件的分析与评价。

p）6.11.1　通航建筑物的工程地质勘察应包括下列内容：

2　岩基上的通航建筑物应查明软岩、断层、层间剪切带、主要裂隙及其组合与地基、边坡的关系，提出岩土体的物理力学性质参数，评价地基、开挖边坡的稳定性。

3　土基上的通航建筑物应对地基的沉陷、湿陷、抗滑稳定、渗透变形、地震液化等问题作出评价。

〖摘编说明〗

本条涉及通航建筑物安全的沉陷、湿陷、抗滑稳定、渗透变形和地震液化等地质问题。

一般来说，通航建筑物包括船闸和升船机两种类型，其勘察范围除船闸和升船机外，还应包括引航道、上下游码头和两侧边坡等。

〖检查要点和方法〗

工程地质勘察报告中对通航建筑物工程地质条件的分析与评价。

q）6.12.1　边坡工程地质勘察应包括以下内容：

2　岩质边坡尚应查明岩体结构类型，风化、卸荷特征，各类结构面和软弱层的类型、产状、分布、性质及其组合关系，分析对边坡稳定的影响。

〖摘编说明〗

岩质边坡一般高度大，地质条件复杂。本条涉及水利水电工程中岩质边坡稳定性的内容。

水利水电工程建设中边坡类型多，高度大，运行条件复杂，常常成为工程设计和运行中的重大问题，也是工程地质勘察中的重点和难点问题之一。

〖检查要点和方法〗

工程地质勘察报告中对边坡稳定性的分析与评价。

r）6.13.1　渠道勘察应包括下列内容：

3　查明渠道沿线含水层和隔水层的分布，地下水补排关系和水位，特别是强透水层和承压含水层等对渠道渗漏、涌水、渗透稳定、浸没、沼泽化、湿陷等的影响以及对环境水文地质条件的影响。

4　查明渠道沿线地下采空区和隐藏喀斯特洞穴塌陷等形成的地表移动盆地，地震

塌陷区的分布范围、规模和稳定状况，并评价其对渠道的影响。对于穿越城镇、工矿区的渠段，还应探明地下构筑物及地下管线的分布。

〖摘编说明〗

渠道对环境水文地质条件的影响主要表现在两方面：一是渠道渗漏可能导致一定范围内的地下水位升高，使渠外产生浸没、沼泽化等；二是深挖方渠道切穿较强含水层后，成为地下水排泄的通道，导致附近地下水位下降，影响当地居民生活与生产用水。

渠道通过地下采空区和隐蔽喀斯特洞穴等形成的地表移动盆地时，渠道可能受地表移动盆地变形的影响而产生破坏。渠水灌入地表移动盆地后，可能会进一步加剧地表移动盆地的变形，并引起环境地质和环境水文地质条件的变化。

〖检查要点和方法〗

工程地质勘察报告中有关渠道渗漏与涌水及其对环境水文地质条件的影响评价，地表移动盆地与渠道的相互影响评价。

s)　6.14.1　水闸及泵站勘察应包括以下内容：

1　查明水闸及泵站场址区的地层岩性，重点查明软土、膨胀土、湿陷性黄土、粉细砂、红黏土、冻土、石膏等工程性质不良岩土层的分布范围、性状和物理力学性质，基岩埋藏较浅时应调查基岩面的倾斜和起伏情况。

3　查明场址区滑坡、潜在不稳定岩体以及泥石流等物理地质现象。

〖摘编说明〗

一般来说，当第四纪沉积物作为水闸或泵站地基时，勘察主要是解决地基强度、沉陷、不均匀变形、渗透稳定、开挖边坡、基坑排水等问题；当基岩作为水闸或泵站地基时，地基强度及变形问题不突出，勘察主要是查明岩体结构、地质构造及岩体风化、卸荷情况等。因此，在工程地质勘察时应各有侧重。

场址附近的滑坡、潜在不稳定岩体和泥石流等对水闸泵站具破坏作用，有时会造成严重的突发事件，不仅影响水闸泵站的安全运行，还会危及人员的生命。

〖检查要点和方法〗

工程地质勘察报告中有关水闸泵站地基评价。

〖案例分析〗

湖北省鄂州市樊口大闸右侧山坡上分布的滑坡，滑体厚度 6m 左右，体积约 2.6 万 m³，滑体物质为碎块石及黏土。滑带物质为黄色黏土或灰黑色黏土夹小碎块，滑带厚 15～25cm。滑坡整体失稳，将直接堵塞船闸下游航道，并危及船闸导航墙安全，必须采取有效的治理措施或予以挖除。

t)　6.15.1　深埋长隧洞勘察除应符合本规范第 6.9.1 条的有关规定外，尚应包括下列内容：

1　基本查明可能产生高外水压力、突涌水（泥）的水文地质、工程地质条件。

2　基本查明可能产生围岩较大变形的岩组及大断裂破碎带的分布及特征。

3　基本查明地应力特征，并判别产生岩爆的可能性。

4　基本查明地温分布特征。

〖摘编说明〗

深埋长隧洞工程有其自身的特点，地应力水平较高，地层岩性多变，同时可能会存在突涌水（泥）、岩体大变形、有害有毒气体、高地温、高地应力及岩爆等工程地质问题。

长隧洞的定义是和施工方法有关的，本标准规定的"钻爆法施工长度大于3km的隧洞；TBM法施工长度大于10km的隧洞"均属长隧洞。深埋隧洞是指埋深大于600m的隧洞。

深埋长隧洞由于埋深大、洞线长，又常常位于山高坡陡地区，工程地质勘察难度极大。限于当前技术水平，还没有成熟、可靠的勘察手段和方法。

广泛收集已有的各种比例尺的地质图和航片、卫片资料，充分利用航片、卫片解译技术；对已建工程进行调研，总结已有工程经验，进行工程地质类比分析，是一项重要工作。

重视工程地质测绘工作，必要时进行较大范围的测绘和对重要地质现象进行野外追踪，对地质问题的宏观判断极为重要。常规的物探方法对深部地质体的探测效果不理想。近些年来，国内一些单位进行了有益的尝试，如黄河勘测规划设计有限公司、中水北方勘测规划设计有限公司和铁道部第一勘测规划设计研究院等采用多种物探方法，包括可控源音频大地电磁测深（CSAMT）和大地电磁频谱探测（MD）等方法，对深部地质结构进行探测，取得了一些成果。

钻探是最常用的勘探手段，但对于深埋长隧洞线路钻孔深度大，而有效进尺少，因此利用率很低。另外，深埋长隧洞工程区通常是高山峡谷地区，交通不便，实施钻探困难，无法规定钻孔的间距。但选择合适位置布置深孔是必要的，在孔内应尽可能地进行地应力、地温、地下水位、岩体渗透性等测试，以取得更多的资料。

〖检查要点和方法〗

工程地质勘察报告中对隧洞围岩稳定性、施工过程中突（涌）水（泥）、围岩变形较大的洞段、地温异常、岩爆以及有害气体等问题的分析与评价。

u）6.19.2　移民新址工程地质勘察应包括下列内容：

2　查明新址区及外围滑坡、崩塌、危岩、冲沟、泥石流、坍岸、喀斯特等不良地质现象的分布范围及规模，分析其对新址区场地稳定性的影响。

3　查明生产、生活用水水源、水量、水质及开采条件。

〖摘编说明〗

移民选址工程地质勘察的中心任务是：确保所选新址稳定、安全，在建设和使用过程中，不会发生危及新址安全的重大环境地质问题，勘察的重点是新址场地的稳定性及外围有无崩塌、滑坡、泥石流等对新址安全不利的地质灾害。

水是生命之源，移民新址工程地质勘察中应把生产与生活用水作为一项重要内容，以保证新址区人民的生产与生活正常进行。

〖检查要点和方法〗

工程地质勘察报告中对新址场地的稳定性及外围崩塌、滑坡、泥石流等危及新址安全的地质灾害的评价，水源地的水质、水量是否符合有关标准。

〖案例分析〗

在新址区场地稳定性、建筑适宜性初步评价方面，三峡工程移民选址工程积累了一些经验。根据新址区的主要工程地质条件和地表改造程度，将场地的稳定性划分为5类，即稳定区（A）、基本稳定区（B）、潜在非稳定区（C）、非稳定区（D）和特殊地质问题区（E），详见表2-5。根据新址区的地形坡度、地基强度、场地稳定程度、对外交通和城镇排水状况，将场地的建筑适宜程度划分为5类，即最佳建筑场地区（Ⅰ）、良好建筑场地区（Ⅱ）、一般建筑场地区（Ⅲ）、不宜建筑场地区（Ⅳ）和特殊地质问题场地区（Ⅴ），见表2-6。

表2-5　　　　　　　三峡工程移民选址场地稳定程度分区

场地稳定程度类别	主要工程地质条件	地表改造程度
稳定区（A）	地层岩性相对均一，产状稳定且平缓；地层倾向山体且反倾裂隙不发育；地层倾向坡外但坡脚没有临空面；地层走向与坡面走向夹角大	无
基本稳定区（B）	地层岩性比较复杂，但产状比较稳定；地层倾向山体且反倾裂隙不甚发育；地层倾向坡外，仅局部坡脚存在临空面；地层走向与坡面走向夹角大于30°	弱
潜在非稳定区（C）	地层岩性比较复杂，但产状比较稳定；地层倾向山体且反倾裂隙不甚发育；地层倾向坡外，仅局部坡脚存在临空面；地层走向与坡面走向夹角小于30°	较强
非稳定区（D）	地层岩性复杂，产状不稳定；地层倾向山体且反倾裂隙发育；地层倾向坡外，坡脚存在临空面；地层走向与坡面走向夹角小于30°	强
特殊地质问题区（E）	古滑坡体、近代滑坡体、近代有变形迹象的崩坡积与冲洪积层，近代崩塌错落体，岩溶塌陷，落水洞，暗河，特殊类土，采空区，泥石流区	极强

注　地表改造是指人工边坡开挖、人工填土加载、人工改造地表水系等。

表2-6　　　　　　　三峡工程移民选址场地建筑适宜程度分区

建筑适宜程度类别	地形坡度/（°）	地基强度/kPa	场地稳定程度类别	对外交通状况	城镇给排水状况
最佳建筑场地区（Ⅰ）	≤10	≥120	稳定区（A）	良好	良好
良好建筑场地区（Ⅱ）	10~15	100~120	基本稳定区（B）	好	好
一般建筑场地区（Ⅲ）	15~20	100~120	潜在非稳定区（C）	较好	较好
不宜建筑场地区（Ⅳ）	≥20	≤100	非稳定区（D）	一般	一般
特殊地质问题场地区（Ⅴ）			特殊地质问题区（E）		

v) **9.4.1　渗漏及渗透稳定性勘察应包括下列内容：**

1　土石坝坝体渗漏及渗透稳定性应查明下列内容：

1）坝体填筑土的颗粒组成、渗透性、分层填土的结合情况，特别是坝体与岸坡接合部位填料的物质组成、密实性和渗透性。

2）防渗体的颗粒组成、渗透性及新老防渗体之间的结合情况，评价其有效性。

5）坝体下游坡渗水的部位、特征、渗漏量的变化规律及渗透稳定性。

6）坝体塌陷、裂缝及生物洞穴的分布位置、规模及延伸连通情况。

2　坝基及坝肩岩土体渗漏及渗透稳定性勘察应查明下列内容：

4）古河道及单薄分水岭等的分布情况。

5）两岸地下水位及其动态，地下水位低槽带与漏水点的关系。渗漏量与库水位的相关性。

〖摘编说明〗

本条是病险水库除险加固初步设计阶段工程地质勘察中渗漏及渗透稳定性主要的勘察内容。在病险水库中，渗漏与渗透稳定是主要险种之一，也是影响大坝安全的主要问题。

我国病险水库除险加固始于淮河流域"75·8"大洪水之后。1976—1985 年的 10 年间，对 65 座大型水库进行了除险加固；1986—1998 年间，分两批对 81 座重点大中型水库进行了除险加固。

1998 年大洪水后，水利部组织编制了《全国病险水库除险加固专项规划报告》。根据《水库大坝安全鉴定办法》中的安全分类，一类水库 26052 座，二类水库 27262 座，三类水库 30413 座。三类水库即为病险水库，约占全国水库总数的 36%，其中大型水库 145 座，中型水库 1118 座，小（1）型水库 5410 座，小（2）型水库 23740 座。病险水库的病险主要有：防洪标准低，抗震标准低，大坝稳定性差，坝体坝基渗漏严重，输放水及泄洪建筑物老化破坏较为普遍，金属结构及机电设备不能正常运转，管理设施与观测设备等不完善。

病险水库的渗漏与渗透稳定问题分为坝体渗漏、坝基渗漏和绕坝渗漏。坝体渗漏的原因通常有填筑物质不合格、碾压密实度不足、防渗体失效、后期生物破坏等；坝基渗漏与绕坝渗漏则与坝基与两岸坝肩处理失效、处理不当或未处理有关。

〖检查要点和方法〗

工程地质勘察报告中对坝体、坝基、坝肩等渗漏及渗透稳定性的分析与评价。

w) **9.4.3　不稳定边（岸）坡勘察应查明下列内容：**

2　不稳定边坡的分布范围、边界条件、规模、地质结构和地下水位。

3　潜在滑动面的类型、产状、力学性质及与临空面的关系。

〖摘编说明〗

病险水库中的不稳定边（岸）坡包括坝前库区岸坡、溢洪道和放水洞进出口岸坡。岸坡滑塌往往导致水流出路的堵塞，造成泄洪不畅而引发险情。

该条文中所列内容为控制边坡稳定的主要地质因素，应在不稳定边坡勘察中查明。

〖检查要点和方法〗

工程地质勘察报告中对不稳定边（岸）坡稳定性的分析与评价。

x）9.4.5 坝（闸）基及坝肩抗滑稳定勘察应查明下列内容：

1 地层岩性和地质构造，特别是缓倾角结构面及其他不利结构面的分布、性质、延伸性、组合关系及与上、下岩层的接触情况，确定坝（闸）基及坝肩稳定分析的边界条件。

3 坝体与基岩接触面特征。

〖摘编说明〗

坝基及坝肩的抗滑稳定问题是病险水库除险加固中重要的地质问题，对大坝的运行安全至关重要。

当病险水库存在坝基或坝肩抗滑稳定问题时，应从地层岩性、地质构造和不利结构面等几方面来分析。

〖检查要点和方法〗

工程地质勘察报告中对坝基、坝肩抗滑稳定性的分析与评价。

y）9.4.8 坝体变形与地基沉降勘察应包括下列内容：

1 查明土石坝填筑料的物质组成、压实度、强度和渗透特性。

2 查明坝体滑坡、开裂、塌陷等病害险情的分布位置、范围、特征、成因，险情发生过程与抢险措施，运行期坝体变形位移情况及变化规律。

3 查明地基地层结构、分布、物质组成，重点查明软土、湿陷性土等工程性质不良岩土层的分布特征及物理力学特性，可溶岩区喀斯特洞穴的分布、充填情况及埋藏深度。

〖摘编说明〗

坝体变形在病险水库除险加固中是比较常见的问题，它直接影响到大坝的安全。

坝体变形与地基沉降均表现为坝体滑坡、开裂或塌陷等。导致大坝滑坡的因素很多，如坝壳砂料级配不良、未进行碾压或碾压不实、坝坡过陡、未清基或清基不彻底、护坡无垫层、新老土层结合不好等。大坝塌陷的原因有反滤料级配不良、管涌、坝内埋管受压断裂等。因此其勘察应同时查明坝体填筑料及其压实度、强度、渗透特性和坝基地质缺陷。

〖检查要点和方法〗

工程地质勘察报告中对坝体变形与地基沉降的分析与评价。

2－0－2 《中小型水利水电工程地质勘察规范》SL 55—2005

为统一中小型水利水电工程地质勘察工作，明确各勘察阶段的勘察任务、内容和方法，保证勘察成果质量，制定本标准。本标准适用于中小型水利水电工程地质勘察和中小型病险水库除险加固工程勘察。本标准主要技术内容包括各阶段工程地质勘察的任务、内容和方法，病险水库安全鉴定勘察和除险加固设计勘察的任务、内容和方法，天然建筑材料勘察等。

a)　**5.2.9　溶洼水库和溶洞水库勘察应包括下列内容：**

3　查明库盆区主要消水洞穴（隙）的分布位置、性质、规模及与库外连通程度，被掩埋的地面塌坑、溶井和其他消泄水点情况等。

5　查明堵体部位覆盖层的类型、性质和厚度，喀斯特洞隙发育规律和管道枝叉的连通情况。在利用洞周岩壁挡水时，应调查洞周岩壁的完整情况、有效厚度及其支承稳定性。

〖摘编说明〗

本条所列内容是涉及溶洼水库和溶洞水库成败的关键问题，因此应作为该类工程勘察的重中之重。

溶洼水库和溶洞水库是南方可溶岩地区常见的一种特殊类型的中小型水利水电工程。其特点是：以喀斯特地表与地下水流作为主要水源；利用溶蚀洼地和溶洞作为主要库盆；依靠堵塞暗河溶洞或落水洞口形成堵体蓄水。这类工程既有一般可溶岩区水利水电工程所遇到的问题，又有因其特定的地貌和地质环境所带来的一些专门地质问题。

〖检查要点和方法〗

工程地质勘察报告中对成库条件的分析与评价是否满足要求。

b)　**6.3.5　对施工中可能遇到危及施工或建筑物安全的有关地质现象，应及时进行预测和预报，其重点内容是：**

1　根据基坑开挖所揭露的土层情况，预测软土、湿陷性黄土、膨胀土等特殊土层的分布位置、高程、厚度，及可能发生的边坡滑动、塌陷、基坑涌水、涌砂和地基顶托等不利现象。

2　预测洞室掘进中可能遇到的重大塌方、碎屑流、突水或其他地质灾害发生的部位。

3　根据边坡开挖后所揭露的岩土性质和不利结构面的分布情况，预测边坡失稳的可能性及其边界条件，对施工期的监测提出建议。

〖摘编说明〗

施工期间，对可能发生的危及施工或建筑物安全的有关地质现象进行正确地预测预报，可以避免危及施工人员安全、保证工程顺利实施。

预测预报要建立在对地质条件准确把握的基础上，基坑工程的预测预报要根据特殊土层的分布、地下水情况做出，特别是存在承压水的情况下。洞室的预测预报要根据洞室围岩的地质条件和地下水情况做出，特别是断层破碎带、裂隙密集带、溶洞、岩石强度等。边坡失稳除与地质条件有关外，往往还与大气降水和人工处置不当有关。

〖检查要点和方法〗

检查施工地质日志、简报和施工地质报告中是否有相关内容的分析与预报。

2-0-3 《堤防工程地质勘察规程》SL 188—2005

为规范堤防工程地质勘察工作，明确勘察任务、内容、方法和要求，保证勘察成果质量，制定本标准。本标准适用于江、河、湖、海 1 级、2 级、3 级堤防，穿堤涵闸，堤岸的工程地质勘察。本标准主要技术内容包括各阶段堤防工程地质勘察的任务、内容和方法，堤身勘察，特殊土勘察，天然建筑材料勘察等。

a) **4.3.1 新建堤防的勘察应包括下列内容：**

4 查明堤基相对隔水层和透水层的埋深、厚度、特性及与江、河、湖、海的水力连系，调查沿线泉、井分布位置及其水位、流量变化规律，查明地下水与地表水的水质及其对混凝土的腐蚀性。

5 基本查明堤线附近埋藏的古河道、古冲沟、渊、潭、塘等的性状、位置、分布范围，分析其对堤基渗漏、稳定的影响。

〖摘编说明〗

本条是涉及堤防渗透稳定的条文，堤防主要的破坏形式之一就是渗透破坏。

堤防的渗透稳定是和堤防附近水文地质条件紧密相关的，特别是埋藏的古河道、古冲沟等。而堤防附近的渊、潭、塘不仅破坏相对不透水盖层，导致渗透破坏的发生，而且在软土分布区还可导致堤基失稳。

〖检查要点和方法〗

工程地质勘察报告中对新建堤防抗滑稳定与渗漏、渗透变形的分析与评价。

b) **4.3.2 已建堤防加固工程的勘察除应满足本标准 4.3.1 条的规定外，还应包括下列内容：**

1 复核堤基险情隐患分布位置、范围、特征，调查堤外滩地形、微地貌特征和宽度，堤内决口冲刷坑和决口扇分布位置、范围等。

2 查明拟加固堤段堤基临时堵体、决口口门淤积物等的分布位置、特征等，查明因出险而引起的堤基地质条件变化情况。

〖摘编说明〗

本条涉及已建堤防稳定问题。已建堤防多数已有几十年甚至上百年的历史，经受过多次洪水的考验。因此，险情的位置、范围、特征等基本上能说明出险地段的地质条件，在工程地质条件评价中，将二者有机地结合起来，综合分析是非常必要的。

〖检查要点和方法〗

工程地质勘察报告中对已建堤防渗漏与渗透变形分析中是否将险情与地质条件有机地结合起来。

c) **4.3.3 涵闸工程的勘察应包括下列内容：**

3 查明闸基透水层、相对隔水层的厚度、埋藏条件、渗透特性及其与地表水体的水力连系，地下水位及其动态变化，地下水及地表水质并评价其对混凝土的腐蚀性。

4 查明闸址处埋藏的古河道、古冲沟、土洞等的特性、分布范围，危及涵闸的滑坡、崩塌等物理地质现象的分布位置、规模和稳定性，评价其对闸基渗漏、稳定的影响。

〖摘编说明〗

穿堤建筑物——涵闸，与堤防一道起着防御洪水的作用，渗漏与渗透变形也是其主要工程地质问题，因此与之有关的地质条件要查明。

〖检查要点和方法〗

工程地质勘察成果中对闸基工程地质与水文地质条件的评价内容。

d） 4.3.4 堤岸的勘察应包括下列内容：

2 基本查明拟护堤岸段岸坡的地质结构、各地层的岩性、空间分布规律，评价其抗冲性能，确定各土（岩）层的物理力学参数，注意特殊土层、粉细砂层等的分布情况及其性状，不利界面的形态。

〖摘编说明〗

堤岸，特别是外滩较窄的堤岸，一旦失稳会危及堤防的安全，甚至堤防溃决。

初步设计阶段堤岸的勘察是针对稳定条件较差、需要防护的岸段进行的。因堤岸段岸坡冲淤频繁，且工程对地质条件要求不高，勘察工作只需做到"基本查明"。除了岸坡的地质条件外，河势的情况对岸坡的稳定性影响很大，所以应重视对河势情况的调查。

不利界面是指上覆土体易沿其产生滑坡的结构面，如：新老土层接触面，基岩面，岸坡土体中的软弱土层等。

〖检查要点和方法〗

工程地质勘察成果中对堤岸地质结构、各岩土层的抗冲性能、对堤岸稳定有影响的不利结构面等条件的评价。

e） 5.3.13 钻孔完成后必须封孔（长期观测孔除外），封孔材料和封孔工艺应根据当地实际经验或试验资料确定。

〖摘编说明〗

堤防的钻探封孔是一项非常重要的工作。如果忽视封孔质量，汛期洪水来临时，洪水通过含水层从钻孔冒出，容易产生渗透破坏，危及堤防的安全。

堤防钻探封孔方法是多种多样的，各地堤防管理部门的要求也不尽相同。目前，普遍采用的有黏土球封孔、水泥砂浆封孔和岩芯回填。

黏土球封孔是长江水利委员会和湖北省水利厅共同研究出的行之有效的钻探封孔方法。其原则是"以土还土，以砂还砂"，即：根据钻孔地层结构确定封孔用材料，砂层段用粗砂封孔，细粒土段用黏土球封孔。其目的是保持堤基原有的天然渗流场不变。为了保证封孔回填土的密实度，每次回填土量应严格控制（根据钻孔孔径计算），以单次回填高度不超过 1m 为原则。砂土回填 1m 后，应用钻杆捣实；黏土球回填后，应用击实器击实，原则上应将 1m 高的黏土球击实到 0.3m 高，以保证黏土球被击碎，不留空隙。用以制作黏土球的土以粉质黏土为宜，黏土球直径 2cm 左右，风干。投入黏土球时，一次投入量不宜过多，以免黏土球堵在钻孔中间，造成下部孔段架空。该方法应用多年，实践证明效果良好。

水泥砂浆封孔是在钻孔完成后，一次性将水泥砂浆注入孔内，将钻孔充满。该方法的缺点是，水泥砂浆在凝固过程中会收缩，使水泥砂浆形成的水泥柱与孔壁脱开并有一定间隙；在水泥砂浆凝固过程中，其中的较粗粒下沉较快，从而形成下部以粗砂为主，上部以水泥为主的现象。岩芯回填的方法难以保证封孔质量，不宜全孔采用。

〖检查要点和方法〗

检查封孔记录表格中的封孔方法、封孔回填材料是否满足要求、相关责任人签名等，施工单位对封孔的检查记录，检查中发现的问题是如何处理的。

〖案例分析〗

20 世纪 80 年代，在长江中游的荆江大堤内进行石油勘探中未注重封孔质量，在汛期堤防挡水时，导致因封孔质量问题沿钻孔发生管涌，所幸防汛抢险及时得当，未造成大的损失。

f)　8.0.2　天然建筑材料产地的选择，应符合下列原则：

3　土料产地距堤脚应有一定的安全距离，严禁因土料开采引起堤防渗透变形和抗滑稳定问题。

〖摘编说明〗

筑堤土料一般沿堤线就近开采，但这可能会带来两个问题：一是当下部存在相对透水层时，土料开采减薄了上覆相对不透水层的有效厚度，汛期堤防挡水时，在取土坑处会产生渗透破坏；二是在软土分布区，地表往往分布有硬壳层，挖除硬壳层后，可能导致堤防发生抗滑稳定问题。

由于各地堤防的地质条件和挡水条件千差万别，如：相对透水层和相对不透水层的渗透性和厚度、软土层和硬壳层的强度和厚度、汛期高水位持续的时间等均不相同，因此，不能对于堤防的保护范围提出统一的固定数值，各地应根据本地的具体情况确定。如：湖北省规定距堤内脚 1km、距堤外脚 0.5km 范围内不准取土；浙江海堤距堤脚 50m 不准取土破坏硬壳层；美国密西西比河流域在距堤脚 30m 范围内不准取土。

〖检查要点和方法〗

检查天然建筑材料分布图料场距堤防的距离是否满足当地有关规定的要求。

2－0－4　《水利水电工程钻探规程》SL 291—2003

为提高水利水电工程钻探质量和效率，降低生产成本，确保安全生产，制定本标准。本标准主要内容包括钻探方法、岩芯和原状样采取方法、冲洗液和护壁堵漏、钻探质量、孔内事故处理、水上钻探、冰上钻探和安全生产。

a)　12.3.1　钻孔竣工验收后应按技术要求进行封孔，应采用 32.5 级以上水泥配制砂浆封孔，但小口径钻孔要用水泥浆封孔。

〖摘编说明〗

本条是涉及水利水电工程安全的条文，为保证基础底面扬压力不致因钻孔而升高，或不引起其他水文地质问题。

封闭钻孔方法：深度小于 20m 的干孔可直接从孔口投入稠水泥浆，有水钻孔则必须下入导浆管，管口距孔底距离应小于 0.5m，然后用泵入法进行灌浆。水灰比宜为 0.5～0.6。采用注入法进行灌浆时，浆液升高到一定高度后，可逐渐提起导浆管，但管脚不得超过浆液面。

〖检查要点和方法〗

检查封孔记录中封孔方法、封孔所用材料、封孔程序等是否符合规定。

2－0－5　《水利水电工程施工地质勘察规程》SL 313—2004

为统一水利水电施工地质工作程序，明确施工地质工作内容、方法与技术要求，保证施工地质工作质量，制定本标准。本标准主要技术内容有地面工程、地下开挖工程、工程边坡、岩（土）体防渗与排水工程、水库和天然建筑材料等 6 个部分。

a)　4.3.2　施工地质预报应包括下列内容：

1　与原设计所依据的地质资料和结论有较大出入的工程地质条件和问题。

2　基坑可能出现的管涌、流土或大量涌水。

〖摘编说明〗

本条是对地面建筑基坑而规定的，对于施工开挖揭露的地质条件，如与原设计所依据的有较大出入，则施工单位对可能存在的地质问题及其可能引发的突发事件没有充分的准备，因此施工地质预报应及时、准确，为施工采取正确合理的方案做好准备。

基坑出现渗透破坏或大量涌水，往往会造成基坑被淹，甚至导致基坑破坏的严重后果。应根据水文地质条件做出预报。

〖检查要点和方法〗

首先检查施工过程中有无上述两个问题存在；如存在，则检查施工地质简报或其他资料中对其是否进行了预报。

b)　5.1.1　岩质洞室围岩地质巡视内容应包括基本地质条件，并应侧重以下方面：

9　在深埋洞段或高地应力区，收集地应力测试资料，调查片帮、岩爆、内鼓、弯折变形地段的地质条件，观察记录片帮、岩爆的规模、延续时间、岩块大小、形状及岩爆发生时间与施工掘进的关系。

10　在地温异常区，收集地温和洞温资料。

12　在有害气体赋存区的洞段，收集有害气体监测资料。

〖摘编说明〗

本条规定，首先是岩爆方面的，其次是地热方面的，最后是有害气体方面的。都是涉及施工人员人身安全的条文。

本条侧重于这些地质问题出现后资料的搜集，在此之前已对这些问题有了具体的了解，但对其危害的严重程度还没有定量的评价。搜集这些资料是为了全面分析问题。

〖检查要点和方法〗

检查施工地质日志有无这方面的记录。

c）5.3.1　遇下列情况时，应进行超前地质预报：

1　深埋隧洞和长隧洞。

2　开挖揭露的地质情况与前期工程地质勘察资料有较大出入。

3　预计开挖前进方向可能遇到重大不良地质现象（断层破碎带、喀斯特、软弱层带、含有害气体的地层、突泥、突水等）。

〖摘编说明〗

本条涉及施工人员人身安全和施工的安全顺利进行两方面内容。内容着重于预报的超前性，为合理施工方案的制定及其实施争取时间，以确保工期与安全。

〖检查要点和方法〗

检查施工地质日志、简报等，有无这方面的记录。

d）5.3.2　遇下列现象时，应对其产生原因、性质和可能的危害作出分析判断，并及时进行预报：

1　围岩不断掉块，洞室内灰尘突然增多，支撑变形或连续发出响声。

2　围岩顺裂缝错位、裂缝加宽、位移速率加大。

3　出现片帮、岩爆或严重鼓胀变形。

4　出现涌水、涌沙、涌水量增大、涌水突然变浑浊现象，地下水化学成分产生明显变化。

5　干燥岩质洞段突然出现地下水流，渗水点位置突然变化，破碎带水流活动加剧，土质洞段含水量明显增大。

6　地温突然发生变化，洞内突然出现冷空气对流。

7　钻孔时，纯钻进速度加快且钻孔回水消失、经常发生卡钻。

〖摘编说明〗

本条涉及施工人员在地下开挖工程中的人身安全，列举的7项地质现象都是地下开挖工程中围岩失稳或突水、突泥的先兆，应立即预报。

〖检查要点和方法〗

检查施工地质日志、简报等，有无这方面的记录。

e）5.3.3　施工地质预报应包括下列内容：

1　未开挖洞段的地质情况和可能出现的工程地质问题。

2　可能出现坍塌、崩落、岩爆、膨胀、涌沙、突泥、突水的位置、规模及发展趋势，含有害气体地层的位置。

〖摘编说明〗

本条列举了地下开挖工程可能遇到的所有地质问题。在工程施工过程中，这些问题常常造成安全事故，严重威胁施工人员的生命安全。

〖检查要点和方法〗

检查施工地质日志、简报等，有无这方面的记录。

f) 6.3.1　遇下列现象时，应对这些现象的产生原因、性质和可能的危害作出分析判断，并及时进行预报：

1 边坡上不断出现小塌方、掉块、小错动、弯折、倾倒、反翘等现象，且有加剧趋势。

2 边坡上出现新的张裂缝或剪切裂缝，下部隆起、胀裂。

3 坡面开裂、爆破孔错位、原有裂隙扩展和错动。

4 坡面水沿裂隙很快漏失，沿软弱结构面的湿度增加。

5 地下水水位、出露点的流量突变，出现新的出露点，水质由清变浑。

6 边坡变形监测数据出现异常。

7 土质边坡出现管涌、流土等现象。

〖摘编说明〗

在边坡工程施工过程中，这些现象的出现常常预示着边坡失稳，如不及时预报，可能造成安全事故，严重威胁施工人员的生命安全。

〖检查要点和方法〗

检查施工地质日志、简报等，有无这方面的记录。

g) 6.3.2　施工地质预报应包括下列内容：

1 边坡中可能失稳岩（土）体的位置、体积、几何边界和力学参数。

2 边坡可能的变形和失稳的形式、发展趋势及危害程度。

〖摘编说明〗

边坡工程施工过程中，如何及时、准确地处理变形，防止可能发生的失稳，是保证边坡工程顺利施工、确保施工安全的重要举措。本条所列内容是保证边坡加固具有针对性、有效性、科学性的基础。

〖检查要点和方法〗

检查施工地质日志、简报等，有无这方面的记录。

h) 7.3.2　施工地质预报应包括下列内容：

1 与原设计所依据的地质资料和结论有较大出入的工程地质条件和问题。

2 可能产生异常涌水、涌沙的部位。

〖摘编说明〗

本条是岩土体防渗与排水方面的内容，是为保证工程安全必须关注的问题。与原设计所依据的地质资料和结论有较大出入的工程地质条件和问题，指的是由于地质条件与预计的不同，需要对防渗与排水措施进行调整。

〖检查要点和方法〗

检查施工地质日志、简报等，有无这方面的记录。

2－0－6　《水利水电工程物探规程》SL 326—2005

a)　4.10.3　资料解释应符合下列要求：

4　环境γ辐射防护应以正当化、最优化和个人剂量限值的综合防护为原则，摒弃阈值的观念，避免不必要的照射，辐射防护标准应依据 GB 18871 执行。

〖摘编说明〗

环境放射性辐射控制标准应符合《电离辐射防护与辐射源安全基本标准》（GB 18871）规定，从事非辐射工作的人员，年有效剂量当量不超过 1mSv。如果按终生剂量平均的年有效剂量当量不超过 1mSv，则在某些年份里允许以每年 5mSv 作为剂量限值。

对于一项实践，只有在考虑了社会、经济和其他有关因素之后，其对受照个人或社会所带来的利益足以弥补其可能引起的辐射危害时，该实践才是正当的。

对于来自任一特定源的照射，应使防护与安全最优化，使得在考虑了经济和社会因素之后，个人受照剂量的大小、受照射的人数以及受照射的可能性均保持在可合理达到的尽量低水平；这种最优化应以该源所致个人剂量和潜在照射危险分别低于剂量约束和潜在照射危险约束为前提。

阈值是这样一个值，当累积受辐射量超过该值时，某个器官就会发生病变。当然，不同的器官，不同的病变，阈值是不同的；即使是同一器官，同样的病变，对不同的人也是不一样的。比如产生脱发的阈值为 3Slv，产生永久性不孕不育的阈值为 8Slv。

〖检查要点和方法〗

检查物探成果中关于辐射防护是否符合本条规定。

3 工 程 规 划

水利工程规划的主要任务是根据流域规划的要求以及工程开发的可能条件，从政治、经济、技术和环境保护等方面综合分析，提出工程开发任务，初步确定工程规模，拟定运用方案和估计工程效益等。本章共分流域（区域）规划和防洪标准两节，涉及3项标准，强制性条文共11条，详见表3-1。

表3-1 工程规划部分涉及标准汇总表

序　号	标　准　名　称	标准编号	条　　数
1	农田水利规划导则	SL 462—2012	1
2	防洪标准	GB 50201—2014	9
3	河道整治设计规范	GB 50707—2011	1

3-1 流域（区域）规划

3-1-1 《农田水利规划导则》SL 462—2012

5.3.5 在血吸虫病疫区及其可能扩散影响的毗邻地区，农田水利规划应包括水利血防措施规划。

〖摘编说明〗

在血吸虫病疫区实施农田水利工程可能引起血吸虫病疫扩散，实施水利血防措施是血吸虫病综合防治措施体系的重要组成部分，在编制农田水利规划时，包括水利血防措施规划是必要的。

在血吸虫病病疫区及其可能扩散影响的毗邻地区，农田水利规划应包括水利血防措施规划，可单独成章（节）。水利防螺、灭螺的规划要求和设计方法应执行《水利血防技术规范》（SL 318—2011）中的有关规定。

水利血防规划坚持工程措施与非工程措施相结合，坚持综合防治、因地制宜、突出重点为原则，根据各地的具体条件采取相应的水利血防措施，避免因为修建水利工程造成血吸虫病扩散，从源头上切断传染、扩散的渠道与流行的可能。

〖检查要点和方法〗

血吸虫病病疫区在不同区域的疫情、防治情况、水利工程情况等有一定差别，不同的地区需针对性采取不同的水利血防综合措施。

确定的血吸虫病病疫区及其可能扩散影响地区的范围是否合理；水利血防措施规划内容是否全面，措施是否得当。

3-2 防 洪 标 准

防洪标准是防洪保护对象达到防御洪水的水平或能力。防洪标准的高低，与防洪保护对象的重要性、洪水灾害的严重性及其影响直接相关，并与国民经济的发展水平相联系。国家根据需要与可能，对不同保护对象颁布了不同的防洪标准。

3-2-1 《防洪标准》GB 50201—2014

本标准是根据原建设部《关于印发〈2007 年工程建设标准规范制订、修订计划（第一批)〉的通知》（建标〔2007〕125 号）的要求，在《防洪标准》GB 50201—94（以下简称原标准）的基础上修订而成的。

本标准主要内容包括总则、术语、技术规定、防洪保护区、工矿企业、交通运输设施、电力设施、环境保护设施、通信设施、文物古迹和旅游设施、水利水电工程等内容。本标准适用于防洪保护区、工矿企业、交通运输设施、电力设施、环境保护设施、通信设施、文物古迹和旅游设施、水利水电工程等防护对象，防御暴雨洪水、融雪洪水、雨雪混合洪水和海岸、河口地区防御潮水的规划、设计、施工和运行管理工作。

a) 5.0.4 当工矿企业遭受洪水淹没后，可能爆炸或导致毒液、毒气、放射性等有害物质大量泄漏、扩散时，其防洪标准应符合下列规定：

1 对于中、小型工矿企业，应采用本标准表 5.0.1 中Ⅰ等的防洪标准；

2 对于特大、大型工矿企业，除采用本标准表 5.0.1 中Ⅰ等的上限防洪标准外，尚应采取专门的防护措施；

3 对于核工业和与核安全有关的厂区、车间及专门设施，应采用高于 200 年一遇的防洪标准。

表 5.0.1　　　　　　　工矿企业的防护等级和防洪标准

防护等级	工矿企业规模	防洪标准［重现期（年）］
Ⅰ	特大型	200~100
Ⅱ	大型	100~50
Ⅲ	中型	50~20
Ⅳ	小型	20~10

注　各类工矿企业的规模按国家现行规定划分。

〖摘编说明〗

对于遭受洪水淹没会引起爆炸，导致有害物质大量泄漏，或造成重大人身伤亡的工矿企业，其防洪安全比一般的工矿企业更为重要，因此将此条定为强制性条文。

核工业企业和与核安全有关的厂区、车间及专门设施，一旦失事，将对周围人体和环境带来异常严重的放射性污染，应确保其防洪安全，这是参照国外和我国的现状制定的。鉴于核电厂的重要性，在本标准7.2节中做了专门规定。

〖检查要点和方法〗

检查工矿企业的防洪标准是否与企业规模相一致。对于特大型、大型工矿企业，还应检查是否有专门的防护措施，其防洪措施是否得当。

b)　**6.1.2**　经过行、蓄、滞洪区铁路的防洪标准，应结合所在河段、地区的行、蓄、滞洪区的要求确定，不得影响行、蓄、滞洪区的正常运用。

c)　**6.2.2**　经过行、蓄、滞洪区公路的防洪标准，应结合所在河段、地区的行、蓄、滞洪区的要求确定，不得影响行、蓄、滞洪区的正常运用。

d)　**6.5.4**　经过行、蓄、滞洪区的管道工程的防洪标准，应结合所在河段、地区的行、蓄、滞洪区的要求确定，不得影响行、蓄、滞洪区的正常运用。

〖摘编说明〗

行、蓄、滞洪区是我国主要江河防洪体系的重要组成部分，如果行、蓄、滞洪区内存在碍洪设施，在发生大洪水或特大洪水需要进行行洪或分洪运用时，这些碍洪设施将影响行、蓄、滞洪区正常功能的发挥，从而增加干流河道的防洪压力，有可能造成不必要的洪水灾害，给人民生命财产带来重大损失。因此，经过行洪和蓄、滞洪区的铁路或公路各类建筑物、构筑物，除了要保护各类建筑物、构筑物自身的防洪安全外，还要考虑所在行、蓄、滞洪区的防洪运用要求和安全。当铁路或公路的防洪标准高于所在河段、地区的行、蓄、滞洪区的防洪标准时，应按铁路的防洪要求确定其防洪标准；反之，应按行、蓄、滞洪区的防洪运用要求确定铁路的防洪标准，以保证行、蓄、滞洪区的正常运用。

〖检查要点和方法〗

检查有关流域综合规划、防洪规划中确定的铁路或公路所在河段、地区的行、蓄、滞洪区的防洪标准，及经过行、蓄、滞洪区铁路或公路的设计文件中确定的防洪标准和主管部门批复文件内容等。及相关的防洪影响评价报告及主管部门批复文件。

经过行、蓄、滞洪区的管道工程，其性质与铁路、公路相同，可参照处理。

e)　**6.3.5**　当河（海）港区陆域的防洪工程是城镇防洪工程的组成部分时，其防洪标准不应低于该城镇的防洪标准。

〖摘编说明〗

根据我国实际情况，部分河（海）港陆域的防洪工程为城镇防洪工程的组成部分，为了保证城镇的防洪安全，其防洪标准应与河（海）堤所保护城镇的防洪标准相适应。

〖检查要点和方法〗

检查城镇人口数量及其重要程度指标，有关流域综合规划、防洪规划中的结论，城市总体规划结论，主管部门批复文件内容等。河（海）港区陆域防洪工程的防洪标准不应低于该城镇的防洪标准，不论相同与否都应进行防洪标准论证。

f) 7.2.4 最终确定的核电厂设计基准洪水位不应低于有水文记录或历史上的最高洪水位。

〖摘编说明〗

核电厂不同于一般的防护对象，出现事故的危害和影响往往非常严重，与其他防护对象相比具有一定的特殊性。厂址有水文记录或历史上的最高洪水位，是实际曾经达到的洪水位，考虑核电厂的防洪安全问题事关重大，其设计基准洪水不应低于该值。

与核安全无关设施的防洪标准应执行《火力发电厂设计技术规程》（DL 5000）的有关规定。

〖检查要点和方法〗

收集厂址处水文记录或历史上的最高洪水位，检查最终确定的核电厂设计基准洪水位不应低于有水文记录或历史上的最高洪水位值。

g) 11.3.1 水库工程水工建筑物的防洪标准，应根据其级别和坝型，按表 11.3.1 确定。

表 11.3.1　　　　　　　水库工程水工建筑物的防洪标准

水工建筑物级别	防洪标准［重现期（年）］				
	山区、丘陵区			平原区、滨海区	
	设　计	校　核		设　计	校　核
		混凝土坝、浆砌石坝	土坝、堆石坝		
1	1000～500	5000～2000	可能最大洪水（PMF）或 10000～5000	300～100	2000～1000
2	500～100	2000～1000	5000～2000	100～50	1000～300
3	100～50	1000～500	2000～1000	50～20	300～100
4	50～30	500～200	1000～300	20～10	100～50
5	30～20	200～100	300～200	10	50～20

h) 11.3.3 土石坝一旦失事将对下游造成特别重大的灾害时，1 级建筑物的校核洪水标准应采用可能最大洪水或 10000 年一遇。

〖摘编说明〗

沿用了原标准的 6.2.1 条内容。水库工程为了满足防洪、发电、供水等的需要，壅高了坝址以上水位，并拦蓄了大量来水，水库工程一旦溃决失事，将形成溃坝洪水，破坏力很大，对工程自身和下游的防护对象造成不可估量的损失，因此，应确保水库工程达到规定的防洪标准。

根据本标准规定，山区、丘陵区土石坝水库的 1 级建筑物校核洪水标准采用可能最大洪水（PMF）或 10000～5000 年一遇。有专家研究提出，我国目前采用的频率分析法计算设计洪水基本沿用苏联的经验，但苏联的洪水是以融雪洪水为主，其洪水变差系数 C_v 较小（约 90% 的河流 C_v 在 0.60 以下），而我国洪水以暴雨洪水为主，洪水变差系数 C_v 较大，采用频率分析法计算得出的设计洪水可能偏大，尤其对山区、丘陵区 1 级建筑物校核洪水标准影响较大，建议当采用频率分析法计算设计洪水时，如洪水变差系数 $C_v \geqslant 0.6$，土石坝 1 级建筑物的校核洪水标准可取规范规定的下限值，即取 5000 年一遇。

也有专家建议将表 11.3.1 中山丘区土石坝 5 级建筑物的校核洪水标准由 300～200 年一遇调整为 300～100 年一遇，即降低标准的下限。主要理由如下。①从我国水库垮坝情况来看，在 1954—2006 年的 52 年间，因各种原因垮掉的小（2）型水库 2692 座，其中真正因超标准洪水漫坝而垮塌的水库仅 263 座，占小（2）型水库总数（约 7 万座）的 0.38%。我国现行的按频率分析法计算的设计洪水成果偏大，设计偏于安全。②我国现有小型水库实际防洪标准达标率较低，达标建设投资较大。

本次修编，根据多数专家意见并经编制组讨论，从安全的角度，对山丘区土石坝 1 级和 5 级建筑物的校核洪水标准仍维持原标准规定的标准。对于山丘区土石坝 1 级建筑物的校核洪水计算方法，因可能最大洪水（PMF）与频率分析法在计算理论和方法上都不相同，在选择采用频率法的重现期 10000 年一遇洪水还是采用 PMF 时，应根据计算成果的合理性来确定：当用水文气象法求得的 PMF 较为合理时，则采用 PMF；当用频率分析法求得的重现期 10000 年一遇洪水较为合理时，则采用重现期 10000 年一遇洪水；当两者可靠程度相同时，为安全起见，应采用其中较大者。

土石坝遭遇洪水漫顶失事后垮坝速度很快，其后果严重，防洪标准一般应高于其他坝型，特别是在其下游又有重要的居民区或工矿企业等设施时，坝体一旦失事，将对下游造成重大灾害。为保证下游的安全或具有较高的安全度，本次修订仍维持原标准第 6.2.2 条的要求，并将 10.3.3 条定为强制性条文。

有专家通过对水坝失事的后果与危害程度、死亡人数、直接和间接经济损失、社会环境影响，以及损失的不可恢复或不可以实体补偿等风险分析，与国外防洪标准确定方法和成果比较，认为目前我国大坝设计洪水标准偏低，建议提高风险度较高的中型水库防洪标准，将失事后可能对下游造成特别重大灾害的土石坝 2～3 级建筑物的校核洪水标准可提高一级或二级，4～5 级建筑物的校核洪水标准提高一级。

根据多数专家意见并经编制组讨论，仍维持原标准规定的"土石坝一旦失事将对下游造成特别重大的灾害时，1 级建筑物的校核洪水标准，应采用可能最大洪水或 10000 年一遇；2～4 级建筑物的校核洪水标准，可提高 1 级。"

〖**检查要点和方法**〗

（1）当土石坝下游有居民区和重要农业区及工业经济区时，1 级建筑物校核洪水标准应采用范围值的上限。

（2）当用水文气象法求得的 PMF 较为合理时（不论其所相当的重现期是多少），采用 PMF；当用频率分析法求得的重现期为 10000 年的洪水较为合理时，采用 10000 年的洪水；当两者可靠程度相同时，为安全起见，应采用其中较大者。

〖案例分析〗

河南石漫滩、板桥水库始建于 20 世纪 50 年代初期，因当时水库防洪标准偏低，遭遇"75·8"特大暴雨，致使大坝溃决，京广铁路中断，人民生命财产遭巨大损失。1986 年板桥水库复建，水库总库容 6.75 亿 m³，大（2）型工程，主坝为均质土坝，最大坝高 50.5m，2 级建筑物，如按表 11.3.1 规定校核洪水标准应为 5000 年，实际校核洪水采用 PMF 洪水，相当于校核洪水标准提高了一级。

i) **11.8.3** 堤防工程上的闸、涵、泵站等建筑物及其他构筑物的设计防洪标准，不应低于堤防工程的防洪标准，并应留有安全裕度。

〖摘编说明〗

在原标准第 6.4.2 条的基础上，参照《堤防工程设计规范》（GB 50286）、《海堤工程设计规范》（SL 435）的有关规定制定。我国堤防工程大部分是土堤或土石混合堤，加高、加固相对比较容易，而水闸、涵洞、泵站等建筑物及其他构筑物，一般为钢筋混凝土、混凝土或浆砌石结构，加高、改建比较困难；堤防工程自身的防洪安全，直接关系到防护区人民生命财产和生态环境的安全，其与建筑物的接合部在洪水通过时易出现险情，引起溃决。因此本条对这些建筑物的设计防洪标准提出了较高的要求，并列为强制性条文。

需指出的是，蓄、滞洪区堤防工程上修建的闸、涵等建筑物、构筑物的防洪标准应按蓄、滞洪区的使用需求分析确定。

〖检查要点和方法〗

检查闸、涵、泵站等建筑物、构筑物所在堤防的防洪标准，闸、涵、泵站等建筑物、构筑物的防洪标准应与所在堤防的一致或略高，不论相同与否都应进行防洪标准论证。

3-2-2　《河道整治设计规范》GB 50707—2011

a) **4.1.3** 整治河段的防洪、排涝、灌溉或航运等的设计标准，应符合下列要求：

1 整治河段的防洪标准应以防御洪水或潮水的重现期表示，或以作为防洪标准的实际年型洪水表示，并应符合经审批的防洪规划。

2 整治河段的排涝标准应以排除涝水的重现期表示，并应符合经审批的排涝规划。

3 整治河段的灌溉标准应以灌溉设计保证率表示，并应符合经审批的灌溉规划。

4 整治河段的航运标准应以航道的等级表示，并应符合经审批的航运规划。

5 整治河段的岸线利用应与岸线控制线、岸线利用功能分区的控制要求相一致，并应符合经审批的岸线利用规划。

6 当河道整治设计具有两种或两种以上设计标准时，应协调各标准间的关系。

〖摘编说明〗

整治河段的设计标准关系到工程安全和公众利益，对节约投资、提高经济效益和社会效益有重大影响。

河道整治涉及国民经济的多个部门，在整体目标一致的前提下，各部门又有不同的要求，难以同时满足。因此，进行河道整治时，在符合各相关专业规划要求的同时，统筹协调，综合考虑，在满足河流生态环境要求基础上，使整治后的综合效益最大。

〖检查要点和方法〗

掌握有关部门已批复的相关专业规划的结论意见及批复文件内容等；检查整治河段的设计标准和相关部门批复的规划结论的协调性和合理性。

4 工 程 设 计

本章共涉及 36 项标准，强制性条文 185 条，详见表 4-1。

表 4-1 工程设计部分涉及的技术标准汇总表

序 号	标 准 名 称	标 准 编 号	条 数
1	灌溉与排水工程设计规范	GB 50288—99	8
2	小型水力发电站设计规范	GB 50071—2014	1
3	水利水电工程等级划分及洪水标准	SL 252—2000	21
4	水闸设计规范	SL 265—2001	11
5	水利水电工程进水口设计规范	SL 285—2003	4
6	水利水电工程施工组织设计规范	SL 303—2004	10
7	水工挡土墙设计规范	SL 379—2007	12
8	水利水电工程边坡设计规范	SL 386—2007	3
9	调水工程设计导则	SL 430—2008	3
10	灌溉与排水渠系建筑物设计规范	SL 482—2011	3
11	泵站设计规范	GB 50265—2010	3
12	水利水电工程施工导流设计规范	SL 623—2013	11
13	水利水电工程围堰设计规范	SL 645—2013	8
14	水利水电工程水文自动测报系统设计规范	SL 566—2012	1
15	土石坝施工组织设计规范	SL 648—2013	1
16	碾压式土石坝设计规范	SL 274—2001	15
17	溢洪道设计规范	SL 253—2000	5
18	混凝土拱坝设计规范	SL282—2003	7
19	混凝土重力坝设计规范	SL 319—2005	8
20	蓄滞洪区设计规范	GB 50773—2012	1
21	小型水利水电工程碾压式土石坝设计规范	SL 189—2013	1
22	水工混凝土结构设计规范	SL 191—2008	14
23	水电站厂房设计规范	SL 266—2014	3
24	碾压混凝土坝设计规范	SL 314—2004	2
25	水工建筑物抗震设计规范	SL 203—97	4
26	水工建筑物强震动安全监测技术规范	SL 486—2011	1

续表

序 号	标 准 名 称	标准编号	条 数
27	堤防工程设计规范	GB 50286—2013	3
28	混凝土面板堆石坝设计规范	SL 228—2013	2
29	水工隧洞设计规范	SL 279—2002	5
30	风力提水工程技术规程	SL 343—2006	2
31	水利系统通信运行规程	SL 306—2004	1
32	水库工程管理设计规范	SL 106—96	2
33	水闸工程管理设计规范	SL 170—96	2
34	堤防工程管理设计规范	SL 171—96	2
35	水利工程设计防火规范	GB 50987—2014	2
36	预应力钢筒混凝土管道技术规范	SL 702—2015	3

4-1 工程等别与建筑物级别

工程等别与建筑物级别是每项工程设计必须首先明确的内容。水利水电工程按其规模、效益及在国民经济中的重要性分等。水工建筑物依其作用可分为永久性建筑物和临时性建筑物。永久性建筑物一般根据工程等别及其在工程中的重要性分级，临时性建筑物根据被保护建筑物的级别、本身的规模、使用年限及重要性分级。这种先分等再根据工程等别分级的做法已在我国沿用了几十年，证明在工程实践中是切实可行的。水利水电工程的等别关系到国计民生，应严格按标准确定，一旦确定后，不得轻易改变。水工建筑物的级别，则可根据具体情况，经论证后做适当调整。

4-1-1 《灌溉与排水工程设计规范》GB 50288—99

灌溉与排水工程主要包括蓄水工程、引水工程、泵站工程、输（排）水工程等，其建筑物类型众多，为满足农田水利建设的需要，我国于不同时期颁布了相应的单项设计规范。为统一灌溉与排水工程设计要求，提高工程设计质量，保证工程安全，节水节地，降低能耗，保护水环境，合理利用水土资源，充分发挥工程综合效益，制定本标准。

a) **2.0.2 引水枢纽工程等别应根据引水流量的大小，按表2.0.2确定。**

表 2.0.2　　　　　　　　　　引水枢纽工程分等指标

工 程 等 别	I	II	III	IV	V
规模	大（1）型	大（2）型	中型	小（1）型	小（2）型
引水流量（m³/s）	＞200	200～50	50～10	10～2	＜2

〔摘编说明〕

引水枢纽工程可分为有坝引水和无坝引水两种形式。但无论是有坝引水还是无坝引水，其引水流量是直接反映引水枢纽工程规模的指标值。因此，引水枢纽工程应根据引水流量的大小分等。表 2.0.2 所列引水枢纽工程分等指标值是根据河北、山西、内蒙古、辽宁、黑龙江、山东、安徽、新疆、四川等 9 省（自治区）提供的 93 座已建引水枢纽工程设计资料统计概化出来的，具有较好的代表性。

〖检查要点和方法〗

根据引水流量的大小确定引水枢纽工程等别；各项设计文件中的工程等别应与审查意见和上级批复文件一致。

b) **2.0.3** **提水枢纽工程等别应根据单站装机流量或单站装机功率的大小，按表 2.0.3 确定。当提水枢纽工程按单站装机流量和单机装机功率分属两个不同工程等别时，应按其中较高的等别确定。**

表 2.0.3 提水枢纽工程分等指标

工 程 等 别	Ⅰ	Ⅱ	Ⅲ	Ⅳ	Ⅴ
规模	大（1）型	大（2）型	中型	小（1）型	小（2）型
单站装机流量（m³/s）	＞200	200～50	50～10	10～2	＜2
单站装机功率（MW）	30	30～10	10～1	1～0.1	＜0.1

注 "装机"系指包括备用机组在内的全部机组。

〖摘编说明〗

提水枢纽工程主要是指用于灌溉与排水的泵站工程，如灌溉泵站、排涝泵站、灌排结合泵站等。泵站装机流量或装机功率是直接反映工程规模的两项主要指标，因此，提水枢纽工程应根据泵站的装机流量和装机功率的大小进行分等。低扬程提水枢纽工程一般按泵站装机流量的大小分等，高扬程提水枢纽工程一般按泵站装机功率的大小分等。由于泵站设计取用的防洪或挡潮标准、挡水部位顶部安全超高值和各种安全系数允许值，一般只与单个泵站的设计级别和运用条件有关，故作为提水枢纽工程分等指标的装机流量或装机功率应为单站装机流量或单站装机功率。表 2.0.3 所列提水枢纽工程分等指标值与《泵站设计规范》（GB 50265）中泵站工程分等指标值是一致的。

同时需指出，表 2.0.2 所列引水枢纽工程分等指标值与表 2.0.3 中按单机流量对提水枢纽分等所对应的指标值是一致的，即当引水枢纽的引水流量与提水枢纽的单站装机流量相同时，前者与后者的工程等别是相同的。

〖检查要点和方法〗

本条主要检查内容包括：提水枢纽工程等别应根据单站装机流量或单站装机功率的大小确定；泵站装机容量包括备用机组的容量；当按单站装机流量和单机装机功率分属两个不同工程等别时，应按其中较高的等别确定；各项设计文件中的工程等别应与审查意见和上级批复文件一致。

c) **2.0.5** **灌溉渠道或排水沟的级别应根据灌溉或排水流量的大小，按表 2.0.5 确定。对灌排结合的渠道工程，当按灌溉和排水流量分属两个不同工程级别时，应按其中较高**

的级别确定。

表 2.0.5　　　　　　　　　　　灌排渠沟工程分级指标

工 程 级 别	1	2	3	4	5
灌溉流量（m³/s）	>300	300～100	100～20	20～5	<5
引水流量（m³/s）	>500	500～200	200～50	50～10	<10

〖摘编说明〗

　　灌溉流量或排水流量是直接反映灌排渠沟工程规模的指标值。因此，灌溉渠道和排水沟工程应分别按灌溉流量或排水流量的大小进行分级。由于灌排渠沟工程的重要性较低于渠首引水枢纽工程，且灌排渠沟多属土石方工程，遭受损坏后又较易修复，因此，表 2.0.5 所列灌排渠沟工程分级指标值比相应等别的引水枢纽工程分等指标值高，即当灌排渠沟工程的灌溉流量或排水流量与引水枢纽工程的引水流量相同时，灌排渠沟工程的级别比引水枢纽工程的等别低，或至多与后者的工程等别相当。

〖检查要点和方法〗

　　灌溉渠道和排水沟工程应分别按灌溉流量或排水流量的大小进行分级；当按灌溉和排水流量分属两个不同工程级别时，应按其中较高的级别确定；各项设计文件中的工程等别应与审查意见和上级批复文件一致。

d）2.0.6　水闸、渡槽、倒虹吸、涵洞、隧洞、跌水与陡坡等灌排建筑物的级别，应根据过水流量的大小，按表 2.0.6 确定。

表 2.0.6　　　　　　　　　　　灌排建筑物分级指标

工 程 级 别	1	2	3	4	5
过水流量（m³/s）	>300	300～100	100～20	20～5	<5

e）2.0.7　在防洪堤上修建的引水、提水工程及其他灌排建筑物，或在挡潮堤上修建的排水工程，其级别不得低于防洪堤或挡潮堤的级别。

f）2.0.8　倒虹吸、涵洞等灌排建筑物与公路或铁路交叉布置时，其级别不得低于公路或铁路的级别。

〖摘编说明〗

　　灌排建筑物主要有水闸、渡槽、倒虹吸、涵洞、隧洞、跌水与陡坡等，其过水流量是直接反映灌排建筑物工程规模的指标值。因此，灌排建筑物应根据过水流量的大小进行分级。由于灌排建筑物分布在灌区内部，其重要性一般均低于渠首引水枢纽工程，但与灌溉渠道工程的重要性是相同的，因此，表 2.0.6 所列灌排建筑物分级指标值亦比相应等别的引水枢纽工程分等指标值高，但与同级别的灌溉渠道工程分级指标值相同。

〖检查要点和方法〗

　　（1）根据过水流量的大小确定灌排建筑物等级。

（2）在防洪堤或挡潮堤上修建的灌排建筑物，其级别不得低于防洪堤或挡潮堤的级别。

（3）与公路或铁路交叉布置的灌排建筑物，其级别不得低于公路或铁路的级别。

4-1-2 《水利水电工程等级划分及洪水标准》SL 252—2000

a） 2.1.1 水利水电工程的等别，应根据其工程规模、效益及在国民经济中的重要性，按表 2.1.1 确定。

表 2.1.1　　　　　　　　　　　水利水电工程分等指标

工程等别	工程规模	水库总库容 ($10^8 m^3$)	防洪		治涝	灌溉	供水	发电
			保护城镇及工矿企业的重要性	保护农田 (10^4 亩)	治涝面积 (10^4 亩)	灌溉面积 (10^4 亩)	供水对象重要性	装机容量 (10^4 kW)
Ⅰ	大（1）型	≥10	特别重要	≥500	≥200	≥150	特别重要	≥120
Ⅱ	大（2）型	10～1.0	重要	500～100	200～60	150～50	重要	120～30
Ⅲ	中型	1.0～0.10	中等	100～30	60～15	50～5	中等	30～5
Ⅳ	小（1）型	0.10～0.01	一般	30～5	15～3	5～0.5	一般	5～1
Ⅴ	小（2）型	0.01～0.001		＜5	＜3	＜0.5		＜1

注　1.水库总库容指水库最高水位以下的静库容。
　　2.治涝面积和灌溉面积均指设计面积。

b） 2.1.2 对综合利用的水利水电工程，当按各综合利用项目的分等指标确定的等别不同时，其工程等别应按其中最高等别确定。

〔摘编说明〕

根据水库规模、防洪对象的重要性、治涝和灌溉规模、供水对象的重要性、水电站的装机容量等，水利水电工程等别分为Ⅰ、Ⅱ、Ⅲ、Ⅳ、Ⅴ五等。

（1）库容分等指标。水库以总库容作为分等指标，需要指出，总库容的定义是指最高库水位以下的静库容。一般情况下，水库的校核洪水位为最高水位，但有些以防洪为主或以供水为主的水库，其最高水位可能不是校核洪水位。如黄河上的万家寨水库，最高正常蓄水位980.00m，而校核洪水位（0.01%）为979.10m，水库总库容按最高蓄水位980.00m确定。

（2）防洪分等指标。防洪工程分等主要是考虑一旦工程失事受影响的城镇及工矿企业的重要性或农田面积两项指标。由于城镇及工矿企业包含的内容比较复杂，不易以数字表达各种情况的分等指标，因而以"特别重要、重要、中等、一般"这些概念指标来划分。

（3）治涝、灌溉分等指标。根据有关部门典型调查分析，治涝工程平均效益一般比防洪工程高60%左右，且治涝面积越大这种效益差别就越大。因此，对同一等别工程，治涝工程分等指标规定低于防洪工程分等指标。就灌溉工程分等而言，由于灌溉工程年均效益大，一旦遭到破坏，就会使得损失较大，故其等别指标规定又较治涝工程有所降低。

（4）供水工程分等指标。供水工程分等按其重要性来划分。供水对象主要为城镇和工矿企业的调水工程尚应同时考虑引水流量和年引水量的大小进行分等，详见《调水工程设计导则》（SL 430—2008）的有关规定。

（5）水电站分等指标。水电站按装机容量的大小进行分等，1978 年以来，水电站分等指标有了较大的提高，反映了我国水电站建设技术日益成熟。

〖检查要点和方法〗

主要检查内容包括：总库容应为最高库水位以下的静库容；综合利用的水利水电枢纽工程，当按水库库容、防洪、发电、灌溉、供水、发电等分等指标确定的工程等别不同时，枢纽工程的等别应以其中的最高等别为准；各项设计文件中的工程等别应与审查意见和上级批复文件一致。

c）　2.2.1　水利水电工程的永久性水工建筑物的级别，应根据其所在工程的等别和建筑物的重要性，按表 2.2.1 确定。

表 2.2.1　　　　　　　　　　　永久性水工建筑物级别

工程等别	主要建筑物	次要建筑物
Ⅰ	1	3
Ⅱ	2	3
Ⅲ	3	4
Ⅳ	4	5
Ⅴ	5	5

d）　2.2.2　失事后损失巨大或影响十分严重的水利水电工程的 2～5 级主要永久性水工建筑物，经过论证并报主管部门批准，可提高一级；失事后造成损失不大的水利水电工程的 1～4 级主要永久性水工建筑物，经过论证并报主管部门批准，可降低一级。

e）　2.2.3　水库大坝按 2.2.1 规定为 2 级、3 级的永久性水工建筑物，如坝高超过表 2.2.3 指标，其级别可提高一级，但洪水标准可不提高。

表 2.2.3　　　　　　　　　　　水库大坝提级指标

级别	坝　型	坝高（m）	级别	坝　型	坝高（m）
2	土石坝	90	3	土石坝	70
	混凝土坝、浆砌石坝	130		混凝土坝、浆砌石坝	100

注　级别指按表 2.2.1 确定的级别。

〔摘编说明〕

（1）永久性水工建筑物指工程运行期间使用的建筑物。按其在工程中发挥的作用和失事后对整个工程安全的影响程度的不同，分为主要建筑物和次要建筑物。

（2）永久性主要建筑物的级别与工程等别相对应，分为1级、2级、3级、4级、5级共五级，而同一工程等别的永久性次要建筑物的级别比主要建筑物的级别降低0～2级。

（3）对失事后果十分严重的水利水电工程，其主要永久性水工建筑物的级别可提高一级。有些水利水电工程兴建于人烟稀少地区，即使失事，对下游不造成大的灾害，如对自身效益影响也不大时，其主要永久性水工建筑物可以降低一级。

（4）水利水电工程失事对下游的影响，与失事时的水头有很大关系。高坝形成的水库水头较高，因此，高坝的结构安全度与低坝应有所差别。

〔检查要点和方法〕

（1）主要永久性水工建筑物的级别提高和降低，必须经过论证并报主管部门批准。

（2）实际工程中坝高超过表2.2.3指标的2级、3级永久性水工建筑物，一般情况下级别都予以提高，但也有个别工程，因大坝下游没有重要防护保护对象，失事后损失和影响不大，最后经论证未进行提级。

（3）主要永久性建筑物是指失事后将造成下游灾害或严重影响工程效益的建筑物，如堤坝、泄洪建筑物、输水建筑物、电站厂房及泵站等；次要建筑物指失事后不致造成下游灾害或对工程效益影响不大，并易于修复的建筑物，如失事后不影响主要建筑物的设备运行的挡土墙、导流墙及护岸等。次要建筑物级别不应调整。

（4）实际工程中不完全按照建筑物为主要和次要确定级别，要具体情况具体分析。如某水库为大（2）型工程，大坝为2级建筑物，坝后式电站装机容量小于50MW，这种情况电站厂房级别不按工程等别确定，而主要根据电站本身装机容量确定；又如某大（2）型水库，岸边布置了单独的进水口，该进水口虽然为工程主要建筑物，但级别不完全根据工程等别确定，而是根据进水口本身的功能和规模确定。

〔案例分析〕

黄河沙坡头水利枢纽位于宁夏回族自治区中卫县境内的黄河干流上，是以灌溉、发电为主的综合性水利枢纽。水库总库容0.26亿 m³，总灌溉面积134.3万亩，电站装机容量121.5MW，根据《水利水电工程等级划分及洪水标准》（SL 252—2000）表2.1.1库容和电站装机容量分等指标，工程等别为中型（Ⅲ等），但按灌溉面积，工程等别为大（2）型（Ⅱ等），依据2.1.2条规定，当按各项目的分等指标确定的等别不同时，其工程等别应按其中最高等别确定，该工程属大（2）型（Ⅱ等）。

考虑到该水库总库容较小，水头低，经溃坝分析计算，即使失事对下游也不会造成严重的危害，为降低工程造价，经上级主管部门审批，确定枢纽主要建筑物如泄洪闸、河床式电站等，降低一级按3级建筑物设计，次要建筑物按4级建筑物设计。

f） 2.2.6 水利水电工程施工期使用的临时性挡水和泄水建筑物的级别，应根据保护

对象的重要性、失事后果、使用年限和临时性建筑物规模，按表 2.2.6 确定。

表 2.2.6　　　　　　　　　　　临时性水工建筑物级别

级别	保护对象	失　事　后　果	使用年限（年）	临时性水工建筑物规模	
				高度（m）	库容（10^8m^3）
3	有特殊要求的 1 级永久性水工建筑物	淹没重要城镇、工矿企业、交通干线或推迟总工期及第一台（批）机组发电，造成重大灾害和损失	>3	>50	>1.0
4	1、2 级永久性水工建筑物	淹没一般城镇、工矿企业、或影响工程总工期及第一台（批）机组发电而造成较大经济损失	3～1.5	50～15	1.0～0.1
5	3、4 级永久性水工建筑物	淹没基坑、但对总工期及第一台（批）机组发电影响不大，经济损失较小	<1.5	<15	<0.1

g）**2.2.7　当临时性水工建筑物根据表 2.2.6 指标分属不同级别时，其级别应按其中最高级别确定。但对 3 级临时性水工建筑物，符合该级别规定的指标不得少于两项。**

〖摘编说明〗

（1）表 2.2.6 中的四项指标均与施工所处阶段相关，其含义分别为：

"保护对象"中永久性建筑物的特殊要求系指在施工期不允许过水或其他特殊要求；"使用年限"系指导流建筑物在每一施工阶段的工作年限，两个或两个以上施工阶段共用的导流建筑物（如分期导流一期、二期共用的纵向围堰），使用年限不叠加计算；"临时性水工建筑物规模"一栏中，"高度"指挡水围堰最大高度，"库容"指堰前为设计水位时所拦蓄的水量。

（2）使用表 2.2.6 确定临时水工建筑物级别时，为工程安全计，规定按四项独立指标分别划分级别，以其中最高级别确定。但由于临时性水工建筑物一般使用时间不长，遭遇大洪水的风险较小，因此，从经济考虑，临时性水工建筑物级别不宜定得太高，故对 3 级临时性水工建筑物，符合该级别规定的指标不得少于两项。

〖检查要点和方法〗

（1）临时性水工建筑物规模指标，需"高度"和"库容"同时满足要求，才能确定该项指标符合规定。

（2）对 3 级临时性水工建筑物，符合该级别规定的指标不得少于表 2.2.6 四项指标中的两项。

〖案例分析〗

某水电站装机容量 108 万 kW，Ⅱ等工程，拦河坝为混凝土重力坝，最大坝高

110m，2级建筑物。施工期采用一次拦断河床导流方式，工期4年，上游围堰为土石围堰，高35m，相应库容6500万m³。虽然围堰使用年限超过3年，但保护对象、失事后果和建筑物规模均不满足3级指标要求，故围堰级别定为4级。

4-1-3　《水闸设计规范》SL 265—2001

为适应水闸工程建设的需要，统一水闸设计标准和技术要求，提高水闸设计水平，做到技术先进、安全可靠、经济合理、实用耐久、管理方便，制定本标准。本标准适用于新建和扩建的大、中型水闸设计，小型水闸设计可参照使用。

a)　2.1.1　平原区水闸枢纽工程应根据水闸最大过闸流量及其防护对象的重要性划分等别，其等别应按表2.1.1确定。

表2.1.1　　　　　　　　　　平原区水闸枢纽工程分等指标

工程等别	Ⅰ	Ⅱ	Ⅲ	Ⅳ	Ⅴ
规模	大（1）型	大（2）型	中型	小（1）型	小（2）型
最大过闸流量（m³/s）	≥5000	5000～1000	1000～100	100～20	<20
防护对象的重要性	特别重要	重要	中等	一般	—

注：当按表列最大过闸流量及防护对象重要性分别确定的等别不同时，工程等别应经综合分析确定。

规模巨大或在国民经济中占有特殊重要地位的水闸枢纽工程，其等别应经论证后报主管部门批准确定。

〖摘编说明〗

拦河水闸除了常规调节水位、控制流量外，特别是在汛期还要宣泄洪水，泄洪能力成为确定水闸规模的主要控制条件。因此，拦河水闸工程应以其过闸流量分等。

〖检查要点和方法〗

应用本条文时，需要注意下列几点：

（1）水闸枢纽工程是指兴建在平原区的以调节水位、控制流量和宣泄洪水为主的水闸，不包含灌溉、排水系统或渠化河道枢纽中的水闸，也不含山区调水、发电首部枢纽中的拦河水闸。

（2）过闸流量是指拦河闸设计允许的最大过闸流量。

（3）堤防或海堤上的水闸应满足堤防工程或海堤工程相关规定要求。

〖案例分析〗

（1）永定新河为天津市城区北部重要行洪河道，河口防潮闸设计、校核流量分别为4640m³/s和4820m³/s，根据水闸最大过闸流量及其防护对象的重要性划分，防潮闸工程等别属Ⅱ等，主要建筑物级别为2级。

（2）四川嘉陵江上的明台水利枢纽，电站装机容量45MW，为低水头河床式电站，拦河闸设计流量、校核流量分别为 $16650m^3/s$ 和 $22800m^3/s$，虽然该拦河水闸最大过闸流量大于 $5000m^3/s$，但不属平原区水闸枢纽工程，故仍按《水利水电工程等级划分及洪水标准》（SL 252—2000）第 2.1.1 条划分等别，该工程等别为Ⅲ等，拦河闸、河床式厂房等主要建筑物级别为 3 级。

4－1－4　《水利水电工程进水口设计规范》SL 285—2003

为统一水利水电工程进水口设计标准，保障工程安全适用、技术可靠、经济合理，对《水电站进水口设计规范》（试行）（SD 303—88）进行修订，修订后更名为《水利水电工程进水口设计规范》（SL 285—2003）。本标准适用于水利水电工程各设计阶段各类进水口的设计，对于小型水利水电工程和临时工程的进水口，其设计可适当简化，不适用于竖井内消能的泄洪隧洞进水口的设计。

a）3.1.1　整体布置进水口建筑物级别应分别与所在大坝、河床式水电站、拦河闸等枢纽工程主体建筑物相同。

独立布置进水口建筑物级别应根据进水口功能和规模按表 3.1.1 确定，对于堤防涵闸式进水口级别还应符合《堤防工程设计规范》GB 50286—98，并按较高者确定。

表 3.1.1　　　　　　　　独立布置进水口建筑物级别

进水口功能	水电站进水口	泄洪工程进水口	灌溉工程进水口	供水工程进水口	建筑物级别	
	装机容量（MW）	库容（亿 m^3）	灌溉面积（万亩）	重要性	主要建筑物	次要建筑物
规模	≥1200	≥10	≥150	特别重要	1	3
	1200～300	10～1	150～50	重要	2	3
	300～50	1～0.1	50～5	中等	3	4
	50～10	0.1～0.01	5～0.5	一般	4	5
	＜10	0.01～0.001	＜0.5		5	5

〖摘编说明〗

水利水电工程进水口大体可分为两类：一类为整体布置进水口，是所在大坝、压力前池、河床式水电站厂房、拦河闸等建筑物的一部分，因而应与这些建筑物级别相同；另一类为独立布置进水口，按照《水利水电枢纽工程等级划分及洪水标准》（SL 252—2000）的规定，建筑物级别除与工程等别有关外，还与建筑物一旦失事后，所造成下游灾害的程度和对工程效益的影响程度有关，因而还需结合进水口的功能与规模，按表 3.1.1 确定此类进水口建筑物级别；而鉴于堤防工程的重要性，故同时规定堤防涵闸式进水口建筑物级别不得低于按《堤防工程设计规范》（GB 50286）确定的建筑物级别。

〖检查要点和方法〗

（1）整体布置进水口建筑物级别应与所在大坝、河床式水电站、拦河闸等枢纽工程主体建筑物相同。

（2）独立布置进水口建筑物级别应按进水口的功能，采用不同的分项指标确定。

（3）经论证1~4级进水口建筑物可较表3.1.1确定的级别降低一级；对于特别重要的2~5级进水口，经论证可将进水口建筑物级别提高一级。

4－1－5 《水利水电工程施工组织设计规范》SL 303—2004

施工组织设计是水利水电工程设计文件的重要组成部分，是编制工程投资概（估）算的主要依据，是工程建设和施工管理的指导性文件。为提高水利水电工程施工组织设计水平，做到安全可靠、技术先进、经济合理和市场经济发展的需要，制定本标准。本标准适用于大型、中型水利水电工程，小型水利水电工程可参照执行。

a) 3.2.1 导流建筑物应根据其保护对象、失事后果、使用年限和工程规模划分为3~5级，具体按表3.2.1确定。

表 3.2.1　　　　　　　　　　　导流建筑物级别划分

级别	保护对象	失事后果	使用年限（年）	导流建筑物规模	
				围堰高度（m）	库容（$10^8 m^3$）
3	有特殊要求的1级永久性水工建筑物	淹没重要城镇、工矿企业、交通干线或推迟工程总工期及第一台（批）机组发电，造成重大灾害和损失	>3	>50	>1.0
4	1级、2级永久性水工建筑物	淹没一般城镇、工矿企业或影响工程总工期和第一台（批）机组发电，造成较大经济损失	1.5~3	15~50	0.1~1.0
5	3级、4级永久性水工建筑物	淹没基坑，但对总工期及第一台（批）机组发电影响不大，经济损失较小	<1.5	<15	<0.1

注1：导流建筑物包括挡水和泄水建筑物，两者级别相同。

注2：表列四项指标均按导流分期划分，保护对象一栏中所列永久性水工建筑物级别系按《水利水电工程等级划分及洪水标准》（SL 252—2000）划分。

注3：有、无特殊要求的永久性水工建筑物均系针对施工期而言，有特殊要求的1级永久性水工建筑物系指施工期不应过水的土石坝及其他有特殊要求的永久性水工建筑物。

注4：使用年限系指导流建筑物每一导流分期的工作年限，两个或两个以上导流分期共用的导流建筑物，如分期导流一期、二期共用的纵向围堰，其使用年限不能叠加计算。

注5：导流建筑物规模一栏中，围堰高度指挡水围堰最大高度，库容指堰前设计水位所拦蓄的水量，两者应同时满足。

b) **3.2.2** 当导流建筑物根据表 3.2.1 指标分属不同级别时，应以其中最高级别为准。但列为 3 级导流建筑物时，至少应有两项指标符合要求。

c) **3.2.4** 应根据不同的导流分期按表 3.2.1 划分导流建筑物级别；同一导流分期中的各导流建筑物级别，应根据其不同作用划分；各导流建筑物的洪水标准应相同，以主要挡水建筑物的洪水标准为准。

〖摘编说明〗

（1）导流建筑物级别划分与《水利水电工程等级划分及洪水标准》（SL 252—2000）的规定一致。表 3.2.1 中四项指标说明如下：

1）保护对象是永久建筑物，其级别作为划分导流建筑物级别的依据之一。

2）失事后果一栏很难用定量指标体现。美国土木工程学会大坝分级标准，将失事后果按人口死亡和灾害划分为三级。英国土木工程学会按人口死亡和财产损失划分为四级。俄罗斯等一些国家提出施工期按成本分类划分等级。本标准将围堰失事后带来的经济损失按其程度划为重大、较大和较小三级。

3）使用年限系指各施工阶段导流建筑物的运用年限，围堰挡水期越长，遭遇洪水破坏的可能性越大，承担的风险也就越大。国内外大型水利水电工程主体工程施工期（从基坑开挖到发电）大约为 5～7 年，一般工程大约 3 年左右。故将 3 级导流建筑物使用年限定在 3 年以上，4～5 级导流建筑物的使用年限框在 3 年以内。

4）导流工程的规模用围堰高和堰前库容来衡量，本条规定工程规模的上限为围堰高大于 50m、库容大于 $1 \times 10^8 m^3$，两项指标要同时满足。规定同时满足堰高与库容两个指标，实质上是由较低指标控制，在平原地区河流上往往是堰高控制，高山峡谷区河流则多受库容控制。

（2）导流建筑物划分为三级。导流建筑物属短期使用的临时性工程，为了节约投资，指导思想是将绝大部分导流工程划为 4 级或 5 级，对划为 3 级导流建筑物的指标控制较严，至少需要有两项指标符合要求。

（3）在不同导流分期，导流建筑物可能有不同级别。同一导流分期的导流建筑物，可能因作用和型式不同，其级别也不一，如上游围堰、下游围堰、纵向围堰就可能采用不同级别。同一导流分期采用相同的洪水标准。

〖检查要点和方法〗

（1）只有同时满足表 3.2.1 中 3 级导流建筑物一栏两项以上指标，其导流建筑物级别才有条件研究提高到 3 级的可能性。

（2）同一导流建筑物的不同部位因作用不同应有差别，如混凝土纵向围堰的中段若与坝体结合，应与纵向围堰的上段、下段，分别拟定不同的级别。

4-1-6 《水工挡土墙设计规范》 SL 379—2007

为适应水利水电工程建设需要，统一水工挡土墙设计标准和技术要求，提高水工挡土墙设计水平，做到安全可靠、经济合理，制定本标准。本标准适用于 1～3 级水工建筑物中的挡土墙以及独立布置的 1~4 级水工挡土墙设计。4 级、5 级水工建筑物中的挡土墙以及独立布置的 5 级水工挡土墙设计可参照使用；不适用于临时性挡土墙设计。

a) **3.1.1 水工建筑物中的挡土墙级别，应根据所属水工建筑物级别按表 3.1.1 确定。**

表 3.1.1   水工建筑物中的挡土墙级别划分

所属水工建筑物级别	主要建筑物中的挡土墙级别	次要建筑物中的挡土墙级别
1	1	3
2	2	3
3	3	4
注：主要建筑物中的挡土墙是指一旦失事将直接危及所属水工建筑物安全或严重影响工程效益的挡土墙；次要建筑物中的挡土墙是指失事后不致直接危及所属水工建筑物安全或对工程效益影响不大并易于修复的挡土墙。		

b) **3.1.4 位于防洪（挡潮）堤上具有直接防洪（挡潮）作用的水工挡土墙，其级别不应低于所属防洪（挡潮）堤的级别。**

〖摘编说明〗

（1）挡土墙是水工建筑物的一部分，由于水工建筑物都有挡水要求，若一旦失事，下游地区将遭受巨大的损失。水工挡土墙除具有防止土体崩塌的作用外，往往还具有挡水、导水、侧向防渗等多种作用。因此，水工挡土墙设计级别也应随所属水工建筑物的级别相应确定。

（2）位于防洪（挡潮）堤上的挡土墙，其重要性与防洪（挡潮）堤是一样的。有的挡土墙即便规模不大，但一旦失事，其严重后果与防洪（挡潮）堤失事一样，且较难修复。

〖检查要点和方法〗

（1）在按表 3.1.1 确定水工挡土墙的设计级别时，应根据相关标准的规定先确定所属水工建筑物的级别。

（2）挡土墙作为水工建筑物的一部分，也有主要和次要之分。一般情况下，次要建筑物中的挡土墙失事后不至于直接危及主体建筑物的安全，其设计级别可相应降低。但是，处于水工建筑物防渗范围内的岸墙、翼墙等，以及一旦失事将直接危及水工建筑物安全或严重影响工程效益的挡土墙，都属于主要建筑物中的挡土墙，其设计级别应与所属主体建筑物的设计级别相同。

4-1-7 《水利水电工程边坡设计规范》SL 386—2007

自 20 世纪 80 年代以后，随着大、中型水利水电工程的大量修建，边坡安全的重要性越来越受到工程师们的重视。为规范水利水电工程边坡设计，使之达到安全可靠、技术可行、经济合理，制定本标准。本标准适用于大、中型水利水电工程中的 1~5 级边坡的设计，对"水利水电工程边坡"定义为"由于修建水利水电工程形成的、边坡破坏对修建的水利水电工程安全有影响的和因修建水利水电工程有可能引起其破坏的边坡统称为水利水电工程边坡"。

a)　3.2.2　边坡的级别应根据相关水工建筑物的级别及边坡与水工建筑物的相互间关系，并对边坡破坏造成的影响进行论证后按表 3.2.2 的规定确定。

表 3.2.2　　　　　　　　　　　边坡的级别与水工建筑物级别的对照关系

建筑物级别	对水工建筑物的危害程度			
	严重	较严重	不严重	较轻
	边坡级别			
1	1	2	3	4、5
2	2	3	4	5
3	3	4	5	
4	4	5		

注 1：严重：相关水工建筑物完全破坏或功能完全丧失。
注 2：较严重：相关水工建筑物遭到较大的破坏或功能受到比较大的影响，需进行专门的除险加固后才能投入正常运用。
注 3：不严重：相关水工建筑物遭到一些破坏或功能受到一些影响，及时修复后仍能使用。
注 4：较轻：相关水工建筑物仅受到很小的影响或间接地受到影响。

b)　3.2.3　若边坡的破坏与两座及其以上水工建筑物安全有关，应分别按照 3.2.2 条的规定确定边坡级别，并以最高的边坡级别为准。

〖摘编说明〗

确定边坡级别考虑两个主要因素；其一是与相关建筑物的关系；其二是边坡破坏造成的影响。

对水工建筑物破坏程度分为严重、较严重、不严重和较轻等 4 种情况：

（1）严重。按边坡与建筑物的关系，分为直接相关和间接相关两种。前者可分为两种类型：一种类型也称为"边坡属于建筑物的组成部分"，例如船闸的直立边坡、挖方渠道的过水断面边坡；另一种类型为建筑物的地基或地基的一部分，例如紧靠边坡上方修建有泄水、引水的进水塔等。与建筑物直接相关的边坡，一旦破坏或产生稍大变形将直接导致建筑物破坏，属于最危险的情况，因此要求边坡与相关建筑物级别相同是必要的。与建筑物安全间接相关的边坡是指边坡滑塌后，滑塌体推向建筑物导致其整体破坏。例如泄水建筑物进水口集中布置时，若边坡破坏会导致进水塔整体破坏，边坡级别与进水塔的级别相同也是合理的。"功能完全丧失"的含义是建筑物虽然没有破坏但已完全不能运用。如当泄水建筑物在一岸集中布置时，岩石边坡破坏后将所有进水口全部封堵，导致泄水建筑物完全丧失泄水功能的情况。

（2）较严重。有些情况下边坡破坏并不一定使建筑物彻底破坏或完全丧失功能，但已损坏较严重，已不能正常运用或需要进行专门的除险加固。"专门的除险加固"是指已超出了管理单位正常维护工作的范畴，需要进行专门的除险加固设计并由专业施工队伍施工，才能使建筑物恢复或基本恢复原设计功能。

（3）不严重。例如溢洪道泄槽段的开挖边坡，当出现边墙上部边坡局部滑坡侵占部分过水断面，只要塌方不是将溢洪道完全堵死并不难以清除，清除后溢洪道仍可正常过水；又如道路边坡塌方，虽暂时阻断交通，但清理后仍可正常通行。

（4）较轻。有的边坡的破坏并不导致建筑物的破坏或功能丧失，而是仅对建筑物安全有轻微影响。比如有些近坝上游的库岸边坡，当边坡破坏后滑坡涌浪传到坝前已很小，对建筑物安全没有明显的影响。

〖检查要点和方法〗

本条执行时，需要特别注意：

（1）由于水工建筑物多种多样，边坡与建筑物相互关系非常复杂，因此，在实际工程中，需要认真研究边坡对相应建筑物的影响、建筑物在整个工程安全中的地位等，才能相对合理地确定边坡的级别。由于边坡级别的高低直接决定抗滑稳定安全系数标准，也就是说直接影响工程投资，考虑到这一点，条文中特别要求"对边坡破坏造成的影响进行论证"后确定边坡级别。

（2）有些情况下，一个边坡的破坏可能与两座或多座建筑物的安全有关。对于这种情况，条文规定应先按建筑物分别确定边坡级别，之后，再选择其中最高级别作为边坡级别，其基本思路是确定边坡级别时就高不就低。

〖案例分析〗

小浪底大坝上游 3.65km 和 2.48km 分别发育有 1 号滑坡和 2 号滑坡，体积分别为 1100 万 m^3 和 410 万 m^3。在设计过程中，做了大量的地质勘察试验工作，并采用多种方法研究在不同条件下的稳定性状，对 1 号滑坡进行了模型试验。研究表明，在正常高水位 275.00m 情况下，若 1 号滑坡发生破坏，产生的涌浪传至坝前仅高 0.88m，不会对大坝和左岸进水塔等建筑物的安全构成威胁，且附近也没有居民区以及其他设施。从地质勘察初期至今的安全监测表明，经不同库水位及水位降落等多种工况条件下运行，两滑坡虽仍处于缓慢的蠕变变形中，没有在近期内发生滑动的明显迹象，因此没有必要将其级别定得过高。这种规模宏大的蠕变变形边坡对提高边坡的稳定安全度往往不敏感。若确定的边坡级别太高，要求的稳定安全系数必然很大，进行治理和加固的费用也非常惊人，但工程实践中往往难以做到。

4-1-8 《调水工程设计导则》SL 430—2008

新中国成立以来，我国已修建了数十座大型调水工程，通过总结已建调水工程的经验和教训，编制本标准。本标准内容涉及调水工程设计的各个阶段，主要适用于项目建议书和可行性研究前期阶段。

a) 9.2.1 调水工程的等别，应根据工程规模、供水对象在地区经济社会中的重要性，按表 9.2.1 综合研究确定。

表 9.2.1　　　　　　　　　　调 水 工 程 分 等 指 标

工程等别	工程规模	分 等 指 标			
		供水对象 重要性	引水流量 （m³/s）	年引水量 （亿 m³）	灌溉面积 （万亩）
Ⅰ	大（1）型	特别重要	≥50	≥10	≥150
Ⅱ	大（2）型	重要	50～10	10～3	150～50
Ⅲ	中型	中等	10～2	3～1	50～5
Ⅳ	小型	一般	＜2	＜1	＜5

〖摘编说明〗

调水工程等别，根据供水对象重要性、引水流量、年引水量和灌溉面积等 4 项指标分为Ⅰ、Ⅱ、Ⅲ、Ⅳ等。

（1）供水对象重要性分等指标。调水工程供水对象主要为城镇生活和工业用水的，根据供水对象的重要性分成四等，其分等的城市重要性指标可参考 1996 年《中国城市统计年鉴》确定，详见表 4-2。

表 4-2　　　　　　　　　　城 市 重 要 性 分 类 表

重 要 性	规 模	城市人口/万人
特别重要	特大城市	≥100
重要	大城市	100～50
中等	中等城市	50～20
一般	小城市	＜20

（2）引水流量分等指标。该指标在《灌溉与排水工程设计规范》（GB 50288—99）基础上，将用于确定引水枢纽等别的引水流量标准值调高一级使用，即Ⅰ等工程对应引水流量不小于 50m³/s，余下依此类推。

（3）年引水量分等指标。年引水量指标为《调水工程设计导则》（SL 430—2008）新提出的指标，根据收集的 23 项调水工程资料初步分析，确定年引水量大于 3 亿 m³ 时为大型工程，按年引水量确定工程等别对已建工程符合率达 75%。

（4）灌溉面积分等指标。调水工程以农业灌溉为主要任务时，灌溉面积指标与《水利水电工程等级划分及洪水标准》（SL 252—2000）第 2.1.1 条一致。

b）　9.2.2　以城市供水为主的调水工程，应按供水对象重要性、引水流量和年引水量三个指标拟定工程等别，确定等别时至少应有两项指标符合要求。以农业灌溉为主的调水工程，应按灌溉面积指标确定工程等别。

〖摘编说明〗

按表 9.2.1 中的供水对象重要性分等指标对已建调水工程的等别进行符合性分析，其符合率为 62.5%。符合率偏低主要原因是，特大型城市大多为多水源供水，调水工程只是城市供水水源的一部分，与城市总人口规模没有直接关系。单纯按城市人口规模对应的城市重要性指标确定工程等别，对部分城市存在等别偏高的问题。因此，在确定以城市供水为主的调水工程等别时，城市重要性分等指标与引水流量和年引水量分等指标配合使用，确定等别时至少需要两项指标符合要求。

按表 9.2.1 中的灌溉面积分等指标确定的调水工程工程等别对已建 16 项工程符合率达 87.5%，因此，以灌溉为主的调水工程可按灌溉面积指标确定工程等别。

〖检查要点和方法〗

（1）水源工程建筑物规模，应按调水的最大规模确定。

（2）输水线路穿越铁路、公路等工程时，交叉建筑物等别除应符合 SL 430—2008 外，还应满足相关行业设计标准的要求。

（3）以城市供水为主的调水工程，按供水对象重要性、引水流量和年引水量三个指标拟定工程等别，确定等别时至少满足两项指标要求。

（4）以农业灌溉为主的调水工程，可按灌溉面积指标确定工程等别。

〖案例分析〗

引滦入津工程向天津市供水，其引水流量 60 m³/s，年引水量 10 亿 m³；引碧入连工程供水对象是大连市，其引水流量 15 m³/s，年引水量 4.7 亿 m³。虽然天津市和大连市城市人口均超过 100 万，供水对象重要性指标均为特别重要，但因引水流量和年引水量指标不同，引滦入津工程为大（1）型，工程等别Ⅰ等，引碧入连工程不满足至少应有两项指标符合要求的规定，故该工程为大（2）型，工程等别Ⅱ等。

4-1-9 《灌溉与排水渠系建筑物设计规范》SL 482—2011

a）3.1.1 渠系建筑物的级别，应参照 GB 50288—99 渠道级别划分标准，按表 3.1.1 确定，且不应低于其所在渠道的工程级别。

表 3.1.1　　　　　　　　　　　渠系建筑物的分级指标

渠系建筑物级别	1	2	3	4	5
设计流量（m³/s）	>300	300～100	100～20	20～5	<5

〖摘编说明〗

灌溉流量或排水流量是直接反映灌溉与排水渠系建筑物规模的指标值。因此，灌溉与排水渠系建筑物工程应按灌溉流量或排水流量的大小进行分级。灌溉与排水渠系分布广泛，经常与其他建筑物或构筑物相遇，当与铁路或公路、堤防和其他水工建筑物相交或相结合时，应按合建中各建筑物的最高级别确定建筑物级别，以保证合建建筑物的级别满足按不同设计规范确定的建筑物的最高级别要求。

〖检查要点和方法〗

（1）灌溉渠道和排水沟（渠）工程是否分别按灌溉流量或排水流量的大小进行

分级。

（2）当按灌溉流量和排水流量分属两个不同工程级别时，是否按其中较高的级别确定。

（3）与其他水工建筑物相交或相结合时，是否按合建中各建筑物的最高级别确定建筑物级别。

（4）各项设计文件中采用的建筑物级别是否与批复文件一致。

4-1-10 《水利水电工程施工导流设计规范》SL 623—2013

a）3.1.1 导流建筑物应根据其保护对象、失事后果、使用年限和围堰工程规模划分为 3~5 级，具体按表 3.1.1 确定。

表 3.1.1　　　　　　　　　　　导流建筑物级别划分

级别	保护对象	失 事 后 果	使用年限（年）	导流建筑物规模	
				围堰高度（m）	库容（亿 m³）
3	有特殊要求的 1 级永久性水工建筑物	淹没重要城镇、工矿企业、交通干线或推迟工程总工期及第一台（批）机组发电，造成重大灾害和损失	>3	>50	>1.0
4	1 级、2 级永久性水工建筑物	淹没一般城镇、工矿企业或影响工程总工期和第一台（批）机组发电，造成较大经济损失	1.5~3	15~50	0.1~1.0
5	3 级、4 级永久性水工建筑物	淹没基坑，但对总工期及第一台（批）机组发电影响不大，经济损失较小	<1.5	<15	<0.1

注 1：导流建筑物包括挡水和泄水建筑物，联合运用的挡水和泄水建筑物级别一般相同。

注 2：表列四项指标均按导流分期划分，保护对象一栏中所列永久性水工建筑物级别系按 SL 252 划分。

注 3：有、无特殊要求的永久性水工建筑物均系针对施工期而言，有特殊要求的 1 级永久性水工建筑物系指施工期不应过水的土石坝及其他有特殊要求的永久性水工建筑物。

注 4：使用年限系指导流建筑物每一导流分期的工作年限，两个或两个以上导流分期共用的导流建筑物，如分期导流一期、二期共用的纵向围堰，其使用年限不能叠加计算。

注 5：导流建筑物规模一栏中，围堰高度指挡水围堰最大高度，库容指堰前设计水位所拦蓄的水量，两者应同时满足。

b）3.1.2 当导流建筑物根据表 3.1.1 指标分属不同级别时，应以其中最高级别为准。但列为 3 级导流建筑物时，至少应有两项指标符合要求。

c）3.1.4 应根据不同的导流分期按表 3.1.1 划分导流建筑物级别；同一导流分期中的各导流建筑物级别，应根据其不同作用划分。

d）3.1.6 过水围堰级别应按表 3.1.1 确定，该表中的各项指标以过水围堰挡水情况作为衡量依据。

e)　3.2.2　当导流建筑物与永久建筑物结合时，导流建筑物设计级别与洪水标准仍应按表 3.1.1 及表 3.2.1 的规定执行；但成为永久建筑物部分的结构设计应采用永久建筑物级别标准。

〖摘编说明〗

本条针对导流建筑物级别划分所做的规定，同 4-1-5 和 4-2-1-3，摘编说明同 4-1-5 和 4-2-1-3。

〖检查要点和方法〗

同 4-1-5 和 4-2-1-3。

4-1-11　《水利水电工程围堰设计规范》SL 645—2013

a)　3.0.1　围堰级别应根据其保护对象、失事后果、使用年限和围堰工程规模划分为 3 级、4 级、5 级，具体按表 3.0.1 确定。

表 3.0.1　围堰级别划分表

级别	保护对象	失事后果	使用年限（年）	围堰工程规模	
				围堰高度（m）	库容（亿 m³）
3	有特殊要求的 1 级永久性水工建筑物	淹没重要城镇、工矿企业、交通干线或推迟工程总工期及第一台（批）机组发电，造成重大灾害和损失	>3	>50	>1.0
4	1 级、2 级永久性水工建筑物	淹没一般城镇、工矿企业或影响工程总工期和第一台（批）机组发电，造成较大经济损失	1.5~3	15~50	0.1~1.0
5	3 级、4 级永久性水工建筑物	淹没基坑，但对总工期及第一台（批）机组发电影响不大，经济损失较小	<1.5	<15	<0.1

注 1：表列四项指标均按导流分期划分，保护对象一栏中所列永久性水工建筑物级别系按 SL 252 划分。

注 2：有、无特殊要求的永久性水工建筑物均系针对施工期而言，有特殊要求的 1 级永久性水工建筑物系指施工期不应过水的土石坝及其他有特殊要求的永久性水工建筑物。

注 3：使用年限系指围堰每一导流分期的工作年限，两个或两个以上导流分期共用的围堰，如分期导流一期、二期共用的纵向围堰，其使用年限不能叠加计算。

注 4：围堰工程规模一栏中，围堰高度指挡水围堰最大高度，库容指堰前设计水位所拦蓄的水量，两者应同时满足。

b)　3.0.2　当围堰工程根据表 3.0.1 指标分属不同级别时，应以其中最高级别为准。但列为 3 级建筑物时，至少应有两项指标符合要求。

c)　3.0.4　当围堰与永久建筑物结合时，结合部分的结构设计应采用永久建筑物级别标准。

d）3.0.5 过水围堰应按表 3.0.1 确定建筑物级别，表中各项指标应以挡水期工况作为衡量依据。

〖摘编说明〗

本条针对导流建筑物级别划分所做的规定，同 4-1-5 和 4-2-1-3，摘编说明同 4-1-5。

〖检查要点和方法〗

同 4-1-5 和 4-2-1-3。

4-2 洪水标准和安全超高

4-2-1 洪水标准

洪水标准确定是否恰当，既关系到工程自身的安全，又关系到其下游人民生命财产、工矿企业、设施和生态环境的安全，同时，对工程效益、工程造价、建设速度等也有直接影响。

水利水电工程永久性水工建筑物的洪水标准，应按山区、丘陵区和平原区、滨海区分别确定。当山区、丘陵区的水利水电工程永久性水工建筑物的挡水高度低于 15m，且上下游最大水头差小于 10m 时，其洪水标准宜按平原、滨海区标准确定；当平原区、滨海区的水利水电工程永久性水工建筑物的挡水高度高于 15m，且上下游最大水头差大于 10m 时，其洪水标准宜按山区、丘陵区标准确定。

江河采取梯级开发方式，在确定各梯级水利水电工程的永久性水工建筑物的设计洪水与校核洪水标准时，还应结合江河治理和开发利用规划，统筹研究，相互协调。

4-2-1-1 《水利水电工程等级划分及洪水标准》SL 252—2000

a）3.2.1 山区、丘陵区水利水电工程永久性水工建筑物的洪水标准，应按表 3.2.1 确定。

表 3.2.1 　山区、丘陵区水利水电工程永久性水工
建筑物洪水标准〔重现期（年）〕

项目		水工建筑物级别				
		1	2	3	4	5
设计		1000～500	500～100	100～50	50～30	30～20
校核	土石坝	可能最大洪水（PMF）或 10000～5000	5000～2000	2000～1000	1000～300	300～200
	混凝土坝、浆砌石坝	5000～2000	2000～1000	1000～500	500～200	200～100

b) **3.2.2** 对土石坝，如失事下游将造成特别重大灾害时，1 级建筑物的校核洪水标准，应取可能最大洪水（PMF）或重现期 10000 年标准；2～4 级建筑物的校核洪水标准，可提高一级。

〖摘编说明〗

（1）土石坝失事后垮坝速度很快，对下游相当大范围内会造成严重灾害，如河南省某水库垮坝，下游数十公里被夷为平地，人民生命财产遭受到巨大损失。因此，土石坝校核洪水标准比混凝土坝、浆砌石坝高。

（2）由于可能最大洪水（PMF）与频率分析法在计算理论和方法上都不相同，在选择是采用 10000 年的洪水还是采用 PMF 时，应根据计算成果的合理性来确定。

〖检查要点和方法〗

（1）当土石坝下游有居民区和重要农业区及工业经济区时，1 级建筑物校核洪水标准应采用范围值的上限。

（2）当用水文气象法求得的 PMF 较为合理时（不论其所相当的重现期是多少），采用 PMF；当用频率分析法求得的重现期为 10000 年的洪水较为合理时，采用 10000年的洪水；当两者可靠程度相同时，为安全起见，应采用其中较大者。

〖案例分析〗

河南石漫滩水库、板桥水库始建于 20 世纪 50 年代初期，因当时水库防洪标准偏低，遭遇"75·8"特大暴雨，致使大坝溃决，京广铁路中断，人民生命财产遭巨大损失。1986 年板桥水库复建，水库总库容 6.75 亿 m^3，大（2）型工程，主坝为均质土坝，最大坝高 50.5m，2 级建筑物，如按《水利水电工程等级划分及洪水标准》（SL 252—2000）中表 3.2.1 规定校核洪水标准应为 5000 年，实际校核洪水采用 PMF 洪水，相当于校核洪水标准提高了一级。

c) **3.2.5** 水电站厂房的洪水标准，应根据其级别，按表 3.2.5 的规定确定。河床式水电站厂房，挡水部分的洪水标准，应与工程的主要挡水建筑物的洪水标准相一致。水电站厂房的副厂房、主变压器场、开关站、进厂交通等的洪水标准，可按表 3.2.5 确定。

表 3.2.5　　　　　　　　　水电站厂房洪水标准〔重现期（年）〕

水电站厂房级别	设计	校核
1	200	1000
2	200～100	500
3	100～50	200
4	50～30	100
5	30～20	50

〖摘编说明〗

对于河床式水电站厂房，其上游挡水部分的洪水标准应与水库工程中其他挡水建筑物的洪水标准一致。

考虑到水电站除主厂房外，有的副厂房、主变压器场、开关站、进厂交通等重要工程也存在防洪问题，本条规定这些工程的洪水标准可按表3.2.5分析确定。

〖检查要点和方法〗

挡水厂房与非挡水厂房防洪标准不一样，应区别对待。

d）3.3.1　平原区水利水电工程永久性水工建筑物洪水标准，应按表3.3.1确定。

表3.3.1　　平原区水利水电工程永久性水工建筑物洪水标准［重现期（年）］

项　目		永久性水工建筑物级别				
		1	2	3	4	5
水库工程	设计	300~100	100~50	50~20	20~10	10
	校核	2000~1000	1000~300	300~100	100~50	50~20
拦河水闸	设计	100~50	50~30	30~20	20~10	10
	校核	300~200	200~100	100~50	50~30	30~20

〖摘编说明〗

平原区水库一般位于河流中下游。与山区不同的是，平原区洪水缓涨缓落、河道宽、坡度缓、坝低、泄水条件较好，发生较大洪水时，一般易于采取非常措施。因此，平原水库的洪水标准不宜定得过高。对于同一级别的水工建筑物，平原区的洪水标准应比山区低一些。

水闸工程具有挡水和泄（引）水的双重作用，广泛应用于平原区的防洪、灌溉、治涝、发电等水利水电工程。

〖检查要点和方法〗

平原区水利水电工程分为水库工程和拦河水闸两大类，应按水工建筑物级别分别确定洪水标准。

e）3.3.2　潮汐河口段和滨海区水利水电工程永久性水工建筑物的潮水标准，应根据其级别，按表3.3.2确定。对1级、2级建筑物，若确定的设计潮水位低于当地历史最高潮水位时，应采用当地历史最高潮水位校核。

表3.3.2　　　潮汐河口段和滨海区水利水电工程永久性水工建筑物潮水标准

永久性水工建筑物级别	1	2	3	4、5
设计潮水位［重现期（年）］	≥100	100~50	50~20	20~10

〖摘编说明〗

沿海地区的水利工程按受洪潮影响的不同，可分为潮汐河口段水利工程和滨海区水利工程。

对于潮汐河口段水利工程，水位受海洋潮汐和江河洪水的双重影响。由于各地都已设置为数众多的潮位观测站，积累了丰富的资料，在确定潮汐河口段潮水标准时，可以采用分析计算潮水位重现期的方法。这样，潮水标准就可以与江河的洪水标准有机地联系起来。通过超高的调整，可使江河堤防与沿海海堤的堤顶高程相一致。

滨海区水利工程的防潮，主要是分析由水暴原因引起海面异常升高而形成的水暴潮（或水暴增水）及其与天文潮的相互关系，合理地提出防潮标准。如今，全国在沿海一带建立了数百个测潮站，并积累了一定的资料，能够根据实测或调查到的历史最高暴潮水位，推求潮水位频率。本条文推荐采用重现期（年）作为潮水标准，同时考虑历史最高潮位，比较直观，概念明确。

〖检查要点和方法〗

对 1 级、2 级建筑物，应以当地历史最高潮水位校核。

〖案例分析〗

天津永定新河河口防潮闸最大过闸流量 $4820\text{m}^3/\text{s}$，按《水闸设计规范》（SL 265—2001）规定，防潮闸为 2 级建筑物，潮水标准应为重现期 50～100 年。根据 1905 年至今潮位观测资料，100 年潮位为 3.39m，但实测最高潮水位（3.43m）高于 100 年潮位，因此防潮闸实际挡潮高程按历史最高潮水位校核确定。

广州珠江两岸，因水位受海洋潮汐和江河洪水的双重影响，故珠江堤岸堤顶高程，按 200 年洪（潮）组合水位确定。

f) 3.3.3 平原区水电站厂房的洪水标准，应根据其级别，按表 3.3.1 确定。

〖摘编说明〗

本条规定平原区水电站厂房的洪水标准应取与永久性挡水建筑物洪水标准相同，这是因为平原区洪水一般持续时间较长，厂房一旦受淹，损失巨大。

〖检查要点和方法〗

注意区分平原区水电站厂房是属于水库工程还是水闸工程，两者洪水标准是不同的。

g) 3.3.4 平原、滨海区水利水电工程的永久性泄水建筑物消能防冲洪水标准，应根据泄水建筑物的级别，分别按表 3.3.1 和表 3.3.2 确定。

〖摘编说明〗

平原、滨海区水利水电工程地质条件往往较差，消能防冲工程一旦失事，会危及主要建筑物安全，故规定其消能防冲洪水标准与主要建筑物洪水标准一致。

〖检查要点和方法〗

注意平原区与滨海区的永久性泄水建筑物消能防冲洪水标准的区别。

h) 3.4.1 灌溉和治涝工程永久性水工建筑物洪水标准，应根据其级别，按表 3.4.1 确定。

表 3.4.1 灌溉和治涝工程永久性水工建筑物洪水标准

永久性水工建筑物级别	1	2	3	4	5
洪水〔重现期（年）〕	100～50	50～30	30～20	20～10	10

注 灌溉和治涝工程永久性水工建筑物的校核洪水标准，可视具体情况和需要研究确定。

〖摘编说明〗

灌溉、治涝工程主要指渠道及其交叉建筑物、水闸等。这类工程遭遇超标准洪水失事后，一般只会造成经济损失，不会造成大的人身伤亡，故其永久性水工建筑物洪水标准比水库工程永久性水工建筑物洪水标准低一些。

〖检查要点和方法〗

灌溉和治涝工程一般不采用校核洪水标准，若需要可视具体情况另行确定。

i) 3.4.2 供水工程永久性水工建筑物洪水标准，应根据其级别按表3.4.2确定。

表 3.4.2 供水工程永久性水工建筑物洪水标准〔重现期（年）〕

运用情况	永久性水工建筑物级别			
	1	2	3	4
设计	100～50	50～30	30～20	20～10
校核	300～200	200～100	100～50	50～30

〖摘编说明〗

供水工程包括向城镇及农村居民点、工矿企业和部分农业灌区等供水的区域，引水或跨流域调水工程的干渠及其与河流的立交工程等。表3.4.2系根据《防洪标准》（GB 50201）制定的。

〖检查要点和方法〗

位于山区、丘陵区的供水水源和水库工程的洪水标准，应按相应地区的水利水电工程的标准确定。平原区供水工程洪水标准按平原区水闸洪水标准制定。

j) 3.4.3 泵站建筑物的洪水标准，应根据其级别，按表3.4.3确定。

表 3.4.3 泵站建筑物洪水标准〔重现期（年）〕

运用情况	永久性水工建筑物级别				
	1	2	3	4	5
设计	100	50	30	20	10
校核	300	200	100	50	20

〖摘编说明〗

本条按《泵站设计规范》（GB/T 50265—97）第3.1.1条制定。

〖检查要点和方法〗

在确定泵站的洪水标准时应注意以下两点：

（1）修建在河流或平原水库边的堤身式泵站，其洪水标准不应低于堤防的防洪标准。

（2）受潮汐影响的泵站，应结合历史最高潮位，按表 3.4.3 选定。

k）3.4.4 堤防工程的洪水标准，应根据江河防洪规划和保护对象的重要性分析确定。

对没有整体防洪规划河流的堤防，或不影响整体防洪规划的相对独立的局部堤防，其洪水标准，根据保护对象的重要性，按 GB 50286—98 确定。

穿堤永久性水工建筑物的洪水标准，应不低于堤防工程洪水标准。

〔摘编说明〕

兴建江、河堤防是为了增加河道安全行洪能力，滨海堤防和沿湖圩堤主要是挡洪潮，都是为了保护城镇、工矿企业及农业区的防洪安全。

堤防工程的洪水标准根据其保护对象的重要性而定。本条规定独立承担防洪任务堤防工程的洪水标准，根据《防洪标准》（GB 50201—2014）中有关防护对象的防洪标准确定。对江、河堤防和分蓄洪区围堤的洪水标准，由江河流域防洪规划对它们的要求确定。

堤防上的水工建筑物，如闸、涵等，一般为钢筋混凝土、混凝土或砖石结构，当堤防需要加高时，它们随之加高较为困难。本条规定它们的洪水标准应不低于堤防工程洪水标准。

〔检查要点和方法〕

主要检查内容包括：江河防洪规划；保护对象的重要性；堤防上是否有永久性穿堤建筑物。

4-2-1-2 《水电站厂房设计规范》SL 266—2014

a）3.2.1 水电站厂房（包括厂区建筑物）应按其工程等级及挡水条件采取下列相应的洪水标准：

1 壅水厂房兼作为枢纽挡水建筑物，其防洪标准应与该枢纽工程挡水建筑物的防洪标准相一致。

2 非壅水厂房的防洪标准应按表 3.2.1 的规定确定。

表 3.2.1　　　　　　　　　　　非壅水厂房的洪水标准

建筑物级别	洪水重现期（a）	
	设计洪水	校核洪水
1	200	1000
2	200～100	500
3	100～50	200

〔摘编说明〕

壅水厂房上游防洪标准与枢纽工程挡水建筑物的防洪标准相一致没有任何异议，但壅水厂房的下游防洪标准采用与枢纽工程挡水建筑物相同防洪标准在行业内存在不同意见。国内部分壅水厂房下游防洪标准与壅水建筑物防洪标准相比有所降低，主要集中在南方，以航电枢纽居多。

对于壅水厂房下游防洪标准按枢纽工程挡水建筑物相同防洪标准，造成水电站进厂困难，工程投资显著加大，经论证可适当降低下游防洪标准，但不宜低于按表 3.2.1 确定的洪水标准。

〖检查要点和方法〗

（1）检查工程等别和厂房建筑物级别划分是否合理？是否与审批文件一致？

（2）厂房建筑物是壅水厂房还是非壅水厂房。

4-2-1-3 《水利水电工程施工组织设计规范》SL 303—2004

a）3.2.6 导流建筑物设计洪水标准应根据建筑物的类型和级别在表 3.2.6 规定幅度内选择。对导流建筑物级别为 3 级且失事后果严重的工程，应提出发生超标准洪水时的预案。

表 3.2.6　　　　　　　导流建筑物洪水标准［重现期（年）］

导流建筑物类型	导流建筑物级别		
	3	4	5
土石结构	50～20	20～10	10～5
混凝土、浆砌石结构	20～10	10～5	5～3

〖摘编说明〗

（1）导流建筑物类型的影响：一般土石结构类型漫水失事的可能性比混凝土、浆砌石结构类型建筑物要大一些。根据 1981 年《全国水库垮坝登记手册》资料统计，绝大多数垮坝坝型为土石结构类型。水利水电工程中，由于洪水漫顶而溃堰也是土石类结构型占多数，如白莲河上游土石围堰、新丰江下游土石过水围堰等。因此，表 3.2.6 将导流建筑物类型列为确定洪水标准的一个条件，土石结构围堰的设计洪水标准较同级混凝土、浆砌石结构围堰定得更高。

（2）洪水标准封顶：据不完全统计，我国导流建筑物洪水标准习惯用 5 年、10 年、20 年、50 年等标准。从我国设计实际出发，并考虑到规范具有一定的先进性，本条规定 3 级导流建筑物采用 50 年重现期封顶，4 级导流建筑物采用 20 年重现期封顶。

（3）为了增加安全度，某些特别重要工程建议考虑遭遇超标准洪水的预案。

b）3.2.7 当导流建筑物与永久建筑物结合时，导流建筑物设计级别与洪水标准仍应按表 3.2.1 及表 3.2.6 规定执行；但成为永久建筑物部分的结构设计应采用永久建筑物级别标准。

〖摘编说明〗

导流建筑物中如其中一部分系利用永久建筑物，利用部分的结构设计标准应按永久建筑物采用，但其作为担负导流任务而言，与其他临时导流建筑物组合成一个整体，其导流设计级别应与其他临时导流建筑物级别相同，仍应按表 3.2.1 规定划分，即导流设计洪水标准不因其系永久建筑物而提高。

c) **3.2.12 过水围堰级别应按表 3.2.1 确定，该表中的各项指标是以过水围堰挡水期情况作为衡量依据。**

〖摘编说明〗

采用过水围堰允许基坑淹没的导流方式在国内外得到相当广泛运用，让河流最大洪峰流量通过围堰或施工中的坝体，事实证明是既经济又可行的。

过水围堰的级别，我国以往习惯的设计方法是对应永久建筑物的等级即可确定围堰级别，此标准主要用于堰体稳定和结构计算。本条规定按表 3.2.1 确定过水围堰级别，一般情况下因挡水期围堰较低，库容较小，所定级别不会高于 4 级，这是符合我国实际设计、施工情况的。

过水围堰的过水流量同样可用频率法和实测资料两种方法确定。第一种方法用确定的围堰级别查表 3.2.6 选定过水流量标准，第二种方法是分析实测洪水后选定过水流量标准。围堰过水最危险状况不一定发生在最大洪水期，本条规定过水期应找出最危险流量作为控制标准。

d) **3.2.16 当坝体填筑高程超过围堰堰顶高程时，坝体临时度汛洪水标准应根据坝型及坝前拦洪库容按表 3.2.16 规定执行。**

表 3.2.16　　　　坝体施工期临时度汛洪水标准 [重现期（年）]

坝　型	拦洪库容（$10^8 m^3$）		
	≥1.0	1.0～0.1	<0.1
土石坝	≥100	100～50	50～20
混凝土坝、浆砌石坝	≥50	50～20	20～10

〖摘编说明〗

鉴于坝体挡水度汛一般仅 1～2 个汛期，随后永久泄水建筑物即可投入正常运转，故当坝体填筑高程超过围堰堰顶高程时，坝体临时度汛洪水标准比相应导流建筑物洪水标准高。

e) **3.2.17 导流泄水建筑物封堵后，如永久泄洪建筑物尚未具备设计泄洪能力，坝体度汛洪水标准应分析坝体施工和运行要求后按表 3.2.17 规定执行。汛前坝体上升高度应满足拦洪要求，帷幕灌浆及接缝灌浆高程应能满足蓄水要求。**

表 3.2.17　　　　导流泄水建筑物封堵后坝体度汛洪水标准 [重现期（年）]

坝　型		大 坝 级 别		
		1	2	3
混凝土坝、浆砌石坝	设计	200～100	100～50	50～20
	校核	500～200	200～100	100～50
土石坝	设计	500～200	200～100	100～50
	校核	1000～500	500～200	200～100

〖摘编说明〗

水库蓄水阶段或大坝施工期运用阶段的度汛洪水标准，因导流泄水建筑物已经封堵、永久泄洪建筑物已具备泄洪能力，故比建成后的大坝正常运用洪水标准低，因此用正常运用时的下限值作施工期运用的上限值。由于混凝土坝施工期运用的标准应比土石坝低，故取土石坝的下限值作混凝土坝的上限值。

〖检查要点和方法〗

对临时性的水工建筑物洪水标准进行检查时，应注意以下几点：

（1）导流建筑物级别确定和类型划分是否符合规范规定，是否有超标准洪水预案。

（2）当坝体填筑高程超过围堰堰顶高程时，坝体临时度汛洪水标准应按表 3.2.16 规定执行。

（3）当导流泄水建筑物封堵后，坝体度汛洪水标准应按表 3.2.17 规定执行。

〖案例分析〗

重庆玉滩水库，总库容 1.5 亿 m^3，大坝采用沥青心墙堆石坝，坝高 42.7m，2 级建筑物。施工期采用分期导流，上游土石围堰为 4 级建筑物，因围堰挡水时段较短，故导流标准选用下限 10 年一遇；第二年汛前，大坝填筑高程已超过围堰高程，故坝体临时度汛洪水标准提高到 50 年一遇；第三年汛前，导流建筑物已封堵，大坝已填筑到设计高程，溢洪道基本具备过洪条件，坝体度汛洪水标准提高到 100 年一遇设计，500 年一遇校核。

4-2-1-4　《调水工程设计导则》SL 430—2008

a)　9.2.8　调水工程永久性水工建筑物洪水标准，应根据其级别按表 9.2.8 确定。

表 9.2.8　　　　　　　　　调水工程永久性水工建筑物洪水标准

水工建筑物级别	洪水［重现期（a）］	
	设计	校核
1	100～50	300～200
2	50～30	200～100
3	30～20	100～50
4	20～10	50～30
5	10	30～20

〖摘编说明〗

调水工程河渠交叉建筑物洪水标准应综合考虑穿越处河道上游流域面积、交叉建筑物结构型式等因素确定。

例如南水北调中线一期工程规定：总干渠河渠交叉断面以上集流面积不小于 $20km^2$ 的河渠交叉建筑物设计洪水标准为 100 年一遇，校核洪水标准为 300 年一遇；集流面积小于 $20km^2$ 的左岸排水建筑物设计洪水标准为 50 年一遇，校核洪水标准为 200 年一遇；总干渠与各类河渠交叉、左岸排水建筑物连接渠段的防洪标准与相应的主体建筑物洪水标准一致。

〔检查要点和方法〕

（1）调水工程永久性水工建筑物穿越堤防时，其洪水标准应不低于堤防的洪水标准。

（2）调水工程中泵站的洪水标准应取表9.2.8中的上限。

4－2－1－5　《灌溉与排水渠系建筑物设计规范》SL 482—2011

a）　3.2.1　渠系建筑物设计洪水标准，应按表3.2.1确定。其校核洪水标准应视建筑物的具体情况和需要研究决定。

表3.2.1　　　　　渠系建筑物设计洪水标准

建筑物级别	1	2	3	4	5
设计防洪标准（重现期，a）	100	50	30	20	10

b）　3.2.2　潮汐河口处渠系建筑物设计洪水标准，根据其级别应按表3.2.2确定。

表3.2.2　　　　　潮汐河口外渠系建筑物设计洪水标准

建筑物级别	1	2	3	4	5
防洪标准（重现期，a）	≥100	100～50	50～20	20～10	10

〔摘编说明〕

渠系建筑物的设计洪水标准应根据建筑物级别确定，在潮汐河口段，水位受海洋潮汐和江河洪水的双重影响，潮汐河口段与非潮汐河口段的渠系建筑物受洪潮影响不同，应按潮汐河口段和非潮汐河口段分别确定洪水标准。在潮汐河口段，当同频率江河洪水与高潮位组合时，会造成渠系洪水位的升高，因此，3级以上的渠系建筑物在潮汐河口处的设计洪水标准比非潮汐河口段的渠系建筑物设计洪水标准高。

〔检查要点和方法〕

（1）根据建筑物所处的位置和受潮汐影响的情况，按潮汐河口段和非潮汐河口段分别确定设计洪水标准。

（2）建筑物设定的校核洪水标准，检查其是否根据具体情况进行了分析研究。

（3）设计文件中采用的建筑物洪水标准是否与批复文件一致。

4－2－1－6　《水利水电工程水文自动测报系统设计规范》SL 566—2012

a）　11.1.3　水位站应满足防洪标准和测洪标准的要求。水位站的防洪标准和测洪标准，应按表11.1.3的规定执行。

表11.1.3　　　　　水位站防洪标准和测洪标准

水位站类别	防洪标准	测洪标准
水库、闸坝	校核洪水	校核洪水位
河道、湖泊	高于50年一遇洪水或相应于堤顶高程时的洪水	高于50年一遇洪水位或堤顶高程

〖摘编说明〗

（1）本标准适用于水利水电工程水文自动测报系统的初步规划和总体设计。

（2）水库、闸坝站防洪标准和测洪标准依据工程自身防洪标准、《水位观测平台技术标准》（SL 384）有关规定制定；河道、湖泊站防洪标准和测洪标准依据《水文基础设施建设与技术装备标准》（SL 276）、《水位观测平台技术标准》（SL 384）有关规定，并结合国内现有水利水电工程水情自动测报系统的实际运行情况制定。

（3）测洪标准是指水文设施设备能够实测的相应洪水标准。

〖检查要点和方法〗

（1）当出现不大于防洪标准相应洪水时，应能保证水位观测站建筑物的防洪安全，仪器设备不被洪水淹没。

（2）当出现不大于测洪标准相应洪水位时，水位观测设施设备应能正常运行，测站测报工作应能正常开展。

〖案例分析〗

2013 年初嫩江干流建设完成了 5 处水质自动监测站并投入试运行。按照《水文基础设施建设与技术装备标准》（SL 276—2002），大河控制站防洪标准应为 100 年一遇洪水水位加 1m 设计。某站站房和观测设施防洪标准未达到要求。2013 年 7—8 月间，嫩江流域发生了大洪水，部分河段超过 50 年一遇洪水，该站站房被淹，室内过水高度 1.53m，站房内部电气、供暖等设备被洪水浸泡损毁。

4-2-1-7　《水利水电工程施工导流设计规范》SL 623—2013

a）　3.2.1　导流建筑物设计洪水标准应根据建筑物的类型和级别在表 3.2.1 规定幅度内选择。同一导流分期各导流建筑物的洪水标准应相同，以主要挡水建筑物的设计洪水标准为准。

表 3.2.1　　　　　　　　　导流建筑物设计洪水标准　　　　单位：重现期（年）

导流建筑物类型	导流建筑物级别		
	3	4	5
土石结构	50~20	20~10	10~5
混凝土、浆砌石结构	20~10	10~5	5~3

〖摘编说明〗

本条针对导流建筑物设计洪水标准做出的规定，和 4-2-1-3 第 a）条一致，编制说明同 4-2-1-3《水利水电工程施工组织设计规范》第 a）条。

〖检查要点和方法〗

同 4-2-1-3 第 a 条。

b）　3.3.1　当坝体施工高程超过围堰堰顶高程时，坝体临时度汛洪水标准应根据坝型及坝前拦洪库容按表3.3.1的规定执行。

表3.3.1　　　　　　　　坝体施工期临时度汛洪水标准　　　　单位：重现期（年）

坝　　型	拦洪库容（$10^8 m^3$）			
	>10.0	10.0～1.0	1.0～0.1	<0.1
土石坝	≥200	200～100	100～50	50～20
混凝土坝、浆砌石坝	≥100	100～50	50～20	20～10

〖摘编说明〗

　　本条针对坝体施工期临时度汛洪水标准做出的规定，和4-2-1-3第d）条比较，细化了临时度汛时的库容大小指标。结合近年来部分工程的实际度汛情况，将施工期混凝土坝的最高度汛标准由不小于50年一遇改为不小于100年一遇；将施工期土石坝的最高度汛标准由不小于100年一遇改为不小于200年一遇。

　　鉴于坝体挡水度汛一般仅1～2个汛期，随后永久泄水建筑物即可投入正常运转，故当坝体填筑高程超过围堰堰顶高程时，坝体临时度汛洪水标准比相应导流建筑物洪水标准高。

〖检查要点和方法〗

　　同4-2-1-3第d）条。

c）　**3.3.2**　导流泄水建筑物全部封堵后，如永久泄洪建筑物尚未具备设计泄洪能力，坝体度汛洪水标准应在分析坝体施工和运行要求后按表3.3.2的规定执行。汛前坝体上升高度应满足拦洪要求，帷幕灌浆及接缝灌浆高程应满足蓄水要求。

表3.3.2　　　　　导流泄水建筑物封堵后坝体度汛洪水标准　　　单位：重现期（年）

坝　　型		大　坝　级　别		
		1	2	3
土石坝	设计	500～200	200～100	100～50
	校核	1000～500	500～200	200～100
混凝土坝、浆砌石坝	设计	200～100	100～50	50～20
	校核	500～200	200～100	100～50

〖摘编说明〗

　　本条针对导流建筑物封堵后坝体临时度汛洪水标准做出的规定，同4-2-1-3第e）条，编制说明同4-2-1-3第e）条。

〖检查要点和方法〗

　　同4-2-1-3第e）条。

d）　**10.2.1**　对导流建筑物级别为3级且失事后果严重的工程，应提出发生超标准洪水时的预案。

〖摘编说明〗

本条针对导流建筑物设计洪水标准做出的规定，和 4-2-1-3 第 a）条一致，编制说明同 4-2-1-3《水利水电工程施工组织设计规范》第 a）条。

〖检查要点和方法〗

同 4-2-1-3 第 a）条。

4-2-1-8　《水利水电工程围堰设计规范》SL 645—2013

a）　3.0.9　围堰工程设计洪水标准应根据建筑物的类型和级别在表 3.0.9 规定幅度内选择。对围堰级别为 3 级且失事后果严重的工程，应提出发生超标准洪水时的工程应急措施。

表 3.0.9　　　　　　　　　　围堰工程洪水标准　　　　　　　　　单位：重现期（年）

围堰类型	围堰工程级别		
	3	4	5
土石结构	50～20	20～10	10～5
混凝土、浆砌石结构	20～10	10～5	5～3

〖摘编说明〗

本条针对围堰工程设计洪水标准做出的规定，和 4-2-1-3 第 a）条一致，编制说明同 4-2-1-3 第 a）条。

〖检查要点和方法〗

同 4-2-1-3 第 a）条。

4-2-1-9　《土石坝施工组织设计规范》SL 648—2013

a）　3.0.4　由坝体拦洪度汛时，应根据当年坝体设计填筑高程所形成的坝前拦洪库容，按表 3.0.4 确定度汛标准。

表 3.0.4　　　　　　　　　坝体施工期临时度汛设计洪水标准

拦洪库容（亿 m³）	≥1.0	1.0～0.1	<0.1
重现期（年）	≥100	100～50	50～20

〖摘编说明〗

本条针对土坝坝体施工期临时度汛洪水标准做出的规定，和 4-2-1-3 第 d）条一致，编制说明同 4-2-1-3 第 d）条。

〖检查要点和方法〗

同 4-2-1-3 第 d）条。

4-2-2　安全超高

对于"安全超高"的定义有两种：一是"安全超高"包括波浪爬高、风壅增高和安全加高等三项；二是"安全超高"仅指安全加高。执行强制性条文时，应注意不同标准对不同建筑物的规定的差别。

4-2-2-1 《泵站设计规范》GB 50265—2010

a) 6.1.3 泵房挡水部位顶部安全加高不应小于表6.1.3的规定。

表 6.1.3 泵房挡水部位顶部安全加高下限值（m）

运用情况	泵站建筑物级别			
	1	2	3	4、5
设 计	0.7	0.5	0.4	0.3
校 核	0.5	0.4	0.3	0.2

注1：安全加高系指波浪、壅浪计算顶高程以上距离泵房挡水部位顶部的高度；

注2：设计运用情况系指泵站在设计运行水位或设计洪水位时运用的情况，校核运用情况系指泵站在最高运行水位或校核洪水位时运用的情况。

〖摘编说明〗

规定"安全加高"是为了避免各种因素可能对泵房安全产生不利影响而采取的一种工程措施，主要考虑的影响因素为：①洪水水位计算中可能存在误差；②风浪计算中所采用的经验公式的局限性；③泥沙淤积估算的误差及其他因素对水位抬高的影响。安全加高依据建筑物的类型、运用工况和建筑物的级别不同而采用不同的数值，确保泵房各挡水部位的顶部高程在各种工况下波浪作用不致漫顶。

通常水工建筑物"安全超高"中包含的"波浪爬高、风壅增高和安全加高"三项内容，安全加高只是其中一项，前两项需要经计算确定。对于泵房，应根据其不同的挡水面的形式，参照相应标准的规定和计算方法进行计算。

对于一些特殊情况，如地震区，顶部高程的确定还需考虑地震产生的壅浪和地震引起的建筑物自身和基础的附加沉陷；当库内大体积滑坡或塌岸时，还应考虑滑坡或塌岸引起的涌浪。

〖检查要点和方法〗

（1）是否根据泵站的设计运用情况和校核运用情况分别确定挡水部位的挡水水位和安全加高值。

（2）是否根据不同挡水水位分别进行波浪和壅浪计算，确定建筑物相应波浪爬高和壅浪高度。

（3）是否是在波浪、壅浪计算顶高程以上增加安全加高，最终确定泵房挡水部位的顶部高程。

4-2-2-2 《水利水电工程等级划分及洪水标准》SL 252—2000

a) 4.0.1 水利水电工程永久性挡水建筑物顶部高程，应按工程设计情况和校核情况时的静水位加相应的波浪爬高、风壅增高和安全加高确定。其安全加高应不小于表4.0.1中的规定。

表 4.0.1　　　　　　　　　　永久性挡水建筑物安全加高（m）

建筑物类型及运用情况			永久性挡水建筑物级别			
			1	2	3	4、5
土石坝	设计		1.5	1.0	0.7	0.5
	校核	山区、丘陵区	0.7	0.5	0.4	0.3
		平原、滨海区	1.0	0.7	0.5	0.3
混凝土闸坝、浆砌石闸坝	设计		0.7	0.5	0.4	0.3
	校核		0.5	0.4	0.3	0.2

〖摘编说明〗

本条中的"波浪爬高、风壅增高和安全加高"三项内容，前两项需要经计算确定，对于不同的建筑物，有相应的标准规定其计算方法。确定的永久性挡水建筑物顶部高程应保证波浪不能漫顶。对于一些特殊情况，如地震区，顶部高程的确定还需考虑地震产生的壅浪和地震引起的建筑物自身和基础的附加沉陷；当库内大体积滑坡或塌岸时，还应考虑滑坡或塌岸引起的涌浪。

本条中的"安全加高"是为了避免各种因素对建筑物安全的影响而采取的一种工程措施。主要是考虑：①洪水水位计算中可能存在误差；②风浪计算中所采用的经验公式的局限性；③泥沙淤积估算的误差及其他因素对水位抬高的影响。安全加高随着建筑物的类型、运用情况和建筑物的级别不同而规定不同数值。

由表 4.0.1 可以看出，土石坝的安全加高值要比混凝土闸坝和浆砌石闸坝大，这是由于土石坝抗御洪水漫顶的能力弱，且失事后垮坝速度很快，会对下游造成严重灾害。同时，土石坝的最小安全超高值的规定在平原地区要大于山区，主要是考虑大坝失事后在平原地区所影响的范围要远大于山区。

〖检查要点和方法〗

在确定永久性挡水建筑物顶部高程时，还应注意以下几点：

（1）当挡水建筑物顶部设有稳定、坚固和不透水的且与建筑物的防渗体紧密结合的防浪墙时，防浪墙顶部高程可按 4.0.1 条确定，但挡水建筑物顶部高程应不低于水库正常蓄水位。

（2）土石坝的土质防渗体顶部在设计静水位以上的超高，斜墙 0.6～0.8m、心墙 0.3～0.6m，且防渗体顶部高程应不低于校核情况下的静水位。

b）4.0.5　确定地震区土石坝顶部超高时，应另计入地震坝顶沉陷和地震涌浪高度。地震涌浪高度，可根据坝前水深和设计烈度的大小，采用 0.5～1.5m。当库区有可能发生大体积坍岸或滑坡引起涌浪时，其安全加高应进行专门研究。

〖摘编说明〗

本条对碾压式土石坝安全超高的特殊规定：

（1）地震区的土石坝。土石坝与其他坝型相比有一定的特殊性，坝顶因地震所产生的坝顶附加沉陷值较难计算，可同时根据经验和类比，综合考虑选用。根据辽宁海城地震调查资料，地震烈度为 8～9 度区域附加沉陷约等于坝高的 1.2%～1.44%；地震烈度较低时，附加沉陷则相应减小。若坝基为软土和松砂时，则其上部 10～20m 可按坝的附加沉陷比率计算沉陷量。必须指出，只有在正常蓄水位时，才考虑地震产生的涌浪和附加沉陷，而安全加高应为校核情况。

（2）库区有可能发生大体积坍岸或滑坡引起涌浪的情况。滑坡产生的涌浪高度可根据地质勘探资料估算滑坡体的体积、厚度和滑速等计算求得。由于涌浪传播计算方法是将库岸简化为直立面平行的两条直线，不计能量损耗或作为一定已知量考虑，故其计算精度不高，只能作估算参考。对于重要水库，最好是做水工模型试验进行验证。滑坡产生的涌浪，由于其复杂性，应根据滑坡的产状、形态计算或试验确定某一水位下可能产生的滑坡。如小浪底库区的滑坡，根据计算，其滑动并非在正常蓄水位，而是在某一低水位产生。

（3）预留沉降超高。土石坝由于竣工后坝顶会继续沉降，因此施工时应预留沉降超高。该高度不在安全超高之内，应根据沉降计算和工程类比确定。

〖检查要点和方法〗

（1）只有在正常蓄水位时，才考虑地震产生的涌浪和附加沉陷，而安全加高应为校核情况。

（2）关于预留沉降超高问题，土石坝由于竣工后坝顶会继续沉降，因此施工时应预留沉降超高。该高度不在安全超高之内，应根据沉降计算和工程类比确定。

c）　4.0.7　不过水的临时性挡水建筑物的顶部高程，应按设计洪水位加波浪高度，再加安全加高确定。安全加高值按表 4.0.7 确定。

表 4.0.7　　　　　临时性挡水建筑物安全加高（m）

临时性挡水建筑物类型	建筑物级别	
	3	4、5
土石结构	0.7	0.5
混凝土、浆砌石结构	0.4	0.3

〖摘编说明〗

若临时性挡水建筑物为土石结构，则对于其防渗体顶部高程的规定应与土石坝相同，即防渗体顶部在设计洪水位以上的超高值：斜墙式防渗体为 0.6～0.8m，心墙式防渗体为 0.3～0.6m。如果是围堰工程，堰顶高程应考虑下游支流不同流量组合下水位的顶托，及导流建筑物水流入河槽时可能的壅水作用。

对于北方寒冷地区的河流，同时应考虑冰塞、冰坝造成的壅水高度。

〖检查要点和方法〗

（1）临时性挡水建筑物的类型和级别。

（2）不过水的临时性挡水建筑物顶部高程，应按设计洪水位加波浪高度，再加表 4.0.7 安全加高确定。

4-2-2-3 《碾压式土石坝设计规范》SL 274—2001

为规范水利水电工程碾压式土石坝的设计，达到工程安全、经济合理和技术先进的要求，制定本标准。本标准适用于1、2、3级碾压式土石坝以及3级以下坝高大于30m的碾压式土石坝的设计。对于特殊重要的碾压式土石坝，应进行专门研究。

a) 5.3.1 坝顶在水库静水位以上的超高应按式（5.3.1）确定：

$$y = R + e + A \tag{5.3.1}$$

式中 y——坝顶超高，m；

R——最大波浪在坝坡上的爬高，m，可按本规范附录A计算；

e——最大风壅水面高度，m，可按本规范附录A计算；

A——安全加高，m，按表5.3.1确定。

表5.3.1 安 全 加 高 A 值 （m）

坝 的 级 别		1	2	3	4、5
设计		1.50	1.00	0.70	0.50
校核	山区、丘陵区	0.70	0.50	0.40	0.30
	平原、滨海区	1.00	0.70	0.50	0.30

b) 5.3.2 地震区的安全加高尚应增加地震沉降和地震壅浪高度，按SL 203—97《水工建筑物抗震设计规范》的有关规定确定。

c) 5.3.6 坝顶应预留竣工后沉降超高。沉降超高值应按本规范8.4.3的规定确定。各坝段的预留沉降超高应根据相应坝段的坝高而变化。预留沉降超高不应计入坝的计算高度。

d) 5.5.3 土质防渗体顶部在正常蓄水位或设计洪水位以上的超高，应按表5.5.3的规定取值。非常运用条件下，防渗体顶部不应低于非常运用条件的静水位。并应核算风浪爬高高度的影响。

表5.5.3 正常运用情况下防渗体顶部超高 （m）

防渗体结构形式	超 高	防渗体结构形式	超 高
斜墙	0.80～0.60	心墙	0.60～0.30

当防渗体顶部设有防浪墙时，防渗体顶部高程可不受上述限制，但不得低于正常运用的静水位。

防渗体顶部应预留竣工后沉降超高。

〖摘编说明〗

（1）坝顶在静水位以上超高系根据《水利水电工程等级划分及洪水标准》（SL 252—2000）确定。坝工建设中曾有因库区大体积滑坡引起壅浪漫过坝顶而造成巨大损失的事例，国内如柘溪水电站，国外如意大利的瓦希昂水电站，从而引起了工程界的重视。故如果库区内有可能发生大体积塌岸和滑坡情况时，对壅浪高度和对坝面的破坏能力等应进行专门研究。

（2）设计地震烈度为8度、9度时，安全超高应计入坝和地基在地震作用下的附加沉陷。从国内外的实例资料看，如果坝基与坝体质量良好，在地震烈度7度、8度地区，地震引起的坝顶沉陷一般不超过坝高的1%。我国汶川特大地震震后实测，紫坪铺大坝坝顶中部最大沉降744mm。

地震涌浪与地震机制、震级、坝面到对岸距离、水库面积、岸坡和坝坡坡度等因素有关。在设计时常预留涌浪超高，一般地震涌浪高度可根据设计烈度和坝前水深采用0.5～1.5m。日本地震涌浪按坝高1%计算。对库区内可能因地震引起的大体积塌岸和滑坡而形成的涌浪，应另行研究。

（3）由于坝顶高程不够引起溃坝可能有以下两种情况：其一是坝顶超高偏小；其二是竣工后坝体沉降。第一种情况，应在坝顶安全超高中考虑；第二种情况，坝顶应预留竣工后沉降超高。

（4）土质防渗体顶部超高系根据《水利水电工程等级划分及洪水标准》（SL 252—2000）的规定确定的。防渗体顶部不应低于非常运用条件的静水位，并应核算风浪爬高高度的影响，是在无风浪时的最低要求。若风浪较高，在频繁的风浪作用下，库水有可能通过心墙顶部向下游渗水，因此，如风浪较高，防渗体顶部也应相应抬高，以防风浪形成壅水通过防渗体顶部渗至下游。

〖检查要点和方法〗

（1）坝顶超高应按以下运用条件分别计算，取其最大值：

1）设计洪水位加正常运用条件的坝顶超高。

2）正常蓄水位加正常运用条件的坝顶超高。

3）校核洪水位加非常运用条件的坝顶超高。

4）正常蓄水位加非常运用条件的坝顶超高。

（2）地震区的土石坝安全加高应增加地震沉降和地震壅浪高度。

（3）坝顶应预留竣工后沉降超高。

（4）土质防渗体顶部在正常运用情况下的超高，应按表5.5.3的规定取值。防渗体顶部高程不应低于非常运用条件的静水位，同时应核算风浪爬高的影响。当防渗体顶部设有防浪墙时，防渗体顶部高程不得低于正常运用的静水位。

〖案例分析〗

（1）某水库总库容为1.1亿m³，主坝为均质土坝，高70m，工程位于地震烈度为7度地震区，设计洪水位为215.50m，校核洪水位为217.50m，正常蓄水位为215.00m。正常和非常运用条件下的波浪爬高分别为3.5m、1.8m。正常和非常运用条件下的最大风壅水面高度分别为0.5m、0.7m。地震壅浪高度取1.0m，地震沉降按0.5m计。

设计洪水位加正常运用条件下坝顶超高为：

$$y=R+e+A=3.5+0.5+1.0=5.0 \text{（m）}$$

坝顶高程为：215.50+5.0=220.50（m）

正常蓄水位加正常运用条件下坝顶超高为：

$$y=R+e+A=3.50+0.5+1.0=5.0 \text{（m）}$$

坝顶高程为：215.00＋5.0＝220.00（m）

校核洪水位加非常运用条件下坝顶超高为：

$$y＝R＋e＋A＝1.80＋0.7＋0.5＝3.0（m）$$

坝顶高程为：217.30＋3.0＝220.30（m）

正常蓄水位加非常运用再加地震条件下坝顶超高为：

$$y＝R＋e＋A＋B＝1.8＋0.7＋1.5＋0.5＝4.5（m）$$

坝顶高程为：215.00＋3.8＝219.50（m）。

由上计算：坝顶高程由设计洪水位控制，为220.50m。

（2）某工程采用黏土心墙堆石坝，坝高29.5m，坝顶高程为368.00m，正常蓄水位364.20m，心墙顶高程为364.60m，由于风浪较高，坝顶设有高1.0m的防浪墙，防浪墙和心墙顶之间未连接。在频繁的风浪作用下，库水有可能通过心墙顶部向下游渗水。大坝完工正式蓄水前，根据蓄水安全鉴定审查意见，在心墙和防浪墙之间开槽重新做防渗体，以防风浪形成壅水通过防渗体顶部渗至下游。

4－2－2－4 《溢洪道设计规范》SL 253—2000

a） 2.3.7 控制段的闸墩、胸墙或岸墙的顶部高程，在宣泄校核洪水时不应低于校核洪水位加安全超高值；挡水时应不低于设计洪水位或正常蓄水位加波浪的计算高度和安全超高值。安全超高下限值见表2.3.7。

表2.3.7　　　　　　　　　　安全超高下限值　　　　　　　　　　单位：m

运用情况	控制段建筑物级别		
	1	2	3
挡水	0.7	0.5	0.4
泄洪	0.5	0.4	0.3

当溢洪道紧靠坝肩时，控制段的顶部高程应与大坝坝顶高程协调一致。

〖摘编说明〗

溢洪道具有挡水和泄水的双重作用，对于其顶部高程的计算，应分为泄洪和关门两种工况来考虑。在溢洪道尚未泄水时，闸门关闭，此时上游水位可能已达设计水位或校核水位，且存在由于风吹而产生的壅浪；当溢洪道泄水时，闸门打开，由于流速的影响，水面不会形成较高的壅浪，至少不会形成立波型波态。因此，在溢洪道挡水时，其工作性质和其他挡水建筑物一样，在计算其挡水部分顶部高程时，必须考虑风浪的影响；当泄水时，则不考虑风浪的影响。

〖检查要点和方法〗

溢洪道控制段顶部高程，应考虑挡水和泄水两种工况分别计算确定；当溢洪道紧靠坝肩时，控制段的顶部高程应与大坝坝顶高程协调一致。

4－2－2－5 《水闸设计规范》SL 265—2001

a） 4.2.4 水闸闸顶高程应根据挡水和泄水两种运用情况确定。挡水时，闸顶高程不应低于水闸正常蓄水位（或最高挡水位）加波浪计算高度与相应安全超高值之和；泄水时，闸顶高程不应低于设计洪水位（或校核洪水位）与相应安全超高值之和。水闸安全超高下限值见表 4.2.4。

表 4.2.4　　　　　　　　　水闸安全超高下限值（m）

运用情况	水闸级别	1	2	3	4、5
挡水时	正常蓄水位	0.7	0.5	0.4	0.3
	最高挡水位	0.5	0.4	0.3	0.2
泄水时	设计洪水位	1.5	1.0	0.7	0.5
	校核洪水位	1.0	0.7	0.5	0.4

位于防洪（挡潮）堤上的水闸，其闸顶高程不得低于防洪（挡潮）堤堤顶高程。

闸顶高程的确定，还应考虑下列因素：

——软弱地基上闸基沉降的影响；

——多泥沙河流上、下游河道变化引起水位升高或降低的影响；

——防洪（挡潮）堤上水闸两侧堤顶可能加高的影响等。

b）　4.2.17　露顶式闸门顶部应在可能出现的最高挡水位以上有 0.3～0.5m 的超高。

〖摘编说明〗

（1）水闸具有挡水和泄水的双重作用，对于其顶部高程的计算，应分为泄洪和关门两种工况考虑。挡潮闸的运用方式是当潮水位等于闸上水位时，关门挡潮；当潮水位低于闸上水位时，开闸泄水。因而，在关门挡潮时，潮浪推进，将产生潮位壅高。在计算挡潮闸闸顶高程时，除采用设计最高潮水位加上风浪高度和安全加高外，尚应加上潮位壅高高度。潮位壅高可按波浪理论计算，亦可参考实测资料选用。

（2）对于露顶式门顶高的确定，一般有三种意见：一是在设计洪水位或校核洪水位以上加波浪计算高度，但不加安全超高，即闸门顶高与波浪计算标高相平；二是在设计洪水位或校核洪水位以上加安全超高，但不加波浪计算高度，即允许在大风浪条件下波浪部分溅过闸门顶部；三是在可能出现的最高挡水位以上加安全超高，同样也允许波浪部分溅过闸门顶部。按照第一、第二种意见，闸门顶部均比闸顶高程低得有限；而按照第三种意见，闸门顶高有可能比闸顶高程低得较多，特别是在最高挡水位比设计水位或校核洪水位低得较多的情况下更是如此。本标准采纳了比较经济合理的第三种意见。

〖检查要点和方法〗

水闸闸顶高程应根据挡水和泄水两种运用情况确定，同时，还应考虑下述几个因素：

（1）建在软弱地基上的水闸应考虑地基沉降影响，应给闸顶高程预留合理超高。地基沉降的确定，可用类比法，即参照类似地基条件下已建的实测资料研究确定，也可根据沉降计算确定。

（2）在多泥沙河道上建闸，泥沙淤积对水位抬高有影响。抬高多少目前尚无精确的计算方法，仅可参照已建工程的实践经验和实测资料研究确定。

（3）要考虑防洪大堤可能逐年加高及闸的使用年限，不至于在使用中出现两侧大堤高于闸顶的情况。

（4）位于防洪（挡潮）堤上的水闸，其闸顶高程不得低于防洪（挡潮）堤堤顶高程。

〖案例分析〗

安徽省淮河上某水闸，1 级建筑物，设计洪水位为 23.65m，校核洪水位为 24.50m，泄水时与设计洪水位和校核洪水位相应安全超高值分别为 1.5m 和 1.0m，预留沉降 0.3m，闸顶高程由泄水工况校核洪水位加安全超高再加预留沉降确定为 25.8m。该闸最高挡水位为 19.00m，闸门顶高比最高挡水位高 0.5m，闸门顶高定为 19.5m。该闸闸门顶高比设计洪水位或校核洪水位低很多，这样布置降低了闸门高度，是比较经济合理的。

4－2－2－6　《混凝土拱坝设计规范》SL 282—2003

本标准适用于水利水电枢纽中 1 级、2 级、3 级混凝土拱坝的设计。4 级、5 级混凝土拱坝设计可参照使用。坝高大于 200m 或有特殊情况的拱坝工程，应进行专门研究。

a）　9.1.1　坝顶高程应不低于校核洪水位。坝顶上游侧防浪墙顶高程与水库正常蓄水位的高差或与校核洪水位的高差，可按公式（9.1.1）计算，应选择两者计算所得防浪墙顶高程的高者作为最终的选定高程。

$$\Delta h = h_b + h_z + h_c \tag{9.1.1}$$

式中　Δh——防浪墙顶与水库正常蓄水位或校核洪水位的高差，m；

h_b——波高，m，按本规范附录 B.5 确定；

h_z——波浪中心线至水库正常蓄水位或校核洪水位的高差，m，按本规范附录 B.5 确定；

h_c——安全超高，按表 9.1.1 的规定取值。

表 9.1.1　　　　　　　　　　安　全　超　高　h_c（m）

坝的级别	1	2	3
正常蓄水位	0.7	0.5	0.4
校核洪水位	0.5	0.4	0.3

〖摘编说明〗

（1）波浪要素计算详见《混凝土拱坝设计规范》（SL 282—2003）附录 B.5，拱坝一般位于山区峡谷地带，规范推荐采用官厅公式计算波高。

（2）防浪墙顶的高程需分别计算正常蓄水位和校核洪水位两种工况。

〔检查要点和方法〕

混凝土拱坝坝顶高程应同时满足下列两个条件：

（1）坝顶高程应高于校核洪水位。

（2）坝顶上游防浪墙顶的高程，应考虑正常蓄水位和校核洪水位两种工况分别按式（9.1.1）计算，选用其中的较大值。

4－2－2－7　《水利水电工程进水口设计规范》SL 285—2003

a）　3.2.2　安全超高标准。

闸门、启闭机和电气设备工作平台对挡水位的安全超高标准，对于整体布置进水口应与大坝、河床式水电站和拦河闸等枢纽工程主体建筑物相同；对于独立布置进水口应根据进水口建筑物级别与特征挡水位按表 3.2.2 采用；对于堤防涵闸式进水口还应符合 **GB 50286—98** 的有关规定。

表 3.2.2　　　　　　　　　　进水口工作平台安全超高标准　（cm）

进水口建筑物级别		1	2	3	4、5
特征挡水位	设计水位	70	50	40	30
	校核水位	50	40	30	20

注　表中安全超高为特征挡水位加波浪爬高、风壅增高后的安全加高值。

〔摘编说明〕

表 3.2.2 中设计水位是指水库（或河流）设计洪水位；校核水位是指水库（或河流）校核洪水位。进水口闸门、启闭机械和电气设备工作平台高程应为设计水位或校核水位加本规范表 3.2.2 的安全超高值，并取较高者确定。

〔检查要点和方法〕

（1）进水口的类型和级别。

（2）对于整体布置进水口应与枢纽工程主体建筑物相同。

（3）表 3.2.2 适用于独立布置进水口。

（4）对于堤防涵闸式进水口还应符合堤防设计规范 GB 50286 的有关规定。

4－2－2－8　《水利水电工程施工组织设计规范》SL 303—2004

a）　3.4.10　不过水围堰堰顶高程和堰顶安全加高值应符合下列规定：

1　堰顶高程不低于设计洪水的静水位与波浪高度及堰顶安全加高值之和，其堰顶安全加高不低于表 3.4.10 值。

表 3.4.10　　　　　　　　不过水围堰堰顶安全加高下限值　　　　　　　单位：m

围堰型式	围堰级别	
	3	4～5
土石围堰	0.7	0.5
混凝土围堰、浆砌石围堰	0.4	0.3

2　土石围堰防渗体顶部在设计洪水静水位以上的加高值：斜墙式防渗体为 0.6～0.8m；心墙式防渗体为 0.3～0.6m。

3　考虑涌浪或折冲水流影响，当下游有支流顶托时，应组合各种流量顶托情况，校核围堰堰顶高程。

4　可能形成冰塞、冰坝的河流应考虑其造成的壅水高度。

〖摘编说明〗

临时性挡水建筑物如施工围堰等，其顶部高程的计算方法与永久性的挡水建筑物相同，所不同的是在考虑洪水情况时仅考虑设计情况。

〖检查要点和方法〗

（1）不过水围堰堰顶安全加高下限值按表 3.4.10 选定。

（2）土石围堰防渗体顶部在设计洪水静水位以上的加高值：斜墙式防渗体为 0.6～0.8m；心墙式防渗体为 0.3～0.6m。

（3）在确定不过水围堰堰顶高程时，还应考虑涌浪或折冲水流以及冰塞、冰坝的影响。

4-2-2-9　《混凝土重力坝设计规范》SL 319—2005

《混凝土重力坝设计规范》于 1978 年首次发布，1984 年做了局部修改和补充规定，2005 年对其进行修订。本标准适用于水利水电大型、中型工程岩基上的 1 级、2 级、3 级混凝土重力坝的设计，4 级、5 级可参照使用。坝高大于 200m 或特别重要的混凝土重力坝设计，应对一些特殊问题进行专门研究。

a）　**8.1.1**　坝顶应高于校核洪水位，坝顶上游防浪墙顶的高程应高于波浪顶高程，其与正常蓄水位或校核洪水位的高差，可由公式（8.1.1）计算，应选择两者中防浪墙顶高程的高者作为选定高程。

$$\Delta h = h_{1\%} + h_z + h_c \qquad (8.1.1)$$

式中　Δh——防浪墙顶至正常蓄水位或校核洪水位的高差，m；

　　　$h_{1\%}$——波高，m；

　　　h_z——波浪中心线至正常或校核洪水位的高差，m；

　　　h_c——安全超高，按表 8.1.1 采用。

表 8.1.1　　　　　　　　　安 全 超 高 h_c（m）

相应水位	坝 的 安 全 级 别		
	1	2	3
正常蓄水位	0.7	0.5	0.4
校核洪水位	0.5	0.4	0.3

〖摘编说明〗

（1）波浪要素计算详见《混凝土重力坝设计规范》（SL 319—2005）附录 B.6.3，$h_{1\%}$ 为累积频率为 1% 的波高。

（2）防浪墙顶的高程需分别计算正常蓄水位和校核洪水位两种工况。

〖检查要点和方法〗

混凝土重力坝坝顶高程应同时满足下列两个条件：

（1）坝顶高程应高于校核洪水位。

（2）坝顶上游防浪墙顶的高程，应分别计算正常蓄水位和校核洪水位两种工况，选用其中的较大值。

4-2-2-10 《水工挡土墙设计规范》 SL 379—2007

a） **3.2.2** 不允许漫顶的水工挡土墙墙前有挡水或泄水要求时，墙顶的安全加高值不应小于表 3.2.2 规定的下限值。

表 3.2.2　　　　　　　　　　水工挡土墙墙顶安全加高下限值　　　　　　　　单位：m

运 用 情 况		挡 土 墙 级 别			
		1	2	3	4
挡　水	正常挡水位	0.7	0.5	0.4	0.3
	最高挡水位	0.5	0.4	0.3	0.2
泄　水	设计洪水位	1.5	1.0	0.7	0.5
	校核洪水位	1.0	0.7	0.5	0.4

〖摘编说明〗

表 3.2.2 规定的水工挡土墙墙顶安全加高下限值与 SL 265—2001 的规定是对应的。对于不允许水流从墙顶漫溢的水工挡土墙，兼有挡土和挡水的双重任务，如水工建筑物上游的翼墙，在所属水工建筑物关闸挡水时，无论是在正常蓄水位或最高挡水位条件下，由于风力作用，墙前均会出现波浪（立波或破碎波波型），因此翼墙的墙顶高程不应低于正常蓄水位（或最高挡水位）加波浪计算高度与相应安全加高值之和。当所属水工建筑物系泄水建筑物，遇到设计洪水位（或校核洪水位）必须开闸泄水时，由于流速的影响，水面不会形成较高的波浪，至少不会形成立波波型，因此翼墙的墙顶高程不应低于设计洪水位（或校核洪水位）与相应安全加高值之和。

〖检查要点和方法〗

（1）检查水工挡土墙的类型和级别。

（2）不允许漫顶的挡土墙墙顶高程应同时满足挡水和泄水两种情况。

（3）当所属水工建筑物关门挡水时，计及波浪计算高度；开闸泄洪时，不计波浪计算高度。

4-2-2-11 《水利水电工程施工导流设计规范》 SL 623—2013

a） **6.3.10** 不过水围堰堰顶高程和堰顶安全加高值应符合下列规定：

1 堰顶高程不低于设计洪水的静水位与波浪高度及堰顶安全加高值之和，其堰顶安全加高不低于表 6.3.10 中的值。

2 土石围堰防渗体顶部在设计洪水静水位以上的加高值：斜墙式防渗体为 0.6～0.8m；心墙式防渗体为 0.3～0.6m。3 级土石围堰的防渗体顶部宜预留完工后的沉降超高。

3 考虑涌浪、折冲水流或下游支流顶托影响。

4 可能形成冰塞、冰坝的河流应考虑其造成的壅水高度。

表 6.3.10　　　　　　不过水围堰堰顶安全加高下限值　　　　　　单位：m

围　堰　型　式	围　堰　级　别	
	3	4～5
土石围堰	0.7	0.5
混凝土围堰、浆砌石围堰	0.4	0.3

〔摘编说明〕

本条针对不过水围堰堰顶安全加高所做的规定同 4-2-2-8，不同点对 3 级土石围堰的防渗体做了新的规定。摘编说明同 4-2-2-8。

〔检查要点和方法〕

同 4-2-2-8，但应注意 3 级土石围堰的防渗体是否预留沉降超高。

4-2-2-12　《水利水电工程围堰设计规范》SL 645—2013

a)　**6.2.3**　　不过水围堰堰顶高程和堰顶安全加高值应符合下列要求：

1 堰顶高程应不低于设计洪水的静水位与波浪高度及堰顶安全加高值之和，其堰顶安全加高应不低于表 6.2.3 规定值。

2 土石围堰防渗体顶部在设计洪水静水位以上的加高值：斜墙式防渗体为 0.6～0.8m；心墙式防渗体为 0.3～0.6m。3 级土石围堰的防渗体顶部宜预留完工后的沉降超高。

3 考虑涌浪或折冲水流影响，当下游有支流顶托时，应组合各种流量顶托情况，校核围堰顶高程。

4 可能形成冰塞、冰坝的河流应考虑其造成的壅水高度。

表 6.2.3　　　　　　不过水围堰堰顶安全加高下限值　　　　　　单位：m

围　堰　型　式	围　堰　级　别	
	3	4、5
土石围堰	0.7	0.5
混凝土围堰、浆砌石围堰	0.4	0.3

〔摘编说明〕

本条规定和 4-2-2-11 基本一致。仅在第 3 款强调了下游有支流顶托时的设计工况。摘编说明同 4-2-2-11。

〔检查要点和方法〕

同 4-2-2-11。

4-3　稳　定　与　强　度

稳定与强度是保证水工建筑物安全极为重要的技术经济指标。水工建筑物稳定与强度不满足要求时可能导致建筑物失事，危及人民生命财产的安全；同时，水工建筑物的尺寸与稳定、强度计算密切相关。因此，对于稳定安全系数与强度指标的合理规定，不仅与采用的计算理论、方法和计算指标等有关，而且涉及国家的技术经济政策。现行标准规定的稳定安全系数与强度指标较好地反映了我国当前水利水电建设的科技水平和我国的经济水平，同时也为中华人民共和国成立以来的工程实践证明是安全可靠和经济合理的，因此，必须严格贯彻执行。

稳定安全系数是水工建筑物设计的重要指标。目前，水利工程中各类水工建筑物的稳定安全系数仍沿用单一安全系数法。影响建筑物稳定计算的因素很多，它与建筑物的等级、荷载及组合、地基类别、抗剪指标的取值、抗滑模式、计算方法以及建筑物的型式等密切相关。

4-3-1　《泵站设计规范》GB 50265—2010

a)　**6.3.5**　泵房沿基础底面抗滑稳定安全系数允许值应按表 6.3.5 采用。

表 6.3.5　　　　　　　　　抗滑稳定安全系数允许值

地基类别	荷载组合		泵站建筑物级别				适用公式
			1	2	3	4、5	
土基	基本组合		1.35	1.30	1.25	1.20	适用于公式 (6.3.4-1) 或公式 (6.3.4-2)
	特殊组合	Ⅰ	1.20	1.15	1.10	1.05	
		Ⅱ	1.10	1.05	1.05	1.00	
岩基	基本组合		1.10		1.08	1.05	适用于公式 (6.3.4-1)
	特殊组合	Ⅰ	1.05		1.03	1.00	
		Ⅱ	1.00				
	基本组合		3.00				适用于公式 (6.3.4-3)
	特殊组合	Ⅰ	2.50				
		Ⅱ	2.30				

注　特殊组合Ⅰ适用于施工工况、检修工况和非常运用工况，特殊组合Ⅱ适用于地震工况。

b)　**6.3.7**　泵房抗浮稳定安全系数的允许值，不分泵站级别和地基类别，基本荷载组

合下不应小于 1.10，特殊荷载组合下不应小于 1.05。

〖摘编说明〗

对于土基和岩基上的泵房，条文中都并列提出了抗剪断和抗剪两种计算公式，可由设计者根据具体情况选用，其理由如下：

（1）抗剪断公式中 f' 和 c' 值，特别是 c' 值，影响因素较多，难以确定。泵房对基础的要求一般比重力坝对基础的要求低。

（2）泵房单向挡水的水头一般较小，其水下部分结构尺寸往往由机电设备及结构布置需要较大，除特殊情况外，泵房整体抗滑稳定往往不是控制因素。

（3）泵房抗浮稳定一般受检修工况和校核洪水运行工况控制，规范规定以控制泵房不发生浮起为原则，可以保证泵房抗浮稳定安全，无需按建筑物的级别和地基类别规定抗浮稳定安全系数。

〖检查要点和方法〗

（1）土基上泵房的抗滑稳定可按抗剪断和抗剪两种方法计算，安全系数应按建筑物级别分别取值，但同一工况两种计算方法的安全系数相同；岩基上泵房的抗滑稳定按抗剪方法计算时，安全系数也应按建筑物级别分别取值，当按抗剪断方法计算安全系数时，安全系数则与建筑物级别无关。

（2）抗滑稳定安全系数的取值是否与荷载组合，计算公式和抗剪指标相对应。

（3）抗浮稳定安全系数不分建筑物级别和地基类别，检查是否按基本荷载组合和特殊荷载组合分别取值。

4-3-2 《蓄滞洪区设计规范》GB 50773—2012

a） 3.2.10 蓄滞洪区安全台台坡的抗滑稳定安全系数，不应小于表 3.2.10 的规定。

表 3.2.10 安全台台坡的抗滑稳定安全系数

	正常运用条件	1.15
安全系数	非常运用条件	1.05

〖摘编说明〗

安全台是建筑在蓄滞洪区或沿堤地带高于设计洪水位的土台，为临时性的避洪场所，可按照 4 级堤防抗滑稳定安全系数控制。台坡的抗滑稳定以往都采用堤防的计算方法，实际运行中能够满足稳定和安全的要求。本标准提出的抗滑稳定计算公式，出于以下理由：

（1）本标准规定的安全系数标准，是按采用瑞典圆弧法计算确定的。瑞典圆弧法是不计条块间作用力的方法，计算简单，已积累了丰富的经验，可以保证安全台台坡的抗滑稳定。但理论上有缺陷，且当孔隙压力较大和地基软弱时，误差较大。"计及条块间作用力"能反映土体滑动土条之间的客观状况，但计算比瑞典圆弧法复杂。这两类不同方法对安全系数的大小有一定的影响，根据一般的经验统计，后者比前者大 5%～10%

左右。

（2）安全台的抗滑稳定考虑正常运用条件和非常运用条件两种工况，正常运用条件即为设计洪水工况，非常运用条件包括地震和施工期工况。

〖检查要点和方法〗

（1）本标准规定的安全系数应采用瑞典圆弧法计算确定。

（2）安全台的填筑材料的抗剪强度指标、计算方法和安全系数三者是否相互配套。

（3）安全台的抗滑稳定是否考虑了正常运用条件和非常运用条件。

4－3－3 《小型水利水电工程碾压式土石坝设计规范》SL 189—2013

在全国水库垮坝事故中，小型土石坝占绝大多数，主要为漫坝和质量问题。为规范小型水利水电工程碾压式土石坝的设计，制定了《小型水利水电工程碾压式土石坝设计导则》（SL 189—96）。2013 年按照水利部统一安排，对该导则进行了全面修订和补充，将"导则"改为"规范"。本标准适用于山区、丘陵区 4 级、5 级且坝高小于 30m 和平原、滨海部分 4 级、5 级的碾压式土石坝的设计。

a) **8.2.3 对于圆弧滑动法，可采用瑞典圆弧法或简化毕肖普法计算，坝坡抗滑稳定安全系数应不小于表 8.2.3 的规定。**

表 8.2.3　　　　　　　　　　坝坡抗滑稳定最小安全系数表

运 用 条 件	最小安全系数	
	瑞典圆弧法	简化毕肖普法
正常运用条件	1.15	1.25
非常运用条件Ⅰ	1.05	1.15
非常运用条件Ⅱ	1.02	1.10

注 1：正常运用条件包括：
（1）水库水位处于正常蓄水位和设计洪水位与死水位之间的各种水位的稳定渗流期；
（2）水库水位在上述范围内经常性的正常降落。
注 2：非常运用条件Ⅰ包括：
（1）施工期；
（2）校核洪水位有可能形成稳定渗流的情况；
（3）水库水位的非常降落（如水库水位自校核洪水位降落、降落至死水位以下，以及大流量快速泄空等）。
注 3：非常运用条件Ⅱ：正常运用条件遇地震。

〖摘编说明〗

（1）原导则推荐采用不计土条间作用力的瑞典圆弧法，计算相对简单，已积累了丰富的经验，但该方法在理论上有缺陷。随着计算机技术的发展和普及，修订增加了计入土条间作用力的简化毕肖普法，更为严谨。

（2）本次修订增加了"校核洪水位有可能形成稳定渗流的情况"。

（3）本次修订将"正常运用条件遇地震"列为非常运用条件Ⅱ，与原导则相比最小安全系数有所降低。

〖检查要点和方法〗

（1）土石坝的稳定应计算以下四种情况：

1）施工期（包括竣工期）的上、下游坝坡。

2）稳定渗流期的下游坝坡。

3）水库水位降落期的上游坝坡。

4）正常运用遇地震的上、下游坝坡。

（2）计算工况是否包含表 8.2.3 中的几种工况。每种计算工况的安全系数不得小于规定的数值。

（3）坝的静力稳定计算，对于均质坝、心墙坝和厚斜墙坝可按刚体极限平衡理论采用圆弧法；对于薄斜墙坝、薄心墙坝、坝基有软土夹层的坝体可采用滑楔法。

（4）坝坡稳定计算分为有效应力法和总应力法。有效应力法的抗剪强度指标采用排水剪试验成果，最好用三轴仪测定，如无三轴仪，也可用直剪仪测定。

4-3-4 《水工混凝土结构设计规范》SL 191—2008

《水工混凝土结构设计规范》（SL 191—2008）系对《水工混凝土结构设计规范》（SL/T 191—96）和《水工钢筋混凝土结构设计规范》（SDJ 20—78）的设计基本原则进行整合和修改，并依据科学研究和工程实践增补有关内容后，编制而成。

a） 3.1.9 未经技术鉴定或设计许可，不应改变结构的用途和使用环境。

〖摘编说明〗

本条是对水工混凝土结构的基本设计规定，改变结构的用途和使用环境将影响结构的承载能力、使用性能及耐久性，因此未经技术鉴定或设计许可，不应改变结构的用途和使用环境。

〖检查要点和方法〗

若发现结构的用途和使用环境改变，应检查是否有技术鉴定书或上级审查部门的批复文件。

b） 3.2.2 承载能力极限状态计算时，结构构件计算截面上的荷载效应组合设计值 S 应按下列规定计算：

1 基本组合

当永久荷载对结构起不利作用时：

$$S = 1.05S_{G1k} + 1.20S_{G2k} + 1.20S_{Q1k} + 1.10S_{Q2k} \qquad (3.2.2-1)$$

当永久荷载对结构起有利作用时：

$$S = 0.95S_{G1k} + 0.95S_{G2k} + 1.20S_{Q1k} + 1.10S_{Q2k} \qquad (3.2.2-2)$$

式中 S_{G1k}——自重、设备等永久荷载标准值产生的荷载效应；

$\quad\quad S_{G2k}$——土压力、淤沙压力及围岸压力等永久荷载标准值产生的荷载效应；

S_{Q1k}——一般可变荷载标准值产生的荷载效应；

S_{Q2k}——可控制其不超出规定限值的可变荷载标准值产生的荷载效应。

2 偶然组合

$$S = 1.05S_{G1k} + 1.20S_{G2k} + 1.20S_{Q1k} + 1.10S_{Q2k} + 1.0S_{Ak} \quad (3.2.2-3)$$

式中 S_{Ak}——偶然荷载标准值产生的荷载效应。

式（3.2.2-3）中，参与组合的某些可变荷载标准值，可根据有关标准作适当折减。

荷载的标准值可按《水工建筑物荷载设计规范》（DL 5077—1997）及《水工建筑物抗震设计规范》（SL 203—97）的规定取用。

> 注1：本标准有关承载能力极限状态计算的条文中，荷载效应组合设计计算 S 即为截面内力设计值（M、N、V、T 等）。
>
> 注2：水工建筑物的稳定性验算时，应取荷载标准值进行，其稳定性安全系数应按相关标准取值。

c）**3.2.4** 承载能力极限状态计算时，钢筋混凝土、预应力混凝土及素混凝土结构构件的承载力安全系数 K 不应小于表3.2.4的规定。

表3.2.4 混凝土结构构件的承载力安全系数 K

水工建筑物级别		1		2、3		4、5	
荷载效应组合		基本组合	偶然组合	基本组合	偶然组合	基本组合	偶然组合
钢筋混凝土、预应力混凝土		1.35	1.15	1.20	1.00	1.15	1.00
素混凝土	按受压承载力计算的受压构件、局部承压	1.45	1.25	1.30	1.10	1.25	1.05
	按受拉承载力计算的受压、受弯构件	2.20	1.90	2.00	1.70	1.90	1.60

> 注1：水工建筑物的级别应根据《水利水电工程等级划分及洪水标准》（SL 252—2000）确定。
>
> 注2：结构在使用、施工、检修期的承载力计算，安全系数 K 应按表中基本组合取值；对地震及校核洪水位的承载力计算，安全系数 K 应按表中偶然组合取值。
>
> 注3：当荷载效应组合由永久荷载控制时，表列安全系数 K 应增加0.05。
>
> 注4：当结构的受力情况较为复杂、施工特别困难、荷载不能准确计算、缺乏成熟的设计方法或结构有特殊要求时，承载力安全系数 K 宜适当提高。

〖摘编说明〗

（1）式（3.2.2）中 S 为荷载效应组合设计值，包含永久荷载标准值 G_k、可变荷载标准值 Q_k，以及它们的荷载分项系数 γ_G、γ_Q。

SL 191—2008 规范把永久荷载分为两类：一类是变异性很小的自重、设备重等，它所产生的荷载效应用 S_{G1k} 表示；另一类是变异性稍大的土压力、围岩压力等，其荷载效应用 S_{G2k} 表示。可变荷载也分为两类：一类是一般可变荷载，其荷载效应用 S_{Q1k} 表示；另一类是可严格控制其不超出规定限值的可变荷载（或称为"有界荷载"），如按制造厂家铭牌额定值设计的吊车轮压，以满槽水位设计时的水压力等，其荷载效应用 S_{Q2k} 表示。

对上述 4 种荷载分别取用不同的 γ_G、γ_Q 值，所以荷载效应组合设计值 S 可直接按式（3.2.2-1）与式（3.2.2-2）计算得出。

（2）关于结构构件的安全度，SL 191—2008 是在考虑荷载与材料强度的不同变异性的基础上，采用安全系数 K 的形式表达。

承载力安全系数 K，由 SL/T 191—96 中 3 个系数 γ_d、γ_0、ψ 合并而成，其中 γ_d 为结构系数，γ_0 为结构重要性系数，ψ 为设计状况系数。

由于永久荷载的分项系数 γ_G 取值较小，当永久荷载效应与可变荷载效应相比很大时，结构的安全度就偏低，因此当荷载效应由永久荷载控制时，表 3.2.4 所列安全系数应增大 0.05。

〖检查要点和方法〗

（1）基本组合时，永久荷载分对结构有利或不利两种情况分别考虑。

（2）可变荷载也分为两类，一类是一般可变荷载，另一类是可严格控制其不超出规定限值的可变荷载，也称可控可变荷载，其组合时系数不一样。

（3）当荷载效应由永久荷载控制时，表 3.2.4 所列承载力安全系数 K 应增大 0.05。

d)　4.1.4　混凝土轴心抗压、轴心抗拉强度标准值 f_{ck}、f_{tk} 应按表 4.1.4 确定。

表 4.1.4　　　　　　　　　　混凝土强度标准值　　　　　　　　单位：N/mm²

强度种类	符　号	混凝土强度等级									
		C15	C20	C25	C30	C35	C40	C45	C50	C55	C60
轴心抗压	f_{ck}	10.0	13.4	16.7	20.1	23.4	26.8	29.6	32.4	35.5	38.5
轴心抗拉	f_{tk}	1.27	1.54	1.78	2.01	2.20	2.39	2.51	2.64	2.74	2.85

e)　4.1.5　混凝土轴心抗压、轴心抗拉强度设计值 f_c、f_t 应按表 4.1.5 确定。

表 4.1.5　　　　　　　　　　混凝土强度设计值　　　　　　　　单位：N/mm²

强度种类	符号	混凝土强度等级									
		C15	C20	C25	C30	C35	C40	C45	C50	C55	C60
轴心抗压	f_c	7.2	9.6	11.9	14.3	16.7	19.1	21.1	23.1	25.3	27.5
轴心抗拉	f_t	0.91	1.10	1.27	1.43	1.57	1.71	1.80	1.89	1.96	2.04

注：计算现浇钢筋混凝土轴心受压和偏心受压构件时，如截面的长边或直径小于 300mm，则表中的混凝土强度设计值应乘以系数 0.8；当构件质量（如混凝土成型、截面和轴线尺寸等）确有保证时，可不受此限制。

〖摘编说明〗

第 4.1.4 条、第 4.1.5 条对混凝土的强度标准值和设计值作了规定。

（1）混凝土强度等级由立方体抗压强度标准值确定，立方体抗压强度标准值是混凝土其他力学指标的基本代表值。混凝土立方体抗压强度试件的标准尺寸为边长 150mm 的立方体试件。混凝土强度等级的确定原则为：混凝土强度总体分布的平均值 $\mu_{f_{cu,15}}$ 减去 1.645 倍标准差 $\sigma_{f_{cu}}$（保证率为 95%），即：

$$f_{cu,k} = \mu_{f_{cu,15}} - 1.645\sigma_{f_{cu}}$$

式中　$\sigma_{f_{cu}}$——混凝土立方体抗压强度的变异系数。

SL 191—2008 采用的混凝土立方体抗压强度的变异系数 $\delta_{f_{cu}}$ 见表 4 - 3，与 SL/T 191—96 的取值相同。

表 4 - 3　　　　　　　　　水工混凝土立方体抗压强度的变异系数

$f_{cu,k}$	C15	C20	C25	C30	C35	C40	C45	C50	C55	C60
$\sigma_{f_{cu}}$	0.20	0.18	0.16	0.14	0.13	0.12	0.12	0.11	0.11	0.10

混凝土轴心抗压强度标准值系根据国内 120 组混凝土棱柱体抗压强度与边长 200mm 立方体抗压强度的对比试验，并考虑试件尺寸效应的影响以及结构中混凝土强度与试件混凝土强度之间的差异，对试件混凝土强度进行修正后求得。

混凝土轴心抗拉强度标准值系国内 72 组混凝土轴心抗拉试件强度与边长 200mm 立方体抗压强度的对比试验，并考虑尺寸效应影响以及结构中混凝土强度与试件混凝土强度之间的差异，对试件混凝土强度进行修正后求得。

求得的混凝土轴心抗压及轴心抗拉强度标准值与 GB 50010—2002 的采用值有所不同，但两者十分接近，为了便于实际应用和标准间的相互协调，SL 191—2008 混凝土强度标准值在取整时取与 GB 50010—2002 相同的指标。

（2）混凝土强度设计值取为混凝土强度标准值除以混凝土材料性能分项系数 γ_c。GB 50010—2002 取 $\gamma_c=1.4$；美国标准 ACI 318—05 取 $\gamma_c=1/\varphi=1/0.65=1.54$；欧洲标准和英国标准取 $\gamma_c=1.5$。SL 191—2008 取 $\gamma_c=1.4$，混凝土强度设计值与 GB 50010—2002 的取值相同。

f)　**4.2.2**　钢筋的强度标准值应具有不小于 95% 的保证率。

普通钢筋的强度标准值 f_{yk} 应按表 4.2.2 - 1 采用；预应力钢筋的强度标准值 f_{ptk} 应按表 4.2.2 - 2 采用。

表 4.2.2 - 1　　　　　　　　　普通钢筋强度标准值

种　　类		符号	d (mm)	f_{yk} (N/mm²)
热轧钢筋	HPB235	ϕ	8~20	235
	HRB335	Φ	6~50	335
	HRB400	Φ	6~50	400
	RRB400	Φ^R	8~40	400
注1：热轧钢筋直径 d 系指公称直径。				
注2：当采用直径大于 40mm 的钢筋时，应有可靠的工程经验。				

表 4.2.2-2　　　　　　　　　　　　预应力钢筋强度标准值

种类		符号	公称直径 d（mm）	f_{ptk}（N/mm²）
钢绞线	1×2	ϕ^S	5、5.8	1570、1720、1860、1960
			8、10	1470、1570、1720、1860、1960
			12	1470、1570、1720、1860
	1×3		6.2、6.5	1570、1720、1860、1960
			8.6	1470、1570、1720、1860、1960
			8.74	1570、1670、1860
			10.8、12.9	1470、1570、1720、1860、1960
	1×3I		8.74	1570、1670、1860
	1×7		9.5、11.1、12.7	1720、1860、1960
			15.2	1470、1570、1670、1720、1860、1960
			15.7	1770、1860
			17.8	1720、1860
	(1×7) C		12.7	1860
			15.2	1820
			18.0	1720
消除应力钢丝	光圆螺旋肋	ϕ^P ϕ^H	4、4.8、5	1470、1570、1670、1770、1860
			6、6.25、7	1470、1570、1670、1770
			8、9	1470、1570
			10、12	1470
	刻痕	ϕ^I	≤5	1470、1570、1670、1770、1860
			>5	1470、1570、1670、1770
钢棒	螺旋槽	ϕ^{HG}	7.1、9、10.7、12.6	1080、1230、1420、1570
	螺旋肋	ϕ^{HR}	6、7、8、10、12、14	
螺纹钢筋	PSB785	ϕ^{PS}	18、25、32、40、50	980
	PSB830			1030
	PSB930			1080
	PSB1080			1230

注 1：钢绞线直径 d 系指钢绞线外接圆直径，即《预应力混凝土用钢绞线》（GB/T 5224—2003）中的公称直径 D_n；钢丝、螺纹钢筋及钢棒的直径 d 均指公称直径。

注 2：1×3I 为三根刻痕钢丝捻制的钢绞线；（1×7）C 为七根钢丝捻制又经模拔的钢绞线。

注 3：根据国家标准，同一规格的钢丝（钢绞线、钢棒）有不同的强度级别，因此表中对同一规格的钢丝（钢绞线、钢棒）列出了相应的 f_{ptk} 值，在设计中可自行选用。

g）　4.2.3　普通钢筋的抗拉强度设计值 f_y 及抗压强度设计值 f'_y 应按表 4.2.3-1 采用；预应力钢筋的抗拉强度设计值 f_{py} 及抗压强度设计值 f'_{py} 应按表 4.2.3-2 采用。

表 4.2.3－1　　　　　　　　　普通钢筋强度设计值　　　　　　　　单位：N/mm²

种　类		符号	f_y	f'_y
热轧钢筋	HPB235	ф	210	210
	HRB335	�џ	300	300
	HRB400	⏀	360	360
	RRB400	⏀ᴿ	360	360

注：在钢筋混凝土结构中，轴心受拉和小偏心受拉构件的钢筋抗拉强度设计值大于 300N/mm² 时，仍应按 300N/mm² 取用。

表 4.2.3－2　　　　　　　　　预应力钢筋强度设计值　　　　　　　　单位：N/mm²

种　类		符号	f_{ptk}	f_{py}	f'_{py}
钢绞线	1×2 1×3 1×3I 1×7 (1×7) C	фˢ	1470	1040	390
			1570	1110	
			1670	1180	
			1720	1220	
钢绞线	1×2 1×3 1×3I 1×7 (1×7) C	фˢ	1770	1250	390
			1820	1290	
			1860	1320	
			1960	1380	
消除应力 钢丝	光圆 螺旋肋 刻痕	фᴾ фᴴ фᴵ	1470	1040	410
			1570	1110	
			1670	1180	
			1770	1250	
			1860	1320	
钢棒	螺旋槽 螺旋肋	фᴴᴳ фᴴᴿ	1080	760	400
			1230	870	
			1420	1005	
			1570	1110	
螺纹钢筋	PSB785	фᴾˢ	980	650	400
	PSB830		1030	685	
	PSB930		1080	720	
	PSB1080		1230	820	

注：当预应力钢绞线、钢丝的强度标准值不符合表 4.2.2－2 的规定时，其强度设计值应进行换算。

〖摘编说明〗

第4.2.2条、第4.2.3条对钢筋的强度标准值和设计值做了规定。

（1）近年来，国内混凝土结构用钢筋、钢丝、钢绞线的品种和性能有了进一步的发展，研制开发成功了一批新钢筋品种。本条列入的钢筋种类及所依据的现行钢筋国家标准见表4-4。

表4-4　　　　　　　　　　钢筋种类及所依据的国家标准编号

项　次	钢筋种类	标准编号
1	热轧钢筋	GB 1499.2—2007 GB 13013—91 GB 13014—91
2	预应力混凝土用钢丝	GB/T 5223—2002
3	预应力混凝土用钢绞线	GB/T 5224—2003
4	预应力混凝土用钢棒	GB/T 5223.3—2005
5	预应力混凝土用螺纹钢筋	GB/T 20065—2006

水工钢筋混凝土结构设计时，宜优先采用HRB335级、HRB 400级钢筋；预应力混凝土结构宜优先采用高强的预应力钢绞线、钢丝。这样不仅可以提高混凝土结构的安全度水平，降低工程造价，而且还可降低配筋率，缓解钢筋密集带来的施工困难。

表4.2.2-1虽列入光面的HPB235级钢筋及余热处理的RRB400级钢筋，但并不主张推广应用。因为光面钢筋强度低，强度价格比差，延性虽好但锚固黏结性能差。由于焊接受热回火可能降低RRB400级钢筋的疲劳性能和冷弯性能，钢筋机械连接表面切削时也可能影响其强度，因此RRB400级钢筋的应用也受到一定的限制。

预应力混凝土用螺纹钢筋在我国的桥梁工程及水电站地下厂房的预应力岩壁吊车梁中已有大量应用。《预应力混凝土用螺纹钢筋》（GB/T 20065—2006）已颁布施行，故表4.2.2-2列入螺纹钢筋。

按钢棒表面形状，《预应力混凝土用钢棒》（GB/T 5223.3—2005）将钢棒分为光圆钢棒、螺旋槽钢棒、螺旋肋钢棒、带肋钢棒四种。由于光圆钢棒和带肋钢棒的黏结锚固性能较差，故表4.2.2-2仅列入了GB/T 5223.3—2005中的螺旋槽钢棒和螺旋肋钢棒的材料性能设计指标。预应力混凝土用钢棒在我国现阶段仅用于预应力管桩的生产，已积累了一定的工程实践经验。

考虑到我国近年来强度高、性能好的预应力钢筋（钢丝、钢绞线）已可充分供应，故表4.2.2-2不再列入冷拔低碳钢丝、冷拉钢筋、冷轧带肋钢筋和冷轧扭钢筋等延性较差的冷加工钢筋。未列入不是不允许使用这些钢筋，而是使用冷加工钢筋时，应符合《冷拔钢丝预应力混凝土构件设计与施工规程》（JGJ 19—92）、《冷轧带肋钢筋混凝土结构技术规程》（JGJ 95—2003）、《冷轧扭钢筋混凝土构件技术规程》（JGJ 115—97）和《钢筋焊接网混凝土结构技术规程》（JGJ 114—2003）等专门规程的规定。

钢筋强度标准值的确定基本沿用 SL/T 191—96 的规定。

（2）普通钢筋抗拉强度设计值取为钢筋强度标准值除以钢筋材料性能分项系数 γ_s；预应力混凝土用钢丝、钢绞线、螺纹钢筋及钢棒的抗拉强度设计值则取为条件屈服点除以钢筋的材料性能分项系数 γ_s。

为适当提高安全度设置水平，参考 GB 50010—2002 规范的规定，HPB235、HRB335 和 HRB400 三个级别的热轧钢筋的材料性能分项系数 γ_s 都取为 1.1。预应力钢筋的材料性能分项系数 γ_s 取为 1.2。

钢筋抗压强度设计值 f'_y 以钢筋应变 $\varepsilon'_s = 0.002$ 作为取值依据，按 $f'_y = \varepsilon'_s E_s$ 和 $f'_y = f_y$ 两个条件确定，取二者的较小值。

〖检查要点和方法〗

混凝土和钢筋的强度标准值、设计值应按表 4.1.4、表 4.1.5 和表 4.2.2、表 4.2.3 取值。

〖案例分析〗

某小型泵站（4 级建筑物）内有一单跨简支板，板厚 80mm（保护层厚度取 15mm），计算跨度 $l_0 = 3.0$m，承受均布恒荷载标准值 $g_k = 2$kN/m²（包括板自重），均布活荷载标准值 $q_k = 3$kN/m²，混凝土强度等级 C20，Ⅰ级钢筋，求板的纵向钢筋。

（1）有关系数

按 SL 191—2008 第 3.2.2 条规定，永久荷载对结构不利时，自重、设备等永久荷载系数为 1.05，一般可变荷载系数为 1.20。

按 SL 191—2008 第 3.2.4 条规定，4 级建筑物基本组合的安全系数 $K = 1.15$。

混凝土、钢筋强度设计值分别为 $f_c = 9.6$N/mm²，$f_y = 210$N/mm²。

（2）弯矩设计值计算

取 1000mm 板带作为计算单元，$h_0 = 65$mm

$$M = (\gamma_G g_k + \gamma_Q q_k) l_0^2/8 = (1.05 \times 2 + 1.2 \times 3) \times 3.0^2/8 = 6.41 \ (\text{kN} \cdot \text{m})$$

（3）配筋计算

$$a_s = KM/f_c b h_0^2 = 1.15 \times 6.41 \times 10^5/(9.6 \times 1000 \times 65^2) = 0.1817$$

$$\xi = 1 - (1 - 2a_s)^{1/2} = 0.202$$

$$A_s = f_c \xi b h_0/f_y = 600.2 \ (\text{mm}^2)$$

h）5.1.1 素混凝土不得用于受拉构件。

〖摘编说明〗

对于素混凝土结构构件，由于混凝土抗拉强度的可靠性低，混凝土收缩和温度变化引起的效应又难以估计，一旦发生裂缝，易造成事故，故对于由受拉强度控制的素混凝土结构，应严格限制其使用范围。对于围岩中的隧洞衬砌，经论证，允许采用素混凝土结构。

〖检查要点和方法〗

检查素混凝土应用的部位，构件的受力特征。

i）9.2.1 纵向受力钢筋的混凝土保护层厚度（从钢筋外边缘算起）不应小于钢筋直径及表 9.2.1 所列的数值，同时也不应小于粗骨料最大粒径的 1.25 倍。

表 9.2.1　　　　　　　　　　　混凝土保护层最小厚度　　　　　　　　　　单位：mm

项次	构　件　类　别	环　境　类　别				
		一	二	三	四	五
1	板、墙	20	25	30	45	50
2	梁、柱、墩	30	35	45	55	60
3	截面厚度不小于 2.5m 的底板及墩墙	—	40	50	60	65

注 1：直接与地基接触的结构底层钢筋或无检修条件的结构，保护层厚度应适当增大。

注 2：有抗冲耐磨要求的结构面层钢筋，保护层厚度应适当增大。

注 3：混凝土强度等级不低于 C30 且浇筑质量有保证的预制构件或薄板，保护层厚度可按表中数值减小 5mm。

注 4：钢筋表面涂塑或结构外表面敷设永久性涂料或面层时，保护层厚度可适当减小。

注 5：严寒和寒冷地区受冰冻的部位，保护层厚度还应符合《水工建筑物抗冰冻设计规范》（SL 211—2006）的规定。

〖摘编说明〗

保护层厚度 c 过小，会导致混凝土沿钢筋纵向发生劈裂裂缝，严重影响钢筋的锚固。因此规定 c 值不应小于钢筋直径 d。同时为使保护层浇筑密实，保护层厚度不应小于骨料最大粒径的 1.25 倍。

保护层厚度是影响钢筋混凝土构件耐久性的主要因素。因为混凝土的碳化是钢筋锈蚀的前提，保护层越厚，碳化达到钢筋表面的时间就越长，构件的耐久性就越好。

钢筋锈蚀与所处的环境条件有关，实践已证明，全处于干燥环境，钢筋不会锈蚀，全处于水下，钢筋也基本不锈，而在水位以上受水汽蒸熏、时干时湿的部位，钢筋最易锈蚀，特别在有氯离子等侵蚀性介质（如海水）存在时，则锈蚀异常迅速。因此，在不同环境条件下的保护层厚度取值就应不同。

对水工建筑物病害调查表明，由于保护层偏薄，或混凝土密实性较差，有些闸坝、水电站厂房及渠系建筑物的钢筋混凝土构件，使用不到 20～30 年就出现因钢筋锈蚀而导致的顺筋开裂，严重影响结构的耐久性。表 9.2.1 中的数据是按照 50 年内保护钢筋不致发生危及结构安全的锈蚀并综合国内外规范得出的。

〖检查要点和方法〗

本条主要检查内容包括：环境条件；钢筋直径；粗骨料最大粒径；混凝土强度等级以及抗冲耐磨要求等。

j）9.3.2 当计算中充分利用钢筋的抗拉强度时，受拉钢筋伸入支座的锚固长度不应小于表 9.3.2 中规定的数值。

受压钢筋的锚固长度不应小于表 9.3.2 所列数值的 0.7 倍。

表 9.3.2   受拉钢筋的最小锚固长度 l_a

项次	钢 筋 种 类	混凝土强度等级					
		C15	C20	C25	C30	C35	≥C40
1	HPB235 级	40d	35d	30d	25d	25d	20d
2	HRB335 级		40d	35d	30d	30d	25d
3	HRB400 级、RRB400 级		50d	40d	35d	35d	30d

注 1：d 为钢筋直径。

注 2：HPB235 级钢筋的最小锚固长度 l_a 值不包括弯钩长度。

〖摘编说明〗

按钢筋和混凝土强度等级的不同，用查表的方法确定普通钢筋的锚固长度值，是工程界习惯方法。表 9.3.2 给出锚固长度，系按 GB 50010—2002 推荐的公式计算，并以 5d 为间隔取整后得到的。

受压钢筋的黏结锚固机理与受拉基本相同，但钢筋受压后的镦粗效应加大了界面的摩擦力及咬合力，对锚固有利；钢筋的端面对混凝土的挤压作用也对承载力有利。因此，受压钢筋的锚固长度可以适当减小。根据试验研究，受压锚固长度可取为受拉锚固长度的 0.7 倍。

根据 GB 1499.2—2007 所规定的热轧带肋钢筋外形，当钢筋直径加大时，其横肋的相对高度逐渐减小，锚固强度将会降低，故直径大于 25mm 的带肋钢筋的锚固长度应乘以修正系数 1.1。

研究表明，环氧树脂涂层使钢筋的锚固强度降低约 20%，因此，环氧树脂涂层钢筋的锚固长度应乘以修正系数 1.25。

施工扰动对锚固有不利影响，施工扰动的影响系数取 1.1。

带肋钢筋常因外围混凝土的纵向劈裂而削弱锚固作用。当混凝土保护层厚度或钢筋间距较大时，握裹作用加强，锚固长度可适当减短。根据试验研究及工程实践经验，规定当保护层厚度大于锚固钢筋直径的 3 倍或 80mm 且有箍筋约束时，锚固长度可乘以修正系数 0.8。

配筋设计时，实际配筋面积往往因构造等原因而大于计算值，故钢筋实际应力小于钢筋强度设计值。因此，受力钢筋的锚固长度可以缩短，其数值与配筋余量的大小成比例，但其适用范围有一定限制，即不得用于抗震设计及直接承受动力荷载的构件中。

美国 ACI 规范规定顶层钢筋的 l_a 应比底层钢筋的 l_a 大 1.4 倍，这是由于混凝土振捣时，泌水上升，聚留在顶层钢筋的底面，影响其锚固性能。考虑到水工结构中大截面构件较多，这种泌水上升的现象常会出现，因此顶层水平钢筋的 l_a 宜乘以修正系数 1.2。

上述各项修正系数可以连乘，但出于构造要求，修正后的受拉钢筋锚固长度不能小于最低限度（最小锚固长度），其数值在任何情况下不应小于按表查得的锚固长度的

0.7 倍及 250mm。

〔检查要点和方法〕

本条主要检查内容包括：钢筋类型、直径和受力特征；混凝土强度等级。

k) **9.5.1** 钢筋混凝土构件的纵向受力钢筋的配筋率不应小于表 9.5.1 规定的数值。

表 9.5.1　钢筋混凝土构件纵向受力钢筋的最小配筋率 ρ_{min}（%）

项次	分　类	钢 筋 种 类		
		HPB235 级	HRB335 级	HRB400 级、RRB400 级
1	受弯构件、偏心受拉构件的受拉钢筋 梁 板	0.25 0.20	0.20 0.15	0.20 0.15
2	轴心受压柱的全部纵向钢筋	0.60	0.60	0.55
3	偏心受压构件的受拉或受压钢筋 柱、拱 墩墙	0.25 0.20	0.20 0.15	0.20 0.15

注 1：项次 1、3 中的配筋率是指钢筋截面面积与构件肋宽乘以有效高度的混凝土截面面积的比值，即 $\rho = \dfrac{A_s}{bh_0}$ 或 $\rho' = \dfrac{A_s'}{bh_0}$；项次 2 中的配筋率是指全部纵向钢筋截面面积与柱截面面积的比值。

注 2：温度、收缩等因素对结构产生的影响较大时，纵向受拉钢筋的最小配筋率应适当增大。

注 3：当结构有抗震设防要求时，钢筋混凝土框架结构构件的最小配筋率应按第 13 章的规定取值。

〔摘编说明〕

表 9.5.1 系参照 GB 50010—2002 的有关规定，轴心受压构件配筋率是指全部纵向钢筋面积和柱断面面积之比。将最小配筋率的具体数值适当提高，特别对受压钢筋的最小配筋率提高得相对多一些，以期与国际主流规范的差距有所减小。

纵向受压钢筋的最小配筋率主要是从承载力要求考虑的，因此，钢筋等级高时其数值可低一些。纵向受拉钢筋的最小配筋率，除从承载力要求考虑外，还考虑到限裂要求，因此，除光面钢筋采用较大的数值外，对 HRB335 级和 HRB400 级等钢筋，最小配筋率取相同的数值。

卧置在地基上以承受竖向荷载为主、板厚大于 2.5m 的底板，厚度大于 2.5m 的墩墙，纵向受拉钢筋配筋率 ρ 小于表 9.5.1 规定的最小配筋率 ρ_{min} 时，可按 SL 191—2008 相关条文处理。对于厚度大于 5m 的底板，可不受表 9.5.1 限制。

〔检查要点和方法〕

本条主要检查内容包括：钢筋类型；构件受力特征；配筋率 ρ 的计算等。

l) **9.6.6** 预制构件的吊环必须采用 HPB235 级钢筋制作，严禁采用冷加工钢筋。

m) **9.6.7** 预埋件的锚筋应采用 HPB235 级、HRB335 级或 HRB400 级钢筋，严禁采用

冷加工钢筋。锚筋采用光圆钢筋时，端部应加弯钩。

〖摘编说明〗

吊环和预埋件对保证构件吊装的安全起着重要作用，为了避免脆断，吊环和预埋件严禁采用冷加工钢筋。

〖检查要点和方法〗

水工混凝土结构设计时，构造要求应注意以下几点：

（1）素混凝土不得用于受拉构件。

（2）纵向受力钢筋的混凝土保护层厚度，从钢筋外边缘算起，应符合本标准9.2.1条的规定。

（3）钢筋的最小锚固长度应符合本标准9.3.2条的规定。

（4）纵向受力钢筋的最小配筋率应符合本标准9.5.1条的规定。

（5）吊环和预埋件严禁采用冷加工钢筋。

4－3－5　《溢洪道设计规范》SL 253—2000

a)　4.3.11　堰（闸）沿基底面的抗滑稳定安全系数不得小于表4.3.11规定值。

表4.3.11　　　　　　　　抗滑稳定安全系数 K 值

荷　载　组　合		按抗剪断强度公式计算的安全系数 K
基本组合		3.0
特殊组合	（1）	2.5
	（2）	2.3

注　地震情况为特殊组合（2），其他情况的特殊组合为特殊组合（1）。

b)　4.7.7　当按式（4.3.10）计算边墙抗滑稳定安全系数 K 时，K 值应不小于表4.3.11规定值；当按式（4.7.6）计算边墙抗滑稳定安全系数 K_c 时，K_c 值应不小于表4.7.7规定值。

表4.7.7　　　　　　　　边墙抗滑稳定安全系数 K_c 值

荷　载　组　合		按抗剪强度公式计算的安全系数 K_c		
		建筑物级别		
		1	2	3
基本组合		1.10	1.05	1.05
特殊组合	（1）	1.05	1.00	1.00
	（2）	1.00	1.00	1.00

注　地震情况为特殊组合（2），其他情况的特殊组合为特殊组合（1）。

$$K = \frac{f' \sum W + c' \cdot A}{\sum P} \qquad (4.3.10)$$

式中 K——按抗剪断强度计算的抗滑稳定安全系数；

f'——堰（闸）体混凝土与基岩接触面的抗剪断摩擦系数；

c'——堰（闸）体混凝土与基岩接触面的抗剪断凝聚力；

$\sum W$——作用于堰（闸）体上的全部荷载对计算滑动面的法向分量；

$\sum P$——作用于堰（闸）体上的全部荷载对计算滑动面的切向分量；

A——堰（闸）体与基岩接触面的截面积。

$$K_c = \frac{f \sum W}{\sum P} \qquad (4.7.6)$$

式中 K_c——按抗剪强度计算的抗滑稳定安全系数；

f——边墙混凝土与基岩接触面的抗剪摩擦系数；

$\sum W$——作用于边墙上的全部荷载对计算滑动面的法向分量；

$\sum P$——作用于边墙上的全部荷载对计算滑动面的切向分量。

c) **4.7.11** 对于合力偏心距大于等于 1/4 基底宽的边墙，应核算其抗倾覆稳定。

对于计入地震的特殊荷载组合抗倾稳定安全系数 $K_0 \geqslant 1.3$，其余各种荷载组合抗倾稳定安全系数 $K_0 \geqslant 1.5$。

〔摘编说明〕

（1）考虑到大部分溢洪道边墙高度不大，主要受抗滑稳定控制，基础的抗剪断强度指标往往需要经试验确定，由于溢洪道边墙较长，全面做试验难以实现，故除按抗剪断强度公式计算外，还列出了抗剪强度计算的公式和相应的安全系数，且规定抗剪摩擦系数主要由工程类比确定。

（2）经验表明，边墙抗倾覆稳定，当基底面的合力偏心距 $e_0 \geqslant B/4$（B 为基底宽）时，重力式挡土墙的抗滑稳定安全系数有可能小于 1.5，因此，当溢洪道边墙 $e_0 \geqslant B/4$ 时，需校核抗倾稳定。

〔检查要点和方法〕

溢洪道堰（闸）和边墙抗滑稳定安全系数和计算工况、计算公式等均与混凝土重力坝一致。对于合力偏心距大于等于 1/4 基底宽的边墙，应核算其抗倾覆稳定。

4-3-6 《水闸设计规范》SL 265—2001

a) **7.3.2** 土基上的闸室稳定计算应满足下列要求：

1 在各种计算情况下，闸室平均基底应力不大于地基允许承载力，最大基底应力不大于地基允许承载力的 1.2 倍；

2 闸室基底应力的最大值与最小值之比不大于本规范 7.3.5 条规定的允许值；

3 沿闸室基底面的抗滑稳定安全系数不小于本规范 7.3.13 条规定的允许值。

〔摘编说明〕

土基上的闸室稳定计算，应包括两方面的含义：一是地基承载能力的计算，要求在各种计算情况下地基不致发生剪切破坏而失去稳定；二是闸室抗倾覆和抗滑稳定的计算，要求在各种计算情况下闸室不致发生倾覆或过大的沉降差，且不致发生沿地基表面的水平滑动。本条所列三项要求，就是基于上述两方面的含义提出来的，前一项是为了满足地基承载能力方面的要求，后两项是为了满足闸室抗倾覆和抗滑稳定方面的要求。

（1）通常情况下计算确定的地基容许承载力，是整个闸室地基的平均容许承载力，这就是说，允许局部的基底压力超过整个闸室地基的容许承载力，即允许地基内出现局部的塑性变形。在要求闸室平均基底应力不大于地基容许承载力的同时，还要求最大基底应力不大于地基容许承载力的 1.2 倍，这样的双重要求是与《建筑地基基础设计规范》（GB 50007—2002）中的有关规定一致的。

（2）为了减少和防止由于闸室基底压力分布的不均匀状态而发生过大的沉降差，以避免闸室结构发生倾斜甚至倾覆的事故，对闸室基底压力最大值与最小值之比提出了要求。在地基条件方面，确定闸室基底压力最大值与最小值之比的允许值，不取决于地基的类别是黏土还是砂土，而是取决于地基土质是坚硬、紧密还是松软。此外，确定闸室基底应力最大值与最小值之比的允许值，还应按作用荷载组合类别的不同而有所区别。

（3）在通常情况下，水闸闸室竖向荷载较小，而闸室结构所承受的水平荷载有时却很大，因此，闸室底板沿地基表面滑动（即浅层滑动）要比深层滑动的可能性大。只有在软土地基上，当闸室底板作用于地基上的压力较大，超过地基的容许承载力，且当水平荷载超过地基的抗滑能力时，闸室底板才有可能连同地基一起发生深层滑动。

〖检查要点和方法〗

（1）在要求闸室平均基底应力不大于地基容许承载力的同时，还要求最大基底应力不大于地基容许承载力的 1.2 倍。

（2）对特别重要或位于地震区的水闸，闸室基底应力最大值与最小值之比的允许值可在表 7.3.5 的基础上适当调整。

（3）表 7.3.13 安全系数的允许值与采用的计算公式、计算参数要配套使用。

b）**7.3.3　岩基上的闸室稳定计算应满足下列要求：**

1　在各种计算情况下，闸室最大基底应力不大于地基允许承载力；

2　在非地震情况下，闸室基底不出现拉应力；在地震情况下，闸室基底拉应力不大于 100kPa；

3　沿闸室基底面的抗滑稳定安全系数不小于本规范 7.3.14 条规定的允许值。

〖摘编说明〗

与土基上的闸室稳定计算一样，岩基上的闸室稳定计算同样有地基承载能力、闸室抗倾覆和抗滑稳定两方面的含义要求。所不同的主要是：要求岩基上闸室最大基底应力不大于地基容许承载力，及基底应力的最大值与最小值之比不受限制。由于岩基的容许承载力一般均较大，因此，要求闸室最大基底应力不超过岩基的容许承载力是不难满足的；又由于岩基的压缩性很小，因此，作为水闸地基一般是不会因闸室基底应力分布的不均匀状态而发生较大的沉降差，进而导致闸室结构发生倾覆。为了避免闸室基础底面与基岩之间脱开,对岩基上水闸在各种情况下闸室基底应力提出了具体的要求,这样的规定与国家现行规范的有关规定是一致的。

〖检查要点和方法〗

(1) 要求闸室平均基底应力不大于地基容许承载力。

(2) 要求在非地震情况下闸室基底不应出现拉应力;在地震情况下闸室基底拉应力不大于100kPa。

(3) 表7.3.14安全系数的允许值与采用的计算公式、计算参数要配套使用。

c) 7.3.5 土基上闸室基底应力最大值与最小值之比的允许值,见表7.3.5。

表7.3.5　　　　　　土基上闸室基底应力最大值与最小值之比的允许值

地 基 土 质	荷 载 组 合	
	基 本 组 合	特 殊 组 合
松软	1.50	2.00
中等坚实	2.00	2.50
坚实	2.50	3.00

注　1. 对于特别重要的大型水闸,其闸室基底应力最大值与最小值之比的允许值可按表列数值适当减小;

　　2. 对于地震区的水闸,闸室基底应力最大值与最小值之比的允许值可按表列数值适当增大;

　　3. 对于地基特别坚实或可压缩土层甚薄的水闸,可不受本表的规定限制,但要求闸室基底不出现拉应力。

d) 7.3.13 土基上沿闸室基底面抗滑稳定安全系数的允许值,见表7.3.13。

表7.3.13　　　　　　土基上沿闸室基底面抗滑稳定安全系数的允许值

荷 载 组 合		水 闸 级 别			
		1	2	3	4、5
基本组合		1.35	1.30	1.25	1.20
特殊组合	Ⅰ	1.20	1.15	1.10	1.05
	Ⅱ	1.10	1.05	1.05	1.00

注　1. 特殊组合Ⅰ适用于施工情况、检修情况及校核洪水位情况;

　　2. 特殊组合Ⅱ适用于地震情况。

〖摘编说明〗

(1) 闸室基底应力最大值与最小值之比允许值,在地基条件方面,不决定于地基的类别是黏土还是砂土,而是决定于地基土质的松软或坚实程度如何,实践证明,坚硬的黏土地基比松散的粉砂或细砂地基,在不均匀沉降方面的适应性好一些,因而闸室基底应力最大值与最小值之比的允许值可以大一些。此外,还应按荷载组合的不同类别而有所区别。根据上述各点,要求土基上闸室基底应力的最大值与最小值之比不大于表7.3.5规定的允许值。

(2) 土基上沿闸室基底面抗滑稳定安全系数的允许值,是保证建筑物安全与经济的一个极为重要的措施。未经充分论证，不应任意提高或降低闸室基底面抗滑安全系数的允许值。由于闸室底板与地基之间的摩擦角和凝聚力（特别是后者）的数值变化一般均比较大，较难做到取值准确，因此，规定抗滑稳定安全系数允许值时需考虑留有较大的安全裕量。鉴于 SL 265—2001 对抗剪断和抗剪两种计算公式中抗剪强度指标的取用已做了适当的规定，当抗剪强度指标取用合理时，按两种计算公式的计算结果大体上是相当的。

〖检查要点和方法〗

（1）对特别重要或位于地震区的水闸，闸室基底应力最大值与最小值之比的允许值可在表 7.3.5 的基础上适当调整。

（2）表 7.3.13 安全系数的允许值与采用的计算公式、计算参数要配套使用。

e) **7.3.14 岩基上沿闸室基底面抗滑稳定安全系数的允许值，见表 7.3.14。**

表 7.3.14   岩基上沿闸室基底面抗滑稳定安全系数的允许值

荷 载 组 合		按公式（7.3.6-1）计算时			按公式（7.3.8）计算时
		水 闸 级 别			
		1	2、3	4、5	
基本组合		1.10	1.08	1.05	3.00
特殊组合	Ⅰ	1.05	1.03	1.00	2.50
	Ⅱ	1.00			2.30

注 1. 特殊组合Ⅰ适用于施工情况、检修情况及校核洪水位情况；
    2. 特殊组合Ⅱ适用于地震情况。

〖摘编说明〗

（1）与土基上的闸室稳定计算一样，岩基上的闸室稳定计算同样有地基承载能力、闸室抗倾覆和抗滑稳定两方面的含义要求。不同的主要是：要求岩基上闸室最大基底应力不大于地基容许承载力，及基底应力的最大值与最小值之比不受限制。由于岩基的容许承载力一般均较大，因此，要求闸室最大基底应力不超过岩基的容许承载力是不难满足的；又由于岩基的压缩性很小，因此，作为水闸地基一般是不会因闸室基底应力分布的不均匀状态而发生较大的沉降差，进而导致闸室结构发生倾覆。但为了避免闸室基础底面与基岩之间脱开，要求岩基上水闸在非地震情况下闸室基底不应出现拉应力；在地震情况下闸室基底拉应力不大于 100kPa，这样的规定与国家现行规范的有关规定是一致的。

（2）SL 265—2001 对于沿闸室基底面抗滑稳定安全系数的计算沿用使用多年的"单一安全系数计算公式"，仍采用有关标准规定的沿闸室基底面抗滑稳定安全系数允许值，只是将基本荷载组合条件下 2 级、3 级水闸沿闸室基底面抗滑安全系数允许值 1.10～1.05 取平均值 1.08，及特殊组合Ⅰ条件下 2 级、3 级水闸沿闸室基底面抗滑稳定安全系数允许值 1.05～1.00 取平均值 1.03。

〖检查要点和方法〗

表 7.3.14 规定的岩基上沿闸室基底面抗滑稳定安全系数允许值的采用应与表中规定的计算公式配套使用。

f) 7.4.2 土基上的岸墙、翼墙稳定计算应满足下列要求：

1 在各种计算情况下，岸墙、翼墙平均基底应力不大于地基允许承载力，最大基底应力不大于地基允许承载力的 1.2 倍。

2 岸墙、翼墙基底应力的最大值与最小值之比不大于本规范 7.3.5 条规定的允许值。

3 沿岸墙、翼墙基底面的抗滑稳定安全系数不小于本规范 7.3.13 条规定的允许值。

g) 7.4.3 岩基上的岸墙、翼墙稳定计算应满足下列要求：

1 在各种计算情况下，岸墙、翼墙最大基底应力不大于地基允许承载力；

2 翼墙抗倾覆稳定安全系数不小于本规范 7.4.8 条规定的允许值；

3 沿岸墙、翼墙基底面的抗滑稳定安全系数不小于本规范 7.3.14 条规定的允许值。

h) 7.4.8 不论水闸级别，在基本荷载组合条件下，岩基上翼墙的抗倾覆安全系数不应小于 1.50；在特殊荷载组合条件下，岩基上翼墙的抗倾覆安全系数不应小于 1.30。

〖摘编说明〗

（1）土基上的岸墙、翼墙稳定计算要求，与闸室的规定完全一致。

（2）岩基上的岸墙、翼墙稳定计算要求，除中间一项要求与闸室的相应规定稍有差别外，其余两项要求则与闸室的规定是一致的。

由于岸墙、翼墙结构的作用和重要性毕竟比不上闸室结构，而且一旦失事，与闸室结构相比又较易于修复，因此，岸墙、翼墙结构与闸室相比，前者是次要建筑物，后者是主要建筑物。按照 SL 252—2000 的有关规定，在同一工程中，当工程等别确定后，次要建筑物的级别应比主要建筑物低 1 级或 2 级，由表 7.3.13 查出的岸墙、翼墙结构抗稳定系数允许值就比闸室结构低一档或两档，因此，无需对岸墙、翼墙结构抗滑稳定安全系数的允许值另作规定。

（3）岩基上翼墙抗倾覆稳定安全系数允许值的确定，以在各种荷载作用下不倾倒为原则，但应有一定的安全储备。

〖检查要点和方法〗

（1）岸墙、翼墙基底面抗滑稳定安全系数允许值的采用应与表中规定的计算公式配套使用。

（2）当沿岸墙、翼墙基底面的抗滑稳定安全系数计算值小于允许值时，可采用下列一种或几种抗滑措施：

1）适当增加底板宽度。

2）在基底增设凸榫。

3）在墙后增设阻滑板或锚杆。

4）在墙后改填摩擦角较大的填料，并增设排水。

5）在不影响水闸正常运用的条件下，适当限制墙后的填土高度，或在墙后采用其他减载措施。

4-3-7 《水电站厂房设计规范》SL 266—2014

a）5.3.5 厂房抗浮稳定应符合下列规定：

1 任何情况下，抗浮稳定安全系数不应小于 1.1。

〖摘编说明〗

岩基上厂房地基面上最小垂直正应力满足本标准规定后，一般无需进行抗浮稳定计算。但是，对高尾水位的厂房，当地基上拉应力区面积较大时，应进行厂房抗浮稳定计算。

〖检查要点和方法〗

厂房抗浮稳定性可选择特殊组合中的机组检修、机组未安装、非常运行三种情况中最不利的情况进行计算，厂房抗浮稳定安全系数不得小于 1.1。

4-3-8 《碾压式土石坝设计规范》SL 274—2001

a）8.3.10 采用计及条块间作用力的计算方法时，坝坡抗滑稳定的安全系数，应不小于表 8.3.10 规定的数值。

表 8.3.10　坝坡抗滑稳定最小安全系数

运用条件	工程等级			
	1	2	3	4、5
正常运用条件	1.50	1.35	1.30	1.25
非常运用条件 I	1.30	1.25	1.20	1.15
非常运用条件 II	1.20	1.15	1.15	1.10

注　运用条件详见本规范 1.0.5。

b）8.3.11 采用不计条块间作用力的瑞典圆弧法计算坝坡抗滑稳定安全系数时，对 1 级坝正常运用条件最小安全系数应不小于 1.30，其他情况应比本规范表 8.3.10 规定的数值减小 8%。

c）8.3.12 采用滑楔法进行稳定计算时，若假定滑楔之间作用力平行于坡面和滑底斜面的平均坡度，安全系数应符合本规范表 8.3.10 的规定；若假定滑楔之间作用力为水平方向，安全系数应符合本规范 8.3.11 的规定。

〖摘编说明〗

（1）计算方法问题。土石坝极限平衡稳定分析中，一般采用条分法，分为不计条块间作用力和计及条块间作用力两类。最早的瑞典圆弧法是不计条块间作用力的方法，计算简单，已积累了丰富的经验，但理论上有缺陷，且当孔隙压力较大和地基软弱时，误差较大。计及条块间作用力能反映土体滑动土条之间的客观状况，但计算比瑞典圆弧法复杂。这两类不同方法对安全系数的大小有一定的影响，根据一般的经验统计，后者比前者大5％～10％。表8.3.10规定的安全系数标准，均是与计及条块间作用力的方法相配套的。当采用不计及条块间作用力的瑞典圆弧法计算时，允许的最小安全系数应增大5％～10％。

（2）计及条块间作用力对稳定安全系数的影响问题。SL 274—2001编写过程中，补充统计计算了11座土石坝各种工况、不同计算方法等217组滑动面的稳定安全系数，结论如下：①混凝土面板堆石坝平均安全系数增大值最大，心墙坝和其他坝型相差约0.5％；②摩根斯顿—普赖斯法平均安全系数增大值，比其他方法大；③总平均安全系数增大值，混凝土面板堆石坝达9.0％，心墙坝和其他坝型分别为5.67％和5.16％。对以上资料进行计算，11座土石坝施工期上、下游坡、稳定渗流期正常运用和其遇7度或8度地震时，6种方法比瑞典圆弧法稳定安全系数升高总平均值为6.98％。平均安全系数升高值汇总见表4-5。

表4-5　　　　　　　　平均安全系数升高值汇总　　　　　　　　　　　　　％

坝　型	简化毕肖普法	美国陆军工程兵团法	罗厄法	扬布法	摩根斯顿-普赖斯法	斯宾塞法	总平均
心墙坝	5.82	5.58	5.75	—	4.9	—	5.67
混凝土面板堆石坝	8.20	7.70	8.00	—	12.00	—	8.99
其他坝型	5.88	4.52	4.33	8.35	9.18	7.78	5.16

根据上述情况，计及条块间作用力的方法比瑞典圆弧法的稳定安全系数可增大8.00％。

（3）由于滑楔法是一种仅满足静力平衡的方法，滑楔间力的方向不同，对计算结果的合理性影响较大。在滑楔间作用力假定平行于坡面和滑底斜面的平均坡度时，其计算结果接近于计及条块间作用力的情况；在滑楔间作用力假定为水平时，其计算结果接近于不计条块间作用力的情况。因此，安全系数应分别符合表8.3.10和表8.3.11条的规定。

〖检查要点和方法〗

（1）碾压式土石坝的抗滑稳定标准是半经验性的，坝料的抗剪强度指标、计算方法和最小安全系数标准三者应相互配套。

（2）筑坝材料的抗剪强度指标的选择有线性指标和非线性指标之分。研究和工程实践经验的总结均表明：从材料的力学特性而言，无论是细颗粒土料还是粗颗粒的堆石料和砂砾石料，内摩擦角随法向应力增加而减小，呈现明显的非线性现象，即抗剪强度是小主应力的函数。在靠近坝坡面的低应力水平部位，抗剪强度或内摩擦角较高；在靠近坝底的高应力水平部位，抗剪强度或内摩擦角较低。表示抗剪强度的摩尔包线是一条曲线，这说明采用非线性抗剪强度指标计算土石坝的抗滑稳定是合理的。根据实际工程的对比计算分析，有时两者计算的最小安全系数相差很大，设计中应注意这一点。

（3）如果堆石坝粗粒料用非线性抗剪强度计算时，稳定安全系数标准在表8.3.10基础上适当提高。

4-3-9　《混凝土拱坝设计规范》SL 282—2003

a) **6.3.1**　用拱梁分载法计算时，坝体的主压应力和主拉应力，应符合下列应力控制指标的规定：

1　容许压应力。混凝土的容许压应力等于混凝土的极限抗压强度除以安全系数。对于基本荷载组合，1、2级拱坝的安全系数采用4.0，3级拱坝的安全系数采用3.5；对于非地震情况特殊荷载组合，1、2级拱坝的安全系数采用3.5，3级拱坝的安全系数采用3.0。

2　容许拉应力。在保持拱座稳定的条件下，通过调整坝的体形来减少坝体拉应力的作用范围和数值。对于基本荷载组合，拉应力不得大于1.2MPa；对于非地震情况特殊荷载组合，拉应力不得大于1.5MPa。

> 注：1. 混凝土极限抗压强度，指90d龄期15cm立方体的强度，保证率为80%；
> 2. 坝体局部结构的设计和计算，应符合SL 191—2008《水工混凝土结构设计规范》的规定。

〖摘编说明〗

拱坝应力控制指标是衡量拱坝强度安全的标准，应力分析多采用拱梁分载法计算。采用此法时，拱梁布置宜力求均匀，拱梁数目的选用应达到设计精度的要求。对于1级、2级工程或比较复杂的拱坝，如有拱坝内设有大的孔洞、基础条件复杂等情况，当用拱梁分载法计算不能取得可靠的应力成果时，应进行有限元法计算。

为使坝的基岩能安全地承受坝体传来的力，并且不发生滑动和有害的变形，除应使处理后的基岩满足强度、整体性等要求以外，还应考虑抗渗性以防止渗透变形及使基岩中的渗流场有利于减小渗透压力与降低两岸地下水。鉴于各工程所在地基础条件复杂多变，基础处理需要因地制宜，不可拘于一格。

〖检查要点和方法〗

混凝土极限抗压强度，指90d龄期15cm立方体的强度，保证率为80%。

b) **6.3.2**　用有限元法计算时，应补充计算"有限元等效应力"。按"有限元等效应力"求得的坝体主拉应力和主压应力，应符合下列应力控制指标的规定：

1　容许压应力。按本规范6.3.1的规定执行。

2　容许拉应力。对于基本荷载组合，拉应力不得大于1.5MPa；对于非地震情况特殊荷载组合，拉应力不得大于 **2.0MPa**。超过上述指标时，应调整坝的体形减少坝体拉应力的作用范围和数值。

〖摘编说明〗

关于有限元法计算的应力指标，通常有以下 3 种不同的处理方法：

（1）根据有限元法计算所得的拉应力值进行控制。坝体按弹性阶段工作时，有限元计算成果将在角缘附近引起应力集中，局部应力一般较大，这是有限元法应力控制指标难以确定的主要原因。因此，我国的一些学者为避免应力集中问题，提出了"有限元等效应力"法。近十几年来，有些工程采用"有限元等效应力"法的方法进行控制，即对有限元法分析所得的坝体应力进行面积分求出截面内力，再用材料力学法求出截面应力，转化为有限元等效应力，这样得出的上、下游面应力，可以消除局部应力集中问题。

（2）根据拉应力范围进行控制。假定坝体按弹性阶段工作，不考虑坝体开裂的影响。在得出有限元的应力成果后，把拉应力区的范围在整个截面中所占的比例作为控制指标。在《混凝土重力坝设计规范》（SL 319—2005）中采用这一控制指标。

（3）根据开裂范围进行控制。假定坝体只能承受压应力而不能承受拉应力，拉应力区均按开裂处理。通过有限元的非线性分析，得出坝体的开裂范围，并将开裂范围作为控制指标。国内外有些高坝就是通过这样的方法进行分析和控制的。

在上述 3 种处理方法中，如按第 2 种方法对拉应力范围进行控制，根据拱坝的受力特性，在坝体温降时，坝体上部的拱圈有可能在整体断面上出现拉应力，尽管拉应力值并不大。如以第 3 种方法控制开裂范围，虽然比较接近于坝体工作的实际情况，但拱坝开裂计算在国内实际工程中的应用还不多，列入标准尚不够成熟。因此，不论用拉应力范围进行控制，或用开裂范围进行控制，都难以给出相应的控制指标。

第 1 种方法用有限元法计算所得的拉应力值进行控制，较为明确。关于"有限元等效应力"的计算及研究，国内科研、设计单位作了很多研究分析工作，为制定有限元应力控制指标提供了重要数据。

有限元等效应力具体计算步骤为：设拱坝的整体坐标系为 (x', y', z')，计算坝体应力的梁拱交点的局部坐标系为 (x, y, z)。

（1）将有限元法计算的整体坐标系中的应力 $\{\sigma'\} = [\sigma'_x, \sigma'_y, \sigma'_z, \tau'_{xy}, \tau'_{yz}, \tau'_{zx}]^T$，经坐标变换，得到局部坐标系中的应力 $\{\sigma\} = [\sigma_x, \sigma_y, \sigma_z, \tau_{xy}, \tau_{yz}, \tau_{zx}]^T$。

（2）沿单位高度拱的径向截面和在中心线（或坝轴线）上取单位宽度的水平梁截面，对 $\{\sigma\}$ 的有关应力分量进行积分，得到拱圈和梁的内力（包括梁的竖向力、切向剪力、径向剪力、弯矩、扭矩和拱的轴向力、径向剪力、弯矩）。

（3）按材料力学法计算坝体应力。

由于有限元等效应力法和拱梁分载法都规定正应力为线性分布，两者只是内力计算上的差别，因此，两者的应力控制指标不会相差较大。

通过国内 7 座高 200m 以下已建混凝土拱坝拱梁分载法和有限元法两种方法对比分析，得到以下结论：

（1）各工况最大主压应力比值的平均值为 0.97，即表明，有限元等效应力法求出的最大主压应力与拱梁分载法求出的最大主压应力从总体上看，应力数值大小基本持平，故在制定有限元等效应力法控制标准时，容许压应力的安全系数可以采用与拱梁分载法同样的数值，即仍按 6.3.1 条的规定执行。

（2）各工况下最大主拉应力的比值平均值为 1.32，取为 1.30，如以拱梁分载法的容许拉应力 1.2MPa（基本荷载组合）和 1.5MPa（非地震情况特殊荷载组合）为基础，按上述比例进行调整，有限元等效应力法的容许拉应力分别为 1.56MPa（基本荷载组合）和 1.95MPa（非地震情况特殊荷载组合），故规定不得大于 1.5MPa（基本荷载组合）和 2.0MPa（非地震情况特殊荷载组合）。

〖检查要点和方法〗

（1）为了保证拱坝的强度安全，原则上对超过拉应力控制指标的拱坝，应通过拱坝体形的调整来减少拉应力的作用范围和拉应力的数值，直至满足规范要求。

（2）对于 200m 以上的高拱坝，其容许拉应力和容许压应力可不受本标准 6.3.1 条和 6.3.2 条规定的限制，应做专门研究。

c）6.3.3　拱坝应力分析除研究运行期外，还应验算施工期的坝体应力和抗倾覆稳定性。

在坝体横缝灌浆以前，按单独坝段分别进行验算时，坝体最大拉应力不得大于 0.5MPa，并要求在坝体自重单独作用下，合力作用点落在坝体厚度中间的 2/3 范围内。

坝体横缝灌浆前遭遇施工洪水时，坝体抗倾覆稳定安全系数不得小于 1.2。

d）7.2.7　按公式（7.2.6-1）或公式（7.2.6-2）计算时，相应安全系数应符合表 7.2.7 的规定。

$$K_1 = \frac{\sum (Nf_1 + c_1 A)}{\sum T} \tag{7.2.6-1}$$

$$K_2 = \frac{\sum Nf_2}{\sum T} \tag{7.2.6-2}$$

式中　K_1、K_2——抗滑稳定安全系数；

N——垂直于滑裂面的作用力；

T——沿滑裂面的作用力；

A——计算滑裂面的面积；

f_1——抗剪断摩擦系数；

c_1——抗剪断凝聚力；

f_2——抗剪摩擦系数。

表 7.2.7　　　　　　　　　　抗 滑 稳 定 安 全 系 数

荷 载 组 合		建 筑 物 级 别		
		1	2	3
按公式 (7.2.6-1)	基本	3.50	3.25	3.00
	特殊（非地震）	3.00	2.75	2.50
按公式 (7.2.6-2)	基本	—	—	1.30
	特殊（非地震）	—	—	1.10

〖**摘编说明**〗

（1）为保证施工期坝体的安全，在坝体横缝灌浆以前，除验算坝体应力外，还必须验算各单独坝段的抗倾覆稳定性，即要求任意一计算截面上的合力作用点必须落在坝体范围内，并保留一定安全裕度。

（2）表 7.2.7 适用于大、中型工程中岩基上的 1 级、2 级、3 级拱坝，4 级、5 级混凝土拱坝可参照使用。对于坝高超过 200m 或有特殊问题的工程，应进行专门研究。

（3）根据国内 24 个拱坝工程的调查资料，采用抗剪公式计算 K' 值在 1.0～1.3 之间；采用抗剪断公式计算 K' 大多数在 2.5～3.5 之间。考虑到拱坝拱座稳定性问题与两坝肩岩体结构，如与产状、不平整度、裂隙密集程度、连通率等紧密相关，实质是属于深层滑动的性质。同时，拱坝大多数重大事故均与拱座滑动稳定有关，据不完全统计，因拱座失稳造成拱坝失事的工程约占 60%，因此，拱坝抗滑安全系数与混凝土重力坝相比要求要高。如 1 级建筑物混凝土重力坝 K' 值要求 2.5～3.0，而混凝土拱坝 K' 值为 3.0～3.5；3 级建筑物混凝土重力坝 K 值为 1.0～1.05，而混凝土拱坝 K 值要求 1.1～1.3。

我国抗剪摩擦系数 f 值按下述特征取用：对脆性破坏材料，采用比例极限；对塑性破坏材料，采用屈服强度；对剪切错动过的材料，采用残余强度。f 值一般都在 0.75 以下，明显偏低。苏联和美国 f 值一般采用 1.0，所以按抗剪公式计算时，我国的安全系数 K 值应比国外 K 值低 1.2～1.3 倍，也就是说，我国的 K 值相当于国外的 1.3～1.7。

〖**检查要点和方法**〗

（1）采用刚体极限平衡法进行抗滑稳定分析时，对 1 级、2 级工程及高坝，应采用抗剪断公式计算，其他则可按抗剪公式计算。如果在坝区内存在影响抗剪稳定的软弱夹层时，其 c' 值很小或接近于零，在这种情况下，基本组合要满足 3.0～3.5 的安全系数是十分困难的，需增加处理工程量和付出重大代价。为此，在选择拱坝坝址和坝轴线时，要特别慎重，注意坝基和两坝肩是否有影响稳定的软弱地层或结构面。

（2）表 7.2.7 中所列的安全系数应与抗剪强度参数的取值和工程经验相协调。

（3）拱坝应力分析除研究运行期外，还应验算施工期的坝体应力和抗倾覆稳定性。

4-3-10 《水利水电工程进水口设计规范》SL 285—2003

a) 3.2.3 建筑物整体稳定安全标准。

整体布置进水口的整体稳定安全标准应与大坝、河床式水电站和拦河闸等枢纽工程主体建筑物相同。

对于独立布置进水口，当建基面为岩石地基时，沿建基面整体稳定安全标准应根据其建筑物等级及荷载组合按表3.2.3规定采用；当建基面为土质地基时，应按《水闸设计规范》SL 265—2001有关规定采用。

表3.2.3　　　　　　独立布置进水口整体稳定安全标准

建筑物级别	抗滑稳定安全系数				抗倾覆稳定安全系数		抗浮稳定安全系数	
	抗剪断公式		抗剪公式					
	基本组合	特殊组合	基本组合	特殊组合	基本组合	特殊组合	基本组合	特殊组合
1、2	3.0	2.5	1.1	1.05	1.35	1.2	1.10	1.05
3、4、5	3.0	2.5	1.05	1.00	1.3	1.15	1.10	1.05

注　本表适用于建基面为岩石地基情况。

b) 3.2.4 建基面应力标准。

整体布置进水口建基面应力标准应与大坝、河床式水电站和拦河闸等枢纽工程主体建筑物相同。

对于独立布置进水口，当建基面为岩石地基时，建基面允许应力标准应按表3.2.4规定采用；当建基面为土质地基时，地基容许承载力应按SL265—2001中有关地基整体稳定的规定采用。

表3.2.4　　　　　　独立布置进水口建基面允许应力（MPa）

建筑物级别	建基面最大压应力		建基面拉应力	
	基本组合	特殊组合	基本组合	特殊组合
1、2	小于地基允许压应力		不得出现	0.1
3、4、5			0.1	0.2

注　本表适用于建基面为岩石地基情况。

〖摘编说明〗

（1）整体布置进水口一旦出现事故，不仅影响工程效益，而且还将造成下游灾害，因此，建筑物整体稳定安全标准应与所在的主体建筑物相同。

对于独立布置进水口，当建基面为土质地基时，整体稳定安全标准按《水闸设计规范》（SL 265—2001）有关规定采用；当建基面为岩质地基时，沿建基面稳定安全标准按本标准表 3.2.3 采用，沿深层软弱面的稳定问题和安全标准应另行研究确定。对于堤防涵闸式进水口，因一旦失事将造成堤内严重灾害，故还应符合《堤防工程设计规范》（GB 50286—98）的有关规定。

（2）基于与本标准 3.2.3 条的相同理由，对修建在岩基上的整体布置进水口建基面允许应力标准，应与所在的主体建筑物相同。对于岩质地基上独立布置进水口（堤防涵闸式进水口除外），一旦出现事故，一般不会造成下游灾害，因此，建基面允许应力标准略低于混凝土重力坝标准。

〖检查要点和方法〗

进水口的型式是整体布置进水口还是独立布置进水口；建基面为土质地基还是岩基；应根据不同的型式、不同的基础，选用不同的标准要求。

4－3－11 《水利水电工程施工组织设计规范》SL 303—2004

a) 3.4.12 混凝土围堰、浆砌石围堰与土石围堰的稳定安全系数应满足下列要求：

1 重力式混凝土围堰、浆砌石围堰采用抗剪断公式计算时，安全系数 K 不小于 3.0，若考虑排水失效情况，K 不小于 2.5；按抗剪强度公式计算时，安全系数 K 不小于 1.05。

2 混凝土拱围堰、浆砌石拱围堰的稳定安全系数及应力控制指标分别参照 SL 282—2003 和 SL 25—1991 的有关规定选取。

3 土石围堰边坡稳定安全系数：3 级，K 不小于 1.20；4～5 级，K 不小于 1.05。

〖摘编说明〗

围堰工程具有使用期短、修建时间受限制、使用任务完成后往往还需拆除等特点。因此，围堰结构型式应在满足安全运用的基础上，力求结构简单、修筑及拆除方便、造价低廉。围堰工程虽系临时性水工建筑物，而一但失事仍将造成人员伤亡和财产损失，因此，围堰工程的安全同其他水工建筑物一样重要。

〖检查要点和方法〗

（1）施工围堰，特别是土石围堰失事的实例时有发生，对土石围堰除满足上述边坡稳定安全系数外，还应重视水流冲刷问题，土石围堰与泄水道接头处，宜适当加长导水墙或设丁坝将主流挑离围堰，防止水流冲刷堰基。

（2）对过水土石围堰的迎水面堰坡和堰顶应设置有效的保护措施，根据水流流速、施工条件等因素采用沉排、砌石或钢筋石笼、混凝土护面等防止冲刷的工程措施。

4－3－12 《碾压混凝土坝设计规范》SL 314—2004

我国自 1986 年建成了第一座碾压混凝土重力坝——坑口坝以来，碾压混凝土筑坝技术得到了迅速的发展，通过工程实践及国家重点科技攻关项目取得了许多实用价值很高的成果，在《碾压混凝土坝设计导则》（DL 5005—92）的基础上，编制了《碾压混凝土坝设计规范》（SL 314—2004）。本标准适用于水利水电工程岩基上的 1 级、2 级、3 级碾压混凝土重力坝设计，4 级、5 级可参照使用，也适用于碾压混凝土拱坝设计。坝高大于 200m 的碾压混凝土重力坝设计应做专门研究。

a) **4.0.4** 碾压混凝土重力坝坝体抗滑稳定分析应包括沿坝基面、碾压层（缝）面和基础深层滑动面的抗滑稳定。必要时，应分析斜坡坝段的整体稳定。碾压混凝土重力坝碾压层（缝）面的抗滑稳定计算应采用抗剪断公式，其安全系数应符合 SL 319—2005 中沿坝基面抗滑稳定安全系数的有关规定。

〖摘编说明〗

碾压混凝土重力坝与常态混凝土重力坝坝体抗滑稳定分析相比，除计算沿坝基面、基础深层滑动面抗滑稳定外，还应计算沿碾压混凝土碾压层（缝）面的抗滑稳定。由于碾压混凝土坝的碾压层（缝）面的结合质量受材料性质、混凝土配合比、施工工艺和施工管理水平以及施工现场气候条件等诸多因素的影响，易成为坝体的薄弱环节，所以需核算沿坝体混凝土碾压层（缝）面的抗滑稳定。

〖检查要点和方法〗

（1）坝体碾压层（缝）面的抗滑稳定计算应采用抗剪断公式，其安全系数值的控制标准应符合《混凝土重力坝设计规范》（SL 319—2005）中沿坝基面抗滑稳定安全系数的有关规定。

（2）斜坡坝段，若横缝间距较大且基础面高差较大或坝基条件复杂时，应计算斜坡坝段的整体稳定。

（3）碾压层（缝）面抗剪断参数与施工质量、配合比、气候条件、是否及时覆盖以及取样方式等密切相关，故离散性较大，碾压混凝土重力坝中坝、低坝在无抗剪断试验资料时，根据类似工程选用抗剪断参数时应慎重。

4-3-13 《混凝土重力坝设计规范》SL 319-2005

a) **6.3.2** 重力坝坝基面坝踵、坝趾的垂直应力应符合下列要求：

1 运用期：

1）在各种荷载组合下（地震荷载除外），坝踵垂直应力不应出现拉应力，坝趾垂直应力应小于坝基容许压应力。

2）在地震荷载作用下，坝踵、坝趾的垂直应力应符合 SL 203 的要求。

2 施工期：坝趾垂直应力允许有小于 0.1MPa 的拉应力。

b) **6.3.4** 重力坝坝体应力应符合下列要求：

1 运用期：

1）坝体上游面的垂直应力不出现拉应力（计扬压力）。

2）坝体最大主压应力，不应大于混凝土的允许压应力值。

3）在地震情况下，坝体上游面的应力控制标准应符合 SL 203 的要求。

　　　　4）关于坝体局部区域拉应力的规定：

　　　　　　——宽缝重力坝离上游面较远的局部区域，允许出现拉应力，但不应超过混凝土的允许拉应力。

　　　　　　——当溢流坝堰顶部位出现拉应力时，应配置钢筋。

　　　　　　——廊道及其他孔洞周边的拉应力区域，宜配置钢筋；有论证时，可少配或不配钢筋。

　　2　施工期：

　　　　1）坝体任何截面上的主压应力不应大于混凝土的允许压应力。

　　　　2）在坝体的下游面，允许有不大于 0.2MPa 的主拉应力。

c)　6.3.10　混凝土的允许应力应按混凝土的极限强度除以相应的安全系数确定。

　　坝体混凝土抗压安全系数，基本组合不应小于 **4.0**；特殊组合（不含地震情况）不应小于 **3.5**。

　　当局部混凝土有抗拉要求时，抗拉安全系数不应小于 **4.0**。

　　在地震情况下，坝体的结构安全应符合 SL 203 的要求。

　　注 1：混凝土极限抗压强度，指 90d 龄期的 15cm 立方体强度，强度保证率为 80%。

　　注 2：坝体局部结构的设计和计算，应符合 SL/T 191 的规定。

〚摘编说明〛

　　影响重力坝应力的因素非常复杂，不仅与坝体断面和所受荷载有关，而且还取决于基岩性质及基础处理设计、坝体混凝土设计及相应参数、施工的方式和程序、气温变化、原材料品种和养护条件等。很显然，要在计算中考虑全部有关因素的影响，将是很困难甚至是不可能的。

　　SL 319—2005 规定应力计算应按材料力学公式进行。对于中、低坝，当地质条件较简单时，可只按材料力学方法计算坝的应力，有时可只计算坝的边缘应力。对于高坝，尤其当地质条件复杂，除用材料力学方法计算外，宜同时采用有限元法进行计算研究，所得结果应没有特殊不利的应力分布状态，局部应力数值可不受本条文应力指标的限制，但如果局部应力数值超过指标较多时，应研究其原因，必要时应采取改善措施。对于复杂地基上的中、低坝，也可根据需要进行上述研究。

　　应力计算主要内容包括：计算坝体选定截面上的应力（应根据坝高选定计算截面，包括坝基面、折坡处及其他计算的截面）；计算坝体削弱部位（如孔洞、泄水流道部位）的局部应力；需要时分析坝基内部的应力。

　　当应力值不满足要求时，可通过适当调整坝体断面来达到。另外，在坝基岩石条件较好，无夹泥或无水溶性物质时，也可考虑采用抽排降压措施，降低扬压力，从而达到改善应力的目的。

〚检查要点和方法〛

　　（1）混凝土重力坝应以材料力学法和刚体极限平衡法计算成果作为确定坝体断面的依据，有限元法作为辅助方法。用材料力学法计算实体重力坝坝体上游面、下游面应力的计算公式见 SL 319—2005 附录 C。

（2）混凝土极限抗压强度，指 90d 龄期的 15cm 立方体强度，强度保证率为 80%。

d）6.4.1 坝体抗滑稳定计算主要核算坝基面滑动条件，应按抗剪断强度公式（6.4.1-1）或抗剪强度公式（6.4.1-2）计算坝基面的抗滑稳定安全系数。

1 抗剪断强度的计算公式：

$$K' = \frac{f' \sum W + C' A}{\sum P} \tag{6.4.1-1}$$

式中　K'——按抗剪断强度计算的抗滑稳定安全系数；

f'——坝体混凝土与坝基接触面的抗剪断摩擦系数；

C'——坝体混凝土与坝基接触面的抗剪断凝聚力，kPa；

A——坝基接触面截面积，m^2；

$\sum W$——作用于坝体上全部荷载（包括扬压力，下同）对滑动平面的法向分值，kN；

$\sum P$——作用于坝体上全部荷载对滑动平面的切向分值，kN。

2 抗剪强度的计算公式：

$$K = \frac{f \sum W}{\sum P} \tag{6.4.1-2}$$

式中　K——按抗剪强度计算的抗滑稳定安全系数；

f——坝体混凝土与坝基接触面的抗剪摩擦系数。

3 抗滑稳定安全系数的规定：

1）按抗剪断强度公式（6.4.1-1）计算的坝基面抗滑稳定安全系数 K' 值不应小于表 6.4.1-1 的规定。

表 6.4.1-1　　　　　坝基面抗滑稳定安全系数 K'

荷 载 组 合		K'
基 本 组 合		3.0
特殊组合	(1)	2.5
	(2)	2.3

2）按抗剪强度公式（6.4.1-2）计算的坝基面抗滑稳定安全系数 K 值不应小于表 6.4.1-2 规定的数值。

表 6.4.1-2　　　　　坝基面抗滑稳定安全系数 K

荷 载 组 合		坝 的 级 别		
		1	2	3
基 本 组 合		1.10	1.05	1.05
特殊组合	(1)	1.05	1.00	1.00
	(2)	1.00	1.00	1.00

4　坝基岩体内存在软弱结构面、缓倾角裂隙时，坝基深层抗滑稳定安全系数按附录 E 计算。按抗剪断强度公式（E.0.2-1）、公式（E.0.2-2）计算的 K' 值不应小于表 6.4.1-1 的规定。当采取工程措施后 K' 值仍不能达到表 6.4.1-1 要求时，可按抗剪强度公式（E.0.3-1）及公式（E.0.3-2）计算坝基深层抗滑稳定安全系数，其安全系数指标应经论证后确定。对于单滑面情况，尤须慎重。

附录 E　坝基深层抗滑稳定计算

E.0.1　坝基深层存在缓倾角结构面时，根据地质资料可概括为单滑动面、双滑动面和多滑动面，进行抗滑稳定分析。

双滑动面为最常见情况，见图 E.0.1。

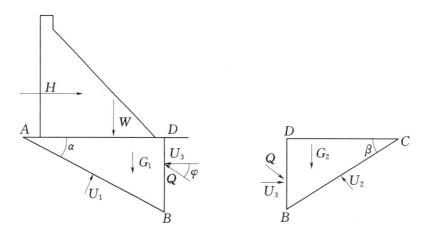

图 E.0.1　双滑动面示意图

深层抗滑稳定计算采用等安全系数法，应按抗剪断强度公式或按抗剪强度公式进行计算。

E.0.2　采用抗剪断强度公式计算。考虑 ABD 块的稳定，则有：

$$K'_1 = \frac{f'_1\big[(W+G_1)_{\cos\alpha} - H\sin\alpha - Q\sin(\varphi-\alpha) - U_1 + U_3\sin\alpha\big] + c'_1 A_1}{(W+G_1)\sin\alpha + H\cos\alpha - U_3\cos\alpha - Q\cos(\varphi-\alpha)}$$

(E.0.2-1)

考虑 BCD 块的稳定，则有：

$$K'_2 = \frac{f'_2\big[G_2\cos\beta + Q\sin(\varphi+\beta) - U_2 + U_3\sin\beta\big] + c'_2 A_2}{Q\cos(\varphi+\beta) - G_2\sin\beta + U_3\cos\beta}$$

(E.0.2-2)

式中　K'_1、K'_2——按抗剪断强度计算的抗滑稳定安全系数；

W——作用于坝体上全部荷载（不包括扬压力，下同）的垂直分值，kN；

H——作用于坝体上全部荷载的水平分值，kN；

G_1、G_2——岩体 ABD、BCD 重量的垂直作用力，kN；

f'_1、f'_2——AB、BC 滑动面的抗剪断摩擦系数；

c'_1、c'_2——AB、BC 滑动面的抗剪断凝聚力，kPa；

A_1、A_2——AB、BC 面的面积，m²；

α、β——AB、BC 面与水平面的夹角；

U_1、U_2、U_3——AB、BC、BD 面上的扬压力，kN；

　　　　　Q——BD 面上的作用力，kN；

　　　　　φ——BD 面上的作用力 Q 与水平面的夹角。夹角 φ 值需经论证后选用，从偏于安全考虑 φ 可取 $0°$。

通过公式（E.0.2-1）、公式（E.0.2-2）及 $K_1'=K_2'=K'$，求解 Q、K' 值。

E.0.3 采用抗剪强度公式计算。对于采取工程措施后应用抗剪断强度公式计算仍无法满足表 6.4.1-1 要求的坝段，可采用抗剪强度公式（E.0.3-1）、公式（E.0.3-2）计算抗滑稳定安全系数，其安全系数指标可经论证确定。

考虑 ABD 块的稳定，则有：

$$K_1 = \frac{f_1[(W+G_1)\cos\alpha - H\sin\alpha - Q\sin(\varphi-\alpha) - U_1 + U_3\sin\alpha]}{(W+G_1)\sin\alpha + H\cos\alpha - U_3\cos\alpha - Q\cos(\varphi-\alpha)} \quad (\text{E.0.3-1})$$

考虑 BCD 块的稳定，则有：

$$K_2 = \frac{f_2[G_2\cos\beta + Q\sin(\varphi+\beta) - U_2 + U_3\sin\beta]}{Q\cos(\varphi+\beta) - G_2\sin\beta + U_3\cos\beta} \quad (\text{E.0.3-2})$$

式中　K_1、K_2——按抗剪强度计算的抗滑稳定安全系数；

　　　f_1、f_2——AB、BC 滑动面的抗剪摩擦系数。

通过公式（E.0.3-1）、公式（E.0.3-2）及 $K_1=K_2=K$，求解 Q、K 值。

单滑面的情况比较简单，这里不再列出计算式。多滑面的情况比较复杂，可参照双滑面的计算式，列出各个滑动体的算式，求解 K 值。

〖摘编说明〗

坝体抗滑稳定计算采用抗剪强度公式与抗剪断强度公式并列。工程实践表明，坝基岩体条件较好，采用抗剪断强度公式是合适的；但当坝基岩体较差时，如软岩或存在软弱结构面时，采用抗剪强度公式也是可行的。所以设计时应根据工程地质条件选取适当的计算公式。

对坝基岩体内存在软弱结构面、缓倾角裂隙时，应进行坝基深层抗滑稳定分析，首先应按抗剪断强度公式计算，并满足表 6.4.1-1 的要求；如采取工程措施后仍不能满足表 6.4.1-1 的要求时，可按抗剪强度计算公式（E.0.1-3）、公式（E.0.1-4）计算坝基深层抗滑稳定安全系数，其指标应经论证确定。对于双滑面、多滑面等情况，由于 BD 面是假定的，φ 值又取为 0，又用等 K 法计算，有不少安全裕度。但对于单滑面，没有上述安全裕度，其安全系数取值尤须慎重。

在进行坝基岩体存在的软弱结构面、缓倾角裂隙的深层抗滑稳定分析时，以刚体极限平衡法计算为主。有限元法目前各种分析方法发展很快，稳定安全系数也有多种定义，各种方法的计算结果相差较大，尚难以作为判据，但可作为对工程的深层抗滑稳定性进行综合评定和处理方案选择依据。

〖检查要点和方法〗

（1）坝体抗滑稳定采用刚体极限平衡法计算。

（2）坝体混凝土与坝基接触面之间的抗剪断摩擦系数 f'、凝聚力 c' 和抗剪摩擦系

数 f 的取值：规划阶段可参考 SL 319—2005 附录 D 选用；可行性研究阶段及以后的设计阶段，应经试验确定；中型工程的中、低坝，若无条件进行野外试验时，宜进行室内试验，并参照 SL 319—2005 附录 D 和工程类比选用。

4−3−14　《水工挡土墙设计规范》 SL 379—2007

a)　3.2.7　沿挡土墙基底面的抗滑稳定安全系数不应小于表 3.2.7 规定的允许值。

表 3.2.7　　　　　　　　　　挡土墙抗滑稳定安全系数的允许值

荷 载 组 合		土 质 地 基				岩 石 地 基				
		挡 土 墙 级 别				按式（6.3.5−1）计算时				按式（6.3.6）计算时
						挡 土 墙 级 别				
		1	2	3	4	1	2	3	4	
基本组合		1.35	1.30	1.25	1.20	1.10	1.08	1.08	1.05	3.00
特殊组合	Ⅰ	1.20	1.15	1.10	1.05	1.05	1.03	1.03	1.00	2.50
	Ⅱ	1.10	1.05	1.05	1.00	1.00				2.30
注：特殊组合Ⅰ适用于施工情况及校核洪水位情况，特殊组合Ⅱ适用于地震情况。										

b)　3.2.8　当验算土质地基上挡土墙沿软弱土体整体滑动时，按瑞典圆弧滑动法或折线滑动法计算的抗滑稳定安全系数不应小于表 3.2.7 规定的允许值。

〖摘编说明〗

（1）沿挡土墙基底面的抗滑稳定安全系数，反映了挡土墙是否安全与经济的指标。表 3.2.7 规定的沿挡土墙基底面抗滑稳定安全系数的允许值与《堤防工程设计规范》（GB 50286）以及《水闸设计规范》（SL 265—2001）的规定是对应的。

（2）由于挡土墙底板以下的土质地基和墙后回填土两个部分连在一起，其稳定计算的边界条件比较复杂，还有深层抗滑稳定问题。因此，对于挡土墙的地基整体稳定可采用瑞典圆弧滑动法计算。

土质地基上的建筑物经常遇到持力层内夹有软弱土层的情况。由于软弱土层抗剪强度低，在水平向荷载作用下，有可能产生沿软弱土层的滑动，因此当土质地基持力层内夹有软弱土层时，还应采用折线滑动法（复合圆弧滑动法）对软弱土层进行整体抗滑稳定验算。按折线滑动法计算的挡土墙深层抗滑稳定安全系数也应满足表 3.2.7 规定的允许值。

〖检查要点和方法〗

必须指出，表 3.2.7 规定的沿挡土墙基底面抗滑稳定安全系数允许值应与表中规定的相应计算公式配套使用。

c)　3.2.10　设有锚碇墙的板桩式挡土墙，其锚碇墙抗滑稳定安全系数不应小于表 3.2.10 规定的允许值。

表 3.2.10 锚碇墙抗滑稳定安全系数的允许值

荷 载 组 合	挡 土 墙 级 别			
	1	2	3	4
基本组合	1.50	1.40	1.40	1.30
特殊组合	1.40	1.30	1.30	1.20

d) 3.2.11 对于加筋式挡土墙，不论其级别，基本荷载组合条件下的抗滑稳定安全系数不应小于 1.40，特殊荷载组合条件下的抗滑稳定安全系数不应小于 1.30。

〖摘编说明〗

（1）有锚碇墙的板桩式挡土墙是依靠作用在插入地基的板桩和置入墙后填土内可能滑动面以外锚碇墙上的被动土压力来维持结构整体稳定的，其锚碇墙的抗滑稳定安全系数应按表 3.2.10 的规定采用。

（2）加筋式挡土墙目前在级别较高的工程中应用较少，不考虑挡土墙的级别是可以的。按照《水利水电工程土工合成材料应用技术规范》（SL/T 225—98）的规定，加筋式挡土墙在验算沿水平向的抗滑稳定性和按圆弧滑动法验算整体深层抗滑稳定性时，不论挡土墙的级别和荷载组合情况，其抗滑稳定安全系数均应不小于 1.30。在基本荷载组合和特殊荷载组合时，应有所区别。参考土质地基上的其他类型挡土墙的抗滑稳定安全系数允许值的取值范围，在基本荷载组合和特殊荷载组合时差距约在 0.1～0.15 之间。

〖检查要点和方法〗

设有锚碇墙的板桩式挡土墙，其锚碇墙抗滑稳定安全系数应按建筑物级别和荷载组合分别确定；加筋式挡土墙稳定安全系数则不考虑挡土墙的级别。

e) 3.2.12 土质地基上挡土墙的抗倾覆稳定安全系数不应小于表 3.2.12 规定的允许值。

表 3.2.12 土质地基上挡土墙抗倾覆稳定安全系数的允许值

荷 载 组 合	挡 土 墙 级 别			
	1	2	3	4
基本组合	1.60	1.50	1.50	1.40
特殊组合	1.50	1.40	1.40	1.30

f) 3.2.13 岩石地基上 1～3 级水工挡土墙，在基本荷载组合条件下，抗倾覆稳定安全系数不应小于 1.50，4 级水工挡土墙抗倾覆稳定安全系数不应小于 1.40；在特殊荷载组合条件下，不论挡土墙的级别，抗倾覆稳定安全系数不应小于 1.30。

〖摘编说明〗

（1）对于土质地基上的挡土墙，其抗倾覆稳定是由地基稳定性和控制基底大小应力的比值来保证的；GB 50286—98 中规定，防洪墙（即挡土墙）按堤防工程级别分为 5级，正常运用期的抗倾覆稳定安全系数允许值为 1.6～1.4 之间，非正常运用期的抗倾覆稳定安全系数允许值为 1.5～1.3 之间。抗倾覆稳定也是衡量挡土墙安全性的重要指标，对工程投资有直接影响，按建筑物级别分级取用抗倾覆稳定安全系数较为合理。本条规定的挡土墙抗倾覆稳定安全系数允许值与 GB 50286—98 是一致的。

（2）对于岩基上的挡土墙，抗倾覆稳定安全系数允许值的确定，以在各种荷载作用下不倾倒为原则，但应有一定的安全储备。参照现行有关规范对抗倾覆稳定安全系数允许值的规定，本条做出相应规定。

〖检查要点和方法〗

土质地基上的挡土墙，其抗倾覆安全系数应按建筑物级别和荷载组合分别确定；岩基上的挡土墙，抗倾覆安全系数在基本荷载组合条件下，与建筑物级别有关，但在特殊荷载组合条件下，与建筑物级别无关。

g) **3.2.14 对于空箱式挡土墙，不论其级别和地基条件，基本荷载组合条件下的抗浮稳定安全系数不应小于 1.10，特殊荷载组合条件下的抗浮稳定安全系数不应小于 1.05。**

〖摘编说明〗

对于挡土墙来说，空箱式挡土墙的抗浮稳定性要求是个特例。参照现行有关标准的规定，做出本条规定。

〖检查要点和方法〗

空箱式挡土墙的抗浮稳定安全系数，与建筑物级别和地基条件无关。

h) **6.3.1 土质地基和软质岩石地基上的挡土墙基底应力计算应满足下列要求：**

1 在各种计算情况下，挡土墙平均基底应力不大于地基允许承载力，最大基底应力不大于地基允许承载力的 1.2 倍。

2 挡土墙基底应力的最大值与最小值之比不大于表 6.3.1 规定的允许值。

表 6.3.1　　　　　挡土墙基底应力最大值与最小值之比的允许值

地 基 土 质	荷 载 组 合	
	基本组合	特殊组合
松　　软	1.50	2.00
中等坚实	2.00	2.50
坚　　实	2.50	3.00
注：对于地震区的挡土墙，其基底应力最大值与最小值之比的允许值可按表列数值适当增大。		

i) **6.3.2 硬质岩石地基上的挡土墙基底应力计算应满足下列要求：**

1 在各种计算情况下，挡土墙最大基底应力不大于地基允许承载力。

2 除施工期和地震情况外，挡土墙基底不应出现拉应力；在施工期和地震情况下，挡土墙基底拉应力不应大于 100kPa。

〖摘编说明〗

（1）对于土质地基以及软质岩石上的挡土墙，要求在各种计算情况下（一般控制在完建情况下），挡土墙平均基底应力不大于地基容许承载力，最大基底应力不大于地基容许承载力的 1.2 倍。由于地基容许承载力是指平均的允许承载力，因此不允许挡土墙平均基底应力超过平均的地基容许承载力，但允许局部的基底应力超过平均的地基容许承载力，即允许地基内出现局部的塑性变形。至于局部的基底应力允许超过的限度，一般是要求最大基底应力不要超过平均地基容许承载力的 1.2 倍。这一规定与 SL 265—2001 等的有关规定是一致的。

（2）岩石地基上的挡土墙，同样有基底应力方面的要求。由于硬质岩石地基的容许承载力较大，压缩性极小，地基承载能力通常不存在问题，也不会因基底应力分布的不均匀而发生较大的沉降差，从而导致挡土结构倾覆，因此硬质岩石地基上挡土墙基底应力的最大值与最小值之比可不作限制。但为避免挡土墙基础底面与基岩之间脱开，要求在非地震情况下挡土墙基底不应出现拉应力；在施工期和在地震情况下基底拉应力不应大于 100kPa，这一规定与现行有关标准的规定是一致的。

〖检查要点和方法〗

（1）对于土质地基上特别是修建在软土地基上的挡土墙，要满足上述要求往往比较困难，需要通过减轻结构重量、调整结构重心或对地基进行人工处理才能达到。基底应力最大值与最小值之比的允许值的规定，主要是防止结构产生过大的不均匀沉降及可能的倾覆破坏。因此，对于人工加固的深基础，可不受表 6.3.1 的规定限制。

（2）对于岩石地基上挡土高度特别大，且又修建在强风化或有不良地质构造的岩石地基上的挡土墙，还应核算其地基承载能力状况。对于全风化的岩石地基，其地质条件已与土质地基基本相似，可按土质地基进行计算。

4-3-15 《水利水电工程边坡设计规范》SL 386—2007

a）3.4.2 采用 5.2 节规定的极限平衡方法计算的边坡抗滑稳定最小安全系数应满足表 3.4.2 的规定。经论证，破坏后给社会、经济和环境带来重大影响的 1 级边坡，在正常运用条件下的抗滑稳定安全系数可取 **1.30~1.50**。

表 3.4.2　　　　　　　　　　抗滑稳定安全系数标准

运 用 条 件	边 坡 级 别				
	1	2	3	4	5
正常运用条件	1.30~1.25	1.25~1.20	1.20~1.15	1.15~1.10	1.10~1.05
非常运用条件Ⅰ	1.25~1.20	1.20~1.15	1.15~1.10	1.10~1.05	
非常运用条件Ⅱ	1.15~1.10	1.10~1.05		1.05~1.00	

〖摘编说明〗

边坡抗滑稳定安全系数标准的主要依据是：相关标准的规定和已建水利水电工程边

坡的实际取值。

实际边坡工程采用的安全系数标准和实际计算值，可反映目前边坡安全系数的应用现状。通过对103例边坡的抗滑稳定安全系数进行统计，结果表明：

（1）工程规定的安全系数标准变动区间，正常运用条件下的范围值为1.10～1.60，非常运用条件Ⅰ下的范围值为1.00～1.30，非常运用条件Ⅱ下的范围值为1.05～1.20；而实际采用的计算值变动区间则相对较大，三种运用条件下的范围值分别为1.02～4.24、1.00～2.92和0.96～1.696。

（2）各工况间的安全系数数值级差。采用的安全系数标准正常运用条件数值比非常运用条件Ⅰ高13.6%，非常运用条件Ⅰ比非常运用条件Ⅱ高2.7%，实际计算值高出比例略大。与本规范规定的级差（4%～9%）基本相符合。

由于划分Ⅰ等工程的技术标准上限是不封顶的，如长江三峡、黄河小浪底等特大型工程，边坡在工程安全中的地位无疑是非常重要的。因此将此种重要且影响大的1级边坡正常运用条件下抗滑稳定最小安全系数定为1.30～1.50认为是合理的。

〖检查要点和方法〗

（1）抗滑稳定计算应以极限平衡方法为基本计算方法。对于1级边坡，可同时采用强度指标折减的有限元法验算其抗滑稳定性。

（2）对于土质边坡和呈碎裂结构、散体结构的岩质边坡，当滑动面呈圆弧形时，宜采用简化毕肖普（Simplified Bishop）法和摩根斯顿-普赖斯法（Morgenstern-Price）进行抗滑稳定计算。

当滑动面呈非圆弧形时，宜采用摩根斯顿-普赖斯法和不平衡推力传递法进行抗滑稳定计算。

（3）对于呈块体结构和层状结构的岩质边坡，宜采用萨尔玛法（Sarma）和不平衡推力传递法进行抗滑稳定计算。

（4）对由两组及其以上节理、裂隙等结构面切割形成楔形潜在滑体的边坡，宜采用楔体法进行抗滑稳定计算。

（5）抗滑稳定计算方法的公式、荷载计算及其各种假定应符合本标准附录D的规定。

4-3-16　《水利水电工程施工导流设计规范》SL 623—2013

a)　**6.3.4**　土石围堰、混凝土围堰与浆砌石围堰的稳定安全系数应满足下列要求：

1　土石围堰边坡稳定安全系数应满足表6.3.4的规定。

表6.3.4　　　　　　　　　　土石围堰边坡稳定安全系数表

围　堰　级　别	计　算　方　法	
	瑞典圆弧法	简化毕肖普法
3级围堰	≥1.20	≥1.30
4级、5级围堰	≥1.05	≥1.15

2　重力式混凝土围堰、浆砌石围堰采用抗剪断公式计算时，安全系数 K' 应不小于 **3.0**，排水失效时安全系数 K' 应不小于 **2.5**；按抗剪强度公式计算时安全系数 K 应不小于 **1.05**。

〖摘编说明〗

本条细化了土石围堰边坡稳定的安全系数的规定，摘编说明同 4-3-12。

〖检查要点和方法〗

同 4-3-12，但应注意不同计算方法的安全系数值。

4-3-17　《水利水电工程围堰设计规范》SL 645—2013

a)　**6.5.1**　土石围堰稳定计算应符合下列要求：

2　抗滑稳定采用瑞典圆弧法或简化毕肖普法时，土石围堰的边坡稳定安全系数应满足表 6.5.1 的规定。

表 6.5.1　土石围堰边坡稳定安全系数表

围　堰　级　别	计　算　方　法	
	瑞典圆弧法	简化毕肖普法
3	≥1.20	≥1.30
4、5	≥1.05	≥1.15

b)　**6.5.2**　混凝土围堰稳定计算应符合下列要求：

4　混凝土重力式围堰采用抗剪断公式计算时，安全系数 $K'\geqslant3.0$，排水失效时安全系数 $K'\geqslant2.5$；按抗剪强度公式计算时安全系数 $K\geqslant1.05$。

〖摘编说明〗

同 4-3-17。

〖检查要点和方法〗

同 4-3-17。

4-3-18　《预应力钢筒混凝土管道技术规范》SL 702—2015

预应力钢筒混凝土管（PCCP）是在带有钢筒的混凝土管芯外侧缠绕环向预应力钢丝并用水泥砂浆作保护层而制成的管材，包括内衬式预应力钢筒混凝土管（PCCPL）和埋置式预应力钢筒混凝土管（PCCPE）。

预应力钢筒混凝土管具有高强度、高抗渗性、高密封性及耐久性好的优点，近 10 余年国内建成了一批预应力钢筒混凝土管道工程，积累了较丰富的设计、施工及运行经验。为便于指导预应力钢筒混凝土管设计、生产、敷设、监理及工程验收，制定本标准。

a)　**6.5.1**　管道抗浮稳定安全系数应符合下列要求：

1 抗浮稳定安全系数不应小于 **1.1**。

〖摘编说明〗

抗浮稳定安全系数的取值与现行水利行业标准相关规定一致。

〖检查要点和方法〗

各种工况下，管道抗浮稳定安全系数不应小于 1.1。

b）6.5.2 管道直径变化处、转弯处、堵头、闸阀、伸缩节处的镇墩（支墩）或由限制性接头连接的管段抗滑稳定验算应符合下列要求：

1 抗滑稳定安全系数不应小于 1.5，采用限制性接头连接多节管道时不应小于 1.1。

〖摘编说明〗

抗滑稳定验算应按纯摩公式计算。在没有试验资料的情况下，管道或建筑物基底面与地基之间的摩擦系数 f 值，可根据地基类别按表 6.5.3-2 所列数值选用。

表 6.5.3-2 管道或建筑物基底面与地基之间的摩擦系数 f 值

地 基 类 别		f
黏 土	软 弱	0.20～0.25
	中等坚硬	0.25～0.35
	坚 硬	0.35～0.45
壤土，粉质壤土		0.25～0.40
砂壤土，粉砂土		0.35～0.40
细砂，极细砂		0.40～0.45
中砂，粗砂		0.45～0.50
砂砾石		0.40～0.50
砾石，卵石		0.50～0.55
碎石土		0.40～0.50

限制性接头是指以形成限制管段为目的，采用夹钳式铠式、承口螺栓式铠式、开口环限制性、焊接及法兰连接等方式，实现传递轴向力为目的的特殊接头。

〖检查要点和方法〗

（1）检查管道的镇墩（支墩）抗滑稳定计算相关的荷载、设计参数、计算工况和计算结果，抗滑稳定安全系数不应低于 1.5。

（2）采用限制性接头连接多节管道抗滑稳定安全系数不应低于 1.1。

4-4 抗 震

我国受环太平洋地震带及欧亚地震带的影响，地震活动频繁，历史上曾多次发生灾害性大地震，对人民生命财产和社会经济造成了巨大的损失，全国大部分地区为抗震设防区，且近期又处于地震活动的上升期，因此，需要重视水工建筑物的抗震设计。

4－4－1 《水工混凝土结构设计规范》SL 191—2008

a) 13.1.2 结构的抗震验算，应符合下列规定：

1 设计烈度为 6 度时的钢筋混凝土构件（建造于Ⅳ类场地上较高的高耸结构除外），可不进行截面抗震验算，但应符合本章的抗震措施及配筋构造要求。

2 设计烈度为 6 度时建造于Ⅳ类场地上较高的高耸结构，设计烈度为 7 度和 7 度以上的钢筋混凝土结构，应进行截面抗震验算。

〖摘编说明〗

（1）鉴于近数十年来，有些基本烈度为 6 度的地震区发生了较大的地震。因此，6度地震区的水工建筑物也必须考虑抗震构造要求及抗震措施。

（2）对于设计烈度为 6 度Ⅳ类场地上较高的高耸结构，其地震影响系数有可能高于同一结构在设计烈度为 7 度Ⅱ类场地条件下的地震影响系数，因此要求对这类条件下的高耸结构仍应进行结构抗震验算和构件的抗震承载力计算。

〖检查要点和方法〗

（1）结构抗震设计时，有关结构整体的抗震规划、场地的选择以及地震作用的计算等均应根据《建筑抗震设计规范》（GB 50011—2010）、《水工建筑物抗震设计规范》（SL 203—97）的有关规定进行。

（2）钢筋混凝土构件抗震设计时，无论是否进行截面抗震验算，均应根据建筑物的设计烈度提出相应的抗震验算要求、抗震措施和配筋构造要求。

4－4－2 《水工建筑物抗震设计规范》SL 203—97

为做好水工建筑物的抗震设计，减轻地震破坏及防止次生灾害，按《中国地震烈度区划图（1990）》的规定，对《水工建筑物抗震设计规范》（SD J10—78）进行修订，制定本标准。本标准主要适用于设计烈度为 6 度、7 度、8 度、9 度的 1 级、2 级、3 级的水工建筑物的抗震设计。

a) 1.0.4 水工建筑物工程场地地震烈度或基岩峰值加速度，应根据工程规模和区域地震地质条件按下列规定确定：

2 基本烈度为 6 度及 6 度以上地区的坝高超过 200m 或库容大于 100 亿 m³ 的大型工程，以及基本烈度为 7 度及 7 度以上地区坝高超过 150m 的大（1）型工程，应根据专门的地震危险性分析提供的基岩峰值加速度超越概率成果，按本规范 1.0.6 的规定取值。

b) 1.0.5 水工建筑物的工程抗震设防类别应根据其重要性和工程场地基本烈度按表1.0.5 的规定确定。

表 1.0.5　　　　　　　　　　工程抗震设防类别

工程抗震设防类别	建筑物级别	场地基本烈度
甲	1（壅水）	≥6
乙	1（非壅水）、2（壅水）	
丙	2（非壅水）、3	≥7
丁	4、5	

c)　**1.0.6**　各类水工建筑物抗震设计的设计烈度或设计地震加速度代表值应按下列规定确定：

1　一般采用基本烈度作为设计烈度。

2　工程抗震设防类别为甲类的水工建筑物，可根据其遭受强震影响的危害性，在基本烈度基础上提高 1 度作为设计烈度。

3　凡按本规范 **1.0.4** 作专门的地震危险性分析的工程，其设计地震加速度代表值的概率水准，对壅水建筑物应取基准期 100 年内超越概率 P_{100} 为 0.02，对非壅水建筑物应取基准期 50 年内超越概率 P_{50} 为 0.05。

4　其他特殊情况需要采用高于基本烈度的设计烈度时，应经主管部门批准。

5　施工期的短暂状况，可不与地震作用组合；空库时，如需要考虑地震作用时，可将设计地震加速度代表值减半进行抗震设计。

d)　**1.0.9**　设计烈度为 8、9 度时，工程抗震设防类别为甲类的水工建筑物，应进行动力试验验证，并提出强震观测设计，必要时，在施工期宜设场地效应台阵，以监测可能发生的强震；工程抗震设防类别为乙类的水工建筑物，宜满足类似要求。

〖摘编说明〗

（1）地震的震级和地震烈度。地震的震级和烈度是反应地震特性和地震影响的两个不同的概念。地震震级用来表示一次地震的规模大小。一次地震的震级是根据地震时所释放的总能量来确定的。设 E 是地震时所释放的总能量（单位为尔格），地震震级为 M，则 E 和 M 的关系一般可表示为：

$$\log E = 11.8 + 1.5M$$

目前国际上比较通用的震级标准为里氏震级，它以标准地震仪所记录的最大地动位移 A（即振幅，以 μm 计）的常用对数值来表示一次地震的震级，其表达式是：

$$M = \log A$$

我国地震的震级按里氏震级标准划分，最大震级一般不超过 9 级。

一次地震只有一个震级。一般来说，小于 2 级的地震人们感觉不到，称为微震。2～4 级的地震称为有感地震；5 级以上的地震就会在震中区附近引起不同程度的破坏，统称为破坏性地震；7 级以上的为强烈地震和大地震；8 级以上为特大地震。到目前为止所记录的世界上最大的地震是 1960 年 5 月 22 日发生在智利的 8.9 级特大地震，1976 年的我国唐山地震为 7.6 级，2008 年的汶川地震为 8.0 级，2011 年的日本福岛地震为

8.7 级。

地震烈度是指地震区地表运动的危害性及建筑物的破坏程度。这是工程师进行抗震设计时最为关心的。目前，地震烈度还没有合适的定量标准，一般是根据宏观现象，例如人的感觉、物体反应、建筑物的破坏程度和自然现象等因素来确定地震烈度。不同国家烈度的划分也不同。例如日本采用 0～7 度的 8 度制，少数的欧洲国家采用 10 度制，而绝大多数国家（包括俄罗斯、美国等）均采用 12 度制。我国将地震烈度分为 12 度，6 度以上的为有害地震。根据建筑物所处地区的历史震害调查和近代地震观测记录，可以划分地区的基本烈度。严格来讲，地震基本烈度一般是指该地区在今后 50 年内可能遭遇的较大地震，其超越概率在 10％左右。我国目前仍以地震烈度作为各类工程抗震设防依据的基本指标，基本烈度是对未来地震的一种中长期预测。

（2）地震危险性分析。地震危险性分析是对特定地区确定未来一定时期内地震动参数超过某一定值的概率。

地震的发生在时间、空间和强度上都是随机的，地震波的传播也是一个具有许多不确定性因素的复杂过程。因此，地震危险性分析不仅要考虑发生地震大小的分布规律，而且需考虑时间上发生次数的分布规律，以及在空间上一定范围内不同距离的震源对特定场地地震效应的影响。地震危险性分析主要内容和基本步骤为：

1）通常在以坝址为中心的 300km 半径的工作范围内，根据地质、地震条件确定潜在震源并选择合适的震级上限。

2）根据历史地震资料，计算各潜在震源不同震级地震的发生率，并选择地震发生次数的概率模型。目前广泛采用的是假定地震发生在时间和空间上都是独立的，同一地点同一时间发生两次地震的概率为零的均匀泊松模型。

3）由强震记录和历史地震等震级资料，确定从震源到坝址场地地震动参数的衰减规律。

4）按概率理论估计发生一次或多次地震对给定场地的危险性，包括衰减规律的不确定性的校正。

5）综合各潜在震源影响得出给定场地总的地震危险性，最终给出不同年超越概率或设计基准期内不同超越概率相对应的地震动参数曲线图表。

《中国地震动参数区划图》（GB 18306—2001）和《水利水电工程地质勘察规范》（GB 50487—2008）均有相关规定，对重大工程、特殊工程、可能产生严重次生灾害的工程应进行专门的地震危险性评价工作。

在我国，地震危险性分析方法首先在 20 世纪 80 年代初应用于二滩水电工程。近年来，在建和拟建中的重大水利水电工程几乎都进行了专门的地震危险性评定工作。在这些分析成果中，除小浪底工程采用一般场地土外，其他都直接以基岩峰值加速度作为地震动参数，给出经过衰减规律不确定性校正过的年超越概率曲线，而且，许多工程还同时给出烈度或概率反应谱曲线的年超越概率曲线。

（3）地震基本烈度和设计烈度。从工程抗震角度对水工建筑物划分工程抗震设防类别的目的是，根据工程重要性和场地地震基本烈度对各类建筑物确定设计烈度，选择抗震计算中地震作用效应的计算方法和调整重要性系数。工程抗震设防类别的划分和 GB 50199—94 中的结构安全级别相协调。

1）对于一般水利工程，基本烈度按《中国地震烈度区划图（1990）》确定，其概率水平为 50 年基准期的超越概率 10％，相应的地震重现期为 475 年。

2）对于像 1 级壅水建筑物这类极端重要的工程，由于一旦遭受重大震害而失事，将导致不堪设想的严重后果。同时也考虑到当前国内外地震预报工作尚处于发展阶段，而我国近几十年来有多次大震发生在预期的低烈度区的实际情况，因此，工程抗震设防类别为甲类的水工建筑物，在基本烈度的基础上提高 1 度作为设计烈度。

3）在专门的地震危险性分析中，设计地震的概率水准是根据对已有的重要水利水电工程地震危险性分析结果进行校准后确定的；其确定超越概率的期限和 GB 50199—94 中规定的各类建筑物的设计基准期相一致。

4）建筑物地震设防标准的高低直接影响其安全标准的确定，地震设防标准过高，会提高其安全标准，加大工程量，影响建筑物的造价，应经主管部门批准。

5）相对于运用期而言，施工期时间较短暂，遇到地震的几率要小得多，因此，施工期可不与地震作用组合；空库时，可将设计地震加速度代表值减半进行抗震设计。

（4）强震观测设计。大型水工建筑物如遭受震害，修复困难，应作为设防重点。水工建筑物大多数结构复杂，体积庞大，涉及结构和地基的动力相互作用、结构和库水的动力流固耦合影响等。目前，在抗震计算中还难以完全了解结构的地震破坏机理和确切反映复杂的实际条件。因此，国内外对高烈度区的重要水工建筑物都要求对抗震计算进行动力模型试验验证，并提出坝体的强震观测设计。这对于确保工程抗震安全、提高抗震设计水平是必需的。对某些水工建筑物，试验验证和强震观测不仅应针对结构本身，如对拱坝等结构，还应重视坝肩和坝基岩体等对结构抗震安全性至关重要的部位。

〖检查要点和方法〗

在执行 SL 203—97 相关强制性条文时，应注意以下问题：

SL 203—97 是按《中国地震烈度区划图（1990）》规定编制的，而《中国地震动参数区划图》GB 18306—2001，直接采用地震动参数《地震动峰值加速度和地震反应谱特征周期》，不再采用地震基本烈度。现行有关标准中涉及地震基本烈度概念的，应进行逐步修正。在 SL 203—97 尚未修订之前，可参照下述方法确定地震动参数和地震基本烈度：

（1）抗震设计验算直接采用 GB 18306—2001 提供的地震动参数。

（2）当涉及地基处理、构造措施或其他防震减灾措施时，地震基本烈度数值可由 GB 18306—2001 查取地震动峰值加速度并按表 4 - 6 确定，也可根据需要作更细致的划分。

表 4 - 6　　　　　　地震动峰值加速度分区与地震基本烈度对照表

地震动峰值加速度分区 g	＜0.05	0.05	0.1	0.15	0.2	0.3	≥0.4
地震基本烈度值	＜Ⅵ	Ⅵ	Ⅶ	Ⅶ	Ⅷ	Ⅷ	≥Ⅸ

〖案例分析〗

紫坪铺水利枢纽总库容 11.12 亿 m³，为 Ⅰ 等大（1）型工程。2008 年 5 月 12 日汶川发生里氏 8 级大地震，震中距离紫坪铺水利枢纽工程约 17.7km，地震导致枢纽工程各类建筑物和设备发生不同程度的震损震害。汶川地震后，国家地震部门于 2008 年 6 月颁布了 GB 18306—2001 国家标准第 1 号修改单《四川、甘肃、陕西部分地区地震动峰值加速度区划图》。工程区地震动峰值加速度为 0.20g，相当于地震基本烈度 8 度。2009 年 3 月，中国地震局地震预测研究所又对工程区地震危险性进行评价，复核结论：50 年超越概率 10％基岩水平动峰值加速度为 0.185g，地震基本烈度为 8 度；基准期 100 年超越概率 2％地震动峰值加速度为 0.392g，作为工程震损除险加固的基本依据。

4-4-3　《水工建筑物强震动安全监测技术规范》SL 486—2011

a)　1.0.3　下列情况应设置强震动安全监测台阵：

1　设计烈度为 7 度及以上的 1 级大坝、8 度及以上的 2 级大坝，应设置结构反应台阵。

〖摘编说明〗

我国缺少水工建筑物地震强震动记录，预先在水工建筑物上设置强震结构反应台阵，一旦发生强震，可以自动获取加速度记录，进行及时分析和快速震害等级评估，采取应急措施，达到减灾、防灾的目的。规定应设置强震安全监测台阵的条件，考虑了以下因素：

（1）我国水利工程数量多，不可能对所有水工建筑物都设置强震安全监测台阵。因此，只选择在地震影响较大区域的重要建筑物进行设置，故规定设计烈度为 7 度及以上的 1 级大坝、8 度及以上的 2 级大坝应设置结构反应台阵。

（2）单个水利工程设置的结构反应台阵应与国家强震安全监测台相联系，以作为国家强震安全监测网的组成部分。

〖检查要点和方法〗

设计烈度为 7 度及以上的 1 级大坝、8 度及以上的 2 级大坝是否设置了结构反应台阵。

4-5　挡水、蓄水建筑物

4-5-1　《堤防工程设计规范》GB 50286—2013

a)　7.2.4　黏性土土堤的填筑标准应按压实度确定。压实度值应符合下列规定：

1　1 级堤防不应小于 0.95。

2　2 级和堤身高度不低于 6m 的 3 级堤防不应小于 0.93。

3　堤身高度低于 6m 的 3 级及 3 级以下堤防不应小于 0.91。

〖摘编说明〗

本条是对《堤防工程设计规范》（GB 50286—98）进行修订。GB 50286—98 中黏性土的填筑标准是在总结堤防填筑资料的基础上，考虑到我国各地的实际施工条件和经验，根据原《碾压式土石坝设计规范》（SDJ 218—84）的填筑标准进行适当降低，针对各级堤防的重要性，对 1 级堤防压实度不应小于 0.94；2 级和堤身高度不低于 6 m 的 3 级堤防不应小于 0.92；堤身高度低于 6m 的 3 级及 3 级以下堤防不应小于 0.90。

原《碾压式土石坝设计规范》（SDJ 218—84）修订为《碾压式土石坝设计规范》（SL 274—2001）后，其中对于黏性土的压实度与原规范相比有所提高，大约提高了 1.5％，这是综合考虑了击实试验方法、实际施工压实水平和压实度推算的影响而确定的。随着我国经济的发展，堤防施工由过去的大规模群众性施工逐步转变为机械化、专业化施工，借鉴《碾压式土石坝设计规范》（SL 274—2001）中填筑土料填筑标准的提高，堤防工程黏性土的压实标准适当提高。

〖检查要点和方法〗

（1）黏性土的最大干密度和最优含水率应按《土工试验规程》（SL 237）击实试验方法求取。

（2）黏性土的设计压实度根据堤防级别和堤身高度确定，其值不应小于规范规定值。

（3）填筑土料含水量应控制在最优含水率−3％～＋3％偏差范围内。

b） 7.2.5 无黏性土土堤的填筑标准应按相对密度确定，1 级、2 级和堤身高度不低于 6m 的 3 级堤防不应小于 0.65，堤身高度低于 6m 的 3 级及 3 级以下堤防不应小于 0.60。有抗震要求的堤防应按现行行业标准《水工建筑物抗震设计规范》SL 203 的有关规定执行。

〖摘编说明〗

无黏性土的填筑标准按相对密度进行控制。相对密度的定义为：

$$D_{rds} = \frac{e_{max} - e_{ds}}{e_{max} - e_{min}}$$

式中 D_{rds}——设计压实相对密度；

    e_{ds}——设计压实孔隙比；

e_{max}、e_{min}——试验最大、最小孔隙比。

〖检查要点和方法〗

（1）相对密度试验应按《土工试验规程》（SL 237）规定的方法进行。

（2）无黏性土的相对密度根据堤防级别和堤身高度确定，其值不应小于规范规定值。

（3）地震区的相对密度设计标准应符合现行《水工建筑物抗震设计规范》（SL 203）有关规定。

c） 10.1.3 修建与堤防交叉、连接的各类建筑物、构筑物，应进行洪水影响评价，不

得影响堤防的管理运用和防汛安全。

〚摘编说明〛

　　修建与堤防交叉、连接的各类建筑物、构筑物，直接涉及堤防及堤防保护对象的防洪安全。

　　根据《中华人民共和国水法》《中华人民共和国防洪法》有关规定，修建与堤防交叉、连接的各类建筑物、构筑物应进行洪水影响评价，并报有关水行政主管部门审批。在洪水影响评价中，应评价与堤防交叉、连接的各类建筑物、构筑物对防汛安全和堤防管理运用的影响程度。

〚检查要点和方法〛

　　（1）修建与堤防交叉、连接的各类建筑物、构筑物应有通过有关水行政主管部门审批的洪水影响评价报告。

　　（2）与堤防交叉、连接的各类建筑物、构筑物，应根据自身的结构特点、运用要求、堤防工程的级别和结构等情况选择安全合理的位置和交叉、连接结构型式。并满足防洪及防汛管理要求。

4-5-2　《混凝土面板堆石坝设计规范》SL 228—2013

a）　3.1.6　混凝土面板堆石坝的泄水、放水建筑物布置，应考虑下列要求：

3　对于高坝、中坝和地震设计烈度为 8 度、9 度的坝，不应采用布置在软基上的坝下埋管型式。低坝采用软基上的坝下埋管时，应有充分的技术论证。

4　高坝、重要工程、地震设计烈度为 8 度、9 度的混凝土面板堆石坝，应设置放空设施。

〚摘编说明〛

　　（1）当地材料坝的坝下埋管是坝体渗漏和变形的薄弱环节，特别是布置在软基上的坝下埋管，由于不均匀沉降可能导致接头处止水破坏，危及大坝安全。

　　（2）混凝土面板堆石坝是否需要设置放空设施问题，国内外工程界有不同的意见。《混凝土面板堆石坝设计规范》（SL 228—98）规定"一般可不设置专门的放空设施"，2013 年修订根据近 10 年国内面板坝的经验和教训，认为对高坝、高地震区、重要工程应设置放空设施。

　　（3）实际工程中对放空设施的设置不尽相同，如天生桥一级、水布垭等工程均设置了放空洞，又如澳大利亚采用"可爆堵头"放空水库，即利用导流洞堵头设置放空管，万一使用时可炸开连接螺丝，打开钢闸盖放水。

〚检查要点和方法〛

　　（1）检查坝高和地震设计烈度。

　　（2）坝下埋管是否布置在软基上。低坝采用软基上的坝下埋管时，是否有充分的技术论证。

　　（3）高坝、重要工程、强震区的面板堆石坝是否设置放空设施。

〖案例分析〗

某面板堆石坝坝高76m，1990年建成，由于不均匀沉降，导致面板塌陷破坏、止水拉裂，漏水严重，需放空检修。因大坝未设放空设施，检修十分困难。在2000年放空检修时，不得不加高原上游围堰，由发电引水洞导流。

b) **8.2.1 面板厚度的确定应满足下列要求：**

1 应满足钢筋和止水布置要求，顶部厚度不应小于0.3m。150m以上的高坝宜加大面板顶部厚度。

2 控制渗透水力梯度不应超过200。

〖摘编说明〗

观测资料表明，在水荷载作用下，面板的大部分区域受压，仅在坝顶和近岸边处有拉应变。面板应变和堆石体变形特性密切相关，与其厚度关系不大。可以认为混凝土面板只要抗裂性和耐久性满足要求，它的柔性越大越能适应坝体变形。确定面板厚度时，在满足上述要求的前提下，应选用较薄的面板厚度。但对于150m以上的高坝，挤压破坏大多发生在高程较高处的面板，因此应适当加厚顶部面板的厚度。

〖检查要点和方法〗

（1）检查钢筋和止水布置以及顶部厚度是否满足设计要求。

（2）150m以上的高坝面板顶部厚度是否加大。

（3）面板厚度是否满足水力梯度要求。

4-5-3 《碾压式土石坝设计规范》SL 274—2001

a) **4.1.5 防渗土料应满足下列要求：**

1 渗透系数：均质坝不大于$1×10^{-4}$cm/s，心墙和斜墙不大于$1×10^{-5}$cm/s。

2 水溶盐含量（指易溶盐和中溶盐，按质量计）不大于3%。

3 有机质含量（按质量计）：均质坝不大于5%，心墙和斜墙不大于2%，超过此规定需进行论证。

〖摘编说明〗

（1）渗透系数。国内已建成的心墙和斜墙坝防渗土料的渗透系数一般不大于10^{-6}cm/s，均质坝不大于10^{-5}cm/s。防渗土料的渗透系数选择，与对水库的渗漏量要求有关。以供水、发电为主的水库，应采用渗透性更小的防渗土料；以防洪为主的水库，防渗土料的渗透系数相对可适当大一些。

（2）水溶盐含量。水溶盐一般分为易溶盐、中溶盐和难溶盐三类。易溶盐包括氯盐、重碳酸盐、碳酸钠和硫酸钠等，中溶盐主要是石膏，难溶盐包括碳酸钙、碳酸镁等。难溶盐在非浸蚀性水中淋洗速度很慢，引起的填土性质变化一般可以不计。因此，条文中仅提出"水溶盐的含量（指易溶盐和中溶盐，按质量计）不大于3%"的要求。常用的筑坝土料中的易溶盐含量一般不大，但石膏在长期渗透水作用下的淋洗使土料性质变坏，会产生附加沉降，是实践中必须考虑的主要问题。为降低淋洗速度，工程实践中采用提高压实密度、降低渗透系数和减小渗透比降等措施。针对石膏淋洗将会产生附加沉降的情况，常采用增加超高的工程措施。

（3）有机质含量。土中有机质有两种：①未完全分解的植物残渣、树皮草根等，这些有机质的继续分解可以在土中形成孔洞，其化学变化能改变土的性质；②完全分解的有机质，这种有机质对土的影响与其处于分散或凝聚状态有关。苏联 CHиП 2.06.05.84 规定，未完全分解的有机质含量不大于 5%，完全分解的有机质含量不大于 8%。日本坝工规范只说有机质含量高不好，没有定量规定。相比之下，条文中规定的有机质含量（按质量计）"均质坝不大于 5%，心墙和斜墙不大于 2%"偏于严格，但这一规定已沿用多年，国内也没有统计资料能证明可提高的幅度。因此，在设计实践中，还应严格按照条文规定执行。考虑规定偏于严格的情况，条文又规定"超过此规定需进行论证"。

〖检查要点和方法〗

防渗土料应重点检查渗透系数。

b)　4.1.15　反滤料、过渡层料和排水体料应符合下列要求：

1　质地致密，抗水性和抗风化性能满足工程运用条件的要求。

2　具有要求的级配。

3　具有要求的透水性。

4　反滤料和排水体料中粒径小于 0.075mm 的颗粒含量应不超过 5%。

〖摘编说明〗

（1）质地致密坚硬的材料，对提高抗水性和抗风化能力有利。若抗水性差，在渗透水的作用下，粗颗粒会进一步软化破碎；若抗风化较差，在堆存、填筑过程中和填筑于表层时，可能会因颗粒进一步风化，使颗粒变细。这两种情况均会导致级配不满足要求，反滤料透水性减小。

（2）具有要求的颗粒级配，即是按照设计要求的级配，对于反滤层，应采用连续级配。施工中，很难完全避免发生粗细颗粒分离现象，采用连续级配料有利于防止粗细颗粒分离。

（3）反滤成功与否，与反滤料的透水性直接相关，因此要求具有透水性。

（4）1989 年，国际大坝委员会（ICOLD）出版的《土石坝粒料反滤和排水》（EMBANKMENT DAMS GRANULAR FILTERS AND DRAINS，Review and Recommendations）一书中，对于 D_{60} 以下的颗粒，要求下包线与上包线的 D_n（$n \leqslant 60\%$）之比不大于 5，其目的也是防止由于下包线与上包线范围过宽，在施工中发生粗细颗粒分离。小于 0.075mm 颗粒含量的多少影响反滤料的透水性，条文中规定不超过 5% 是根据一般经验确定的。

〖检查要点和方法〗

（1）反滤料、过渡层料和排水体料要有良好的级配。

（2）检查反滤料、过渡层料和排水体料小于 0.075mm 的颗粒含量。

c)　4.2.3　粘性土的压实度应符合下列要求：

1　**1 级、2 级坝和高坝的压实度应为 98%～100%，3 级中、低坝及 3 级以下的中坝压实度应为 96%～98%。**

〖摘编说明〗

（1）黏性土的填筑标准应以压实度和最优含水率作为设计控制指标。压实度＝设计干密度/最大干密度。

（2）设计地震烈度为 8 度、9 度的地区，宜取上述规定的大值。

（3）有特殊用途和性质特殊的土料的压实度宜另行确定。如填筑在混凝土防渗墙顶部的高塑性土，要求能承受较大的变形，并不要求太高的压实度；对于性质特殊的土料，如膨胀土，为减小其膨胀性，希望压实度低一些；湿陷性黄土，需最大限度地破坏其原状结构，使其不再具有湿陷性，希望压实度高一些。因此，对类似上述这些情况，就需要根据工程实际情况，确定合适的压实度。

（4）压实度与实际施工压实水平和压实机械有关。近年来，采用凸块振动碾碾压黏性土，可以达到较高的压实度。

（5）黏性土的施工填筑含水量应根据土料性质、填筑部位、气候条件和施工机械等情况，控制在最优含水率−2%～＋3%偏差范围以内。有特殊用途和性质的黏性土的填筑含水率应另行确定。

填筑含水率还应符合下列要求：

（1）上限值。不影响压实和运输机械的正常运行；施工期间土体内产生的孔隙压力不影响坝坡稳定；在压实过程中不产生剪切破坏。

（2）下限值。填土浸水后不致产生大量的附加沉降使坝顶高程不满足设计要求、坝体发生裂缝以及在水压力作用下不产生水力劈裂等，不致产生松土层而难以压实。

〖检查要点和方法〗

（1）黏性土的最大干密度和最优含水率应按 SL 237—1999 击实试验方法求取。

（2）施工填筑含水量应控制在最优含水率−2%～＋3%偏差范围以内。

d)　**4.2.5**　**砂砾石和砂的填筑标准应以相对密度为设计控制指标，并应符合下列要求：**

1　**砂砾石的相对密度不应低于 0.75，砂的相对密度不应低于 0.70，反滤料宜为 0.70。**

2　**砂砾石中粗粒料含量小于 50%时，应保证细料（小于 5mm 的颗粒）的相对密度也符合上述要求。**

〖摘编说明〗

对于无黏性土，将相对密度作为控制无黏性土压实标准的指标，国内已沿用多年。条文规定不应低于 0.75，这在一般工程经验范围之内。当粗料含量小于 50%时，其小于 5mm 的细料已参与材料的骨料作用，细料对坝料性质的影响较大，因此，条文要求要保证细料满足规定的相对密度要求。

〖检查要点和方法〗

（1）对于砂砾石，实际应用中一般根据不同级配的室内试验结果整理出级配—干密度—相对密度关系，以便现场挖坑取样检查时，能根据测出的级配和干密度，查出相对密度是否满足要求，这样便于控制其填筑质量。

（2）地震区的相对密度设计标准应符合 SL 203—97 的规定。

〖案例分析〗

（1）某水库大坝采用心墙砂砾壳坝，最大坝高 46m，1975 年海城发生 7.3 级地震，坝址距震中 33km，上游坝面发生大面积滑坡。震后从滑坡体中取样试验，小于 5mm 为 70%～95%，小于 0.1mm 为 10%～20%。砂砾料颗粒细和长期浸水饱和是滑坡的原因之一。

（2）某水库主坝为斜墙砂砾石坝，最大坝高 66m，1976 年唐山发生 7.8 级地震，坝址距震中 150km，地震烈度相当于 7 度，地震造成上游斜墙保护层产生滑坡，滑坡面积共约 6 万 m²，塌滑方量为 15 万 m³。主要原因是保护层砂砾料颗粒细和相对密度低，震后用振动台做相对密度试验，其值仅 0.32。

e) **5.6.2 土质防渗体（包括心墙、斜墙、铺盖和截水槽等）与坝壳和坝基透水层之间以及下游渗流出逸处，如不满足反滤要求，均必须设置反滤层。**

〖摘编说明〗

条文规定"必须设置反滤层"的部位包括土质防渗体与坝壳、坝基透水层之间，以及下游渗流出逸处。

土质防渗体与坝壳之间简单明了，易于执行。

下游渗流逸出处则需根据工程具体情况，划分区域范围。由于反滤层对防止渗透破坏起着关键性的作用，在执行本条规定时，应客观分析各种工况条件下坝体、坝基渗流场的形态和特点，以免遗漏。

有些坝址的覆盖层地质条件比较复杂，当不能查明砂性土层的分布特征，如砂层是否连续完整、各部位砂层的厚度是否满足要求等，或不能证明防渗体接触的任何部位的砂性土层与防渗体土料的层间关系均能满足反滤要求，还是尽量设置反滤层为好。

〖检查要点和方法〗

（1）坝的反滤层必须符合下列要求：① 使被保护的土不发生渗透变形；② 渗透性大于被保护土，能通畅地排出渗透水流；③ 不致被细粒土淤塞失效。

（2）反滤层设计包括掌握被保护土、坝壳料和料场砂砾料的颗粒级配，应根据反滤层在坝的不同部位确定反滤层的类型，计算反滤层的级配、层数和厚度。

4-5-4 《混凝土拱坝设计规范》SL 282—2003

a) **8.4.6 非岩溶地区岩体相对隔水层的透水率 q，根据不同坝高，应符合下列规定：**

坝高在 100m 以上，$q=1～3Lu$；
坝高在 50～100m，$q=3～5Lu$；
坝高在 50m 以下，$q\leqslant5Lu$；
水源短缺水库可适当提高标准。

〖摘编说明〗

国外已建工程资料表明，对于坝高大于 100m 的拱坝，其帷幕防渗标准仅要求 1Lu。如日本奈川渡拱坝，高 155m，基岩为黑云母花岗岩、角闪岩和煌斑岩，防渗要求达到渗透系数 10^{-5} cm/s 的不透水层，孔深达到基岩透水性小于 1Lu 的地带，两岸拱座部位帷幕孔深达 100m，最大孔深达 180m。瑞士莫瓦桑拱坝，高 237m，基岩为石灰质片岩，孔深要求达到透水性 1Lu 的岩盘以下，主帷幕孔深达 200m。法国蒙台纳尔拱坝，高 155m，基岩为石灰岩，帷幕孔深达 120m。意大利吕米埃拱坝，高 136m，基岩为石墨片岩，帷幕孔深达 135m。苏联对基岩透水性三档标准对应的坝高分别是：>100m、60~100m、<60m，与本标准坝高范围相当。

国内已建坝高在 155~240m 之间的拱坝，其帷幕防渗标准均控制在 1Lu。大多数工程的坝基扬压力和渗漏量的观测资料，远小于设计值。

〖检查要点和方法〗

帷幕防渗轴线的方向，以及两岸帷幕伸入岸坡内的范围深度，应根据工程地质、水文地质、地形条件、拱座的稳定情况和防渗要求研究确定。两岸部位的帷幕与河床部位的帷幕应保持连续性。

b)　8.6.6　两岸拱座岩体内存在断层破碎带、层间错动等软弱结构面，影响拱座稳定安全时，必须对两岸拱座基岩采取相应的加固处理措施（如抗滑键、传力墙和高压固结灌浆等）。1、2 级拱坝或高坝工程的处理方案，应通过有限元分析或模型试验论证。

〖摘编说明〗

拱坝所承受的荷载，主要经由拱圈的作用，传递到两岸拱座岩体，拱坝的安全稳定主要取决于拱座岩体的稳定程度。设计中应防止由于拱座岩体的变形和滑动而影响大坝或基础的安全。

拱座的稳定、变形和受力状态对两岸拱座变形非常敏感，这是与其他坝型的不同之处。条文提出的处理措施是工程中常用的。此外，应引起注意的是，两岸拱座岩体的变形特性有较大差异时，拱坝内部应力将因两岸拱座的不均衡变形（这种变形随时间增长而有逐渐加大的趋势）而作重新调整，当其超过一定限值时，就会出现裂缝。条文中虽对两岸拱座岩体的变形特性的允许差值未作具体规定，但应在设计中进行分析与论证。

〖检查要点和方法〗

（1）两岸拱座岩体内是否存在影响拱座稳定安全的软弱结构面，是否采取相应的加固处理措施。

（2）1 级、2 级拱坝或高坝工程的处理方案，应通过有限元分析或模型试验论证。

4-5-5　《碾压混凝土坝设计规范》SL 314—2004

近 20 年来，我国相继建成了一批碾压混凝土大坝，碾压混凝土筑坝技术取得了长足的进步，通过工程实践及国家重点科技攻关项目取得了许多实用价值很高的成果。

a)　7.0.6　碾压混凝土重力坝高坝、中坝的基础容许温差应根据坝址区的气候条件、碾压混凝土的抗裂性能和热学性能及变形性能、浇筑块的高长比、基岩变形模量等因素，通过温度控制设计确定。

以下各情况的基础容许温差应进行专门论证确定：

1　在基础约束范围内长期间歇或过水的浇筑块。

2　基岩变形模量与混凝土弹性模量相差较大。

3　基础回填混凝土、混凝土塞及陡坡坝段。

〖摘编说明〗

碾压混凝土重力坝温度控制的特点是：水泥用量少，粉煤灰等掺合料掺量高，降低了混凝土的发热量，且发热过程较慢；坝体一般不设置纵缝，横缝不形成暴露面，主要靠层面散热，散热过程大大延长。温度控制设计应根据材料性能、结构尺寸、气候条件、铺筑层厚、连续升程及间歇方式，并结合仓面降温散热措施等进行研究，合理安排施工时段，简化温度控制方式。

基础温差是指坝体基础约束范围内混凝土最高温度与稳定温度之差。基础温差是控制坝基混凝土发生深层裂缝的重要指标，主要随碾压混凝土的性能、浇筑块的高长比、浇筑块长边的长度、混凝土与基岩的弹模比及坝址区气候条件等因素而变化。对于碾压混凝土重力坝而言，由于一般不设纵缝，其底宽较大，基础约束范围也较高，为了防止基础混凝土裂缝，应对基础容许温差进行控制。

碾压混凝土重力坝基础容许温差涉及坝址区的气候条件、碾压混凝土的抗裂性能和热学性能及变形性能、浇筑块的高长比、基岩变形模量等因素，其中抗裂性能主要包括极限拉伸值及抗拉强度，变形性能主要包括弹性模量、徐变、自生体积变形、干缩变形和温度变形等，热学性能包括绝热温升、比热、导热系数、导温系数、线膨胀系数等。

由于基础容许温差的涉及因素多，且碾压混凝土具有与常态混凝土不同的特点，各工程的具体条件也很不一样，鉴于基础容许温差是控制混凝土发生深层裂缝的重要指标，故碾压混凝土重力坝高、中坝的基础容许温差值应根据工程的具体条件，必须经温度控制设计后确定。

据国内部分混凝土坝裂缝调查，基础部位出现裂缝主要有下列几种情况：

（1）基岩上薄层浇筑块，长时间停歇，以致混凝土薄层的约束应力和由于内外温差引起的应力相叠加，使块长中部产生的拉应力，远大于混凝土的抗拉强度，形成贯穿裂缝。

（2）岩石表面起伏很大，局部有深坑或突出尖角，致使混凝土浇筑块厚度不均匀，造成局部应力集中，形成基础混凝土裂缝。

（3）施工期坝上留缺口导流或汛期过水，在混凝土温度较高时，因受水的冷冲击，造成基础混凝土开裂。

〖检查要点和方法〗

碾压混凝土基础容许温差应通过温度控制设计确定。应重点检查基础约束范围内长期间歇或过水的浇筑块，与基岩变形模量相差较大的浇筑块以及陡坡坝段的浇筑块。

4－5－6 《混凝土重力坝设计规范》SL 319—2005

a) 7.4.5 帷幕的防渗标准和相对隔水层的透水率根据不同坝高采用下列控制标准：

1 坝高在 100m 以上，透水率 q 为 1～3Lu。

2 坝高在 50～100m 之间，透水率 q 为 3～5Lu。

3 坝高在 50m 以下，透水率 q 为 5Lu。

4 抽水蓄能电站和水源短缺水库坝基帷幕防渗标准和相对隔水层的透水率 q 值控制标准取小值。

〔摘编说明〕

防渗帷幕的作用在于：①减少坝基的绕坝渗漏，防止其对坝基及两岸边坡产生的不利影响，防止在软弱夹层、断层破碎带、岩石裂隙充填物以及抗水性能差的岩层中产生管涌；②在帷幕和坝基排水的共同作用下，使帷幕后坝基面渗透压力降至允许值以内；③固结附近区域基岩。

国内许多工程如新安江、丹江口、刘家峡、黄龙滩、龚嘴、高坝洲、隔河岩等，实测坝基扬压力和渗漏量的观测资料表明，坝基排水孔处大部分实测扬压力远小于设计值，渗漏量远小于河流多年平均流量的 0.1%～1%。例如丰满、青铜峡坝基帷幕灌浆岩体内透水率 q 分别在 2～3Lu，帷幕下游排水孔处实测扬压力分别为 $0.2H$、$0.15H$ 和 0（H 为上、下水头差），均小于设计值，渗漏量也不大。美国、苏联、澳大利亚等国家的混凝土坝帷幕标准均在 3～7Lu。苏联规定坝高大于 100m 采用 1Lu。

通常，对于岩基上的重力坝，大多采用帷幕灌浆的方式来作为基础防渗措施。一般岩石条件良好的坝基，均设坝基排水系统。但当坝基发育有软弱泥化夹层及其他较差的地质条件下，设置排水必须考虑管涌问题，以免发生渗透破坏。

〔检查要点和方法〕

防渗帷幕的标准以及两岸帷幕伸入岸坡内的范围深度，应根据工程水文地质条件和坝高研究确定。两岸部位的帷幕与河床部位的帷幕应保持连续性。

4－6 输 水、泄 水 建 筑 物

4－6－1 《小型水力发电站设计规范》GB 50071—2014

a) 5.5.12 有压引水隧洞全线洞顶以上的压力水头，在最不利运行工况下，不应小于 **2.0m**。

〔摘编说明〕

有压流留有 2.0m 压力水头是几十年来我国有压隧洞设计一直沿用的标准。

〔检查要点和方法〕

检查隧洞内流速大小、水头损失计算和管道纵剖面顶部压坡线。"最不利运行条件"

应包含水锤工况，即在各种运行水位下，电站增加负荷工况，洞顶以上应有不小于2.0m的压力水头。

4-6-2 《灌溉与排水工程设计规范》GB 50288—99

a) 5.2.16 位于多泥沙河流上重要的大型渠首工程，其防沙、排沙设施的设计布置方案，应通过水工模型试验确定。

〖摘编说明〗

本条规定旨在防止泥沙进入渠道或入渠泥沙在渠内淤积，从而影响进、输水能力。

〖检查要点和方法〗

检查防沙、排沙建筑物的型式和底部高程；分析防沙、排沙建筑物与引水建筑物的相对位置合理性，并应查阅水工模型试验成果文件。

b) 6.2.3 渠道衬砌结构的基底应坚实稳定。衬砌渠段无法避开湿陷性黄土、膨胀性土和可溶性盐含量大的土壤，以及裂隙、断层、滑坡体、溶洞或地下水位较高时，应首先采取工程处理措施。

〖摘编说明〗

对于渠道地基的不同情况，应分别按下列方法进行处理：

（1）湿陷性地基和新建过沟填方渠道，可采用浸水预沉法处理。沉陷稳定的标准为连续5d内的日平均下沉量小于1.0～2.0mm。

（2）强湿陷性地基，可采用深翻回填渠基、设置灰土夯实层、打孔浸水重锤夯压或强力夯实等方法处理。

（3）傍山、黄土塬边渠道，可采用灌浆法填堵裂缝、孔隙和小洞穴。灌浆材料可选用黏土浆或水泥黏土浆。灌浆的各项技术参数宜经过试验确定。对浅层窑洞、墓穴和大孔洞，可采用开挖回填法处理。

（4）对软弱土、膨胀土和冻胀量大的地基，可采用换填法处理。换填砂砾石时，压实系数不应小于0.93；换填土料时，大、中型渠道压实系数不应小于0.95，小型渠道不应小于0.93。

（5）膜料、沥青混凝土防渗渠道，必要时，应在渠基土中加入灭草剂进行灭草处理，并回填、夯实、修整成型后，方可铺砌。

（6）改建防渗渠道的地基，应特别注意渠坡新、老土的结合。填筑时，应将老渠坡挖成台阶状，再在上面夯填新土，整修成设计要求的渠道断面。

〖检查要点和方法〗

了解渠道沿线地质情况，对不良地质条件地段的渠道应视实际情况进行地基处理。

〖案例分析〗

南水北调中线总干渠河南段需穿越膨胀土（岩）地区，开挖期间多次发生滑坡和变形破坏，通过现场勘察和分析，地层中存在原生裂隙面是滑坡的内在因素，而锈发因素是降雨。膨胀土破坏实例说明，边坡破坏形式可分为膨胀变形破坏和滑坡破坏两大类。当遭遇雨水入渗或开挖卸荷时，渠道边坡极易产生滑坡。

膨胀土处理思路主要从稳定膨胀土的含水量和限制膨胀率两方面考虑。防止地面水和地下水入渗边坡十分重要，对渠道设计首先要做好坡顶防水、坡体排水、防止土体风化破坏、开挖及时封闭等。

工程处理措施分两大类：表面防护类和支挡类。表面防护类主要是换填非膨胀土、水泥改性土、覆盖土工模等；支挡类为土工袋、土工格栅加筋、抗滑桩、挡墙等措施。

4-6-3　《溢洪道设计规范》SL 253—2000

a)　3.3.5　实用堰堰顶附近堰面压力应符合下列规定：

1　对于常遇洪水闸门全开情况，堰面不应出现负压。

2　对于设计洪水闸门全开情况，堰顶附近负压值不得大于 0.03MPa。

3　对于校核洪水闸门全开情况，堰顶附近负压值不得大于 0.06MPa。

〖摘编说明〗

根据大量的试验研究和工程的实践经验，一般对溢流面的防空蚀设计，大都以过流边壁上的负压不超过 0.03～0.06MPa 作为控制标准，认为只要过流边壁上的负压值不再低于 0.06MPa，即不会产生危险的空蚀现象。但现在一般倾向于采用水流空化数大于或小于该体型的初生空化数作为是否发生空化、空蚀的判别标准。

一般设计洪水时的溢洪水头 H_s 与定型水头 H_d 相差不是太大，且低堰与高堰的 H_d 选取不同，其中，虽然低堰的 H_d 比高堰的 H_d 值选取范围低一些，但因其发生负压的危险比高堰要低，故产生 0.03MPa 的负压值对混凝土堰面来讲是安全的。对于校核情况允许有不大于 0.06MPa 的负压产生，是考虑到根据一些试验资料，低堰时当水头超过 1 倍以上的定型水头时，堰面也不会产生超过 0.06MPa 的负压，而一般情况下溢流时最大水头不会超过定型水头 1 倍以上，故按前述的控制标准进行定型水头选择和堰型、堰面曲线选择，其结果应是安全的。

〖检查要点和方法〗

实用堰堰顶附近堰面压力的设计标准问题实际是溢洪堰面的防空蚀问题。溢洪道过流能力取决于控制堰的堰型和过流水头，而堰型和堰面曲线是由定型水头确定的。因为溢洪道实际运用水头是变化的，但定型水头却是一个定值，因此，设计中首先要选定一个定型水头，才能进行下一步的设计。

实用堰的泄流能力、堰面压力分布与堰型、堰面曲线、溢洪水头及堰高有关。河岸开敞式溢洪道的实用堰有高堰和低堰之分，一般认为上游堰高 $P_1 > 1.33H_d$ 属高堰，$1.33H_d \geqslant P_1 > 0.3H_d$ 属低堰。从堰型看，目前认为无论是高堰还是低堰，WES 曲线是较优的，规范也推荐应优先选用 WES 堰面曲线。

对于高堰和低堰，其堰面最低负压值 h_{min}/H_d 是不同的，而且，低压区发生的位置也不相同。据有关资料表明，高堰堰面的最低负压位于堰顶上游侧，而低堰堰面的最低负压移到堰顶下游侧。另外，从有关研究中得知，对于低堰，堰面出现危险性负压的机会要比高堰少得多。有鉴于此，在选择定型水头时，对于低堰和高堰制定了不同的标准。SL 253—2000 第 3.3.1 条规定，对于高堰的 H_d 在（0.75～0.95）H_{max} 范围内选择，而对于低堰则允许 H_d 在（0.65～0.85）H_{max} 范围内选择，即允许低堰的定型水头可以比高堰低一些。

4-6-4 《水工隧洞设计规范》SL 279—2002

a）**4.1.2** 有压隧洞严禁出现明满流交替运行的运行方式，在最不利运行条件下，洞顶以上应有不小于 **2.0m** 的压力水头。

b）**4.1.3** 高流速的泄水隧洞，严禁采用明满流交替运行方式。

〔摘编说明〕

泄洪隧洞洞内水流应为一种流态，即有压流或无压流。工程运行和模型试验表明，大于 16m/s 的高流速泄洪隧洞，如果洞内出现明满流交替流态时，往往会出现诸如振动、空蚀、磨损和动水压力等对结构不利的现象，对隧洞的过流能力、洞壁受力状态、隧洞周围建筑物等都会产生不同程度的不利影响。从国内外已建隧洞工程运行情况看，由于发生明满流交替而造成危害的工程实例较多。

〔检查要点和方法〕

检查洞内流速大小、水头损失计算和隧洞纵剖面洞顶压坡线。"最不利运行条件"应包含水锤工况，即电站在最低运行水位下，机组增负荷工况时，洞顶以上应有不小于 2.0m 的压力水头。

c）**5.2.1** 高流速的水工隧洞，应根据试验选定各部位的体形，并使选定体形最低压力点（或可疑点）的"初生空化数"小于该处的"水流空化数"，否则必须采取相应的措施。空蚀可能性的判别方法参见附录 A。

附录 A 高流速防空蚀设计

A.0.1 空蚀可能性的判别应符合以下规定：

高流速水工隧洞设计时，应使水流空化数 σ 大于初生空化数 σ_i。技施设计阶段高流速水工隧洞重要部位的 σ_i 值应通过试验测定。各类不经常使用的水工隧洞（除导流洞门槽外）以及易于检修的洞身段可采用 $\sigma \geqslant 0.85\sigma_i$。

高流速水工隧洞应按下式进行沿程水流空化数计算：

$$\sigma = \frac{P_0 + P_a - P_v}{\frac{1}{2}\rho_\omega v_0^2} \tag{A.0.1-1}$$

$$P_a = \gamma_\omega(10.33 - \triangledown/900) \tag{A.0.1-2}$$

$$\rho_\omega = \frac{\gamma_\omega}{g} \tag{A.0.1-3}$$

式中 P_0——计算断面处的时均动水压力，kPa；当水流流速大于 30m/s 时，应计脉动压力的影响；

P_a——计算断面处的大气压力，kPa；对不同高程按式（A.0.1-2）估算；

γ_ω——水的重度，kN/m³；

$\triangledown$——海平面以上高度，m；

P_v——水的汽化压力，kPa，按表 A.0.1 采用；

ρ_ω——水的密度，kN；

g——重力加速度，m/s²；

v_0——计算断面处的水的流速，m/s，可按实测流速分布图取断面平均流速。

表 A.0.1　　　　　　　　　　水的汽化压力与水温的关系表

水温（℃）	0	5	10	15	20	25	30	40
P_v（kPa）	0.6	0.9	1.3	1.7	2.4	3.2	4.3	7.5

〖摘编说明〗

从已建高流速（$V>16$m/s）泄洪隧洞发生事故的实例统计表明，由于空蚀破坏占隧洞损坏的大多数。而空化是产生空蚀的前提，因此，在高流速隧洞中如何防止或减轻空化引起的破坏具有重要意义，是高速水流水工隧洞防蚀设计中一个十分重要和必须考虑的问题。

空化的产生与水流内绝对压力降低至水的蒸汽压力接近的程度有关。一般引用一个无量纲参数"空化数"作为衡量水流发生空化可能性大小的指标。对易于产生空蚀的部位和地区，应按本条规定进行判别计算，并参照相似的已建工程经验和模型试验，调整优化结构布置、体形，尽量减低其初生空化数，使其小于工程实际运用中可能出现的最小水流空化数，否则，必须采取相应的防蚀、减蚀措施。

〖检查要点和方法〗

检查洞内流速、最小水流空化数以及相应的防蚀、减蚀措施。

d）9.1.1　混凝土及钢筋混凝土衬砌的顶部（顶拱），必须进行回填灌浆。

〖摘编说明〗

水工隧洞顶部围岩与混凝土、钢筋混凝土衬砌间存有间隙，通过回填灌浆，可以发挥围岩的承载作用，改善衬砌的受力条件。

工程实践中，回填灌浆范围一般在隧洞顶拱 90°～120°的部位，孔距、排距一般为 2～6m，灌浆压力一般采用 0.2～0.3MPa，灌浆孔钻穿衬砌深入围岩 5m。在具体工程中，需要根据衬砌结构型式、隧洞的工作条件以及施工方法等综合研究确定。使用的灌浆材料，应根据围岩工程地质、水文地质和隧洞的工作条件选用。当地下水具有腐蚀性时，应采用抗侵蚀的水泥。

〖检查要点和方法〗

混凝土及钢筋混凝土衬砌的顶部脱空是造成水工隧洞结构破坏的主要原因，是工程质量检查的关键部位。

〔案例分析〕

（1）印度巴克拉坝右岸导流洞施工期发生明满流交替，冲毁闸门控制室及底部隔墙等；国内某工程的导流底孔，发生明满流过渡，将3m厚混凝土墙击穿，对工程造成严重影响。所以，应避免明满流交替不良的流态。

（2）某引水发电有压圆形隧洞，采用混凝土或钢筋混凝土衬砌。首次充水后检查，隧洞的漏水量约为0.4m³/s。连续运行15个月后，引水隧洞放空，进行例行检查发现：引水隧洞顶部混凝土局部开裂、脱落25处，不规则环状裂缝有28处，隧洞顶部沿中线纵向裂缝17处。分析原因：一是由于施工和地质因素在隧洞顶部形成的"超挖"，混凝土衬砌顶部未能填满；二是隧洞纵、横缝、灌浆孔封堵不好，横缝和反缝多处渗水，止水效果很差。

4-6-5　《风力提水工程技术规程》SL 343—2006

风力提水工程适用于具有风力资源地区的人畜供水，农田、人工草场的灌溉排水，滩涂地的排水，制盐业和水产养殖业的供排水等。本标准适用于单机功率0.1～20kW，总功率500kW以下的风力提水工程。

a)　**6.1.1　风力提水工程设计应符合下列基本要求：**

　　2　风力机、水源口、蓄水池处应设有安全防护设施和警示标志。

　　4　蓄水池应建在有重力供水条件的高处；在蓄水池周围不应建垃圾点、牲畜引水处，避免对水源造成污染；蓄水池出水管应设有阀门。

b)　**6.4.4　水池设计应符合下列要求：**

　　4　封闭式水池应设置清淤检修孔，开敞式水池应设护拦，护拦应有足够强度，高度不宜小于1.1m。

〔摘编说明〕

第6.1.1条共5款，纳入强制性条文是第2款和第4款，关系到人畜安全和保证供水水质不受污染的规定。

第6.4.4条共4款，其中第4款纳入强制性条文，对水池设计涉及人畜安全提出具体的要求。

〔检查要点和方法〕

风力提水工程设计对涉及人畜安全的部位应设置安全防护设施和警示标志等，以确保人畜安全。

4-6-6　《预应力钢筒混凝土管道技术规范》SL 702—2015

a)　**4.0.6　在输水管道运行中，应保证在各种设计工况下管道不出现负压，在最不利运行条件下，压力管道顶部应有不少于2.0m的压力水头。**

〔摘编说明〕

如果在正常运行中压力管道内出现负压，一般会出现振动、空蚀、掺气和脉动压力等作用，对管道的过流能力、结构的受力状态都会产生不利影响。有压流留有2.0m压力水头是几十年来我国有压隧洞设计一直沿用的标准。

〔检查要点和方法〕

　　检查管道内流速大小、水头损失计算和管道纵剖面顶部压坡线。"最不利运行条件"应包含水锤工况，即在各种运行水位下，开泵、停泵、抽水失电、调节流量等工况，洞顶以上应有不小于 2.0m 的压力水头。

4-7　水电站建筑物

　　水电站建筑物一般包括进水口、引水隧洞、调压设施、压力管道、厂房及开关站等。水电站建筑物强制性技术要求只涉及水电站厂房。

4-7-1　《水电站厂房设计规范》SL 266—2014

a)　7.1.14　地下厂房至少应有 2 个通至地面的安全出口。

〔摘编说明〕

　　为满足厂房防洪、防火和人员安全疏散的要求，地下厂房通至地面的安全出口应不少于 2 个，并应分散布置。

〔检查要点和方法〕

　　通往地面的安全出口至少应有 2 个，出口一般布置在非常运用洪水位以上。山区河流，洪水有暴涨暴落情况，若洪水历时短或有其他困难时，洞口也可布置在非常运用洪水位以下，此时应在洞口加设防洪门、防洪堤及人行安全通道等措施。

4-8　防　火

　　防火设计是水电站和泵站等建筑物设计的重要组成部分，做好此项工作，是防止和减少建筑物发生火灾的根本。即使发生火灾，也可把火灾损失降低到最低限度。

　　防火设计主要由被动防火体系和主动防火体系两部分构成，同时应考虑人员安全疏散要求。

　　被动防火体系主要是根据燃烧的基本原理，采用措施防止燃烧条件的产生或削弱燃烧条件的发展，阻止火势蔓延。即控制建筑物内的火灾荷载密度，提高建筑物的耐火等级，采用不燃或难燃的建筑材料，控制和消除火源，采取分隔措施以防止火势蔓延。

　　主动防火体系主要是采取措施及早探测火灾，破坏已形成的燃烧条件，阻止燃烧的连锁反应，使火熄灭或把火灾控制在一定范围内，减少火灾损失。主动防火体系主要依靠设置火灾自动报警系统、灭火设施和防排烟系统来实现。

　　防火设计基本要求为：

　　(1) 确定建筑物的耐火等级。

　　(2) 房屋的平面布置、建筑设备布置、防火和防烟分区及建筑构造应满足消防要求，重点控制建筑物之间的防火间距、建筑内部的防火分区面积和分隔构件、有较大火灾危险和爆炸危险的设备布置位置。

（3）建筑物通道和出口应满足安全疏散要求。重点控制疏散通道的距离和防护措施、出口数量和宽度。

4-8-1 《水利系统通信运行规程》SL 306—2004

为了对水利系统通信运行工作实行规范化管理，指导水利系统通信运行及相关工作，明确各级水利通信机构的职责，提高通信质量和服务水平，制定本标准。本标准适用于水利系统通信行业管理、工程建设和运行维护工作。

a）6.1.2 水利通信机房应符合通信机房消防规范要求，严禁存放易燃、易爆和腐蚀性物品，严禁烟火。通信机房应备有适宜电气设备的消防器材，专人负责，定期检查，确保完好。

〖摘编说明〗

水利系统通信运行工作的首要任务是满足防汛抗旱通信的需求，保证各种防汛抗旱信息和调度决策指令的及时传递，为防汛抗旱、抢险救灾提供可靠的通信服务。水利通信机房是确保水利系统通信运行的关键部门，必须满足防火要求，保证通信电路畅通。

〖检查要点和方法〗

检查水利通信机房消防器材和电源。

4-8-2 《水利工程设计防火规范》GB 50987—2014

a）4.1.1 枢纽内相邻建筑物之间的防火间距不应小于表 4.1.1 的规定。

表 4.1.1　　　　　　　　枢纽内相邻建筑物之间的防火间距（m）

建（构）筑物类型			丁类、戊类建筑		厂外油罐室或露天油罐	高层副厂房	办公、生活建筑	
			耐火等级				耐火等级	
			一级、二级	三级			一级、二级	三级
丁类、戊类建筑	耐火等级	一级、二级	10	12	12	13	10	12
		三级	12	14	15	15	12	14
厂外油罐室或露天油罐			12	15	—	15	15	20
高层副厂房			13	15	15	—	13	15
办公、生活建筑	耐火等级	一级、二级	10	12	15	13	6	7
		三级	12	14	20	15	7	8

注：1　防火间距应按相邻建筑物外墙的最近距离计算，如外墙有凸出的燃烧构件，则应从其凸出部分外缘算起。

　　2　两座均为一级、二级耐火等级的丁类、戊类建筑物，当相邻较低一面外墙为防火墙，且该建筑物屋盖的耐火极限不低于 1h 时，其防火间距不应小于 4.0m。

　　3　两座相邻建筑物当较高一面外墙为防火墙时，其防火间距不限。

b）4.1.2 室外主变压器场与建筑物、厂外油罐室或露天油罐的防火间距不应小于表

4.1.2 的规定。

表 4.1.2　　室外主变压器场与建筑物、厂外油罐室或露天油罐的防火间距（m）

名　　称		枢纽建筑物		其他建筑			厂外油罐室或露天油罐
		耐火等级		耐火等级			耐火等级
		一级、二级	三级	一级、二级	三级	四级	一级、二级
单台变压器油量（t）	≥5，≤10	12	15	15	20	25	12
	>10，≤50	15	20	20	25	30	15
	>50	20	25	25	30	35	20

注：防火间距应从距建筑物、厂外油罐室或露天油罐最近的变压器外壁算起。

〖摘编说明〗

（1）防火间距是指一座建筑物着火后，在风力二级、三级并在 20min 内未采取补救措施的情况下，火灾不致蔓延到相邻建筑物的空间间隔。

（2）防火间距的确定主要考虑满足消防扑救需要和防止火势向相邻建筑物、设备蔓延。通过对建筑物进行合理布局和设置防火间距，防止火灾在相邻建筑物之间相互蔓延，限制火灾和烟气在（或通过）建筑外部蔓延，并为人员疏散、消防人员的救援和灭火提供保护，减少火灾时建筑物、邻近建筑物及其居住（或使用）者受到强辐射热和烟气的影响。

（3）防火间距应满足消防车的最大工作回转半径的需要。因此，其最小防火间距应能通过一辆消防车，即 3.5m 左右，宜为 4m。

（4）防火间距的确定也要考虑节约用地，减少工程量等因素。

（5）对室外主变压器场与建筑物、厂外室外绝缘油和透平油油罐室，以及露天油罐的防火间距规定是参考《建筑设计防火规范》（GB 50016—2006）中丙类液体储罐与建筑物的防火间距要求确定的。

〖检查要点和方法〗

（1）主变压器场和油库是水电站和泵站防火设计的重要部位，也是防火检查的关键部位。

（2）检查各建筑物的耐火等级。

（3）防火间距应按相邻建筑物外墙的最近距离计算，如外墙有突出的可燃构件，则应从其突出部分外缘算起。

（4）两座相邻建筑较高的一面外墙为防火墙时，其防火间距不限。

4－9　安　全　监　测

4－9－1　《碾压式土石坝设计规范》SL 274—2001

a)　**10.0.2**　监测仪器、设施的选择，应在可靠、耐久、经济、适用前提下，力求先进和便于实现自动化监测。监测设施布置应符合下列规定：

　　3　内部监测设施至少应沿坝轴线的一个纵断面和最大坝高处（或其他有代表性的断面）的一个横断面布置，必要时可增设横断面。

　　4　坝肩及基岩断层带、坝基覆盖层最深处、承压含水层等，以及坝内有埋管或廊道处、坝的合龙段，应加设监测设施。

〖摘编说明〗

　　监测设施布置规定共 8 款，纳入强制性条文为第 3 款、第 4 款。内部监测设施至少应布置一个有代表性的横断面。

〖检查要点和方法〗

　　检查内部监测设施横断面数量和布置位置；安全监测仪器、设施的选择应可靠、耐久。

b)　**10.0.3**　1 级、2 级坝及高坝应设置下列监测项目：

　　1　坝面垂直位移、水平位移（纵向和横向）和接缝位移。

　　2　坝基沉降。

　　3　坝体内部垂直位移。

　　4　坝体和坝基的孔隙压力及坝体浸润线。

〖摘编说明〗

　　本条文共 6 款，变形和渗流状态是关系土石坝安全的最重要的两个方面，是监测的重点，为此，将第 1～4 款纳入强制性条文。

〖检查要点和方法〗

　　土石坝应根据坝的等级、高度、结构形式以及地形、地质等条件，设置必要的监测项目及相应的设施，并及时整理分析观测资料。

c)　**10.0.6**　地震监测设置应符合下列要求：

　　1　设计地震烈度为 8 度、9 度地区的 1 级、2 级高坝，应至少选 1～2 个断面，沿不同高程设置测点，采用强震仪监测坝体的动力反应。

〖摘编说明〗

　　本条文共 3 款，仅第 1 款纳入强制性条文，强调设计地震烈度为 8 度、9 度地区的 1 级、2 级高坝，应进行地震监测。

〖检查要点和方法〗

　　检查地震监测断面数量、测点高程和监测仪器型号。

4-9-2　《水工隧洞设计规范》SL 279—2002

a)　**10.0.3**　土洞的监测内容除常规监测项目外，尚应满足下列监测要求：

　　1　应加强支护的施工监测和施工时的地表监测。

　　2　洞口应设置与施工监测相结合的位移安全监测点，监测地面下沉及边坡稳定情况。

3 浅埋土洞及稳定性较差（或极差）洞段，施工时应进行沿洞线（洞段）的地表下沉量量测。

4 湿陷性黄土洞段，应进行渗漏安全监测。

5 对湿陷性黄土、膨胀土、软粘土洞段中的混凝土（或钢筋混凝土）衬砌，应设永久性安全监测断面，并进行放空时的断面收敛量测。

〖摘编说明〗

（1）土洞施工中变形很大，易发生坍塌，因此，应加强支护的施工监测和施工时的地表监测，以保证施工安全。另外，还可通过观测数据进行位移反分析，得到正确的设计参数，确认或修改设计，使土洞设计更经济合理、安全可靠。

（2）土洞洞口边坡失稳会造成严重后果，这方面有过许多教训，应特别引起重视。应设观测点，定时观测和分析整理，随时掌握其稳定性。

（3）稳定性差的浅埋土洞，开挖时地面下沉时有发生，且很难预防。因此，对浅埋土洞应进行地面下沉量的跟踪量测，随时分析施工中洞周土体的稳定性，保证施工安全。

（4）湿陷性黄土对渗流非常敏感，一旦内水外渗即可改变其原有的物理力学指标，故对该种土洞应严格控制内水外渗的渗流量，应设置专门仪器监测衬砌结构的渗漏情况。

（5）土洞衬砌结构的变形不仅反映衬砌结构本身的应力、应变状态，而且直接反映洞周土体的稳定状态。因此，在湿陷性黄土、膨胀土、软黏土等土质较差的洞段，应选择合适的位置设置收敛标点，以便在隧洞放空时进行收敛观测，准确了解和掌握隧洞运行期的变形和工作状态，发现问题及时处理，同时，也为验证设计提供可靠的资料。

〖检查要点和方法〗

土洞的最大特点是变形时间长，有的土洞变形可达数年。因此，无论是在施工期还是在运行期，掌握和了解周围土体变形、土压力变化、衬砌结构的工作状态、内水外渗情况、地表沉陷和变形等都是为施工和运行安全所必需的。

4-9-3 《混凝土重力坝设计规范》SL 319—2005

混凝土重力坝应根据工程具体情况和特点，布置必要的监测设施。首要任务是监视工程建筑物在施工期、蓄水期及运行期的工作状态与安全。其次是为设计、施工及科学研究提供资料。

a）10.1.4 安全监测设计应注重下列事项：

5 应重视施工期和首次蓄水期的安全监测设计，及时取得主要监测项目各测点的基准值。水库首次蓄水前应制定详细的监测工作计划。若首次蓄水前永久性监测设施未完工或不具备监测条件时，应采取相应的临时监测措施。

〖摘编说明〗

（1）混凝土重力坝安全监测设计注重事项共6款，其中第5款纳入强制性条文，强调施工期和首次蓄水期安全监测的重要性。

（2）施工期安全监测的主要目的：监视大坝等建筑物在施工期的安全；为大坝等永久性建筑物提供其施工期的工作性状数据，以便取得监测全过程资料；检验设计和指导施工。施工期安全监测的基本要求：及时埋设安装仪器；及时观测，并取得初始值或基准值；及时整理分析资料和反馈信息。

（3）蓄水期，特别是水库首次蓄水期，是检验大坝是否适宜蓄水运行的重要而敏感阶段。大坝及基础的缺陷，会随水库水位上升而逐渐暴露出来，近坝区岸坡的稳定性也会因地下水位升高而受到影响。因此，世界各国都对施工期和首次蓄水期的安全监测特别重视，通常都规定其观测频次高于大坝正式运行期。

（4）水库蓄水前应制定详细的监测工作计划，对水库蓄水期间各监测项目的监测频次、技术要求、资料整理分析及快速反馈作出专门的规定。主管单位主要根据安全监测成果和反馈分析意见，实施或改变水库蓄水计划，并对发现的异常现象及时提出处理措施。

（5）采用分期蓄水的高混凝土重力坝，由于大坝变形等监测设施，往往在施工期难以与大坝浇筑同步完成，这对了解大坝在水库首次蓄水期间的实际工作状态和运行期的监测资料分析工作带来了一定困难。故安全监测设计应注重坝基廊道、坝体中部检查廊道及大坝下游面测点的布设，尽可能在水库蓄水前完成垂线、扬压力、渗漏量等监测设施的埋设安装工作。若水库首次蓄水前已埋设安装的监测仪器不能满足安全监测的需要时，应布置必要的临时性监测设施，防止重要监测资料漏测。但应注意首次蓄水阶段的临时监测系统与永久监测系统建立数据传递关系，以保证永久监测系统能获得可靠的初始值。

〖检查要点和方法〗

（1）水库蓄水前应制定详细的监测工作计划。

（2）混凝土重力坝安全监测应重点检查施工期和首次蓄水期情况，是否取得初始值或基准值；大坝安全监测设施往往滞后于大坝混凝土浇筑，例如垂线、坝体上部及顶部水平位移与垂直位移监测设施等，若水库首次蓄水前不能满足安全监测的需要，应布置必要的临时性监测设施。

b)　10.2.2　巡视检查应符合下列要求：

1　从施工期到运行期，各级混凝土重力坝及其附属建筑物均应定期进行巡视检查。在水库首次蓄水过程中、水库水位迅速消落期间、大洪水期间、坝区发生有感地震及其他特殊情况时，应增加巡视检查次数。

2　发现大坝及附属建筑物有损伤，或近坝区岸坡、地下水位、基础渗流等出现异常迹象时，应立即上报，并分析原因和研究处理措施。

〖摘编说明〗

混凝土重力坝安全监测包括巡视检查和仪器监测两个方面。由于影响工程安全的因素多，不可预见性大，即使设置了比较完善的监测系统，也不能说其安全就有了保障。

其原因在于安全监测设计所选择的监测断面和布置的测点相对于整个工程来说，仍具有很大的局部性和局限性。国外统计资料表明，大坝出现缺陷和危及安全的情况，50%～70%是被有经验的专业技术人员在现场巡视检查过程中发现的。因此，仪器监测必须与巡视检查紧密结合才能有效地保证大坝安全运行。

〚检查要点和方法〛

巡视检查是混凝土重力坝安全监测的重要组成部分，应采取定期和非定期相结合的方式进行。

4-10　工　程　管　理　设　计

我国水利水电建设发展很快，在国民经济中发挥着巨大的基础性作用。同时，有些工程由于管理不健全，未能达到设计目标。造成这种情况的原因之一，就是设计阶段对管理设施考虑不周。为了保证工程安全和正常运行，充分发挥工程的经济效益，必须在工程的设计阶段做好管理设施的设计工作。

工程管理设计的强制性技术要求涉及水库工程、堤防工程和水闸工程。强制性条文的主要内容包括：通信网、电源和工程管理设施与主体工程同步设计。

4-10-1　《水库工程管理设计规范》SL 106—96

水库工程管理是水库工程设计中的重要组成部分。为使水库工程建成投产后能满足水库工程管理单位生产、经营管理和职工生活所必备的管理条件和设施，制定本标准。本标准规定了水库工程管理设计的内容、要求和标准，适用于大、中型水库工程设计。

a)　4.0.5　水库内、外通信，应采用先进设施。对外要建立与主管部门和上级防汛指挥部门以及水库上、下游主要水文站和上、下游有关地点的有线及无线通信网络。

b)　4.0.14　工程管理设施，必须与主体工程同时修建，竣工验收时移交管理单位。

〚摘编说明〛

（1）通信网是工程管理单位与上级主管部门和防汛指挥中心的联系纽带。它能使上级主管部门和防汛指挥中心及时获得信息，准确、迅速地处理各种险情，可以通过通信网随时召开各种会议，发布各项命令，发布汛情、灾情，通报和通知群众转移，确保人身安全，并通过通信网及时了解上、下游的雨情和水情，以便及时采取措施。在设计中必须对通信设施提出严格要求。因此，通信网应覆盖与工程有关的各个部门，通信设施的设计应能达到有效、可靠、适应和快速的要求。

（2）工程管理设施是搞好工程管理所必需的硬件设施，在20世纪80年代前的工程建设中，往往得不到应有的重视。20世纪80年代后，有关部门逐渐认识到工程管理设施对工程的正常运行、安全和发挥工程效益有非常重要的作用，因此，应与主体工程设计同步进行、同时竣工、同时投入正常运用，以免给管理单位留下难以解决的遗留问题。

〖检查要点和方法〗

水库工程管理主要检查下列两方面内容：

(1) 通信网。管理单位必须配置专用通信设备，确保内、外通信畅通无阻。特别是与上级主管部门、防汛指挥中心和当地政府等要保持多种通信联络方式，并互为备用。

(2) 工程管理设施，应与主体工程同步进行、同时竣工验收、同时投入正常运用。

4－10－2 《水闸工程管理设计规范》SL 170—96

水闸工程管理设计是水闸工程设计的组成部分，为保证水闸工程正常运用、安全和充分发挥工程效益，促进水闸管理正规化、规范化，不断提高科学管理水平，制定本标准。本标准适用于平原区大、中型工程中的 1 级、2 级、3 级水闸设计，山区、丘陵区的泄水闸及平原区的 4 级、5 级水闸设计可参照使用。

a) 6.2.2 水闸工程的通信系统，应与邮电通信网连接。特别重要的水闸必须设置与有关防汛指挥中心以及当地政府联接的专用通信设备。

b) 7.3.3 防汛指挥调度系统、通信系统、闸门启闭设备的动力系统和现场照明，均属一级用电负荷，除正常供电电源外，应设置事故备用电源，以保证正常供电中断时继续供电。

〖摘编说明〗

(1) 一般大型水闸和重要的中型水闸，特别是分蓄洪区的水闸管理单位，必须配备两种以上的通信方式，保证在发生事故或分蓄洪时，通信联络畅通无阻。同时，还必须与系统设备制式统一和两种通信方式连接使用。

水闸管理单位若只采用一种通信方式，应优先选择有线通信方式（有线或载波），若需要配置第二种通信方式时，一般采用无线通信（固定台、手持机或微波）。同时这两种方式中至少有一种采取专用形式（架设专用通信线路或专用电台）与防汛指挥中心和当地政府连接。多种通信方式应互为备用。

(2) 为保证通信的可靠性，对重要部门一级用电负荷，应设置事故备用电源。

〖检查要点和方法〗

水闸工程管理，主要检查下列两个方面的内容：

(1) 通信系统和专用通信设备。管理单位必须配置专用通信设备，确保内、外通信畅通无阻。特别是与上级主管部门、防汛指挥中心和当地政府等要保持多种通信联络方式，并互为备用。

(2) 电源。检查防汛指挥调度系统、通信系统、闸门启闭设备的动力系统和现场照明等一级用电负荷是否设置事故备用电源，备用电源的容量是否能满足主要生产的需要等。

〖案例分析〗

沟后坝位于青海省海南藏族自治州，为天然砂砾石填筑的混凝土面板堆石坝，最大坝高 71m，坝长 265m，水库总库容 330 万 m³。工程于 1985 年开工，1989 年 10 月建成。1993 年 8 月 27 日上游降雨，库水位持续上升，当水位升高至 3277.40m 时（接近正常蓄水位 3278.0 m），库水漏进防浪墙和面板顶部的裂缝，导致防浪墙沉陷倾倒，库水漫过防浪墙冲刷坝体，发生垮坝失事。溃坝总水量为 268 万 m^3。最大流量 $3267m^3/s$。溃坝洪水使下游恰卜恰镇遭受巨大损失，死亡 300 多人。

沟后坝失事的主要原因固然是设计缺陷和工程质量低劣，但水库管理设施落后，特别是因为没有可靠的备用电源，未能开启底孔闸门放水，降低库水位；同时，通信设备陈旧，不能将大坝险情及时通报上级主管部门和下游村镇居民，也是造成垮坝人员伤亡的原因之一。

4-10-3　《堤防工程管理设计规范》SL 171—96

堤防是江河湖海的主要防洪工程，堤防工程管理建设是堤防工程建设的重要组成部分。为了加强堤防管理，保证工程安全和正常运行，促进堤防工程管理正规化、制度化、规范化，并充分发挥工程经济效益，制定本标准。本标准适用于江、河、湖、海 1 级、2 级、3 级新建、改扩建和堤防加固工程的管理设计。4 级、5 级堤防工程管理设计，可参照执行。

a)　6.5.1　堤防通信设备的电源必须稳定可靠。1、2 级堤防工程的 1、2 级管理单位，应采用双回路交流供电方式，并配置通信设备专用蓄电池和柴油机发电机组等备用电源。

b)　8.3.3　生产、生活区必须配置备用电源，备用电源的设备容量，应能满足防汛期间电网事故停电时，防汛指挥中心的主要生产服务设施用电负荷的需要。

〖摘编说明〗

（1）电源是工程调度和通信设施以及生产、生活必不可少的动力来源。电源的配置必须稳定可靠，避免在灾情发生时造成供电中断，才能保证指挥调度灵活和通信联络畅通无阻。堤防管理单位，特别是重要的堤防和分蓄洪区的管理单位，与上级指挥机构和当地政府应保证通信联络畅通无阻。因此，除了通信方式和通信设备本身的可靠性外，还必须具有稳定可靠的电源。

（2）当汛期灾情发生时，可能造成市电中断和对外交通中断，故重要堤防和分蓄洪区的管理单位的通信设备必须配备备用电源，同时还必须为备用的柴油发电机组储备一定数量的燃料。备用电源的容量应能满足主要生产的需要。

〖检查要点和方法〗

堤防工程管理，主要检查电源的稳定可靠性、双回路交流供电方式和备用电源的设备容量等。

5 机电与金属结构

水利工程中的机电及金属结构，涵盖了水利工程中全部的水力机械设备、电气一次设备、电气二次及通信设备、金属结构等，只有这些设备组合中的每个环节都能安全稳定运行，才能确保水利工程整体安全稳定运行及人身安全，保证工业、农业和各个领域国民经济的持续发展，为国家创造社会效益、经济效益和生态环境效益。因此，机电及金属结构设备安全可靠运行是关系国计民生的大事，每个工程建设者都必须高度重视。本章涉及 11 项技术标准，强制性条文共 38 条，详见表 5-1。

表 5-1　　　　　　　　　机电与金属结构部分涉及标准汇总表

序　号	标　准　名　称	标准编号	条　数
1	水利工程设计防火规范	GB 50987—2014	3
2	小型水力发电站自动化设计规范	SL 229—2011	2
3	水利水电工程高压配电装置设计规范	SL 311—2004	8
4	水利水电工程厂（站）用电系统设计规范	SL 485—2010	2
5	水利水电工程机电设计技术规范	SL 511—2011	11
6	光伏提水工程技术规范	SL 540—2011	1
7	水利水电工程导体和电器选择设计规范	SL 561—2012	1
8	水利水电工程钢闸门设计规范	SL 74—2014	2
9	水电站压力钢管设计规范	SL 281—2003	3
10	升船机设计规范	SL 660—2013	3
11	小型水力发电站设计规范	GB 50071—2014	2

5-1 电　气

5-1-1 《水利工程设计防火规范》GB 50987—2014

a)　6.1.3　相邻两台油浸式变压器之间或油浸式电抗器之间、油浸式变压器与充油电气设备之间的防火间距不满足本规范第 6.1.1 条、第 6.1.2 条规定时，应设置防火墙分隔。防火墙的设置应符合下列规定：

　　1　高度应高于变压器油枕或油浸式电抗器油枕顶端 **0.3m**；

　　2　长度不应小于贮油坑边长及两端各加 **1.0m** 之和；

　　3　与油坑外缘的距离不应小于 **0.5m**。

b)　**6.1.4**　厂房外墙与室外油浸式变压器外缘的距离小于本规范表 **4.1.2** 规定时，该外墙应采用防火墙，且与变压器外缘的距离不应小于 **0.8m**。

　　距油浸式变压器外缘 **5.0m** 以内的防火墙，在变压器总高度加 **3.0m** 的水平线以下及两侧外缘各加 **3.0m** 的范围内，不应开设门窗和孔洞；在其范围以外需开设门窗时，应设置 **A1.50** 防火门或 **A1.50** 固定式防火窗。发电机母线或电缆穿越防火墙时，周围空隙应用不燃烧材料封堵，其耐火极限应与防火墙相同。

〖**摘编说明**〗

　　（1）变压器是水电工程电气设备中非常重要的设备，而水利水电工程中大型变压器基本采用油浸式变压器。变压器绝缘油品是可燃烧的液体，虽然我国水利工程中的变压器真正着火燃烧的概率很低，但一旦着火燃烧，将影响周围的电气设备或附近的建筑物的安全，所以必须防火。

　　（2）本标准第 6.1.1 条、第 6.1.2 条是规定隔离间距的要求，使变压器故障引起着火燃烧的情况下，不蔓延至相邻的变压器、绝缘油罐、透平油罐及建筑物，减小因变压器失火而带来的损失。隔离距离的大小主要取决于变压器油量及电压等级的高低。

　　（3）水利水电工程，大多数建在山丘地区，地形复杂，如完全按变压器防火间距要求来布置变压器，则布置场地很难满足要求，第 6.1.3 条、第 6.1.4 条规定设置防火隔墙的设置要求，是为了限制已着火变压器的火焰向外扩散，使故障仅在着火变压器的范围内。

　　（4）油浸式变压器除了在布置方面考虑隔离间距，间距不满足要求时除设防火隔墙外，还须考虑灭火的措施。至于防火措施，一般水利水电工程现多为设置水喷雾灭火装置，也有采用排油充氮灭火装置的。

〖**检查要点和方法**〗

　　检查设计文件中防火墙的设置是否满足本条规定值的要求。

c)　**10.1.2**　消防用电设备应采用独立的双回路供电，并应在其末端设置双电源自动切换装置。

〖**摘编说明**〗

　　鉴于消防用电的重要性，为了保证供电的安全可靠，应采用独立的双回路供电，以避免与其他负荷共用回路造成可靠性降低的风险。设置双电源自动切换装置可保证当一路电源故障时，另一路电源可自动投入，确保消防设备可靠运行。

　　一般工程设计中，相应工程消防供电回路的电缆应采用耐火型电缆。

〖**检查要点和方法**〗

　　检查设计是否采用独立的双回路供电及设置电源自动切换装置。

5－1－2 《小型水力发电站自动化设计规范》SL 229—2011

a) 3.1.2 水轮发电机组自动控制应符合下列基本要求:

10 在机组控制屏上应设紧急事故停机按钮,采用硬接线方式分别关闭进水阀(快速闸门)、启动紧急停机电磁阀(事故配压阀)、启动事故停机流程。

〖摘编说明〗

机组控制屏距离机组较近,硬接线能够做到不受其他电磁等信号的干扰,更为直接可靠。在事故紧急情况下更能保证可靠的关闭有关阀门及保证机组及时停机,以免事故扩大及把损失控制在最小范围内。

〖检查要点和方法〗

检查是否在机组控制屏上设置了紧急按钮。检查是否采用了硬接线方式。

b) 3.2.6 快速(事故)闸门应在中控室设置紧急关闭闸门的控制按钮。

〖摘编说明〗

为了能在事故紧急情况下快速、可靠的关闭其闸门,使机组不至于飞逸损坏,保证机组及相关设备的安全。

〖检查要点和方法〗

检查是否在中控室设置紧急关闭闸门的控制按钮。

5－1－3 《水利水电工程高压配电装置设计规范》SL 311—2004

为做到水利水电工程高压配电装置安全可靠、技术先进、维修方便和经济合理的目的,制定本标准。本标准适用于新建水利水电工程系统标称电压为 3～500kV 配电装置的设计,扩建及改建工程的配电装置的设计可参照执行。

a) 3.1.11 在正常运行和短路时,电器引线的最大作用力应不大于电器端子允许的荷载。屋外配电装置的导体、套管、绝缘子和金具,应根据当地气象条件和不同受力状态进行力学计算。其安全系数应不小于表 3.1.11 的规定。

表 3.1.11　　　　导体和绝缘子的安全系数

类　别	荷载长期作用时	荷载短时作用时
套管、支持绝缘子及其金具	2.5	1.67
悬式绝缘子[a] 及其金具	4	2.5
软导体	4	2.5
硬导体[b]	2.0	1.67
a：悬式绝缘子的安全系数对应于 1h 机电试验荷载。		
b：硬导体的安全系数对应于破坏应力,若对应于屈服点应力,其安全系数应分别改为 1.6 和 1.4。		

〖摘编说明〗

电器引线的最大作用力超过电器端子允许的荷载时，及屋外配电装置的导体、套管、绝缘子、金具的安全系数不满足要求时，将会导致设备损坏或电路短路事故，进而引起电网故障及威胁人身安全。

鉴于以上所述，强制性条文规定，在正常运行和短路时，电器引线所受的最大力作用不应大于电器端子允许的荷载，及屋外配电装置的导体、套管、绝缘子和金具允许的荷载，应根据当地气象条件和不同受力状态进行力学计算，并必须满足安全系数要求值。

〖检查要点和方法〗

检查相关的选择及计算是否满足安全系数要求。

b) 4.1.1 屋外配电装置的安全净距应不小于表 4.1.1 的规定，并应按图 4.1.1－1、图 4.1.1－2 和图 4.1.1－3 校验。

当电气设备外绝缘体最低部位距地面小于 2.5m 时，应装设固定遮栏。

表 4.1.1 屋外配电装置的安全净距 单位：mm

符号	适应范围	图号	系统标称电压（kV）							
			3～10	15～20	35	66	110J	220J	330J	500J
A_1	带电部分至接地部分之间	4.1.1－1 4.1.1－2	200	300	400	650	900	1800	2500	3800[c]
	网状遮栏向上延伸线距地 2.5m 处与遮栏上方带电部分之间									
A_2	不同相的带电部分之间	4.1.1－1 4.1.1－3	200	300	400	650	1000	2000	2800	4300
	断路器和隔离开关的断口两侧引线带电部分之间									
B_1	设备运输时，其外廓至无遮栏带电部分之间	4.1.1－1 4.1.1－2 4.1.1－3	950	1050	1150	1400	1650[b]	2550[b]	3250[b]	4550[b]
	交叉的不同时停电检修的无遮栏带电部分之间									
	栅状遮栏至绝缘体和带电部分之间[a]									
	带电作业时带电部分至接地部分之间[b]									
B_2	网状遮栏至带电部分之间	4.1.1－2	300	400	500	750	1000	1900	2600	3900
C	无遮栏裸导体至地面之间	4.1.1－2 4.1.1－3	2700	2800	2900	3100	3400	4300	5000	7500
	无遮栏裸导体至建筑物、构筑物顶部之间									

续表

符号	适应范围	图号	系统标称电压（kV）							
			3～10	15～20	35	66	110J	220J	330J	500J
D	平行的不同时停电检修的无遮栏带电部分之间	4.1.1-1 4.1.1-2	2200	2300	2400	2600	2900	3800	4500	5800
	带电部分与建筑物、构筑物的边沿部分之间									

注1：110J、220J、330J、500J 系指中性点直接接地电网。

注2：海拔超过 1000m 时，A 值应按附录 E 进行修正。

注3：本表所列各值不适用于制造厂的产品设计。

a：对于 220kV 及以上电压，可按绝缘体电位的实际分布，采用相应的 B_1 值进行校验。此时，允许栅状遮栏与绝缘体的距离小于 B_1 值，当无给定的分布电位时，可按线性分布计算。校验 500kV 相间通道的安全净距，亦可用此原则。

b：带电作业时，不同相或交叉的不同回路带电部分之间，其 B_1 值可取 A_2＋750mm。

c：500kV 的 A_1 值，双分裂软导线至接地部分之间可取 3500mm。

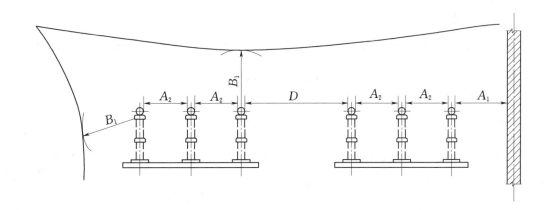

图 4.1.1-1　屋外 A_1、A_2、B_1、D 值校验图

图 4.1.1-2　屋外 A_1、B_1、B_2、C、D 值校验图

图 4.1.1-3　屋外 A_2、B_1、C 值校验图

c)　4.1.2　屋外配电装置使用软导线时，在不同条件下，带电部分至接地部分和不同相带电部分之间的安全净距，应根据表 4.1.2 进行校验，并应采用其中最大数值。

表 4.1.2　　　　　　　　不同条件下的计算风速和安全净距　　　　　　　单位：mm

条　件	校验条件	计算风速（m/s）	A 值	系统标称电压（kV）					
				35	66	110J	220J	330J	500J
雷电过电压	雷电过电压和风偏	10	A_1	400	650	900	1800	2400	3200
			A_2	400	650	1000	2000	2600	3600
操作过电压	操作过电压和风偏	最大设计风速的 50%	A_1	400	650	900	1800	2500	3500
			A_2	400	650	1000	2000	2800	4300
最高工作电压	最高工作电压、短路和 10m/s 风速时的风偏		A_1	150	300	300	600	1100	1600
	最高工作电压和最大设计风速时的风偏		A_2	150	300	500	900	1700	2400

注：在气象条件恶劣（如最大设计风速为 35m/s 及以上，以及雷暴时风速较大的地区），校验雷电过电压时的安全净距，其计算风速采用 15m/s。

d)　4.1.3　屋内配电装置的安全净距不应小于表 4.1.3 的规定，并应按图 4.1.3-1 和图 4.1.3-2 校验。

当电气设备外绝缘体最低部位距地面小于 2.3m 时，应装设固定遮栏。

表 4.1.3　　　　　　　　　　　　　屋内配电装置的安全净距　　　　　　　　　　　　单位：mm

符号	适 应 范 围	图号	系统标称电压（kV）								
			3	6	10	15	20	35	66	110J	220J
A_1	带电部分至接地部分之间	4.1.3-1	75	100	125	150	180	300	550	850	1800
	网状和板状遮栏向上延伸线距地 2.3m 处与遮栏上方带电部分之间										
A_2	不同相的带电部分之间	4.1.3-1	75	100	125	150	180	300	550	900	2000
	断路器和隔离开关的断口两侧引线带电部分之间										
B_1	栅状遮栏至带电部分之间	4.1.3-1 4.1.3-2	825	850	875	900	930	1050	1300	1600	2550
	交叉的不同时停电检修的无遮栏带电部分之间										
B_2	网状遮栏至带电部分之间[a]	4.1.3-1	175	200	225	250	280	400	650	950	1900
C	无遮栏裸导体至地（楼）面之间	4.1.3-1	2500	2500	2500	2500	2500	2600	2850	3150	4100
D	平行的不同时停电检修的无遮栏裸导体之间	4.1.3-1	1875	1900	1925	1950	1980	2100	2350	2650	3600
E	通向屋外的出线套管至屋外通道的路面[b]	4.1.3-2	4000	4000	4000	4000	4000	4000	4500	5000	5500

注 1：110J、220J 系指中性点有效接地电网。

注 2：海拔超过 1000m 时，A 值应按附录 E 进行修正。

注 3：本表所列各值不适用于制造厂的产品设计。

a：当为板状遮栏时，其 B_2 值可取 A_1＋30mm。

b：通向屋外配电装置的出线套管至屋外地面的距离，不应小于表 4.1.1 中所列屋外部分之 C 值。

图 4.1.3-1　屋内 A_1、A_2、B_1、B_2、C、D 值校验图

图 4.1.3-2　屋内 B_1、E 值校验图

〚摘编说明〛

（1）安全净距是配电装置设计的基础，小于此距离就可能造成人身伤亡的触电事故或引起电网故障，因此，必须强制执行。

（2）A_1、A_2 值是决定配电装置其他值的基础。A_1、A_2 值的根据是：①外过电压；②内过电压；③最大工作电压。三种情况中的最大者，是保证电器不被击穿或短路、人身不受伤害的最小距离。由于屋内配电装置的环境条件较屋外有利，所以屋内的 A_1、A_2 值一般比屋外为小。对于 220kV 的电压级，虽然屋内环境条件较好，但是，由于屋内有墙和屋顶对电场分布的影响，致使屋内条件比屋外的恶化，空气间隙的放电电压降低，分散性也较大；而且，屋内配电装置发生事故时，波及面大，修复时间长；屋内散流条件稍差，不利于雷电冲击的保护等因素。因此，220kV 的 A_1、A_2 值，屋内的取值与屋外相同。

表中所列的 A_1、A_2 值适用于海拔 1000m 及以下，当海拔超过 1000m 时，每升高 100m，应将 A 值的绝缘强度增大 1%，而不是将 A 值增大 1%。因此，需根据空气的放电特性，按附录 E 的附图 4-1，对 A 值进行修正。

对于屋外配电装置使用软导线时，还需根据 4.1.2 条中表 4.1.2 进行校验，并采用其中最大值。

（3）B_1 值等于 $A_1 + 750$mm。750mm 是考虑一般运行人员手臂伸入栅状遮栏时，伸入距离不会超过 750mm；设备运输或移动时，检修人员在导体上、下活动距离也是按此值决定的。

（4）B_2 值等于 $A_1 + 100$mm。网状遮栅是只允许手指伸入的网格制成的遮栏，网孔

应小于 40mm×40mm，万一运行人员的手指误入网状遮栅时，手指长也不会大于 100mm。

（5）对于 C 值的取值，屋内配电装置为 A_1+2300mm；对于屋外配电装置，考虑到施工时的场地平整误差 200mm，屋外配电装置的 C 值为 A_1+2500mm。考虑一般运行人员举手后的总高度不会超过 2300mm，这样就可以保证人举手时，手与带电裸导体之间的净距不小于 A_1 值，防止触电事故的发生。对于积雪严重的地区，还应考虑积雪的影响，该距离可适当放大。

规定遮栏向上延伸线距地 2500mm（屋内为 2300mm）处与上方带电部位的净距不应小于 A_1 值，电气设备外绝缘体最低部位距地不小于 2500m（屋内为 2300mm）时，应装设固定遮栏，都是为了防止人举手时的触电事故。

对于 500kV 级电压，C 值的规定中，还考虑了静电感应场强对人体的影响。

（6）D 值是保证配电装置检修时，人和带电裸导体之间净距不小于 A_1 值，D 等于 A_1+1800mm＋（150～200）mm。1800mm 是考虑一般检修人员使用工具操作的活动范围不会超过此值；150～200mm 是考虑屋外条件较复杂，计算及施工中可能出现的误差，此值在屋内配电装置就不考虑。

带电部分与建筑物、构筑物的边沿部分之间的净距要求按 D 值，也是考虑检修人员在这些部位操作的安全。

（7）E 值是指由出线套管内导体底部至屋外通道路面的净距。考虑人站在载重汽车车厢中，举手后总高度不大于 3500mm，因此，35kV 及以下的电压级定为 4000mm，63kV 及以上电压级取 $E＝A_1+3500$mm，并向上靠，使前两位数为正整数，并将第二位数取为 0 或 5。

（8）以往工程中往往因配电进出线构架处及双层交叉等处易疏忽而造成 A_1、A_2 值不满足要求问题。此问题基本是施工过程中或施工完毕后才发现，此时，相关设备已安装就位，相应土建部分已完成，再行修正或补救会很困难。因此，在工程设计过程中应特别注意。

〔检查要点和方法〕

检查各配电净距值是否满足规定值的要求。

e） **4.1.4 配电装置中相邻带电部分的系统标称电压不同时，应按较高的系统标称电压确定其安全净距。**

〔摘编说明〕

按照就高原则，以便保证安全。

〔检查要点和方法〕

检查其设计是否按较高的系统标称电压确定其安全净距。

f） **4.3.5 屋内外配电装置均应装设安全操作的闭锁装置及联锁装置。**

〔摘编说明〕

误操作可能危及人身安全和导致电气事故，这类事故时有发生，为此，要求闭锁装置及联锁装置，避免此类误操作事故发生。

在闭锁装置及联锁装置设置时，在可能情况下，应既要设置电气连锁功能、又要设置机械联锁功能，才能保证其具有更高的可靠性及安全性。如高压开关柜的"五防"功能等。

〖检查要点和方法〗

检查其设计是否装设了安全操作的闭锁装置及联锁装置。

g)　4.4.8　厂区外的屋外配电装置场地四周应设置 2200～2500mm 高的实体围墙；厂区内的屋外配电装置周围应设置围栏，高度应不小于 1500mm。

〖摘编说明〗

（1）厂区外屋外配电装置设围墙，是为防止外人进入配电装置区，以免造成误操作或引起触电事故。规定的围墙高度是防止人员翻身进入屋外配电装置区的高度。

（2）厂区内的开敞式电气设备亦要设围栏，也是为防止人员随意或误入进入配电装置区，以免造成误操作或引起触电事故。规定的围栏高度可防止人员随便或误入进入屋外配电装置区。

（3）本条文主要涉及人身安全方面，同时也关系到设备安全方面，符合强制性条文摘编的原则

〖检查要点和方法〗

检查是否设置了围墙，围栏及高度是否满足要求。

〖案例分析〗

针对此条，检查要点一般不在于整体配电装置区（因为整体配电装置区大，而且明显，一般不会出现遗漏），而在于分散、单独设备等。如设置在主厂房顶、坝后及尾水平台的变压器、隔离开关、避雷器、互感器等电气设备。

如某水电工程由于受地形限制，在高压配电装置布置设计时，为了充分利用有限的开挖面积，电站工程把高压配电装置（GIS）布置在主厂房的后面立体布置。即一层布置主变，二层布置 GIS 管道及电缆，三层布置 GIS 设备，GIS 室屋顶布置出线场地设备：有避雷器、电压互感器及阻波器等。此处设备应按厂区内的屋外配电装置要求设计，原没有考虑围栏布置，建成后带电运行过程中出现过人误入其中的情况，后又增加了围栏，致使其空间尺寸较紧张，造成运行维修不便。

h)　7.0.1　配电装置室的建筑，符合下列要求：

1　长度大于 7m 的配电装置室，应有两个出口，并宜布置在配电装置室的两端；长度大于 60m 时，宜增添一个出口；当配电装置室有楼层时，一个出口可设在通往屋外楼梯的平台处。

3　配电装置室应设防火门，并应向外开启，防火门应装弹簧锁，严禁用门闩。相邻配电装置室之间如有门时，应能双向开启。

〖摘编说明〗

由于电气短路将产生强大的短路电流可能引起火灾事故及其他危险情况时，为了使

有关人员尽快、顺利地逃离事故现场，保证其人身安全，特此做出了相应规定。

〖检查要点和方法〗

检查配电室出口设置个数、位置，防火门的设置等是否满足要求。

5－1－4 《水利水电工程厂（站）用电系统设计规范》SL 485—2010

a) 3.1.5 有泄洪要求的大坝闸门启闭机应有 2 个电源。

〖摘编说明〗

由于大坝泄洪事关大坝及相关范围内人民生命财产的安全，影响重大，保证泄洪闸门供电可靠性尤为重要，因此对供电电源数量提出明确要求。

〖检查要点和方法〗

检查供电是否为 2 个独立的电源。

b) 3.1.6 对特别重要的大中型水力发电厂、泵站、泄洪设施等，如有可能失去厂（站）用电电源，影响大坝安全度汛或可能水淹厂房而危及人身设置安全时，应设置能自动快速启动的柴油发电机组或其他应急电源，其容量应满足泄洪设施、渗漏排水等可能出现的最大负荷的需要。

〖摘编说明〗

鉴于特别重要的大中型水力发电厂、泵站、泄洪设施等的重要性，其一旦失去厂（站）用电电源（包含引自内及外引电源），可能对有关人员及财产造成十分严重后果的考虑，必须增设应急电源。为满足工程的需要，要求应急电源必须既能够做到快速响应，同时又能满足可能出现最大负荷容量的需要。本条要求除应有两个独立电源外，还应增设自备的自动快速启动的柴油发电机组或其他应急电源。

〖检查要点和方法〗

检查应急电源是否设置及容量是否满足要求。

5－1－5 《水利水电工程机电设计技术规范》SL 511—2011

a) 3.6.10 屋内外配电装置均应装设安全操作的闭锁装置及联锁装置。

〖摘编说明〗

由于误操作可能会危及人身安全和导致电气事故，为此，要求设置闭锁装置及联锁装置，有效阻止此类误操作事故的发生，保障运行维护人员人身安全。如要求高压开关柜具有"五防"功能等。

设置闭锁装置及联锁装置时，在可能实现情况下，应设置电气闭锁、机械闭锁及联锁功能，保证其具有更高的可靠性及安全性，如厂用主母线上的两个不同电源进线之间开关的闭锁，应同时设置电气及机械功能。

〖检查要点和方法〗

检查是否设置了安全操作的闭锁装置及联锁装置。

b)　3.7.5　有泄洪要求的大坝闸门启闭机应有 2 个电源。

〖摘编说明〗

由于大坝泄洪事关大坝及相关范围内人民生命财产的安全，影响重大，保证泄洪闸门供电可靠性尤为重要，因此对供电电源数量提出明确要求。

〖检查要点和方法〗

检查供电是否为 2 个独立的电源。

c)　3.7.6　对特别重要的大中型水电厂、泵站和泄洪设施等，如有可能失去厂（站）用电电源，影响大坝安全度汛或可能水淹厂房而危及人身设备安全时，应设置能自动快速启动的柴油发电机组或其他应急电源，其容量应满足泄洪设施、渗漏排水等可能出现的最大负荷的需要。

〖摘编说明〗

鉴于特别重要的大中型水力发电厂、泵站、泄洪设施等的重要性，其一旦失去厂（站）用电电源（包含引自内及外引电源），可能对有关人员及财产造成十分严重后果的考虑，增设应急电源是必要的。为满足工程的需要，要求应急电源必须既能够做到快速响应，同时又能满足可能出现最大负荷容量的需要。本条要求除应有两个独立电源外，还应增设自备的自动快速启动的柴油发电机组或其他应急电源。

〖检查要点和方法〗

检查应急电源是否设置及容量是否满足要求。

d)　3.10.6　各场所照明电压的选择应符合下列规定：

3　对照明器具安装高度低于 2.4m 的场所，如水轮机（水泵）室、发电机（电动机）风洞和廊道等，应设有防止触电的安全措施或采用 24V 及以下安全特低电压。

〖摘编说明〗

（1）水利水电工程中的水轮机（水泵）室、发电机（电动机）风道和廊道等场所，因空间条件限制，照明器具的安装高度会受到限制。对于水轮机（水泵）室和某些廊道，除高度受到限制外，通常还会比较潮湿。条文中 2.4m 的高度是考虑一般人员举手后的总高度不会超过 2.3m，考虑误差后加了 0.1m。当照明灯具安装高度低于 2.4m 时，就有可能触及带电部分。

（2）水轮机室、发电机风洞一般灯具安装高度难以达到 2.4m，但由于其照明范围较为集中，并且范围不大，一般多采用特低电压照明灯具，即《特低电压（ELV）限值》（GB/T 3805）国家标准规定值中的 24V 及以下。

（3）在水利水电工程中，廊道一般较长，并且范围较广，采用特低电压照明一般难以满足要求，故多采用 220V 电压、带防护罩的照明灯具方式（如果高度不够，强调灯具一定要设有防止触电的安全措施）。注意：采用此方式时，对于经常有人员通行或潮湿的廊道，除照明灯具设有防止触电的安全措施外，还需要其供电回路宜配置剩余电流保护，这样对人员更会加安全，其剩余电流动作保护电器的类型，应根据《剩余电流动作保护电器的一般要求》（GB/Z 6829）的有关规定选择。

〖检查要点和方法〗

检查照明器具安装高度，若安装高度低于 2.4m、应检查是否有防止触电的安全措施或电压是否为 24V 及以下。

4　检修用携带式作业灯应采用 24V 及以下安全特低电压供电。

〖摘编说明〗

检修照明采用携带式的安全灯，是因为其灯一般为随身携带，在使用中更容易发生触电情况。因此，为保证使用人员触电时也不会受到伤害，特别规定采用 24V 及以下安全特低电压。

〖检查要点和方法〗

检查携带式作业灯电压是否为 24V 及以下。

e)　3.11.8　电缆隧道每隔 60m 处、电缆沟道每隔 200m 处和电缆室每隔 300m²，均宜设一个防火分隔物。防火分隔物应采用耐火极限不低于 1.0h 的非燃烧材料。防火分隔物两侧各 1m 的电缆区段上，应采取防止串火措施。防火分隔物上设的门应为丙级防火门。

f)　3.11.9　电缆竖（斜）井的上、下两端可用防火网封堵，竖（斜）井中间每隔 60m 应设一个封堵屋（分隔物），进出竖（斜）井电缆的孔口应采用耐火极限不低于 1.0h 的非燃烧材料封堵。

g)　3.11.10　电缆穿越楼板、隔墙的孔洞和进出开关柜、配电盘、控制盘、自动装置盘、继电保护盘等的孔洞，以及靠近充油电气设备的电缆沟盖板缝隙处，均应采用非燃烧材料封堵。

〖摘编说明〗

水利水电工程中电缆四通八达。目前使用的电缆，其绝缘材料主要为交联聚乙烯、聚氯乙烯，这些电缆在一定高温、时间的火焰作用下，具有可燃烧性。一旦电缆失火，火沿着电缆蔓延，将使发电、供电中断，甚至危机人身安全及造成设备损坏事故。所以，电缆防火极为重要。在高压电缆方面，目前还不能制造出能持久耐火的电缆，只在 1kV 以下，生产有耐火电缆，但该电缆成本高及敷设受一定限制，只能在个别的重要供电回路采用。一般的阻燃电缆同样也具有可燃烧性能，只是在火焰失去后能够自熄。因此规定了防止电缆着火蔓延的分隔及封堵措施，使电缆火灾事故限制在局部范围内，减少或避免对关联电缆及设备损失。

防火分隔物的非燃烧材料耐火极限是通过国家消防 3C 认证的。

〖检查要点和方法〗

检查防火分隔设置及间隔划分、封堵措施及材料是否满足要求。

h)　6.4.7　布置在地下或坝体内的主变压器室，应为一级耐火等级，并应设置独立的事故通风系统。防火隔墙应封闭到顶，并采用甲级防火门或防火卷帘，且不应直接开向

主厂房或正对进厂交通道。地下主变压器廊道应设有 2 个安全出口。

〖摘编说明〗

由于主变压器内部储有大量可燃的绝缘油，主变压器又是电站的重要核心设备，并且当其布置在地下或坝体内时，一旦发生火灾，会对外围相关设备及人员危害极大，因此，必须严格限制其事故影响范围，即事故损害尽可能局限于本体单元间隔内，故要求设置独立的事故通风系统、防火隔墙应封闭到顶、采用甲级防火门或防火卷帘及其不应直接开向主厂房或正对进厂交通道。另外，还需使有关人员能尽快、顺利的撤离事故现场，保证其人身安全，故要求地下主变压器廊道应设有 2 个安全出口。

〖检查要点和方法〗

检查主变压器室及其防火门耐火等级、防火隔墙高度、事故通风系统是否独立、开门位置、通道出口数量。

i)　**6.5.18　厂区外的屋外配电装置场地四周应设置 2.2～2.5m 高的围墙；厂区内的屋外配电装置四周应设置围栏，其高度应不小于 1.5m。**

〖摘编说明〗

（1）厂区外屋外配电装置设围墙，是为防止无关外部人员等进入配电装置区，引起触电或损坏设备等事故。所规定的围墙高度，可以有效防止外部人、畜轻易进入屋外配电装置区。

（2）厂区内的开敞式电气设备应设围栏，也是为防止人员随意进入或误入配电装置区，以免造成误操作或引起触电事故。所规定的围栏高度可有效防止人员随便进入或误入屋外配电装置区。

〖检查要点和方法〗

检查是否设置了围墙、围栏，围墙、围栏高度是否满足要求。

j)　**6.5.20　屋外配电装置带电部分的上部或下部，不应有照明、通信和信号线路架空跨越或穿过；屋内配电装置裸露带电部分的上部不应有明敷的照明或动力线路跨越。**

〖摘编说明〗

由于照明、通信和信号线路绝缘强度低，在屋外配电装置带电部分的上部或下部架空跨越或穿过，可能会出现反击或感应电压或断线造成事故，或因维修照明、通信和信号线路时误触高压的危险。屋内配电装置裸露带电部分的上部有明敷的照明或动力线路跨越。可能会因照明或动力线路的脱落造成短路等事故。另外，对于屋内外配电装置的照明灯具的布置也应考虑其维修时的安全问题。

〖检查要点和方法〗

检查屋外配电装置带电部分的上部或下部是否有照明、通信和信号线路架空跨越或穿过。屋内配电装置裸露带电部分的上部是否有明敷的照明或动力线路跨越。

k)　**6.5.21　配电装置中相邻带电部分的额定电压不同时，应按高的额定电压确定其安全净距。**

〖摘编说明〗

在配电装置中相邻带电部分的额定电压不同时，只有在其安全净距满足高的额定电压的规定值时才能保证各自部分的运行及维护等的安全，即按照就高原则执行。

〖检查要点和方法〗

检查是否按高的额定电压确定了安全净距。

5－1－6　《光伏提水工程技术规范》SL 540—2011

a)　4.11.1　系统有下列情形时应需要防雷：

1　光伏提水系统安装在空旷野外或安装在建筑物周边且超出建筑物高度时应做防雷设计。

〖摘编说明〗

如果光伏提水系统安装在空旷野外或超出附近建筑物高度时（以超出附近建筑物防雷保护范围计为准），就有可能会遭受雷击，造成设备损坏及人身伤害事故，应做防雷设计。

〖检查要点和方法〗

检查安装在空旷野外或超出附近建筑物高度的光伏提水系统是否做了防雷设计。

5－1－7　《水利水电工程导体和电器选择设计规范》SL 561—2012

a)　2.0.15　户外配电装置的导体、套管、绝缘子和金具，应根据当地气象条件和不同受力状态进行力学计算。其安全系数不应小于表 2.0.15 的规定。

表 2.0.15　　　　　　导体、套管、绝缘子和金具的安全系数

类　　别	荷载长期作用时	荷载短时作用时
套管、支持绝缘子及其金具	2.50	1.67
悬式绝缘子及其金具	5.30	3.30
软导体	4.00	2.50
硬导体	2.00	1.67

注 1：悬式绝缘子的安全系数系对应于额定机电破坏负荷。
注 2：硬导体的安全系数系对应于破坏应力，若对应于屈服点应力，其安全系数应分别改为 1.60 和 1.40。

〖摘编说明〗

电器引线的最大作用力超过电器端子允许的荷载时，以及屋外配电装置的导体、套管、绝缘子、金具的安全系数不满足要求时，将会导致设备损坏或电路短路事故，进而引起回路故障及威胁人身安全。

有鉴于以上所述，强制性条文规定，在正常运行和短路时，电器引线所受的最大力作用不应大于电器端子允许的荷载，以及屋外配电装置的导体、套管、绝缘子和金具允

许的荷载，应根据当地气象条件和不同受力状态进行力学计算，并必须满足安全系数要求值，才能保证其安全要求。

注意：本条与《水利水电工程高压配电装置设计规范》（SL 311—2004）第 3.1.11 条〔5－2－2 a〕有所不相同。

（1）SL 311—2004 第 3.1.11 条：表中的"悬式绝缘子及其金具"的荷载长期作用时安全系数是 4.0，"悬式绝缘子及其金具"的荷载短时作用时安全系数是 2.5。

（2）本标准对应条款表中"悬式绝缘子及其金具"的荷载长期作用时安全系数是 5.30，"悬式绝缘子及其金具"的荷载短时作用时安全系数是 3.30。

由上述可见两者系数差异较大，这是因为两者的取值前提条件不同。前者的悬式绝缘子的安全系数对应于 1h 机电试验荷载，而后者的悬式绝缘子的安全系数系对应于额定机电破坏负荷（因近几年悬式绝缘子产品样本一般不提供 1h 机电试验荷载，而是标出额定机电破坏负荷，故做此修改）。设计时应特别注意所采用的数据前提，以免计算有误。

〔检查要点和方法〕

检查相关计算的安全系数取值是否满足要求。

5－2 金 属 结 构

5－2－1 《小型水力发电站设计规范》GB 50071—2014

a) 5.5.53 焊接成型的钢管应进行焊缝探伤检查和水压试验。试验压力值不应小于 1.25 倍正常工作情况最高内水压力，也不得小于特殊工况的最高内水压力。

〔摘编说明〕

水电站压力钢管的安全直接关系到厂房的安全，焊接成型的钢管如存在焊接缺陷，轻则可能导致漏水，严重的可能引起钢管爆裂，造成水淹厂房的安全事故，因此，必须对钢管的焊缝进行探伤检查，并进行水压试验。

〔检查要点和方法〕

检查设计文件中是否提出了焊缝探伤检查和水压试验的要求，试验压力是否满足要求。

b) 8.1.4 潜孔式闸门门后不能充分通气时，应在紧靠闸门下游孔口的顶部设置通气孔，其顶端应与启闭机室分开，并高出校核洪水位，孔口应设置防护设施。

〔摘编说明〕

为保证安全运行，对于潜孔式闸门（包括工作、事故和检修闸门），如门后不能充分通气时，应在紧靠闸门下游处顶部设置通气孔。对通气孔的要求是：面积足够，位置适宜，通气均匀，安全可靠。通气孔上端应设在远离行人处，与启闭机房分开。

根据泄水管道运行要求，闸门后应设置通气孔。其作用是管道充水时用以排气，管道泄水时用以补气。它对于保证泄水道的流态稳定、避免空蚀、减轻闸门的动荷载等有相当大的作用。管道因不设通气孔、或通气孔面积偏小、或位置不适当，都会造成闸门操作的故障，影响安全运行，加剧空蚀、振动等现象。对于下游止水的潜孔闸，门后的通气孔是建筑物必不可少的组成部分，是保证闸门正常工作，改善泄洪道内的流态，防止空蚀、振动，减轻闸门启闭力的重要措施之一。因不设通气孔或通气孔尺寸设计偏小、位置不当、通气量不足等原因引起空蚀的例子很多。同时，由于通气孔的风速一般都比较大，气锤喷水会危及人身和建筑物安全，为保证运行人员和设备的安全，应将孔口通到启闭机室之外，并高出校核洪水位。通气孔上端如通到坝顶或平地上，还应设网格盖板，以保护人身安全并防止杂物落入。

〖检查要点和方法〗

检查潜孔闸门后是否设置通气孔，通气孔的面积是否满足通气要求，通气孔的上端是否与启闭机室分开、是否设有保护措施。

〖案例分析〗

某些水库工程，由于通气孔与机房连在一起，若关闭闸门时发生气锤喷水，会导致人员受伤事故，影响安全运行。

5-2-2 《水利水电工程钢闸门设计规范》SL 74—2013

a) **3.1.4 具有防洪功能的泄水和水闸系统工作闸门的启闭机应设置备用电源。**

〖摘编说明〗

具有防洪功能的闸门（如泄水、溢洪系统的工作闸门）的启闭机除保证主电源外，还应设置独立的可靠备用电源。这是确保泄洪安全的重要措施。

〖检查要点和方法〗

检查具有防洪功能的泄水闸门的启闭机是否设置独立的可靠备用电源。

〖案例分析〗

某水库溢洪道弧形闸门未设置备用电源，由于暴风袭击使电源断电，导致闸门不能正常开启泄洪，水位增高超过闸门的设计水位，闸门失事。

b) **3.1.9 当潜孔式闸门门后不能充分通气时，则应在紧靠闸门下游的孔口顶部设置通气孔，其上端应与启闭机室分开，并应有防护设施。**

〖摘编说明〗

为保证安全运行，对于潜孔式闸门（包括工作、事故和检修闸门），如门后闸门槽、竖井或出口等不能充分通气时，应在紧靠闸门下游处顶部设置通气孔。对通气孔的要求是：面积足够，位置适宜，通气均匀，安全可靠。通气孔上端应设在远离行人处，与启闭机房分开。

根据泄水管道运行要求，闸门后应设置通气孔。其作用是管道充水时用以排气，管道泄水时用以补气。它对于保证泄水道的流态稳定、避免空蚀、减轻闸门的动荷载等有相当大的作用。管道因不设通气孔或者通气孔面积偏小或者位置不适当，都会造成闸门操作的故障，影响安全运行，加剧空蚀、振动等现象。

〖检查要点和方法〗

检查设计文件中潜孔闸门后是否设置通气孔，通气孔的上端是否与启闭机室分开、是否设有保护措施。

〖案例分析〗

某些水库工程，由于通气孔与机房连在一起，当关闭闸门时发生气锤喷水，发生人员受伤事故，影响安全运行。

5-2-3 《水电站压力钢管设计规范》SL 281—2003

为贯彻执行国家的技术经济政策，规范水电站压力钢管的设计，做到安全适用、经济合理、技术先进，制定本标准。本标准适用于1级、2级、3级水电站压力钢管的设计。4级、5级水电站压力钢管可参照适用。

a) 6.1.4 钢管抗外压稳定计算见附录A、附录B。安全系数不得小于下列各值：

1 明管：钢管管壁和加劲环为2.0。

2 地下埋管和坝内埋管：光面管和锚筋加劲的钢管管壁为2.0；用加劲环加劲的钢管管壁和加劲环为1.8。

A.4 加劲环抗外压强度及稳定分析

A.4.1 加劲环的临界外压 P_{cr} 可按式（A.4.1-1）、式（A.4.1-2）计算并取小值：

$$P_{cr1} = \frac{3EJ_R}{R^3 l} \tag{A.4.1-1}$$

$$P_{cr2} = \frac{\sigma_s F_R}{rl} \tag{A.4.1-2}$$

式中 F_R——支承环或加劲环有效截面面积（包括管壁等效翼缘面积）（mm²）；

J_R——支承环或加劲环有效截面对重心轴的惯性矩（mm⁴）；

R——支承环或加劲环有效截面重心轴处的半径（mm）；

l——加劲环间距（mm）。

B.2 抗外压稳定分析

B.2.1 光面管的临界外压可按式（B.2.1-1）～式（B.2.1-5）计算。

1 用经验公式（B.2.1-1）初步计算：

$$P_{cr} = 620 \left(\frac{t}{r_1} \right)^{1.7} \sigma_s^{0.25} \tag{B.2.1-1}$$

式中 P_{cr}——临界外压（N/mm²）；

σ_s——钢材屈服点（N/mm²），按表 6.1.1 的注 1 取值。

2　用阿姆斯图兹公式计算：

$$\left(E'\frac{\Delta}{r_1}+\sigma_N\right)\left[1+12\left(\frac{r_1}{t}\right)^2\frac{\sigma_N}{E'}\right]^{3/2}=3.46\frac{r_1}{t}(\sigma_{s0}-\sigma_N)\left[1-0.45\frac{r_1(\sigma_{s0}-\sigma_N)}{tE'}\right]$$

$$(B.2.1-2)$$

$$E'=E/(1-\mu^2)$$

$$P_{cr}=\frac{\sigma_N}{\dfrac{r_1}{t}\left[1+0.35\dfrac{r_1(\sigma_{s0}-\sigma_N)}{tE'}\right]}\qquad(B.2.1-3)$$

$$\sigma_{s0}=\frac{\sigma_s}{\sqrt{1-\mu+\mu^2}}\qquad(B.2.1-4)$$

$$\Delta_p=\frac{qr_3}{1000K_{01}}\left(1-\frac{M_d}{E_d}\right)\qquad(B.2.1-5)$$

式中　σ_N——管壁屈曲部分由外压引起的平均应力（N/mm²）；

Δ——缝隙，包括施工缝隙 Δ_0、钢管冷缩缝隙 Δ_s、围岩冷缩缝隙 Δ_R 及围岩塑性压缩缝隙 Δ_p，Δ_0、Δ_s、Δ_R 同内压应力分析见 B.1.1；

Δ_p——围岩塑性压缩缝隙；

q——同覆盖岩层厚度的分析，见 B.1.3；

M_d——围岩变形模量（N/mm²）；

E_d——围岩弹性模量（N/mm²）。

当 $K_{01}=0$ 时，Δ_p 公式已不适用，缝隙值 Δ 应在 $\Delta_0+\Delta_s+\Delta_R$ 或 $\sigma_{01}r_1E'$ 两者间取大值。

σ_{01} 计算见式（B.1.3-5）。

阿姆斯图兹公式已制成图表，见图 B.2.1。

B.2.2　加劲环式钢管的临界外压计算。

1　加劲环间管壁的临界外压；

采用米赛斯（Miese）公式计算，见附录 A.3.2。

2　加劲环的临界外压：

$$P_{cr}=\frac{\sigma_s F}{r_1 l}\qquad(B.2.2)$$

式中　F——加劲环有效截面积（包括管壁等效翼缘）（mm²），见图 B.2.2。

3　加劲环的应力可采用锅炉公式计算。

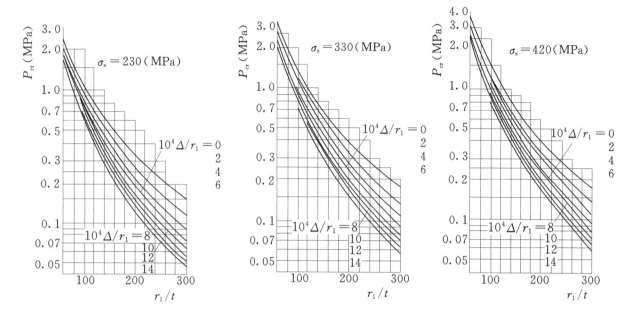

图 B.2.1 埋管临界外压力曲线
（阿姆斯图兹公式 1969，$\nu=1$）

图 B.2.2 加劲环处断面特性

〔摘编说明〕

明管抗外压稳定安全系数是沿用苏联规范 TY 9-51，其安全系数为 2.0。对于埋管和坝内埋管的抗外压稳定安全系数：我国地下埋管承受外压稳定的实践表明，光面管失稳时，钢管屈曲范围将迅速扩大。而具有加劲环的管壁，屈曲波在加劲环处会被阻止。光面管和具有加劲环的管在失稳后，造成事故的程度是不一样的，故将具有加劲环钢管的抗外压稳定安全系数定为 1.8，光面管的安全系数定位 2.0。

〔检查要点和方法〕

检查其设计结果是否按照条文规定的安全系数进行计算。

〔案例分析〕

国内某水电站运行一年后，进入钢管检查，发现钢管大范围破坏，钢管从底部向上凸起，从下半圈脱离外包混凝土后向上凸起，严重变形，横断面变形呈凸状、双峰状、半台阶状多种状态。

b)　**10.1.1　凡属于下列情况之一者应作安全监测：**

1　1、2 级压力钢管。

2　电站装机容量大于或等于 100MW 的压力钢管。

3　管径 $D \geqslant 4m$，或作用水头 $H \geqslant 100m$，或 $HD \geqslant 400m^2$ 的 3 级压力钢管。

4　采用新结构、新材料、新工艺、新设计理论和方法的压力钢管。

c)　**10.2.3　首次安全检测应在钢管运行后 5～10 年内进行。以后每隔 10～15 年进行一次中期检测。钢管运行满 40 年，必须进行折旧期满安全检测，并确定钢管是否可以继续运行和必须采取的加固措施。**

〖摘编说明〗

　　钢管安全监测是确保电站安全运行的条件，必不可少，尤其对大、中型电站更为重要。水电站如发生事故，后果不堪设想。钢管设计时，应布设有监测设备，特别应注意钢管不易更换的特点，而采用先进、耐久、可靠的仪器设备。水电站运行期应注重设备仪器的运作、维修、保护以及定期观察，以便对水电站运行提供科学的依据。对运行多年的工程，由于钢管的锈蚀和磨损以及原钢管材料本身的缺陷（如夹层、焊接质量等）等原因，压力钢管必须进行安全检测，并根据检测的情况对钢管采取加固措施。

　　对钢管运行检查周期做了规定，即分为首检、中检和终检。首检一般在钢管运行后 5～10 年内进行，中检在首检后每隔 10～15 年进行一次，终检为钢管运行满 40 年后，需进行折旧期满安全检测，以确定是否继续使用和必须采取的加固措施。

〖检查要点和方法〗

　　对于上述压力钢管应检查是否埋设检测设备。在水电站运行期应检查设备仪器的运作、维修、保护以及定期观察的相应资料，以确保压力管道的正常运行。

　　在钢管运行检查周期应检查是否作了首检、中检和终检。钢管运行满 40 年后，应检查是否进行了折旧期满的检测。

5-2-4　《升船机设计规范》SL 660—2013

a)　**4.3.14　垂直升船机提升钢丝绳的安全系数按整绳最小破断拉力和额定荷载计算不应小于 8.0，平衡钢丝绳的安全系数按静荷载计算不应小于 7.0，钢丝强度等级不应高于 1960MPa。**

〖摘编说明〗

　　升船机应在绝对安全的情况下运行，由于水头的落差较大，如发生某些事故会产生灾难性的后果。升船机钢丝绳荷载大、数量多，运转频繁、速度低，机械特性及尺寸精度要求高。为保证升船机的安全可靠，提升钢丝绳的安全系数确定为 8.0，平衡钢丝绳的安全系数确定为 7.0。由于升船机的钢丝绳数量较多，并且钢丝绳计算采用的安全系数较高，即使断掉少数几根也不会影响安全或发生重大事故。

　　目前所设计的大中型升船机中，与平衡重相连的钢丝绳安全系数均不小于 7.0，连接卷筒和承船厢的钢丝绳安全系数均不小于 8.0。比利时斯特勒比升船机钢丝绳安全系数为 8.0，德国吕内堡升船机钢丝绳安全系数为 7.0。

〖**检查要点和方法**〗

检查升船机的设计文件，查看其提升钢丝绳的计算安全系数、平衡钢丝绳的安全系数、选用的钢丝强度等级是否满足规范要求。

b) 6.5.16 在锁定状态下安全机构螺杆与螺母柱的螺纹副应可靠自锁。

〖**摘编说明**〗

螺杆和螺母柱的螺纹自锁是保证安全机构可靠承载的必要条件，螺母柱和旋转螺杆设定的最大螺纹升角应小于螺牙材料的自锁角。

齿轮齿条爬升式升船机在升降过程中，当承船厢因漏水产生较大的不平衡力时，驱动装置停止运转，随后安全机构发生作用，安全装置采用螺旋锁定装置，由于螺旋的自锁作用，承船厢被锁定在螺母柱上，实现安全锁定，从而避免发生较大的事故。

〖**检查要点和方法**〗

检查升船机设计文件中关于螺杆与螺母柱的计算结果是否符合自锁条件，即最大螺纹升角小于螺牙材料的自锁角。

c) 6.7.5 顶紧装置设计应符合下列规定：

3 顶紧装置应采用机械式自锁机构，不应采用液压油缸直接顶紧方案。顶紧机构及其液压控制回路应设置自锁失效安全保护装置。

〖**摘编说明**〗

由于乘船厢纵向位置的改变会破坏间隙密封的止水效果，大的泄漏将会造成乘船厢纵向失衡的事故。为保持承船厢纵向位置，须设置顶紧装置。顶紧装置的作用是在船厢与上（下）闸首对接过程中，提供船厢的纵向水平支承。顶紧装置应采用具有自锁功能的机械式结构，不应采用液压缸直接顶紧的方案。这是由于顶紧荷载属于被动荷载，液压油缸难以做到密封绝对可靠，油缸在对接期间出现泄漏后，将会造成乘船厢纵向位置改变。一般顶紧机构均采用液压油缸操作作为机械自锁失效的安全保护措施，因此顶紧机构及其液压控制回路应设置防止自锁失效的安全保护装置

〖**检查要点和方法**〗

（1）检查顶紧装置的设计是否符合要求，是否采用机械式自锁结构。

（2）液压控制回路是否设置自锁失效的安全保护措施。

6 环境保护、水土保持和征地移民

水利水电工程开发建设不可避免会涉及环境改变、土壤扰动、淹没移民等，随着社会进步和经济发展，国家对环境保护、水土流失和土地保护的要求越来越高，移民和环境问题越来越成为制约水利水电工程建设的重要因素。在水利水电项目建设过程中，必须切实保护和合理利用土地资源，妥善安置移民，促进社会经济的可持续发展，以实现保护环境、维持良好生态、构建和谐社会的目的。

本章分环境保护、水土保持和征地移民三节，涉及 12 项技术标准，强制性条文共49 条，见表 6-1。

表 6-1　　　　环境保护、水土保持和征地移民部分涉及标准汇总表

序　号	标　准　名　称	标准编号	条　数
1	灌溉与排水工程设计规范	GB 50288—99	1
2	江河流域规划环境影响评价规范	SL 45—2006	1
3	农田水利规划导则	SL 462—2012	1
4	水利水电工程环境保护设计规范	SL 492—2011	3
5	环境影响评价技术导则 水利水电工程	HJ/T 88—2003	8
6	开发建设项目水土保持技术规范	GB 50433—2008	4
7	水土保持治沟骨干工程技术规范	SL 289—2003	2
8	水坠坝技术规范	SL 302—2004	3
9	水利水电工程水土保持技术规范	SL 575—2012	7
10	水利水电工程建设征地移民安置规划设计规范	SL 290—2009	9
11	水土保持工程设计规范	GB 51018—2014	2
12	水利水电工程水库库底清理设计规范	SL 644—2014	8

6-1　环　境　保　护

相当一段时期，我国在水工程的规划、设计、建设、运行中对生态和环境保护问题认识不足，与水工程建设相关的生态和环境保护标准体系尚不健全，造成水利规划、水利工程设计及水资源管理等相关工作缺乏具体的技术依据。现阶段，水工程的建设在带

来巨大经济社会效益的同时，对生态和环境的影响越来越引起有关部门和公众的重视。水工程建设改变了水资源的时空分布，不同程度的影响河流形态、生物群落及其生境等诸多方面，对流域或区域的生态和环境造成冲击，甚至威胁其生态和环境安全。生态和环境的建设涉及人与自然和谐相处，在规划设计和建设中应引起高度重视。

6-1-1　《灌溉与排水工程设计规范》GB 50288—99

为统一灌溉与排水工程设计要求，提高工程设计质量，保证工程安全，节水节地，降低能耗，保护水环境，合理利用水土资源，充分发挥工程综合效益，制定本标准。本标准适用于新建、扩建和改建的灌溉与排水工程设计。本标准主要技术内容包括工程等级划分，设计标准，总体设计，蓄水、引水和提水工程，灌溉输配水系统，排水系统，田间工程，灌排建筑物，喷灌和微灌系统，环境监测与保护以及附属工程设施。本标准内容全面覆盖了灌溉与排水工程设计除结构计算以外的各个方面。

a)　11.2.9　开采具有多个含水层的地下水时，必须封闭水质不符合灌溉要求的含水层。不得开采已被污染的潜水或承压水。

〖摘编说明〗

开采具有多个含水层的地下水时，地下水的开采改变了越流方向，污染物可能通过越流的方式从已受污染的含水层（或天然咸水层）转移到未受污染的含水层（或天然淡水层），造成地下水的越流型污染。地下水不合理的开采方式，或者直接开采已被污染的地下水，不仅对生态环境和人类健康构成威胁，还会造成地下水的进一步污染，后果非常严重，因此在灌溉与排水工程设计中必须严格执行本项条文。

〖检查要点和方法〗

检查工程设计文件、批复意见及相关文件的图件、内容等，如地下水开采区域是否具有多个含水层，其中是否有水质不符合灌溉要求的含水层，若有，是否采取了封闭措施。检查相应区域地下水的水质监测报告。

〖案例分析〗

位于辽宁省沈阳市的重要城市内河——细河河水十几年来被污染后，导致双树村地下水被污染，因开采受污染的地下水进行灌溉导致蔬菜菜秧大量死亡。由于地下水污染的范围逐年扩大，为解决灌溉的问题，政府不得不开采深层承压水作为灌溉水源，目前已开采了近 40 口 40m 深的井。可见，地下水的开采必须严格限制，科学管理。

6-1-2　《江河流域规划环境影响评价规范》SL 45—2006

为贯彻《中华人民共和国环境影响评价法》《中华人民共和国水法》，规范江河流域规划环境影响评价工作，统一评价工作的基本原则、内容和技术要求，制定本标准。本标准适用于大江大河和重要中等河流的流域综合规划或专业规划的环境影响评价。区域综合规划或专业规划、一般中小河流的流域综合规划或专业规划的环境影响评价，可参照本标准执行。本标准主要技术内容包括评价原则、环境现状调查与评价、规划分析、环境影响识别与环境保护目标确定、环境影响预测分析与评价、规划方案环境比选及环境保护对策措施、公众参与等方面的内容、技术要求或方法。

a) 1.0.6 流域规划环境影响评价作为流域规划的组成部分，应贯穿流域规划的全过程。流域规划环境影响评价工作深度应与规划的层次、详尽程度相一致。

〖摘编说明〗

已有的经验表明，防洪、水资源保护、灌溉、节水等流域规划均涉及工程布局等问题，工程布局中若对生态与环境问题考虑不足，其后果将难以弥补，并具有长期性和流域性。流域规划环境影响评价属区域环境影响评价范畴，流域规划阶段从生态和环境及其二者的整体性、区域性、变动性等特征的角度以及流域可持续发展的战略角度出发，对流域规划多项水利水电工程和水利措施所组成的近期、远期规划方案进行预估和评价，参与规划方案比选。研究维护和改善环境的对策，修正规划目标、完善规划方案，使推荐的规划方案既满足经济发展的要求，又满足环境目标的要求和公众意愿。要求规划环境影响评价工作要与流域规划工作密切结合，成为流域规划的组成部分，而且要贯穿于规划的全过程。有些流域规划属于指导性规划，规划指标及有关成果具有宏观性特点，有些专业规划属于相对具体的规划，有较为详尽的规划指标或成果。规划环境影响评价工作深度应在规划工作的基础上进行，其层次和详尽程度保持一致。规划环境影响评价工作程序见图6-1。

图6-1 规划环境影响评价工作程序

〖检查要点和方法〗

检查要点：规划环境影响评价报告书或规划报告中环境影响评价篇章、批复意见及相关文件。

检查方法：通过严格审查、专家咨询等形式检查规划报告中是否有环境影响评价的篇章或者附有环境影响评价报告书，检查规划环境影响评价是否对流域规划本身起到指导性作用，检查规划环境影响评价工作的深度与规划的层次、详细程度的一致情况。检查环境影响报告书的批复意见及相关文件。

常见的违反本条要求的几种情况：因流域规划环境影响评价工作的缺失，未在规划初期开始全程参与规划编制工作，或环境影响评价工作深度达不到规划层次或详细程度的要求，重大环境影响可能会被忽视，进而在规划实施过程中，因缺少有效的环境保护措施，使生态环境和人类生命财产安全受到威胁。

6-1-3　《农田水利规划导则》SL 462—2012

a)　4.4.5　在地下水超采区，地下水的开采量不应大于补给量；在受海水、咸水入侵的地区，应根据其危害程度限制或禁止开采地下水，并采取有效补源或其他防治措施；在大型地下水水源地，地下水的开采量应维持多年平均采补平衡。

〖摘编说明〗

地下水超采会造成地下水位下降、地面沉降、海水入侵，导致河道断流、湖泊湿地萎缩，破坏陆生、水生生态环境。因此，对地下水的开发利用，要提出实现采补平衡、防治污染及海咸水入侵的对策措施。

〖检查要点和方法〗

（1）检查规划区是否属于地下水超采区，检查地下水可开采量与实际开采量的对比及地下水位（埋深）、漏斗区面积的变化。

（2）检查地下水水质监测与评价结果。检查是否提出了地下水压采、防治污染和海咸水侵害的对策措施。

（3）掌握批复的有关规划中地下水资源调查与评价成果，检查是否对规划区地下水开发利用方面存在的问题进行了分析，是否提出了有针对性的措施。

6-1-4　《水利水电工程环境保护设计规范》SL 492—2011

a)　2.1.1　根据初步设计阶段工程建设及运行方案，应复核工程生态基流、敏感生态需水及水功能区等方面的生态与环境需水，提出保障措施。

〖摘编说明〗

水利工程的建设将减少或改变河湖径流过程，影响河湖水生态系统及鱼类等水生生物的生存环境，工程建设需通过工程措施和管理措施保证河湖生态需水，维护水生态系统良性循环和水生生物基本生境。

〖检查要点和方法〗

掌握环境影响报告书、报告书批复意见及相关文件中有关生态需水量和水库运行期生态需水保障要求相关内容。

检查环境保护设计篇章中生态需水的调度、下泄、监测等保障措施的合理性和可行性。

〖案例分析〗

西部某河段河道内生态需水量包括该河段的河谷林生态需水量、水环境需水量、生态基流。河谷林生态需水量主要考虑河谷林淹灌要求，每年集中放水一次，每次放水7d，7d平均流量为250m³/s；水环境需水量按满足水功能区水质目标要求所需水量计算，为8.5m³/s；坝址处生态基流按枯水期不小于该断面天然条件下多年平均径流量的10%计算，为8.5m³/s，丰水期按多年平均径流量的30%计算，为25m³/s；各种生态用水可以结合使用的取其外包线，计算生态总需水量。

b) 2.1.4 水库调度运行方案应满足河湖生态与环境需水下泄要求，明确下泄生态与环境需水的时期及相应流量等。

〖摘编说明〗

水库调度运行方案是满足工程开发任务要求，实现工程综合效益而对水量实施调度的具体规则。为保障设计提出的生态和环境需水，必须在水库调度运行方案中，明确生态需水下泄的时间过程及相应流量。

〖检查要点和方法〗

检查工程调度运行方案是否体现和满足了环境影响报告书及其批复对生态与环境需水量和过程的要求。

c) 3.3.1 水生生物保护应对珍稀、濒危、特有和具有重要经济、科学研究价值的野生水生动植物及其栖息地，鱼类产卵场、索饵场、越冬场，以及洄游性水生生物及其洄游通道等重点保护。

〖摘编说明〗

珍稀、濒危、特有和具有重要经济、科学研究价值的野生水生动植物是生态系统的重要组成，对其实施重点保护是维护生物多样性的重要内容。维护鱼类产卵场、索饵场、越冬场，以及洄游性水生生物洄游通道等生境是保护鱼类等水生生物繁殖和生存的关键。

水利工程建设可能对生物多样性和鱼类等水生生物生境产生影响。在设计中，应根据环境影响报告书及其批复意见，提出相应的保护措施设计。

〖检查要点和方法〗

掌握环境影响报告书及其批复意见中有关水生生物保护措施的要求。

水生生物保护通常包括过鱼设施、增殖放流和生境保护等措施，检查水生生物保护措施是否有针对性、可行性和可操作性。

〖案例分析〗

某水利枢纽工程，所在河段是中华鲟、鳗鲡、花鳗鲡等鱼类洄游、肥育的必经通道，其中中华鲟为国家一类珍稀保护鱼类，花鳗鲡是国家二级水生野生保护鱼类，为了满足该段鱼类洄游要求，保护珍稀鱼类，达到可持续发展和保护生物多样性的目的，工程采取兴建鱼道的措施，满足洄游性鱼类上溯要求。鱼道投运后，鱼道过鱼现象良好，基本达到预期目的。

6-1-5　《环境影响评价技术导则　水利水电工程》HJ/T 88—2003

为贯彻《中华人民共和国环境保护法》《建设项目环境保护管理条例》《环境影响评价技术导则》，规范水利水电工程环境影响评价，确定评价标准、原则、内容和方法，统一技术要求，制定本标准。本标准适用于水利行业的防洪、水电、灌溉、供水等大中型水利水电工程环境影响评价。其他行业同类工程和小型水利水电工程可参照执行。本标准主要技术内容包括：确定编制规范的目的、适用范围和标准；确定工程分析对象、环境调查内容；确定工程环境影响识别、预测评价、对策措施等技术内容。

a)　6.2.1　水环境保护措施

a. 应根据水功能区划、水环境功能区划，提出防止水污染，治理污染源的措施。

b. 工程造成水环境容量减小，并对社会经济有显著不利影响，应提出减免和补偿措施。

c. 下泄水温影响下游农业生产和鱼类繁殖、生长，应提出水温恢复措施。

〖摘编说明〗

灌溉工程、河道整治、清淤工程以及各类型水工程的施工期可能产生污染源，造成长期或短期的水质恶化；水利水电工程通过修建坝、闸、堤防工程等影响水文情势，使天然河流水文过程发生改变，进而影响下游河段水环境容量，使受影响河段水体稀释自净能力下降，若不对污染源提出治理措施，将造成水环境质量下降；对于水温分层型的水库，下泄水温较天然河流的变化可能影响下游农业生产和鱼类繁殖。

本条文为直接涉及河流、湖泊、水库及地下水水质安全的环境保护技术要求，从工程和管理的角度对引起水质下降的三类胁迫因素（排污、水环境容量下降、水温变化）逐一提出解决措施，目前水环境保护措施已广泛应用于水工程环境影响评价工作，将其作为强制性条文将进一步加强水工程建设中水环境保护工作的科学性及实施效果。

〖检查要点和方法〗

检查要点：检查环境影响报告书、报告书批复意见及相关文件中水环境保护方面内容。

检查方法：不同类型水工程对水环境影响方式不同，对水环境保护措施的强制性要求也因工程类型不同有所差别。建议参照表6-3，检查不同类型水工程环境影响报告书中水环境现状调查、评价及水环境影响识别、预测等相关内容中对工程建设或运行造成的水环境影响特点，并据此检查水环境保护措施选择的合理性。需要注意的是，针对措施 a，可研阶段应重点检查工程建设与所在河流相关水功能区划、水环境功能区划的符合性；针对措施 b，应检查是否提出有可能影响工程规模的环境约束（如最小生态流量或下游环境需水量）；针对措施 c，应检查工程是否涉及对水温敏感的生态保护目标，如农作物、鱼类等，同时检查工程是否存在下泄水温变化问题，若两者同时存在，则应检查是否制定了合理的水温恢复措施。检查报告书批复意见中措施的批复情况。

表 6-2　　　　　　　　　　各类水工程水环境保护措施选择

工程类型	水环境影响内容	应采取的措施
水库工程	对库区及坝下游水体稀释扩散能力、水质、水体富营养化和河口咸水入侵的影响；污染源污染物排放对水源地水质产生影响	a、b、c
梯级开发工程	对下一级工程水质的影响	a、b、c
供水工程	对引水口、输水沿线、河渠交叉处、调蓄水体水质的影响；污染源污染物排放对供水水质产生影响	a、b
灌溉工程	对灌区地下水水质的影响，灌区回归水对受纳水体水质的影响	a、b
河道整治、清淤工程	底泥清运、处置对水质的影响	a
各类工程施工期	生产和生活废污水量、主要污染物及对水质的影响	a、b

注　a 为防止水污染、治理污染源措施；
　　b 为水环境容量减小的减缓和补偿措施；
　　c 为水温恢复措施。

〖案例分析〗

（1）楠溪江供水工程水污染防治对策要求及水环境容易减小的减免和补偿措施。

楠溪江供水工程是以供水为目的的水利工程，引楠溪江水向乐清市虹柳平原及永嘉县部分地区提供生活及工业用水，远期供水补给洞头北片大小门岛、玉环县玉环本岛的城镇用水。

1）涉及水功能区及水污染防治对策要求：根据《浙江省地面水环境保护功能区划分》，工程所在的楠溪江流域水功能区划包括 4 处水质多功能区及 3 处 I 类水质集中式生活饮用水水源一级保护区。经分析，工程涉及的主要工业污染源均分布在工程拦河闸以下，主要为造纸、电镀、化工、制鞋等污染企业。根据相关法律法规，考虑工程区实际设置饮用水水源保护区，划定一级、二级水源保护区，并严格遵守有关的管理规定和要求。加强工程运行过程中可能产生水源污染风险的防范，并制定相应的处理预案，保护水质安全。工程建设后，通过枢纽实现大范围的跨流域调水，为保证引水区河道水质，需进一步加强对上游生活、农业等各种污染源的管理和治理。拦河闸上游河道两岸严格控制排放有毒有害工业废水的企业生产，严格禁止"十五小"重点污染企业，河道沿线城镇生活污水尽量纳入现有和规划的污水处理工程，减少生活污水直接排河量。

2）水环境容量减小的减免和补偿措施：经分析，引水后下游生态用水应能够维持河口系统一定的污染物稀释净化能力以及维持河道系统中天然和人工动植物、渔业用水、两岸地下水入渗补给等多种功能。而枯水期间引水后将使下泄水量减少，导致水环境容量减小，并对社会经济产生不利影响。为保障下游的基本生态环境用水需求，最小的放水流量采用闸址处 90% 最枯月平均流量 $2.43m^3/s$ 计算，1d 的生态环境需水量约 21 万 m^3。在工程运行过程中，制定严格的制度保障措施，建立明确和强制性的运行监督管理体制，保障下游的基本环境用水。并要求主体工程设计中增设放水管，实现生态环境流量的不间断泄放。

（2）某水利枢纽水温恢复措施。

某水利枢纽位于甲河中游的 A 河段，是甲河干流开发中唯一的控制性梯级。经预测，水库水温结构为分层型，4—8 月水库出现稳定的温度分层现象。为减轻水温变化对下游农作物及鱼类的影响，采取三层叠梁闸门分层取水。水位 458.00m 时，三层叠梁闸共同挡水，闸顶高程 443.00m，水电站进水为 443.00～458.00m 的混合水层；当水库水位为 458.00～449.00m 时，随水位变动，向下调节第一层叠梁闸起至第二层闸顶，叠梁闸顶高程在 443.00～434.00m 之间变动，水电站进水为水库 458.00～434.00m 水位之间的表层混合水（混合层厚度 15m）；当水库水位由 440.00m 向下继续下调至 433.00m 时，向上启动第三层叠梁闸（即最下一层），水电站进水由第三层闸底进入，进水为水库 440.00～418.00m 水位之间的表层混合水（混合层厚度 15～22m）；如在鱼类繁殖初期（5 月）结合上游来水情况，有效实施生态泄水，通过表孔与电站尾水混合泄流，增加复温效应，可进一步缓解低温水下泄的不利影响。

b）6.2.2　大气污染防治措施：应对生产、生活设施和运输车辆等排放废气、粉尘、扬尘提出控制要求和净化措施；制定环境空气监测计划、管理办法。

c）6.2.3　环境噪声控制措施：施工现场建筑材料的开采、土石方开挖、施工附属企业、机械、交通运输车辆等释放的噪声应提出控制噪声要求；对生活区、办公区布局提出调整意见；对敏感点采取设立声屏障、隔音减噪等措施；制定噪声监控计划。

d）6.2.4　施工固体废物处理处置措施：应包括施工产生的生活垃圾、建筑垃圾、生产废料处理处置等。

〖摘编说明〗

此三条主要针对各类水工程施工期，由于施工机械设备、生产、生活设施及运输车辆等产生的大气、噪声及固体废弃物污染，若处置不当不仅影响居民正常生活，而且可能造成施工区生态环境不可逆转的破坏，因此必须高度重视。三项措施已广泛应用于各类水工程环境影响评价工作，同时应作为强制性条文在将来工作中继续落实。

〖检查要点和方法〗

检查要点：环境影响报告书、报告书批复意见及相关文件中大气污染防治、环境噪声控制、施工固体废物处理处置方面内容。

检查方法：参照表 6-3，检查环境影响报告书中环境影响预测与评价及措施相关内容是否全面并符合要求。检查报告书批复意见中措施的批复情况。

表 6-3　　　　　　　　　水工程施工废气、噪声、固废污染特点及采取措施

污染类型	污染源	环境影响	措施
大气污染	粉尘及扬尘：钻探、爆破、土石方开挖、砂石料加工、混凝土拌和系统、水泥运输等；废气：交通运输、施工机械燃油废气等	环境空气质量下降、引起人类呼吸道疾病、出现酸雨、土壤酸化、植被受影响	湿法钻孔、开挖；凿裂法施工；锅炉、车辆安装除尘净化装置；路面绿化、适时洒水；水泥等粉状材料运输和堆放应有遮盖、防漏等
噪声污染	钻孔和施工机械设备；爆破；交通运输等	操作人员听觉神经系统及身心健康受到伤害。噪声敏感点，如居民区、医院、学校，环境受到干扰。若夜间施工，影响更大	噪声源控制：合理安排施工计划，选用低噪声设备和工艺；敏感目标保护：设置隔声屏，加强管理；施工人员防护：配发防噪音设备
固体废物	建筑弃渣和生活垃圾	产生水土流失，损毁农田，堵塞河道；污染空气，有碍美观，造成蚊蝇孳生，鼠类大量繁殖，加大各种疾病传播机会	施工弃渣可用于坑凹回填、修筑道路或造田。堆放弃渣应选择荒山、荒地，减少植被破坏，并设置排水沟、挡土墙，防止水土流失；施工区生活垃圾应及时清理

e)　**6.2.5　生态保护措施**

a. 珍稀、濒危植物或其他有保护价值的植物受到不利影响，应提出工程防护、移栽、引种繁殖栽培、种质库保存和管理等措施。工程施工损坏植被，应提出植被恢复与绿化措施。

b. 珍稀、濒危陆生动物和有保护价值的陆生动物的栖息地受到破坏或生境条件改变，应提出预留迁徙通道或建立新栖息地等保护及管理措施。

c. 珍稀、濒危水生生物和有保护价值的水生生物的种群、数量、栖息地、洄游通道受到不利影响，应提出栖息地保护、过鱼设施、人工繁殖放流、设立保护区等保护与管理措施。

〖摘编说明〗

各类型水利工程建设的施工期及运行期均可能造成对珍稀濒危植物、动物及水生生物的影响。由于淹没和浸没改变了工程影响区域的生态条件，使生物物种资源遭到不同程度的破坏，如：陆生植物受淹，珍稀、特有植物原产地被毁，鱼类觅食、产卵、洄游受阻，珍稀水生动物生存和繁殖受到影响等。而水工程对生态环境的影响又往往是不可逆的，因此对一些珍稀、濒危和具有保护价值的物种的保护尤为重要。

珍稀、濒危植物的确定主要根据《中国珍稀濒危保护植物名录》《中国植物红皮书》以及《国家重点保护野生植物名录》，此外包括古树名木（古树一般指树龄在百年以上的大树；名木指树种稀有、名贵或具有历史价值和纪念意义的树木）。

珍稀、濒危陆生动物及水生动物的确定主要根据《中国濒危动物红皮书》《国家重点保护野生动物名录》。

此外，珍稀濒危陆生植物、动物及水生生物的重要生境包括《水产种质资源保护

区》，以及野生生物类、生态系统类《自然保护区》所划定的范围。

〖检查要点和方法〗

检查要点：环境影响报告书、报告书批复意见及相关文件内容中生态保护相关内容。

检查方法：检查工程是否涉及珍稀濒危陆生、水生动植物；珍稀濒危陆生动、植物、水生生物及其生境的影响方式及程度，如闸坝建设是否阻隔鱼类洄游通道、初期蓄水及运行期水库下泄流量是否满足鱼类敏感期生态需水等；生态保护措施是否有针对性，且具有可操作性。检查报告书批复意见中生态保护措施的批复情况。

〖案例分析〗

（1）某水库引水灌区工程经生态环境影响分析，项目区分布有国家保护珍稀濒危植物苏铁、云南苏铁、樟树和任豆，其中樟树和任豆存在野生种。在生态保护措施中拟对涉及的樟树和任豆采取移植、人工栽培等方式进行保护。

（2）安谷水电站建设在环境影响评价区域内分布有国家Ⅱ级重点保护动物6种，即鸢、雀鹰、游隼、短耳鸮、斑头鸺鹠、水獭；另外有四川省重点保护动物豹猫1种。在生态保护措施中，对两栖、爬行动物的保护主要是采取合理安排蓄水时间的方式以避免因蓄水将处于冬眠的动物淹死；对鸟类的保护主要是做好库区周边植树造林工作和库周防护林带建设，对周边植被较为单一的生境增加其生境的多样性和异质性，从而增加鸟类的多样性，另外，施工期间合理安排施工期以防止对鸟类的惊扰；对于兽类，尤其是国家保护动物水獭资源以保护栖息地入手，尽快恢复遭破坏的生境，并提出坚决制止在水库和各支流电击捕鱼的违法行为，保证水獭的食物来源鱼类的种类和数量，以及避免电击对水獭产生的影响等要求。

（3）楠溪江供水工程由于工程拦河闸的修建，在非洪水期阻断了鱼类的洄游通道，因此，水生态保护措施提出必须修建鱼类洄游通道。采用横隔板式鱼道，鱼道净宽2m，两边侧墙厚度0.5m。鱼道每隔2.4m设置一隔板，隔板高度1.5m，隔板靠近池底设置一50cm×50cm的过鱼孔，位置交错布置。鱼道总长482.9m，由于受地形条件的限制，鱼道采用螺旋上升式布置。鱼道设计最大过鱼高度7.5m，鱼道纵坡比1:73，隔板单级水头为0.04m。鱼道进、出口均为喇叭形扩大段，利于鱼类出入，满足鱼类洄游的要求。除鱼道外，调流闸门也可作为鱼类的过游通道。闸门弧门孔口尺寸（宽×高）均为5m×5m，底坎高程2.00m，闸门设计水头7.00m。根据近5年楠溪江香鱼放流的情况来看，通过放流香鱼种，使楠溪江的香鱼资源得到了一定程度的恢复，对河蟹的放流实验也取得了一定的效果。工程建成后，要进一步加强香鱼种和河蟹的放流，同时进一步实施封江禁捕等措施，特别是要加强洄游通道区的保护和管理，严厉打击各种非法破坏行为，保护洄游鱼类资源。

f) 6.2.6 土壤环境保护措施

a. 工程引起土壤潜育化、沼泽化、盐渍化、土地沙化，应提出工程、生物和监测管理措施。

b. 清淤底泥对土壤造成污染，应采取工程、生物、监测与管理措施。

〖摘编说明〗

本条文主要针对水资源调度和使用及清淤底泥处置不当对土地资源退化的影响提出。工程运行期对土壤环境的影响主要体现在工程运行过程中由于水资源时空分布的变化，造成局部区域土壤水分条件的变化，从而影响土壤演化过程，对土壤环境造成影响。如灌区开发和水库浸没可能导致地下水位上升，会产生土壤潜育化、沼泽化或次生盐碱化；在干旱、半干旱地区，水利工程兴建如水资源分配不当，可能导致局部地区地下水位下降，使土壤发生沙化。清淤底泥若处理不当，底泥中的有机物、重金属等污染物质经过长期的雨水淋溶，污染物呈累积性析出，将污染土壤，因此必须对清淤底泥进行严格控制与管理，清淤底泥中污染物应按《农用污泥中污染物控制标准》（GB 4284—84）规定要求控制。

针对工程引起的土壤潜育化、沼泽化、盐碱化、土地沙化等问题，工程措施主要包括灌溉系统防渗建设、建立完善的灌排体系、节水防盐灌溉技术等；生物措施可考虑根据土壤的水盐动态规律，调整耕作方式、合理施肥等，针对土地沙化，采用恢复地表植被等方法；另外，监测与管理措施通过合理的地下水位及水盐动态监测系统布设，可以及时了解和掌握影响区域的水盐动态变化及其发展趋势，结合完整的配套管理措施，可以预防工程影响区土壤次生盐碱化、沼泽化等。

〖检查要点和方法〗

检查环境影响报告书、报告书批复意见及相关文件中土壤环境保护方面内容。检查方法主要包括：检查环境影响报告书（篇章）中环境影响预测部分对水工程引起的土壤潜育化、沼泽化、盐碱化、土地沙化的预测情况；河道整治、清淤工程对污染源的产生量、处置方式、主要污染因子的分析及对土壤环境产生影响的范围和程度的预测情况；环境保护措施部分是否针对土壤盐渍化及污染情况的预测提出合理可行的工程、生物、监测及管理措施，清淤底泥的处置方式、处置地点是否可行；检查报告书批复意见中措施的批复情况。

〖案例分析〗

（1）河北省黑龙港地区引汉灌区崔庄典型区设计。崔庄典型区规划为引汉直灌区。典型区规划设计以防治土壤盐碱化为目标，以引汉灌区配套规划为依据，因地制宜，充分利用灌区已有工程，完善机井工程，以调控地下水位；完善排水系统，以防涝渍；做好支渠以下季节性农灌渠道的防渗处理，采取各种简便易行的低投入防渗工程，统一规划排灌路林，发挥生物防碱措施的作用。

利用现有工程，支、斗级为地下渠道，排灌两用，不设置排水农沟，地下水位调控主要由浅井调控；灌水农渠为地上渠道，提水灌溉，采用原土夯实防渗措施。全区增打浅井40眼，沿灌水渠布设。

（2）我国太湖流域在底泥疏浚工程中已进行了多方面尝试和研究。过去采用的传统排泥场处置方式虽方便实用，但对于大规模太湖底泥疏浚工程，则受到土地资源紧缺的制约。有关方面也进行了大量的试验研究，如，在上海苏州河开展了疏浚底泥烧结多孔砖、烧制陶粒及陶瓷工艺品和疏浚底泥用作填埋场封场覆盖防水材料的试验研究；大运河（杭州段）疏浚底泥进行了土地利用可行性及其生态影响试验研究．这虽给太湖疏浚底泥处置提供了有益启示，但从技术经济性分析，尚不能直接照搬应用到太湖大规模疏浚底泥处置工程。目前，有关研究针对太湖底泥疏浚的实际情况，提出底泥处置与湖滨带生态修复工程相结合及陆上排泥场循环利用，提高排泥场处置能力等新思路。

g) 6.2.7 人群健康保护措施应包括卫生清理、疾病预防、治疗、检疫、疫情控制与管理，病媒体的杀灭及其孳生地的改造，饮用水源地的防护与监测，生活垃圾及粪便的处置，医疗保健、卫生防疫机构的健全与完善等。

〖摘编说明〗

水利工程建设期外来施工人员及其相关人员较多，工区人员集中，人口密度增大，相互感染的可能性增大，易暴发流行性疾病。随着蓄水位上升，鼠类将在库周向上迁移，使水库周边地区鼠类密度变大，就有可能发生出血热病、钩端螺旋体等自然疫源性传染疾病流行。水库建成后，形成的库湾、支叉等浅水区域，有利于水草生长，加之库岸潮湿的生态环境，为蚊媒的孳生提供了条件，有可能引起疟疾、乙脑等虫媒传染的疾病发病率上升。这些都对人群健康构成威胁，必须采取措施保护人群健康。

人群健康保护目标为防治工程建设引起环境变化带来的传染病和地方病传播和流行。包括施工区人群健康保护、移民安置区人群健康保护、水库卫生清理与消毒、运营期人群健康保护。

〖检查要点和方法〗

检查要点：检查环境影响报告书、报告书批复意见及相关文件中人群健康保护方面内容。

检查方法：水库建设等工程检查环境影响报告书（篇章）中环境影响预测部分是否对库底污染物可能造成的危害人群健康的因素及血吸虫病等可能由水利工程引起的人群传染病的发生进行识别与预测；环境保护措施部分是否针对预测中存在的问题采取有效的措施；检查报告书批复意见中措施的批复情况。

〖案例分析〗

水库建设与疟疾发生的关系。有报道在疟疾区修建水库灌溉工程，因旱地改为水稻田后，浅水区骤增，农作物生长茂盛，水库消落区积水凼出现，以及灌区局地气候趋于湿热等环境条件变化，给蚊蝇提供了适宜的孳生环境，可能引发疟疾的暴发流行。如山东省安丘县牟山水库区，1950年疟疾发病率为40.79/10万，1960年建库蓄水，1961年疟疾暴发，发病率高达4590.4/10万；邹县西苇水库区1959年疟疾发病率为1.2/10万，1962年水库竣工蓄水，1963年疟疾发病率为525.6/10万；广东省新丰江水库1959年蓄水、随后流域内发生过2次疟疾暴发与流行。

h) 6.2.10 工程对取水设施等造成不利影响，应提出补偿、防护措施。

〖摘编说明〗

水利工程开发项目常引起河流水文情势的变化，水库蓄水、水位上升、坝下流量减少或受清水冲刷，水位下降，由此也会造成水质恶化，这些均会对原取水用户的用水量或水质带来不利影响。应与用水户共同协商，提出取水设施改建或防护措施，根据对取用水的影响程度可做出适当补偿，使取用水户权益得到保护。

〔检查要点和方法〕

检查要点：检查环境影响报告书相关内容、报告书批复意见及相关文件中工程对取水设施影响及措施方面内容。

检查工程涉及的用水户，取水户类型及工程建设前的取水量情况，检查工程是否对取水设施造成不利影响；是否提出补偿、防护措施，措施是否合理；通过公众参与听取用水户意见。检查报告书批复意见中措施的批复情况。

〔案例分析〕

某水电站由于现有渠道均为无坝引水，工程建成后 A 取水口将由于河道水位下降而不能保证达到引用流量或根本无法取水。因此，水电站建设将对在工程河段内取水的农田灌溉产生一定的不利影响。需对原取水口进行改造。

A 取水口位于工程建设后左岸汊河内，渠道设计流量 1.5m³/s，控灌河道左岸多个乡镇 0.1 万 hm² 耕地，并担负灌区人畜饮用水。由于所处河段为减水河段，取水水量受到影响。因此，需下泄一定的流量，保证 A 取水口的取水。考虑在库尾左岸副坝通过闸门下泄 60m³/s 的流量满足取水需求。

6-2 水 土 保 持

水土保持强制性技术要求主要包括生产建设项目水土保持的技术要求和水土保持综合治理项目的技术要求。其中生产建设项目水土保持技术要求主要包括：①水土流失防治及其措施总体布局的要求；②主体工程选址（线）、建设方案及布局的水土保持要求；③取土（石、料）场和弃土（石、渣）场选址的水土保持要求。水土保持综合治理项目技术要求主要包括：①治沟骨干工程的度汛要求；②水坠坝的施工要求等。

6-2-1 《开发建设项目水土保持技术规范》GB 50433—2008

a) 3.1.1 开发建设项目水土流失防治及其措施总体布局应遵循下列规定：

1 应控制和减少对原地貌、地表植被、水系的扰动和损毁，保护原地表植被、表土及结皮层，减少占用水、土资源，提高利用效率。

〔摘编说明〕

本条为针对主体工程建设的约束性规定，主体工程进行建设工程征地范围界定时，应将减少工程扰动和损毁地表和植被面积作为限制性因素之一，工程建设过程中应首先严格限定开挖和扰动区域，施工中应尽可能保护地表植被、保留表土和结皮层，提高土地的利用效率。

〖检查要点和方法〗

　　检查重点内容为根据工程设计文件，查阅工程占地类型，分析工程占地范围的合理性，施工中应对施工企业提出保护地表植被的要求。

　　2　开挖、排弃、堆垫的场地必须采取拦挡、护坡、截排水以及其他整治措施。

〖摘编说明〗

　　本条为生产建设项目施工中的临时防护要求，工程建设过程中，对工程开挖、临时堆砌土石方及堆垫场地的，应根据地形地貌、区域水土流失特点、开挖及堆弃方量，采取临时拦挡、排水、覆盖等措施。

〖检查要点和方法〗

　　检查重点内容为设计文件及施工合同中应明确开挖、排弃、堆垫的场地的临时防护措施，施工中应对施工企业提出临时防护的要求，并现场监督检查。

　　5　施工迹地应及时进行土地整治，采取水土保持措施，恢复其利用功能。

〖摘编说明〗

　　生产建设施工用地（包括临时占用、租用或征用地）在施工结束后，应根据其占地类型，采取土地整治措施，原占用为耕地的应尽可能恢复为耕地，占用其他用地的应尽可能恢复植被或原功能。

〖检查要点和方法〗

　　检查重点内容为设计文件及施工合同中应根据施工占地类型和占地性质明确后期恢复利用方式，施工合同中予以明确，施工结束后应及时进行土地整治和恢复原土地功能。

b)　**3.2.1　工程选址（线）、建设方案及布局应符合下列规定：**

　　1　选址（线）必须兼顾水土保持要求，应避开泥石流易发区、崩塌滑坡危险区以及易引起严重水土流失和生态恶化的地区。

〖摘编说明〗

　　本条为工程选址（线）的水土保持制约性条件，在选址（线）的方案比选中应考虑水土保持因素，应尽可能避开泥石流易发区、崩塌滑坡危险区以及易引起严重水土流失和生态恶化的地区，如无法避开应进行说明，并采取有效的防护及恢复措施，保护工程安全及恢复区域自然生态。

〖检查要点和方法〗

　　检查重点为可研阶段水土保持方案报告书中主体工程设计评价内容，检查水土保持制约性因素分析及结论。

c)　**3.2.2　取土（石、料）场选址应符合下列规定：**

　　1　严禁在县级以上人民政府划定的崩塌和滑坡危险区、泥石流易发区内设置取土（石、料）场。

　　2　在山区、丘陵区选址，应分析诱发崩塌、滑坡和泥石流的可能性。

〖摘编说明〗

上述两款为取土（石、料）场的选址限制性因素，工程的取土（石、料）场选择时，应避开县级以上人民政府划定的崩塌和滑坡危险区及泥石流易发区，对于不在上述区域，但位于山区、丘陵区的取土（石、料）场应根据取用量及开挖方式等分析可能诱发崩塌、滑坡和泥石流的可能性，采取有针对性的防护措施。

〖检查要点和方法〗

根据县级以上人民政府划定的崩塌和滑坡危险区及泥石流易发区，检查工程取土（石、料）场的选择；涉及山区、丘陵区的取土（石、料）场应在设计文件中检查其分析内容。

d) **3.2.3 弃土（石、渣）场选址应符合下列规定：**

1 不得影响周边公共设施、工业企业、居民点等的安全。

2 涉及河道的，应符合治导规划及防洪行洪的规定，不得在河道、湖泊管理范围内设置弃土（石、渣）场。

3 禁止在对重要基础设施、人民群众生命财产安全及行洪安全有重大影响的区域布设弃土（石、渣）场。

〖摘编说明〗

上述三款为弃土（石、渣）场的选址限制性因素，弃土（石、渣）场选择时应首先考虑对周边设施及河流的影响，应尽可能避开公共设施、工业企业、居民点，如需选择上述区域周边应设定安全距离，提高设计和防洪排水标准；应禁止在河道和湖泊的行洪区域布设弃土（石、渣）场，但涉及填洼、整平的渣场可在充分论证后进行合理布设；对于重要基础设施、人民群众生命财产安全及行洪安全有重大影响的区域，应严禁布设弃土（石、渣）场，避免对周边的影响。

〖检查要点和方法〗

设计文件中应有弃土（石、渣）场选址分析内容，施工中应随时检查，避免弃土（石、渣）随意倾倒。

〖案例分析〗

某水利枢纽工程坝区施工共产生弃渣 22 万 m³，堆放于坝下游 3km 的河滩地上并采取了浆砌石护坡等防护措施，经过 3 年的汛期均未发生弃渣流失现象，但由于缩窄河道行洪断面，虽然有工程措施进行防护，但加重了对岸的防洪压力，造成洪水冲垮对岸堤防，冲毁部分农田，造成一定的经济损失。因此，应禁止在河道和湖泊的行洪区域布设弃土（石、渣）场。

6-2-2 《水土保持工程设计规范》GB 51018—2014

a) **7.1.5 淤地坝放水建筑物应满足 7 天放完库内滞留洪水的要求。**

〖摘编说明〗

从淤地坝坝设计计算、坝地农作物生长等因素，规定放水建筑物泄量设计时要求，一般原则放水工程泄量应按 3～5d 放空 10 年一遇洪水总量，或按 4～7d 放空一次设计洪水总量计算。综合考虑，本标准规定了淤地坝放水建筑物应在 7d 放完库内滞留洪水，以保障淤地坝行洪安全，防止坝地农作物受淹时间过长以及坝地盐碱化的基本要求。

〖检查要点和方法〗

检查设计泄水流量能否满足 7d 放空一次设计洪水总量。通过检查放水建筑物的设计泄量、设计尺寸和现场检查实际尺寸，复核实际达到的泄水流量，核查能否满足设计规范要求。

〖案例分析〗

某淤地坝设计洪水重现期为 30 年一遇，300 年一遇校核，设计淤积年限为 20 年。其放水建筑物采用卧管，设计泄水流量按 4d 放完 10 年一遇一次洪水总量，并在设计时按以放水工程的正常流量加大 20% 安全运行考虑，设计泄量为 0.45 m^3/s。经复核，卧管尺寸考虑水位变化而导致放水流量的调节，正常情况下 4d 可放完库内滞留洪水，满足规范 7d 内放完要求。

b) **12.2.2 弃渣场选址应符合下列规定：**

2 严禁在对重要基础设施、人民群众生命财产安全及行洪安全有重大影响的区域布设弃渣场。

〖摘编说明〗

本条为弃土（石、渣）场的选址限制性因素，弃土（石、渣）场选择时对于重要基础设施、人民群众生命财产安全及行洪安全有重大影响的区域，如：应严禁布设弃土（石、渣）场，避免对周边的影响。

〖检查要点和方法〗

检查设计文件中的弃土（石、渣）场选址分析是否包括重要基础设施、人民群众生命财产安全、行洪安全三方面内容。

6-2-3 《水土保持治沟骨干工程技术规范》 SL 289—2003

a) **5.2.2 坝体在汛前必须达到 20 年一遇洪水重现期防洪度汛高程，否则应采取抢修度汛小断面等措施。**

〖摘编说明〗

本条是考虑了经济、技术等综合因素而确定的，这样的规定是为防止发生超过 5 年一遇的洪水时（低于 20 年）不会冲毁坝体，造成较大损失。同时，技术层面上能够做到且经济合理，因此是必要的。

本条内容主要是指治沟骨干工程（淤地坝或拦沙坝）的坝体必须能够拦挡本工程坝址以上 20 年一遇洪水且不发生破坏。具体说，就是坝顶高程要高于 20 年一遇坝前洪水位，且有一定的超高。如果因技术、工期等条件不能够使坝体全断面在汛前修筑至预定规模，坝顶达不到 20 年一遇洪水位加安全超高确定的高程时就应分期施工，抢修坝体的上游部分（度汛小断面）迎接洪水。

〖检查要点和方法〗

设计阶段主要检查水文、水利计算、施工进度表等设计文件，必要时询问规划、施工专业相关设计人员。施工期主要是在汛前现场检查。

b） 7.4.2 骨干坝在设计水位情况下，必须确保安全运用。对超标准洪水应制定安全运用对策，保护工程安全，将损失降低到最低程度。当建筑物出现严重险情或设备发生故障时，必须尽快泄空库内蓄水，进行检查抢修。对病险坝库，必须空库运用。

〖摘编说明〗

本条目的是保证蓄水运用的骨干坝安全。对于蓄水运用的骨干坝，汛期应按照调度方案运行，无洪水时库水位不得超过汛限水位；对超标准洪水应有预案，预案应考虑下游具体情况，使损失最小；本条强调病险坝库必须空库运用，以确保安全。

〖检查要点和方法〗

检查设计文件中洪水调度方案及出现超标准洪水时的预案；运行期前通过现场检查，及时排除隐患。

6－2－4 《水坠坝技术规范》SL 302—2004

a） 5.1.1 应清除坝基范围内的草皮、树根、含有植物的表土、乱石以及各种建筑物，将其运到指定地点堆放，并采取防护措施。

b） 8.1.2 坝体填筑应在坝基处理及隐蔽工程验收合格后方可进行。

c） 8.5.3 非均质坝应采用全河床的全断面冲填，不应采用先填一岸的分段冲填方式。

〖摘编说明〗

以上三条规定主要考虑水坠坝的安全。5.1.1条中"应清除坝基范围内的草皮、树根、含有植物的表土、乱石以及各种建筑物"，主要是便于施工、防止渗透破坏。"将其运到指定地点堆放，并采取防护措施"主要是防治土壤流失；非均质坝如果不采用全河床的全断面冲填，可能导致筑坝材料的不连续，容易引起各坝段之间不均匀沉降和防渗达不到要求，进而引起破坏。

〖检查要点和方法〗

检查设计文件中料场的试验资料，检查施工组织设计是否有要求和规定；施工中应重点检查有关验收文件。

6－2－5 《水利水电工程水土保持技术规范》SL 575—2012

a） 4.1.1 水利水电工程水土流失防治应遵循下列规定：

1 应控制和减少对原地貌、地表植被、水系的扰动和损毁，减少占用水土资源，注重提高资源利用效率。

2 对于原地表植被、表土有特殊保护要求的区域，应结合项目区实际剥离表层土、移植植物以备后期恢复利用，并根据需要采取相应防护措施。

3　主体工程开挖土石方应优先考虑综合利用，减少借方和弃渣。弃渣应设置专门场地予以堆放和处置，并采取挡护措施。

4　在符合功能要求且不影响工程安全的前提下，水利水电工程边坡防护应采用生态型防护措施；具备条件的砌石、混凝土等护坡及稳定岩质边坡，应采取覆绿或恢复植被措施。

5　水利水电工程有关植物措施设计应纳入水土保持设计。

6　弃渣场防护措施设计应在保证渣体稳定的基础上进行。

〖摘编说明〗

（1）主体工程进行建设工程征地范围界定时，应将减少工程扰动和损毁地表和植被面积作为限制性因素之一，工程建设过程中应首先严格限定开挖和扰动区域，施工中应尽可能保护地表植被，提高土地的利用效率。

（2）对于天然草皮损毁后难以人工恢复的高山草甸区等生态脆弱区以及东北黑土区等表土易流失区域，应根据工程的覆土及植被恢复的需要，采取表土剥离、保护、植被移植等措施。

（3）主体工程进行土石方平衡时，应优先考虑开挖土石方的综合利用，尽可能减少取料量和弃土石渣量。弃渣不可随意堆放，必须堆放于指定的弃渣场，并采取挡护措施。

（4）在不影响边坡防护功能和安全的前提下，应采取生态型边坡防护措施，以利于工程与自然和谐。

（5）应将草皮护坡、护堤林、防浪林、管理区绿化、临时占地植被恢复等水利水电工程所涉及的植物措施纳入到水土保持设计中。

（6）弃渣场渣体稳定是弃渣场布设防护措施的前提条件，因此，工程弃渣应保证渣体整体稳定。

〖检查要点和方法〗

（1）根据工程设计文件，分析工程占地范围的合理性，施工中应对施工企业提出保护地表植被的要求。

（2）高山草甸区等生态脆弱区以及东北黑土区等表土易流失区域，检查设计文件是否根据工程的覆土及植被恢复的需要，采取了表土剥离、保护、植被移植等措施，施工时是否按设计文件要求进行了表土剥离和保护等措施。

（3）检查设计文件中土石方平衡结果，施工中应对施工企业提出弃土石渣综合利用和严禁弃渣随意堆放的要求。

（4）检查设计文件中有关边坡防护及植物绿化内容。

（5）检查设计文件及投资文件中关于植物措施内容。

（6）检查设计文件中渣体整体稳定的计算过程、参数选取，是否满足要求。

b）　**4.1.5**　弃渣场选址应遵循 GB 50433—2008 第 3.2.3 条的规定，并应符合下列规定：

2 严禁在对重要基础设施、人民群众生命财产安全及行洪安全有重大影响的区域布设弃渣场。弃渣场不应影响河流、沟谷的行洪安全；弃渣不应影响水库大坝、水利工程取用水建筑物、泄水建筑物、灌（排）干渠（沟）功能，不应影响工矿企业、居民区、交通干线或其他重要基础设施的安全。

〖摘编说明〗

本条为弃土（石、渣）场的选址限制性因素，弃土（石、渣）场的选择需经分析论证，不应影响行洪、水利设施及周边的其他基础设施。

〖检查要点和方法〗

检查重点为设计文件中弃土（石、渣）场选址分析，施工中应对弃渣堆放随时检查，避免随意倾倒。

c) **4.1.11** 工程施工除满足 GB 50433—2008 第 3.2.5 条有关规定外，尚应符合下列规定：

2 风沙区、高原荒漠等生态脆弱区及草原区应划定施工作业带，严禁越界施工。

〖摘编说明〗

对风沙区、高原荒漠等生态脆弱区，施工对地表植被一旦破坏很难恢复或无法恢复，因此，工程建设过程中应严格限定扰动区域，严禁扩大施工范围。

〖检查要点和方法〗

检查施工图中是否明确了施工作业带，施工企业实际施工区域是否超出了施工作业带。

d) **4.2.1** 水库枢纽工程应符合下列规定：

4 对于高山峡谷等施工布置困难区域，经技术经济论证后可在库区内设置弃渣场，但应不影响水库设计使用功能。施工期间库区弃渣场应采取必要的拦挡、排水等措施，确保施工导流期间不影响河道行洪安全。

〖摘编说明〗

对于一定规模水库，弃渣量占用死库容的容量有限，采取必要的防护措施后，对水库设计功能和运行不会造成影响。因此，对于高山峡谷等选择弃渣场困难的区域，经技术经济论证后可在库区内设置弃渣场，应弃于死水位以下，远离水库其他建筑物，并需采取必要的防护措施。

〖检查要点和方法〗

检查重点内容为根据工程设计文件，检查弃渣场是否有必要的拦挡、排水等措施，是否影响河道行洪安全和水库寿命，水库蓄水前应现场检查。

e) **6.1.2** 特殊区域的评价应符合下列规定：

1 国家和省级重要水源地保护区、国家级和省级水土流失重点预防区、重要生态功能（水源涵养、生物多样性保护、防风固沙）区，应以最大限度减少地面扰动和植被破坏、维护水土保持主导功能为准则，重点分析因工程建设造成植被不可逆性破坏和产生严重水土流失危害的区域，提出水土保持制约性要求及对主体工程布置的修改意见。

2　涉及国家级和省级的自然保护区、风景名胜区、地质公园、文化遗产保护区、文物保护区的，应结合环境保护专业分析评价结论按前款规定进行评价，并以最大限度保护生态环境和原地貌为准则。

3　泥石流和滑坡易发区，应在必要的调查基础上，对泥石流和滑坡潜在危害进行分析评价，并将其作为弃渣场、料场选址评价的重要依据。

〖摘编说明〗

以上三款是对特殊区域主体工程建设的约束性规定，主要针对水利水电工程建设产生的水土流失影响与危害程度，提出水土保持制约性要求及对主体工程布置的修改意见。

〖检查要点和方法〗

检查重点为设计文件中有关主体工程水土保持评价的内容和结论。

f)　**6.4.1**　水库枢纽工程评价重点应符合下列规定：

4　生态脆弱区高山峡谷地带的枢纽施工道路布置，应对地表土壤与植被破坏及其恢复的可能性进行分析，可能产生较大危害和造成植被不可逆性破坏的，应增加桥隧比例。

〖摘编说明〗

在生态脆弱区的高山峡谷地带进场公路和施工道路采用桥梁、隧道方案，可大大减少地面扰动和植被破坏。

〖检查要点和方法〗

检查重点为设计文件中高山峡谷地带对于进场公路和施工道路的桥隧设计方案及现场查看对植被的扰动破坏情况。

g)　**10.5.2**　弃渣场抗滑稳定计算应分为正常运用工况和非常运用工况：

1　正常运用工况：弃渣场在正常和持久的条件下运用，弃渣场处在最终弃渣状态时，渣体无渗流或稳定渗流。

2　非常运用工况：弃渣场在正常工况下遭遇Ⅶ度以上（含Ⅶ度）地震。

〖摘编说明〗

弃渣场稳定性是弃渣场防护措施设计的关键，以上两款给出了渣场稳定计算的计算工况，目的是保证弃渣场的稳定。

〖检查要点和方法〗

主要检查设计文件中渣场稳定计算过程、参数选取，是否满足设计工况的要求。

6-3　征　地　移　民

建设征地及移民安置工作属于工程建设人文环境和公共利益调整的范畴，涉及社会、政治、经济、技术、环境等学科和国民经济各个部门，是一项涉及面广、政策性强、具有社会政治经济影响力的系统工程。因工程建设引起的征地移民按工程建设的类别不同，可分为水利水电工程移民、交通工程移民、城建移民等，其中水利水电工程因建设征地区域集中、淹没损失大、移民人数众多、恢复重建任务重而成为各种工程建设征地移民的难点，也是水利水电工程建设的重点和难点。特别是水库移民，由于水库淹没打乱了库区原有的社会、经济结构，移民安置时不仅需要进行生活安置和生产开发，还需要进行供水、供电、通信等基础设施恢复建设和文教卫生系统恢复建设，是一项复杂的系统工程，关系到有关地区国民经济的恢复与发展以及社会稳定，必须以科学态度进行合理规划和设计。

本节涉及《水利水电工程建设征地移民安置规划设计规范》（SL 290—2009），《水利水电工程水库库底清理设计规范》（SL 644—2014）2 项标准，强制性条文 17 条。内容涉及水库淹没影响范围、不同淹没对象的设计洪水标准、农村移民安置、城（集）镇的选址、防护工程及库底清理等 6 个方面。这些强制性条文不仅直接涉及人民生命财产安全、人身健康和环境保护等公众利益，还直接关系到工程的建设和运行安全、移民安置区的社会经济发展等，在建设征地移民设计中必须严格执行。

6-3-1　《水利水电工程建设征地移民安置规划设计规范》SL 290—2009

本标准根据水利水电工程项目、用地范围和用地性质，将征地移民分为枢纽工程水库区、枢纽工程及其他水利工程建设区两个部分，规定了建设征地移民安置规划设计的主要任务：确定征地移民范围，调查征地及影响范围内的人口和各种国民经济对象的经济损失，分析评价征地移民产生的社会、经济等各方面的影响，参与工程建设方案和规模的论证，确定移民安置规划方案，进行农村移民安置、城（集）镇迁建、工业企业处理、专业项目恢复改建、防护工程的规划设计和水库库底清理设计，编制建设征地移民补偿投资概（估）算。

a)　**2.2.2　水库设计洪水回水计算及回水末端处理应按以下规定执行。**

　1　水库设计洪水回水水面线，应考虑水库运行方式，按照坝前起调水位和入库流量，计算回水水位。回水水面线应以坝址以上天然洪水与建库后设计采用的同一频率的分期（汛期和非汛期）洪水回水位组成的外包线的沿程回水高程确定。

　2　水库回水尖灭点，应以回水水面线不高于同频率天然洪水水面线 0.3m 范围内的断面确定；水库淹没处理终点位置，一般可采取尖灭点水位水平延伸至天然河道多年平均流量的相应水面线相交处确定。

　3　水库设计洪水回水位的确定，应根据河流泥沙特性、水库运行方式、上游有无调节水库以及受淹对象的重要程度，考虑 10～30 年的泥沙淤积影响。

〖摘编说明〗

水库淹没影响范围包括水库淹没区和因水库蓄水而引起的影响区。水库淹没影响范围的确定，关系到人民群众的生命财产安全，应本着安全、科学、经济合理的原则综合分析确定。

水库淹没区包括正常蓄水位以下的经常淹没区和正常蓄水位以上受水库洪水回水和风浪、船行波、冰塞壅水等淹没的临时淹没区。临时淹没区的确定，一般坝前段考虑风浪和船行波两个因素，通过计算取其大值确定，不能叠加。由于本标准附录中只给了风浪爬高的计算公式，没有给出船行波的计算公式，国内这方面资料也比较欠缺，因此实际上是以风浪爬高确定的；其他河段采用设计洪水回水和冰塞壅水回水的外包线确定。设计洪水回水临时淹没范围的确定需考虑以下三个方面的因素：

（1）以坝址以上天然洪水与建库后同频率的汛期、非汛期洪水回水位组成外包线沿程高程为依据。为了防洪需要，有些水库在汛期降低水位运行，汛期结束后再恢复到正常蓄水位。因此汛期和非汛期的起调水位不同，需分别计算回水，取其外包线；对北方严寒地区，库尾段还应考虑不与洪水回水同时发生的冰塞壅水回水影响。设计洪水回水和冰塞壅水回水取其外包线，不能叠加。影响冰塞壅水的因素比较复杂，需通过收集历史资料分析确定。一般如果有居民点分布，需要收集的资料应多一些；如果只有土地没有居民点，则冰塞壅水影响分析可适当简化。

（2）水库回水末端的设计终点位置确定，应在设计回水曲线不高于同频率天然洪水水面线0.3m的范围内，采用水平延伸至与天然河道多年平均流量的相应水面线，这里明确了延伸是与天然河道多年平均流量的相应水面线相交而不是与河床相交。因不同淹没对象采用不同设计洪水标准，其回水末端的设计终点位置也不同。

（3）还应考虑10～30年的泥沙淤积影响。对河流输沙量大，并且淤积后影响的对象属于重要设施的，考虑淤积年限可以长一些，反之可以短一些；但是从充分利用资源的角度出发，30年最高限应慎用。

水库的临时淹没区要根据不同地区、不同河流水库的不同条件综合分析确定。

水库淹没影响区包括因水库蓄水引起的浸没、坍岸、滑坡等地质灾害地段，库周喀斯特地貌发育地区的邻谷可溶岩洼地出现库水倒灌、滞洪内涝而造成的影响范围，失去生产、生活条件的库边地段、孤岛和引水式电站坝址下游河道脱水影响地段。

〖检查要点和方法〗

检查重点是回水计算成果和回水末端处理。一般情况下，回水尖灭点选择设计回水曲线与同频率天然洪水水面线相差0.3m时即可，但库尾有居民点和城集镇等敏感对象时，应适当延伸或增加计算断面。

利用河道两侧堤防挡水的电站或水闸，应重点检查堤防防渗处理措施和对两岸农田的浸没影响。而引水式电站和调水工程重点检查下游减水或脱水影响段。

〖案例分析〗

在一些工程设计中，为了避免淹没影响损失太大影响工程立项或工程效益指标，往往对可能引起的浸没、下游河道脱水影响缺乏考虑或考虑不够，人为减少征地移民投资。如汉江流域某径流式电站，利用河道两岸堤防挡水，水库区淹没损失并不大，但堤防背水侧耕地和居民点众多，电站建设时仅在堤防坡脚设置了排水沟和减压井，堤防本身的截渗措施不够。电站建成蓄水后，在堤防背水侧内出现了多处浸没区；该电站下游的另一个水利枢纽，为减少水库区淹没损失，将河道内居民搬迁列入河道整治项目，但浸没问题不能完全解决。

b) **2.2.3** 设计洪水标准应根据以下原则确定：

1 淹没对象的设计洪水标准，应根据淹没对象的重要性、水库调节性能及运用方式，在安全、经济和考虑其原有防洪标准的原则下，在表 2.2.3 所列设计洪水标准范围内分析选择。选取其他标准应进行专门分析论证，并阐明其经济合理性。

2 表 2.2.3 中未列的铁路、公路、输变电、电信、水利设施及文物古迹等淹没对象，其设计洪水标准按照《防洪标准》（GB 50201）和相关技术标准的规定确定。

表 2.2.3　　　　　　　　　　不同淹没对象设计洪水标准表

淹 没 对 象	洪水标准（频率，%）	重现期（年）
耕地、园地	50～20	2～5
林地、草地	正常蓄水位	—
农村居民点、集镇、一般城镇和一般工矿区	10～5	10～20
中等城市、中等工矿区	5～2	20～50
重要城市、重要工矿区	2～1	50～100

〖摘编说明〗

水库淹没处理设计洪水标准，关系到人民生命财产的安全，对淹没实物指标、工程造价和工程效益有直接影响，也涉及政治、经济、社会等问题，在采用设计洪水标准时，必须认真对待。在实际应用时，主要根据淹没对象的重要程度、防洪规划、实际防洪标准、天然洪水时的淹没影响情况综合分析，在规范规定的范围内选定。

〖检查要点和方法〗

表 2.2.3 中除了林地、草地采用正常蓄水位之外，其他淹没对象都有一个上下限变化幅度。在实际工作中，大型水库采用 2 年一遇下限标准的比较少见。重要城市和重要工矿区是作为水库坝址和正常蓄水位选择的控制因素，一般水库不可能淹没重要城市。

除了耕地、园地和居民点淹没处理标准需要重点检查外，还需检查铁路、公路、输变电、电信设施等专业项目的淹没处理标准。

〖案例分析〗

长江流域某二级支流拟建水库对不同淹没对象确定的设计洪水标准如表 6-4 所示，其中大桥、中桥是三级公路上的桥梁。

表 6-4　　　　　　　　　　不同淹没对象设计洪水标准表

淹没对象	设计洪水标准/%	重现期/年
耕地、园地	20	5
林地、牧草地、未利用土地	正常蓄水位	—
农村居民点、一般城镇	5	20

续表

淹没对象		设计洪水标准/%	重现期/年
专项设施	三级公路	4	25
	机耕道	10	10
	小桥	5	20
	大桥、中桥、35kV 输电线	2	50
	中型水电站	3.3	30
	10kV 输电线	4	25
	架空光电缆、通信基站	3.3	30
	文物	5	20

c) **2.5.8 移民居民点设计应符合以下要求：**

3 移民居民点新址应布设在居民迁移线以上并避开浸没、滑坡、坍岸等不良地质地段。防洪高水位设置在正常蓄水位以上的水库，移民居民点新址一般应设在防洪高水位以上。

6 集中安置的农村居民点应当进行水文地质与工程地质勘察，进行场地稳定性及建筑适宜性评价，并依法做好地质灾害危险性评估。

〚**摘编说明**〛

居民点选择关系到移民的切身利益和人身安全，首先必须满足安全要求。水库周边后靠移民新建房屋及恢复改建设施的建设高程，应布设在居民迁移线以上（防洪高水位设置在正常蓄水位以上的水库，应在防洪高水位以上），并避开地质不良地段，如浸没、滑坡、塌岸等，同时也要尽量避免深挖方或高填方。居民点建设应尽量挖填平衡，挖方或填方须有相应的防护措施。

移民居民点布设，应有利生产、方便生活和节约用地。有利生产、方便生活主要指居民点布设应以生产安置方案为前提，与生产安置紧密结合，如耕作半径应合理，上学、就医、出行等方面比较方便等；节约用地是我国的基本国策，居民点布设应尽量少占用耕地。

〚**检查要点和方法**〛

由于集中居民点安置人数相对较多，一旦发生供水困难或地质灾害时影响人数众多，特别是在汶川地震和舟曲泥石流灾害发生后，对居民点新址的水文地质与工程地质勘察要求也相应提高，在居民点规划设计时必须保证新址安全性。居民点地质灾害危险性评估可以根据区域地质特点分区域进行评估；重要的单项工程，应检查相应的地质勘察报告。

d) **2.6.3 迁建新址的选择应符合以下要求：**

1 城（集）镇新址，应选择在地理位置适宜、地形相对平坦、地质稳定、水源安全可靠、交通方便、防洪安全、便于排水、能发挥服务功能的地点。选择新址，还应与当地城镇体系规划相协调，并为远期发展留有余地。

2　城（集）镇选址应进行水文地质和工程地质勘察，进行场地稳定性及建筑适宜性评价，并进行地质灾害危险性评估。

〖摘编说明〗

城（集）镇人口密集，在当地具有举足轻重的地位和作用，淹没后重新选择新址应十分慎重，需要综合考虑以下各种因素：

（1）城（集）镇所选新址应有区位优势，因集镇、城镇一般是当地区域的政治、经济、文化中心、交通中心或物质集散地，所以，选择的新址在地理位置方面应尽可能发挥其原有的功能。

（2）城（集）镇人口密集，应充分考虑其安全性、人群健康，应选择地质稳定、防洪安全、水源可靠的新址。

（3）城（集）镇迁建工程量大、投资大，应充分考虑其技术经济的合理性，新址地形应相对平坦、交通方便、便于排水。

（4）由于城（集）镇的地位和作用大，应充分考虑与其他重要设施，如现有交通网络、重要工矿区、现有集镇、城镇布局等相协调。

（5）重要的基础设施建设、用地范围等应为远期发展留有余地。

〖检查要点和方法〗

城（集）镇新址的选择应进行必要的水文地质和工程地质勘察。从安全、经济的角度出发，不同设计阶段应进行相应深度的、与城（集）镇的规划设计同步进行的地质勘察。一般在可行性研究报告阶段进行初步勘察，初步设计阶段进行详细勘察，技施阶段必要时复核详勘成果和根据需要进行补充详勘。地质勘察工作应满足本行业规范相应的深度要求，同时，还应满足规划设计提出的要求。检查方法是查看相应的水文和地质勘察报告。

〖案例分析〗

长江流域某二级支流拟建水库淹没集镇新址的水文地质和工程地质勘察报告如下（摘要）：

（1）水文地质条件。区内地下水类型为松散堆积层中孔隙水和基岩裂隙水，受大气降水及地表径流补给，排泄于冲沟及支溪。场地地表大多是水田，有的还有鱼塘等，表明场地崩、坡、洪积层透水性不好。钻探施工时各孔均返水，未见地下水，注水试验显示土层渗透系数小于 5×10^{-5}。

新址北部有支溪一级支流发育，二叠系灰岩中有大量的岩溶泉出露，其中 3 个特大泉的流量分别为 105.53 L/s、80.00 L/s、51.30L/s（1977 年 7 月）。上游建有 2 座小型水库，除了满足水电站、水厂及灌溉用水外，其他地表水通过多达 5 条冲沟排泄至支溪，水流清澈，呈无色透明状态。

（2）物理地质现象。场地位于大山向斜 SE 翼及其次级褶皱头渡向斜轴部地带，岩层倾角平缓，属不良地质现象不发育地带。受暴雨、洪水的影响，场地物理地质现象主要表现为覆盖层局部边坡失稳。

（3）主要工程地质与环境地质问题。堆积体为杂乱的崩、坡、洪积，物质组成主要为黏土含灰岩漂块碎石、页岩碎片等，表层为耕植土。其中灰岩漂、块（碎）石含量超过40%，一般为40%～60%，强度高、多呈棱角状，在土体中形成骨架。其各段物质组成无明显差异，土体中偶见灰绿色透镜状砂质黏土层以及残存的河流冲积砂卵石，表明堆积物成因是由于河流逐渐侵蚀下切、上部二叠系灰岩崩塌堆积以及常年洪流搬运充填堆积而成。

土层一般厚度30～50m，最厚达80m。呈现上部及下部厚度较小、中部平缓地带厚度较大、东部厚度小、中西部厚度较大的特点。下伏基岩有志留系砂页岩。其中在中部偏北段页岩出露地表，地层产状$285°\angle4°～6°$，而在距离基岩出露点仅70m的ZK1覆盖层厚度达到59.50m，说明基岩面在这两点之间存在突变陡坎，这与库区小河坝组粉砂岩常形成侵蚀陡坎是一致的，说明该地段堆积前即为侵蚀陡坎。结合水库区其他勘探资料，表明场地下伏基岩面多呈起伏台阶状。

此外，勘察中未发现土体中或基岩接触面有软弱滑动面存在，斜坡上民房等建筑物也从未见变形痕迹；斜坡最大地形坡度未超过25°；水库库区可行性研究勘察曾对土体中细粒土进行过大型剪切试验，以其参数计算表明，堆积体整体稳定性较好。

总体看来，场地整体稳定性较好，适宜新建场镇。

e） 2.9.1 在水库临时淹没、浅水淹没或影响区，如有重要对象，具备防护条件，且技术可行、经济合理，应采取防护措施。

f） 2.9.2 防护工程设计标准应按以下原则确定：

4 防浸没（渍）标准应根据水文地质条件、水库运用方式和防护对象的耐浸能力，综合分析确定不同防护对象容许的地下水位临界深度值。

5 排涝工程的内外设计水位应根据防护对象的除涝防渍要求、主要防护对象的高程分布和水库调度运用资料，综合分析，合理确定。

〖摘编说明〗

国内已建的水库中，防护工程有较为成功的经验，也有不少失败的教训。在实际工作中，特别在当地环境容量不充裕的时候，要杜绝片面夸大防护措施的作用，严格按防护基本条件选择防护对象和防护地点，否则既达不到预期防护效果，还会造成损失，甚至二次搬迁。因此，条文强调了选择防护对象的基本条件：①防护对象位于水库临时淹没区、浅水淹没区（一般指正常蓄水位以下2m深范围以内）或影响区（如倒灌、浸没影响区等）；②防护对象比较重要，如大片农田、人口密集的村庄、城（集）镇、重要工业企业、重要专业设施等；③具备防护条件，如有合适的地形、地质和建设条件；④技术经济合理，是否进行防护应进行全面的方案比较。

〖检查要点和方法〗

防护区选择除了满足基本条件外，选择防护方案时还应考虑：①防护方案形成后的环境、环保等问题；②防护区内地下水位显著提高的影响问题；③防护工程运行费问题；④防护后造成的库容损失问题。

防浸没（渍）标准，主要取决于防护对象容许地下水位埋藏的临界深度，应通过水文地质勘察或根据实际经验确定。当同一防护区内不同对象容许的地下水位埋藏的临界深度不一致时，应将主要防护对象容许的地下水位埋藏的临界深度作为防护工程的防浸设计标准。

排涝标准应根据防护对象的性质、重要性和地区经济社会发展程度进行选择。设计暴雨的重现期农田可采用 3～5 年一遇、农村居民点和一般集镇可采用 5～10 年一遇暴雨，重要城（集）镇及大中型工业企业等重要防护对象可适当提高。暴雨历时和排涝时间一般应根据防护对象可能承受淹没的状况分析确定，缺乏分析资料时也可参考《水利水电工程建设征地移民安置规划设计规范》（SL 290—2009）表 2.9.2 确定。为了避免涝灾的频繁发生，应尽可能在防护区内预留暴雨洪水的调蓄容量。

表 2.9.2　　　　　　　　不同防护对象暴雨历时和排涝时间表

防护对象		暴雨历时	排涝时间
农田	旱地	1～3d	1～3d
	水田	1～3d	3～5d
农村居民点、集镇		24h	24h
城镇和大中型工业企业		12～24h	12～24h

排涝工程的内外设计水位是确定排涝工程类型和规模的重要依据。防护区内的设计排涝水位应根据防护对象的除涝防渍要求、主要防护对象的高程分布分析确定，设计外水位可根据与排涝设计标准相应的设计洪水过程和水库调度运用原则综合分析确定。

g)　**2.11.5　建（构）筑物拆除与清理应符合以下要求：**

1　清理范围内的各种建筑物、构筑物应拆除，并推倒摊平，对易漂浮的废旧材料按有关要求进行处理。

2　清理范围内的各种基础设施，凡妨碍水库运行安全和开发利用的应拆除，设备和旧料应运至库区以外。残留的较大障碍物要炸除，其残留高度不宜超过地面 **0.5m**。对确难清除的较大障碍物，应设置蓄水后可见的明显标志，并在水库区地形图上注明其位置与标高。

3　水库消落区的地下建（构）筑物，应结合水库区地质情况和水库水域利用要求，采取填塞、封堵、覆盖或其他措施进行处理。

〖摘编说明〗

随着国民经济的持续发展和综合国力的提高，对水环境要求也越来越高。为保证水库运行安全，保护库周及下游人群健康，保障库区良好的环境状态，并为水库水域开发利用创造条件，在水库蓄水前必须进行库底清理。

水库蓄水前进行库底清理的作用体现在以下四个方面：

（1）保证水库运行安全。库底的残留建筑物、构筑物，高大树木直接影响水库的运行安全，过多的漂浮物也直接威胁水工建筑物及航行的安全，同时破坏景观。

（2）保护库周下游人群健康。各种污染源、污染物、过多的林木枝叶被水浸泡，都会对水质造成直接的污染，威胁人类健康。

（3）保障库区良好的环境状态。很多水库具有供水功能，将库底残留的各种垃圾清理干净有助于保持库区一池清水，保护水库周边、下游及受益区人群健康。

（4）为水库水域开发利用创造条件。水库水域开发包括选定的水产养殖场、捕捞场、游泳池、水上运动场、航运、港口码头、供水工程取水口、疗养区等，不同的开发项目对库底清理都有不同程度的要求，属库底清理中的特殊清理，应根据不同项目的要求确定库底清理的对象和方法。

〔检查要点和方法〕

库底清理包括三个方面的内容，即建（构）筑物拆除与清理、卫生清理、林木砍伐与迹地清理。

本条规定是对库底一般清理中的建筑物拆除与清理提出要求。清理的目的主要是保证水库及水工建筑物运行安全，保证人民生命安全。清理范围是指移民迁移线至死水位（含极限死水位）以下 3m 的库区。规定有三点：

（1）各种建筑物、构筑物必须拆除或炸除，残留高度一般不超过地面的 0.5m，对确难清除的较大障碍物，应设置蓄水后可见的明显标志，并在水库区地形图上注明其位置与标高。

（2）设备及材料、易漂浮物应运出库外利用、处理或就地烧毁。

（3）从安全的角度出发，水库消落区的各种地下建筑物，如人防工程、隧道、井巷及其他坑穴，应采用填塞、封堵、覆盖或其他措施进行处理。

〔案例分析〕

某水库对建筑物拆除方法规定如下：

（1）土木、砖木、附属房屋及三层以下（含三层）砖混结构的房屋采用人工或机械方式拆除。

（2）四层以上（含四层）砖混结构的房屋采用机械或爆破方式拆除。

（3）框架结构房屋采用爆破与机械结合方式拆除。

（4）建筑物密集区采用爆破方式拆除应考虑对移民迁移线以上房屋及设施的影响，必要时应采用定向爆破方式拆除。

该水库对构筑物拆除方法规定如下：

（1）对库岸稳定性有利的建（构）筑物基础、挡土墙等，除蓄水后对航运安全造成隐患需拆除外，一般情况下不予拆除。对确难清理的较大障碍物，应设置蓄水后可见标志，并在地形图上注明其位置与标高。

（2）围墙分砖（石）墙和土墙两类，采用人工或机械方式推倒。

（3）用于烧砖（瓦、石灰）的独窑采取人工方式破除坍塌。

（4）牌坊和高出地面的水池可采用人工或机械方式推倒。

（5）线杆包括铁塔、水泥杆、木杆等，各类线杆采取人工方式拆除，拆除的线材、铁制品、木杆等应回收运至库外。

（6）低于 5m 的烟囱及水塔可采用人工或机械方式拆除，5m 及以上的烟囱及水塔采用爆破方式拆除。

（7）砖厂砖窑、水泥窑、冶炼炉等采用爆破或机械方式拆除并推平。

（8）地面的储油罐、油槽拆除后运至库外，经批准不需拆除的地下储油罐、油槽经无害化处理后封堵。

（9）石拱桥、混凝土桥、渡槽等采取爆破方式拆除，残留高度一般不得超过地面 0.5m；吊桥、索桥两端固定设施采取爆破或人工、机械结合方式拆除。

h) 2.11.6 卫生清理应符合以下要求：

1 卫生清理工作应在建（构）筑物拆除之前进行。

2 卫生清理应在地方卫生防疫部门的指导下进行。

3 库区内的污染源及污染物应进行卫生清除、消毒。如厕所、粪坑（池）、畜厩、垃圾等均应进行卫生防疫清理，将其污物尽量运至库区以外，或薄铺于地面曝晒消毒，对其坑穴应进行消毒处理，污水坑以净土填塞；对无法运至库区以外的污物、垃圾等，则应在消毒后就地填埋，然后覆盖净土，净土厚度应在 1m 以上且应夯实。

4 库区内的工业企业积存的废水，应按规定方式排放。有毒固体废弃物按环境保护要求处理。

5 库区内具有严重放射性、生物性或传染性的污染源，应委托有资质的专业部门予以清理。

6 库区内经营、储存农药、化肥的仓库、油库等的污染源，应按环境保护要求处理。

7 对埋葬 15 年以内的坟墓，应迁出库区；对埋葬 15 年以上的坟墓，是否迁移，可按当地民政部门规定，并尊重当地习俗处理；对无主坟墓压实处理。凡埋葬结核、麻风、破伤风等传染病死亡者的坟墓和炭疽病、布鲁氏菌病等病死牲畜的掩埋场地，应按卫生防疫的要求，由专业人员或经过专门技术培训的人员进行处理。

8 有钉螺存在的库区周边，在水深不到 1.5m 的范围内，在当地血防部门指导下，提出专门处理方案。

9 清理范围内有鼠害存在的区域，应按卫生防疫的要求，提出处理方案。

〖摘编说明〗

不论水库任务是灌溉、供水、发电、旅游等多目标还是单一目标，在水库蓄水前进行卫生清理都是十分必要的。卫生清理的目的是保一湖清水，保证库周及下游人群健康。

〖检查要点和方法〗

卫生清理应在地方卫生防疫部门、血防部门、环保部门的指导下进行。在卫生清理前需进行污染源及污染物调查，清理完成后必要时应进行卫生检测。检查时应要求提供卫生清理实施方案。

库区内所指的范围是指移民迁移线以下的库区。清理项目包括污染源及污染物，如医院、卫生所、屠宰场、兽医站、厕所、粪坑（池）、畜厩、污水池、埋葬15年以内的坟墓、传染病死亡者的坟墓、传染病死亡牲畜的掩埋地、垃圾、钉螺、灭鼠、严重化学性的生产及经营场所、仓库、废水、有毒物质等。这些项目的清除、消毒、处理方法应符合卫生防疫、血防、环保有关规范（标准）的要求。

i)　**2.11.7　林木砍伐与迹地清理应符合以下要求：**

1　林地及零星树木应砍伐并清理，残留树桩不得高出地面0.3m。

2　林地砍伐残余的枝桠、枯木、灌木林（丛）等易漂浮的物质，在水库蓄水前，应就地处理或采取防漂措施。

3　农作物秸秆及泥炭等其他各种易漂浮物，在水库蓄水前，应就地处理或采取防漂措施。

〖摘编说明〗

林木砍伐与迹地清理不仅关系到水库水质，还影响水库运行安全，必须在水库蓄水前予以妥善处理。

本条规定强调两点：①林木应砍伐并清理外运，其残留树桩不得高出地面的0.3m；②砍伐后的枝桠、灌木林（丛）、农作物秸秆、泥炭等各种易漂浮物质，应就地烧毁或运出库外，或采取防漂措施。

〖检查要点和方法〗

水库在进行库底清理前应编制库底清理技术要求或清理方案，检查时应看其中对林木砍伐与迹地清理的要求是否符合规定。

库底清理除了建（构）筑物拆除与清理、卫生清理、林木砍伐与迹地清理外，实施时还应注意以下四点：

（1）分期蓄水的水库，库底清理应同各阶段移民搬迁同步进行，在该期水位蓄水之前完成该范围的库底清理。

（2）建筑物、构筑物的拆除清理应防止对库岸稳定造成影响。

（3）需要进行卫生清理的建筑物，卫生清理应在建筑物拆除之前进行。

（4）建筑物在进行卫生清理完成后再进行拆除与清理。先使用人工或机械拆除低矮建（构）筑物，清理完场地后再对需爆破的高大建（构）筑物进行拆除，拆除过程中应保证交通道路的畅通和安全。

〖案例分析〗

某水库对林木砍伐规定如下：

（1）采伐地径6cm及以上的树木伐根高度不得超过0.1m，地径6cm以下的树木伐根高度不得超过0.3m。伐倒的树木及其枝桠等易漂浮物应运至库外，并对残余物进行处理。

（2）林木清理过程中，严禁火烧。

（3）对支流上具备清理条件的灌木林应予清理。

（4）对清理范围内的珍稀植物、古树名木及经济价值较高的树木加以移植保护。

（5）采伐林木前应按照森林法有关规定办理相应的审批手续。

6-3-2　《水利水电工程水库库底清理设计规范》SL 644—2014

a)　6.3.3　对确难清除且危及水库安全运行的较大障碍物，应设置明显标志，并在地形图上注明其位置与标高。

〖摘编说明〗

随着国民经济的持续发展和综合国力的提高，对水环境要求也越来越高。本条规定是对库底建（构）筑物的拆除与清理提出的要求。清理的目的主要是保证水库运行安全，保证人民生命、财产安全。本条所指"危及水库安全运行"并非是对水库工程本身有危害，主要是针对航运和水库开发利用而言。对确难清理的较大障碍物，提出设置明显标志，并在地形图上注明其位置与标高的要求。其主要作用是在设置航道、水上运动场、捕捞场、工程取水口等开发项目时，（以便）应避开这些障碍物，以策安全。

〖检查要点和方法〗

检查对确难清理且危及水库安全运行的较大障碍物的，是否设置了明显标志，并在地形图上是否注明了其位置与标高。

b)　9.4.2　有炭疽尸体埋葬的地方，清理后表土不应检出具有毒力的炭疽芽孢杆菌。

c)　9.4.3　灭鼠后鼠密度不应超过 1%。

d)　9.4.4　传染性污染源应按 100% 检测，其他污染源按 3%～5% 检测。

〖摘编说明〗

不论水库任务是灌溉、供水、发电、旅游等多目标还是单一目标，在水库蓄水前进行卫生清理都是十分必要的。清理项目包括污染源及污染物，如医院、卫生所、屠宰场、兽医站、厕所、粪坑（池）、畜厩、污水池、埋葬 15 年以内的坟墓、传染病死亡者的坟墓、传染病死亡牲畜的掩埋地、垃圾、钉螺、灭鼠、严重化学性的生产及经营场所、仓库、废水、有毒物质等。9.4.2 条是为防止传染性污染源。9.4.3 条是为防止鼠疫。9.4.4 条是为控制传染性污染源以及其他污染源对水库水质的污染。因此将此三条设为强制性条文，以保护水库水质，保证库周及下游人群健康。

〖检查要点和方法〗

（1）是否有污染源及污染物调查叙述。

（2）检查时应要求对污染源及污染物提供卫生清理实施方案。

（3）清理完成后必要时应进行卫生检测。

卫生清理应在地方卫生防疫部门、血防部门、环保部门的指导下进行。在卫生清理前应进行污染源及污染物调查，清理完成后必要时应进行卫生检测。检查时应要求提供卫生清理实施方案。

库区内所指的范围是指移民迁移线以下的库区。清理项目包括污染源及污染物，如医院、卫生所、屠宰场、兽医站、厕所、粪坑（池）、畜厩、污水池、埋葬 15 年以内的坟墓、传染病死亡者的坟墓、传染病死亡牲畜的掩埋地、垃圾、钉螺、灭鼠、严重化学性的生产及经营场所、仓库、废水、有毒物质等。

上述项目的清除、消毒、处理方法应符合卫生防疫、血防、环保有关规范（标准）的要求。

e)　10.2.3　市政污水处理设施（包括沼气池、废弃的污水管道、沟渠等）中积存的污泥应予以清理。

〖摘编说明〗

近年来随着水利水电基础设施建设项目增加，水库淹没处理范围内涉及了大量城镇拆迁工作，因此也必然涉及大量的市政污水处理设施。

此条规定强调的污水处理设施，主要包括沼气池、污水管道和排污沟渠等，市政排放设施中雨污分流中的雨水排放管道不在清理范围之中。

〖检查要点和方法〗

在清理之前应调查市政污水处理设施数量，检查这些设施中积存的污泥是否全部清理，并运出水库淹没区以外做无害化处理。如污泥存放地位于库周，应注意做好防护措施，避免雨水冲刷后污泥或污水流入库区污染水质。

f)　10.2.5　下列危险废物应予以清理：

1　医疗卫生机构、医药商店、化验（实验）室等产生的列入《医疗废物分类目录》（卫医发〔2003〕287号）的各种医疗废物。

2　电镀污泥、废酸、废碱、废矿物油等以及列入《国家危险废物名录》（环境保护部、国家发展改革委令第1号）的各种废物及其包装物。

3　根据GB 5085检测被确认具有危险特性的废物及其包装物。

4　化工、化肥、农药、染料、油漆、石油以及电镀、金属表面处理等废弃的生产设备、工具、原材料和产品包装物以及废弃的原材料和药剂。

5　农药销售商店、摊点和储存点积存、散落和遗落的废弃农药及其包装物。

〖摘编说明〗

为保障水库水质以及库周和下游人群健康和安全，水库蓄水前必须对危险废物进行清理。《水利水电工程建设征地移民安置规划设计规范》（SL 290—2009）中已对危险废物清理有相应规定，但对危险废物的种类以及清理要求没有明确规定。本条1款、2款、3款明确规定了必须清理的危险废物的种类和范围；4款、5款则把生产上述危险物的设备、工具、原材料、包装物等也列为清理对象。

〖检查要点和方法〗

危险废物（医疗废物除外）的处理应满足GB 18598或GB 18484的有关要求；医疗废物的处理应满足《医疗废物集中处置技术规范》的有关要求。

g)　10.2.6　废放射源及含放射性同位素的固体废物应予以清理。

〖摘编说明〗

此条作为强制性条文是因为废放射源及含放射性同位素的固体废物直接危及到人身

安全，清理应委托有资质的专业部门予以清理。

〖检查要点和方法〗

检查库底是否有废放射源及含放射性同位素的固体废物项目，若有，其处理方案是否满足《城市放射性废物管理办法》〔（87）环放字第 239 号〕的有关要求。

h）10.2.7 危险废物以及磷石膏等工业固体废物清理后的原址中的土壤，如果其浸出液中一种或一种以上的有害成分浓度大于或等于表 10.2.4 中所列指标，应予以清理。

表 10.2.4   水库库底工业固体废物与污染土壤处理鉴别标准

序号	项　　目	浸出液浓度（mg/L）	序号	项　　目	浸出液浓度（mg/L）
1	化学需氧量（COD）	60	10	烷基汞	不应检出
2	氨氮	15	11	总镉	0.1
3	总磷（以 P 计）	0.5	12	总铬	1.5
4	石油类	10	13	六价铬	0.5
5	挥发酚	0.5	14	总砷	0.5
6	总氰化合物	0.5	15	总铅	1.0
7	氟化物	10	16	总镍	1.0
8	有机磷农药（以 P 计）	不应检出	17	总锰	2.0
9	总汞	0.05			

〖摘编说明〗

本条中的危险废物及磷石膏等工业固体废物的原址中的土壤浸出液的有害成分大于表 10.2.4 所列指标时，应清理。

〖检查要点和方法〗

对上述危险废物及磷石膏等工业固体废物的原址中的土壤应做浸出实验，实验结果是否满足表中的规定，是否有清理方案。在取样时应具有代表性。

〖案例分析〗

某水库区有多年前遗留的硫黄矿渣 30 万 m³ 和废弃的硫黄矿炉 9 座。为确保水质安全，设计单位在现场不同位置选取了多个样品做浸出实验。根据实验结果，样品浸出液全部未超出上述表中的规定，但硫黄矿炉的衬砌 pH<2，矿炉周边部分矿渣（约 9 万 m³）的 pH<6 属危险废物，因此在库底清理时，上述矿炉全部拆除外运处理，同时周边 pH<6 的 9 万 m³ 矿渣也全部外运处理。

第二篇

水 利 工 程 施 工

　　水利工程施工，是将工程规划设计变为现实工程的过程，是水利工程建设的重要阶段。本篇分为土石方工程、混凝土工程和灌浆工程三章。

7 土 石 方 工 程

本章包括开挖和锚固与支护两部分内容，涉及 5 项技术标准，强制性条文共 16 条，详见表 7-1。

表 7-1 土石方工程施工部分涉及标准汇总表

序　号	标　准　名　称	标准编号	条　数
1	水工建筑物岩石基础开挖工程施工技术规范	SL 47—94	2
2	水工建筑物地下开挖工程施工规范	SL 378—2007	8
3	水工预应力锚固施工规范	SL 46—94	1
4	水利水电地下工程锚喷支护施工技术规范	SL 377—2007	1
5	疏浚与吹填工程技术规范	SL 17—2014	4

7-1 开　挖

7-1-1 《水工建筑物岩石基础开挖工程施工技术规范》SL 47—94

a)　1.0.8　严禁在设计建基面、设计边坡附近采用洞室爆破法或药壶爆破法施工。

〖摘编说明〗

洞室爆破和药壶爆破均属集中药包爆破性质，岩体内爆破点稀少，药量集中，同时起爆药量大，爆破对紧邻爆区岩体的破坏范围较大，因此在设计建基面、设计边坡附近严禁采用洞室爆破法或药壶爆破法施工。与之相比，钻孔爆破药量分散，起爆药量易于分段控制，爆破的各种有害效应小，对设计建基面、设计边坡的不利影响小。《水工建筑物岩石基础开挖工程施工技术规范》（SL 47—94）在建基面和设计边坡保护方面，对钻孔爆破提出了一系列要求，如：

（1）对钻孔直径的要求。最大钻孔直径不宜大于 150mm，临近设计建基面、设计边坡的爆破钻孔直径不大于 110mm，以此控制装药直径和单孔药量，减小爆破有害效应。

（2）对单段起爆药量的要求。"梯段爆破的最大一段起爆药量，不得大于 500kg；邻近设计建基面和设计边坡时，不得大于 300kg"。

（3）对开挖方式的规定。设计边坡轮廓面开挖，应采用预裂爆破或光面爆破；紧邻水平建基面的开挖，应优先采用预留岩体保护层的开挖方法，通过试验论证并经主管部门批准后，才可采用有特殊措施的梯段爆破法。

〖检查要点和方法〗

　　检查开挖施工措施计划和爆破作业措施计划。开挖施工前，施工单位应制定开挖施工措施计划和爆破作业措施计划，提交监理单位审批。监理单位应重点对设计建基面、设计边坡附近是否采用洞室爆破或药壶爆破，钻孔爆破参数是否符合规范要求进行审核，并按批准的措施计划监督实施。

b)　2.1.2　未经安全技术论证和主管部门批准，严禁采用自下而上的开挖方式。

〖摘编说明〗

　　开挖顺序的规定，目的是为了保证施工安全。上下同时开挖，易造成施工安全事故，在较狭窄河床地段施工时尤为突出。对于较宽阔的施工场地，以及可以避开施工干扰的工程部位，可以采用上下同时开挖，但必须有技术及安全保障措施。而自下而上开挖，极易造成施工安全事故，应严禁采用，特殊情况下如采用，须经安全技术论证并经主管部门批准。

〖检查要点和方法〗

　　检查开挖施工措施计划。开挖施工前，施工单位应制定开挖施工措施计划，报监理单位审批；监理单位应重点对开挖程序进行审核，发现自下而上开挖方式应予以禁止。确因特殊需要采取自下而上开挖，施工单位应进行专项安全技术论证，同时报监理单位、施工企业技术部门和主管部门审批；监理单位应重点对安全措施的可靠性进行审查，必要时可要求施工单位组织专家组进行论证审查，对批准的安全技术措施应采取旁站监理监督实施。

7－1－2　《水工建筑物地下开挖工程施工规范》SL 378—2007

a)　5.2.2　地下洞室洞口削坡应自上而下分层进行，严禁上下垂直作业。进洞前，应做好开挖及其影响范围内的危石清理和坡顶排水，按设计要求进行边坡加固。

〖摘编说明〗

　　洞口边坡的稳定安全是保证洞室施工安全、施工进度的重点，设计、监理及施工单位均应高度重视。在洞口削坡施工中，应严格按照自上而下的程序进行，严禁上下垂直作业，以避免边坡塌方和滚落的石块造成人员伤害及设备损坏。开挖过程中及时进行坡面加固并做好坡顶排水，以保证洞口边坡稳定。

〖检查要点和方法〗

　　检查开挖、支护施工方案及安全保障措施。洞口施工前，施工单位应制定开挖、支护施工方案及安全保障措施；监理单位应检查削坡施工方案是否"自上而下"，监督施工方案落实，巡视检查边坡加固是否按设计要求及时实施，危石清理是否彻底等。

〖案例分析〗

　　某水电站工程，导流隧洞进口处岸坡高约110m，坡角56°～67°，导流隧洞洞顶以上约 20m 山腰处有宽 4.5m 的盘山道路，为防止危石落至洞口，在盘山路外沿设置了临时防护网。隧洞开挖第三个循环出渣过程中，天降小雨，岸坡局部岩体滑落，部分岩块越过防护网落至洞口，造成一人重伤，施工设备受损。事故原因分析认为，岸坡局部岩体稳定性差，加之爆破振动和降雨影响，是岩石滑落的主要原因；盘山道路以上岸坡危石未进行清理，防护网拦截高度不够，则是造成此次事故的重要原因。

b) 5.5.5 当特大断面洞室设有拱座，采用先拱后墙法开挖时，应注意保护和加固拱座岩体。拱脚下部的岩体开挖，应符合下列条件：

1 拱脚下部开挖面至拱脚线最低点的距离不应小于 1.5m。

2 顶拱混凝土衬砌强度不应低于设计强度的 75%。

〖摘编说明〗

先拱后墙开挖特大断面洞室（或大断面隧洞）的开挖与支护程序为：顶拱开挖→顶拱支护→下部开挖。拱座对顶拱衬砌起支撑作用，拱座部位的开挖质量和围岩稳定性至关重要，开挖过程中应注意对拱座的保护，并应及时进行支护加固。为使拱座不受或少受下部开挖爆破的破坏，拱脚下部开挖面至拱脚线最低点的预留距离不小于 1.5m；下部开挖时，顶拱混凝土强度要求达到设计强度的 75%，以防止下部开挖爆破对顶拱混凝土造成破坏。

〖检查要点和方法〗

检查开挖措施计划。施工单位在开挖措施计划中，应明确开挖分层分区及施工程序，明确拱座开挖保护措施和支护加固施工方案；监理单位应对开挖保护措施的有效性和可靠性，以及支护加固施工方案的合理性进行审查，核查拱脚下部开挖分层顶面是否满足至拱脚线最低点的距离不小于 1.5m，并监督施工单位按批准的开挖措施计划进行施工。下部开挖时，顶拱混凝土强度的检验，应以在混凝土浇筑地点制备并与结构实体同条件养护的试件强度为依据，施工单位应按有关规范要求进行同条件养护试件强度试验，编制试验报告，监理单位应对试验过程进行监督检查，对试验报告进行审核。

c) 11.2.8 对存在有害气体、高温等作业区，必须做专项通风设计，并设置监测装置。

〖摘编说明〗

有害气体和高温作业区，主要指含瓦斯地层和高地温地层地下工程施工作业区。瓦斯在围岩中以游离状态和吸着状态存在，主要成分是烷烃，其中甲烷占绝大多数，另有少量的乙烷、丙烷和丁烷，此外一般还含有硫化氢、二氧化碳、氮等；瓦斯达到一定浓度时，能使人因缺氧而窒息，并能发生燃烧或爆炸。作业区温度过高，会导致人体会出现一系列不良生理反应，使施工作业无法正常进行，乃至引起身体病变，失去作业能力。因此，本标准对含瓦斯地层和高温作业区通风有特殊要求，必须进行专项通风设计，并应设置监测装置，发现问题及时采取措施。《水工建筑物地下开挖工程施工规范》（SL 378—2007）对地下洞室开挖施工过程中有害气体含量和洞室内温度规定如下：

（1）空气中有害气体容许含量见表 7-2。

表 7-2　　　　　　　　　　　空气中有害气体的容许含量

名　称	容许浓度/%		附　注
	按体积	按重量	
二氧化碳（CO_2）	0.5	—	一氧化碳的容许含量与作业时间：容许含量为 $50mg/m^3$ 时，作业时间不宜超过 1h；容许含量为 $100mg/m^3$ 时，作业时间不宜超过 0.5h；容许含量为 $200mg/m^3$ 时，作业时间不宜超过 20min；反复作业的间隔时间应在 2h 以上
甲烷（CH_4）	1	—	
一氧化碳（CO）	0.00240	30	
氮氧化合物换算成二氧化氮（NO_2）	0.00025	5	
二氧化硫（SO_2）	0.00050	15	
硫化氢（H_2S）	0.00066	10	
醛类（丙烯醛）	—	0.3	

（2）"开挖施工时，地下洞室内平均温度不应高于 28℃"。

〖检查要点和方法〗

检查专项通风设计。对存在有害气体、高温等作业区的地下工程，施工单位必须针对有害气体、高温等做专项通风设计，包括监测装置的设置，发现超标现象的处理措施等。监理单位应重点对通风设计、监测项目内容、监测装置布置和监测方法等是否符合相关规范规定进行审查，并监督实施。

d）**12.3.7　洞内供电线路的布设应符合下列规定：**

3　电力起爆主线应与照明及动力线分两侧架设。

〖摘编说明〗

在照明及动力线附近存在一定强度的电磁场，如果在其附近架设电力起爆线，尤其与之平行布置，会在起爆网路中产生感应电流，当感应电流超过一定数值后，可引起电雷管爆炸，造成早爆事故；此外，由于泄漏或感应等原因会在输电线路外产生杂散电流，虽然交流杂散电流一般较弱，但如果电力起爆线与输电线路距离过近，其杂散电流也有导致早爆的可能。因此，电力起爆主线应与照明及动力线分两侧架设，尽可能加大两者之间的距离。

〖检查要点和方法〗

检查施工单位制定的地下工程开挖措施计划及钻孔和爆破措施中，是否将电力起爆主线与照明及动力线分两侧架设，并对其实施结果进行检查。

e）**12.4.5　洞内电、气焊作业区，应设有防火设施和消防设备。**

〖摘编说明〗

电焊焊接过程中温度高达 6000℃ 以上，容易使焊件接触的可燃物着火，同时在焊接过程中掉落和飞溅的焊渣接触到木、棉等可燃物时极易引发火灾；此外，由于电焊功率大，焊接电流的巨大波动和使用环境的恶劣会导致其电气控制系统产生各类故障，也可能导致火灾发生。气焊所使用的乙炔、氧气、液化石油气均属于易着火危险物质，而操作过程中的回火、四处飞溅的火星是危险的着火源，这些均是构成火灾事故发生的不安全因素。因此，洞内电、气焊作业区，应设有防火设施和消防设备。

〖检查要点和方法〗

检查洞内电、气焊作业区是否按规范要求设有防火设施和消防设备，电气焊设备的安装使用是否符合有关规程规定。

〖案例分析〗

某铁路客运专线太行山隧洞8号斜井，因钢筋焊接引燃防水板，继而引燃排水管、通风管等，致使该斜井处正洞左线发生火灾，造成4人死亡，多人受伤。事故原因分析认为，隧洞防水板为非阻燃物质，焊接火花引起防火板燃烧，防火板、排水管和通风管为化学合成材料，燃烧产生大量有毒气体，而隧洞内通风困难，从而造成人员窒息和伤害；而作业人员防火意识淡薄，焊接作业区未设置有效的防火设施和消防设备，则是引发火灾，导致火势蔓延的重要原因。

f)　13.2.6　当相向开挖的两个工作面相距小于30m或5倍洞径距离爆破时，双方人员均应撤离工作面；相距15m时，应停止一方工作，单向开挖贯通。

g)　13.2.7　竖井或斜井单向自下而上开挖，距贯通面5m时，应自上而下贯通。

〖摘编说明〗

对于一些较长的隧洞开挖，为提高施工进度，经常由两个工作面相向开挖，当两个开挖工作面相距30m放炮时，为防止爆破产生的危害，如爆破振动产生危石塌落、有害气体渗漏等，任何一方爆破时，双方人员均应撤离；当相向开挖的两个工作面相距15m时，为防止钻孔时产生的振动引起对方工作面产生危石塌落，或意外贯穿而产生危害，应进行单向开挖，而停止另一方工作。竖井或斜井单向自下而上开挖，在距离贯穿面5m时，同样为了安全的原因，改为自上而下开挖。

〖检查要点和方法〗

检查地下工程开挖措施计划。施工单位在地下工程开挖措施计划中，应明确平洞相向开挖的两个工作面相距小于30m或5倍洞径距离爆破时，双向开挖施工程序及安全措施，明确竖井开挖程序及贯通开挖方式。监理单位应重点对开挖施工程序及安全措施是否符合本条文规定进行审查，并监督施工单位按批准的开挖措施计划进行施工。

h)　13.2.10　采用电力起爆方法，装炮时距工作面30m以内应断开电源，可在30m以外用投光灯或矿灯照明。

〖摘编说明〗

地下洞室较潮湿，输电线路和电气设备容易产生漏电等事故，采用电爆网路时，杂散电流及工作面部分带电，均可能引起电雷管早爆，因此采用电爆网路，在装药和联网过程中，在距离工作面30m范围以内不得有电源，照明应采用在距离工作面30m以外投光灯照明，或用安全矿灯照明。

〖检查要点和方法〗

检查地下工程开挖措施计划及钻孔和爆破措施。施工单位在地下工程开挖措施计划及钻孔和爆破措施中，应明确在距离爆破工作面 30m 范围以内的动力、照明电力控制方案及爆破照明措施。监理单位应重点对电力控制方案及爆破照明措施是否符合本条文规定进行审查，并检查其实施情况，包括电力设施的控制和照明设施的配置等。

〖案例分析〗

某铜矿开挖平洞（巷道）连接电雷管主线时，一根掉在铁轨上，另一根与岩壁接触，19 个炮孔中的 7 个炮孔发生早爆，造成一死一伤事故。事故原因分析认为，由于洞内杂散电流的存在，当电爆网路与岩壁、导体接触形成回路时，在电爆网路中产生电流（高于起爆电流）而引发早爆的发生。

7－2　锚　固　与　支　护

7－2－1　《水工预应力锚固施工规范》 SL 46—94

a)　8.3.2　张拉操作人员未经考核不得上岗；张拉时必须按规定的操作程序进行，严禁违章操作。

〖摘编说明〗

作此规定是因为预锚施工的不安全因素较多，如：

（1）预应力锚杆（索）的安装部位多为不稳定的岩（土）体，包括大型地下洞室可能塌落的部位、不稳定的高陡边坡（自然边坡和人工边坡）等，在加固施工过程中随时可能发生塌方或滑动。

（2）预应力锚杆（索）施工部位地形、地质条件复杂，环境恶劣，场地狭小，照明条件不好。

（3）施加的锚固力大，需要较大的钻孔和张拉设备。

（4）预应力锚杆（索）施工工序多而复杂，每一道工序施工时间短，各工序必须有机地结合。

由于上述原因，要求各施工环节必须有足够的安全措施作保证，并由经过考核的专门人员进行张拉施工。

〖检查要点和方法〗

检查施工单位制定的施工措施计划和安全操作规程。监理单位应重点审核其操作程序是否符合相关规程规范要求，安全措施是否可靠；检查张拉操作人员是否经过考核持证上岗；监督张拉施工按规定的操作程序进行。

7－2－2　《水利水电工程锚喷支护技术规范》 SL 377—2007

a)　9.1.17　竖井或斜井中的锚喷支护作业应遵守下列安全规定：

1   井口应设置防止杂物落入井中的措施。

2   采用溜筒运送喷射混凝土混合料时，井口溜筒喇叭口周围应封闭严密。

〖摘编说明〗

在竖井或斜井进行锚喷支护作业时，井内场地狭小，井口一旦落下杂物，无法躲避，极易发生伤亡事故。因此，井口应设置防护措施，溜筒喇叭口周围应封闭，防止杂物和混凝土落入井中造成意外事故。

〖检查要点和方法〗

检查井口防护措施及混凝土溜筒喇叭口周围封闭措施。在竖井和斜井锚喷支护作业前，监理单位应对井口防护措施及混凝土溜筒喇叭口周围封闭措施进行检查，检查合格方可施工；施工过程中加强巡视检查，发现问题及时处理。

7-3   疏 浚 与 吹 填

7-3-1   《疏浚与吹填工程技术规范》SL 17—2014

a)   5.7.6   对施工作业区存在安全隐患的地方应设置必要的安全护栏和警示标志。

〖摘编说明〗

施工作业区存在安全隐患的地方，现场人员可能坠落或跌摔造成伤亡。设置警示标志应符合国家安全色、图形、符号的标志，目的是提醒人员注意防止事故的发生。

〖检查要点和方法〗

检查施工现场存在安全隐患的地方，有无醒目的警示标志和加盖板、围栏等防护措施。

b)   5.7.7   应制定冲洗带油甲板的环保防护措施及发生油污泄露事故的急救预案。

〖摘编说明〗

本条强调施工过程中应制定环保措施及发生油污泄漏事故的急救预案，避免发生油污泄漏事故，避免对水环境造成污染。

〖检查要点和方法〗

检查施工方案有无制定环保措施及发生油污泄漏事故的急救预案。

c)   5.7.9   施工船舶应符合下列安全要求：

1   施工船舶必须具有海事、船检部门核发的各类有效证书。

2   施工船舶应按海事部门确定的安全要求，设置必要的安全作业区或警戒区，并设置符合有关规定的标志，以及在明显处昼夜显示规定的号灯、号型。

3   施工船舶严禁超载航行。

4   施工船舶在汛期施工时，应制定汛期施工和安全度汛措施；在严寒封冻地区施工时，应制定船体及排泥管线防冰冻、防冰凌及防滑等冬季施工安全措施。

5 挖泥船的安全工作条件应根据船舶使用说明书和设备状况确定,在缺乏资料时应按表 5.7.9 的规定执行。当实际工作条件大于表 5.7.9 中所列数值之一时,应停止施工。

表 5.7.9　　　　　　　　　　　挖泥船对自然影响的适应情况表

船舶类型		风（级）		浪高（m）	纵向流速（m/s）	雾（雪）（级）
		内河	沿海			
绞吸式	>500m³/h	6	5	0.6	1.6	2
	200～500m³/h	5	4	0.4	1.5	2
	<200m³/h	5	不适合	0.4	1.2	2
链斗式	750m³/h	6	6	1.0	2.5	2
	<750m³/h	5	不适合	0.8	1.8	2
铲斗式	斗容>4m³	6	5	0.6	2.0	2
	斗容≤4m³	6	5	0.6	1.5	2
抓斗式	斗容>4m³	6	5	0.6～1.0	2.0	2
	斗容≤4m³	5	5	0.4～0.8	1.5	2
拖轮拖带泥驳	>294kW	6	5～6	0.8	1.5	3
	≤294kW	6	不适合	0.8	1.3	3

〖摘编说明〗

本条对施工作业使用的船舶提出的安全要求,避免施工船舶在作业中发生事故。

〖检查要点和方法〗

检查施工船舶的相关内容。监理工程师应检查施工船舶的有效证书、规定的作业区标志、号灯等、超载、汛期施工措施和安全度汛措施、冬季安全施工措施、设备状况及合适的工作条件等。

d)　5.7.13 严禁将各类垃圾和油水混合物直接排入江、河、湖、库中。

〖摘编说明〗

本条禁止将施工中产生的垃圾和油水混合物直接排入水域中,避免对水环境造成污染。

〖检查要点和方法〗

检查施工中有无将垃圾和油水混合物直接排入水域中行为,应严格禁止。

8 混 凝 土 工 程

本章涉及 3 项技术标准,强制性条文共 20 条,详见表 8-1。

表 8-1 混凝土工程部分涉及标准汇总表

序 号	标 准 名 称	标准编号	条 数
1	水工建筑物滑动模板施工技术规范	SL 32—2014	14
2	水工混凝土施工规范	SL 677—2014	2
3	水工碾压混凝土施工规范	SL 53—94	4

8-0-1 《水工建筑物滑动模板施工技术规范》SL 32—2014

a) 3.3.4 对首次采用的树种,应先进行试验,达到要求后方可使用。

〖摘编说明〗

不同的木材,因为树种、纹理、含水率、使用环境温度等不同,强度相差较大。首次使用的树种(木材)对其在结构中表现的特点无法了解,因此应先进行试验,检验木材的物理力学性能,能满足结构要求的木材方可在实际工程中使用。

〖检查要点和方法〗

检查首次采用的树种(木材)是否进行了试验。

b) 5.2.3 人员进出滑模的通道应安全可靠。

〖摘编说明〗

人员进出的通道应有一定宽度,铺设要固定,要设防护网、临空边缘的保护栏杆才可防止人员翻落,其目的是防止人员坠落。

〖检查要点和方法〗

检查人员进出的通道是否安全可靠。

c) 6.3.3 千斤顶和支承杆的最少数量,应符合下列规定:

1 计算提升力时取 6.2.2 条中 1 款、2 款、3 款之和或 1 款、2 款、6 款之和的大值。

2 千斤顶、支承杆的允许承载力及其最少数量计算方法应符合 6.2.3 条的规定。

〖摘编说明〗

千斤顶和支撑杆是滑模的提升组件,本条是对其提升力的计算,允许承载力及其最少数量计算方法等做出的规定。

〖检查要点和方法〗

千斤顶和支承杆的最少数量是否满足本规定。

d) 6.4.2　混凝土面板堆石坝面板滑模设计应符合下列规定：

6　混凝土面板堆石坝滑动模板应具有制动保险装置；采用卷扬机牵引时，卷扬机应设置安全可靠的地锚。

〖摘编说明〗

混凝土面板坝的面板施工，滑模既是混凝土成型装置，又是施工作业的主要场所，滑模平台上和尾部的抹面平台上都有人员作业，如果滑模的牵引钢丝绳、液压千斤顶的拉杆、液压爬钳的卡扣发生断裂，或地锚破坏，滑模就会失控，模板将在十几米至几十米高的斜坡上突然滑落，后果不堪设想。因此，除了地锚、牵引钢丝绳、拉杆、卡扣必须具有规定的安全系数外，还需要采取保证施工安全的保险措施。可利用滑轨、支墩，设置卡钳、倒链，或另外埋设地锚，安装保险用的钢丝绳。

〖检查要点和方法〗

检查是否设有保证安全措施及其可靠性。在滑模投入运行前，监理单位应检查滑模是否按本条文规定设有安全保证措施，其措施是否安全可靠；滑模运行期间，应加强巡视检查。

e) 7.1.4　所有滑模安装都应符合下列规定：

4　当滑模安装高度达到或超过 2.0m 时，对安装人员必须采取高空作业保护措施。

〖摘编说明〗

为保证作业人员在高空作业时的生命安全，防止跌落事故发生，必须采取系安全带等高空作业保护措施。

〖检查要点和方法〗

检查作业人员是否系安全带。

f) 7.4.9　陡坡上的滑模施工，应具有保证安全的措施。当牵引机具为卷扬机时，卷扬机应设置安全可靠的地锚；对滑模应设置除牵引钢丝绳以外的防止其自由下滑的保险器具。

〖摘编说明〗

陡坡上的滑模施工，主要包括溢洪道、大坝溢流面和混凝土面板坝的面板等建筑物的施工，滑模既是混凝土成型装置，又是施工作业的主要场所，滑模平台上和尾部的抹面平台上都有人员作业，如果滑模的卷扬机牵引钢丝绳断裂，滑模就会失控，模板将从陡坡上突然滑落，后果不堪设想。因此，除了牵引钢丝绳必须具有规定的安全系数外，还需要采取保证施工安全的保险措施。可利用滑轨、支墩，设置卡钳、倒链，或另外埋设地锚，安装保险用的钢丝绳。

〖检查要点和方法〗

检查是否设有保证安全措施及其可靠性。在滑模投入运行前，监理单位应检查滑模是否按本条规定设有安全保证措施，其措施是否安全可靠；滑模运行期间，应加强巡视检查。

g) 8.0.5 每滑升 1～3m，应对建筑物的轴线、尺寸、形状、位置及标高进行测量检查，并做好记录（施工记录表格见附录 D）。

〖摘编说明〗

滑模在施工过程中模板一直处于移动中，受外力或其他荷载的作用，模板可能产生移位，为及时纠正和处理建筑物体形偏差，保证施工质量，本条规定了滑模施工中测量检查的频度和内容。

〖检查要点和方法〗

检查施工中是否按规定进行测量检查，做好记录。

h) 9.1.3 在滑模施工中应及时掌握当地气象情况，遇到雷雨、六级和六级以上大风时，露天的滑模应停止施工，采取停滑措施。全部人员撤离后，应立即切断通向操作平台的供电电源。

〖摘编说明〗

在滑模施工中，为防雷击和防止大风倾翻平台，造成不必要的人员伤亡。最佳措施是停止滑模施工，撤离人员，平台断电。

〖检查要点和方法〗

检查施工单位编制的作业计划或实施细则、安全生产的有关规定与检查记录等。

i) 9.2.2 在施工的建（构）筑物周围应划出施工危险警戒区，警戒线至建（构）筑物外边线的距离应不小于施工对象高度的 1/10，且不小于 10m。警戒线应设置围栏和明显的警戒标志，施工区出入口应设专人看守。

〖摘编说明〗

本条规定了滑模施工建（构）筑物周围施工现场警戒防护的要求，防止施工人员和机械设备因滑模施工坠物等造成人员伤亡和财物损失。

〖检查要点和方法〗

检查滑模施工危险警戒区划定等是否符合相应规程的安全规定；检查警戒线是否有围栏和明显标志，出入口是否有专人看守。

j) 9.2.3 危险警戒区内的建筑物出入口、地面通道及机械操作场所，应搭设高度不小于 2.5m 的安全防护棚。

〖摘编说明〗

在危险警戒区内的建筑物出入口、地面通道及机械操作场所，为保证进出设备及人员的安全，防止坠物等造成人员伤亡和财物损失，故要求必须搭设高度不小于 2.5m 的安全防护棚。

〖检查要点和方法〗

　　检查危险警戒区内的建筑物出入口、地面通道及机械操作场所是否按规定搭设安全防护棚。

k)　9.2.4　当滑模施工进行立体交叉作业时，在上、下工作面之间应搭设安全隔离棚。

〖摘编说明〗

　　当滑模施工必须进行立体交叉作业时，应搭设安全隔离棚，目的是避免上、下工作面施工物品坠落造成的损伤事故。

〖检查要点和方法〗

　　检查施工措施是否安全可靠。

l)　9.4.2　施工升降机应有可靠的安全保护装置，运输人员的提升设备的钢丝绳的安全系数不应小于 12，同时，应设置两套互相独立的防坠落保护装置，形成并联的保险。极限开关也应设置两套。

〖摘编说明〗

　　施工升降机一旦失控，就会造成人员财产损失，停工停产。因此可靠的安全保护装置非常重要。

〖检查要点和方法〗

　　检查施工防护设施是否满足本条规定。

m)　9.5.2　滑模施工现场的场地和操作平台上应分别设置配电装置。附着在操作平台上的垂直运输设备应有上下两套紧急断电装置。总开关和集中控制开关应有明显标志。

〖摘编说明〗

　　本条是对滑模施工现场的场地和操作平台上设置配电装置做出的规定，便于紧急情况下快速关闭电源。

〖检查要点和方法〗

　　检查滑模施工的配电装置是否满足本条规定。

n)　9.7.1　露天施工，滑模应有可靠的防雷接地装置，防雷接地应单独设置，不应与保护接地混合。

〖摘编说明〗

　　滑模露天施工时，就有可能会遭受雷击，造成设备损坏及人身伤害事故，应设置可靠地防雷接地装置。

〖检查要点和方法〗

　　检查滑模露天施工时是否有可靠的防雷接地装置。

8-0-2　《水工碾压混凝土施工规范》SL 53—94

a)　1.0.3　施工前应通过现场碾压试验验证碾压混凝土配合比的适应性，并确定其施

工工艺参数。

〖摘编说明〗

碾压混凝土配合比设计和室内试验虽然有一些规律可循，但由于碾压混凝土具有水灰比低、干硬的特点，使试验室在拌制、振动密实等所采用的方法，与现场生产中的拌和、摊铺、碾压等所采用的方法差别较大，所达到的效果也可能存在较大差异。因此，试验室所确定的配合比，应通过现场碾压试验验证其适应性，包括可拌性、抗分离性、可碾压性等，同时通过现场取样，验证各种力学指标是否满足设计要求；并且通过现场试验确定施工工艺参数，如碾压层厚度、激振力、碾压行走速度、碾压遍数等。

〖检查要点和方法〗

检查包括配合比设计内容的现场碾压试验报告。碾压混凝土施工前，施工单位应进行现场工艺性试验，将试验报告提交监理单位审批。监理单位应重点对试验过程进行监理，对配合比的适应性及施工参数能否达到施工图要求的混凝土各项技术指标进行检查审核。

b) 4.5.5 每层碾压作业结束后，应及时按网格布点检测混凝土的压实容重。所测容重低于规定指标时，应立即重复检测，并查找原因，采取处理措施。

〖摘编说明〗

容重是水工结构设计的基本指标，直接关系到大坝工程的安全，对于碾压混凝土，只有达到规定容重指标，才能具备相应的力学强度，满足结构设计的需要。因此，压实容重的检测是评定碾压混凝土质量的主要指标。当现场所测容重低于规定指标时，对达不到要求的部位，应立即重新测定，并查找原因，如，摊铺厚度是否超过规定，拌和物材料有无变化，振动碾性能、振频、振幅、激振力是否存在问题等，针对不同的原因，采取相应的措施，确保碾压密实。

〖检查要点和方法〗

检查每层碾压作业结束后压实容重检测情况及检测结果，容重低于规定指标时的复检情况及其处理措施。监理单位应对现场取样进行监督，对检测结果进行审核，合格后方可进行上层铺筑；不合格部位的处理措施通过审批后，方可实施。

c) 4.5.6 连续上升铺筑的碾压混凝土，层间允许间隔时间（系指下层混凝土拌和物拌和加水时起到上层混凝土碾压完毕为止），应控制在混凝土初凝时间以内。

〖摘编说明〗

连续上升铺筑时，如下层初凝后上层仍未完成碾压，由于初凝使下层混凝土表面硬度增加，上层碾压时其骨料难以嵌入下层而架空，且初凝后胶结效果不好，造成层间结合不良；另外，上层振动碾压将会对下层已经初凝的混凝土造成扰动破坏，使其丧失部分胶凝作用，降低混凝土强度。因此，必须控制施工层间间隔时间不超过混凝土初凝时间，即应在下层初凝前完成上一层混凝土的铺筑碾压。

〖检查要点和方法〗

检查层间间隔时间控制过程，包括每层开仓、闭仓记录及现场初凝时间测定情况等。施工过程中，应做好每层开仓、闭仓记录，严格控制层间间隔在允许间隔时间之内，并按有关规定进行现场初凝时间测定，发现下层被覆盖之前已经初凝，应采取层面处理措施，并核定层间允许间隔时间。监理单位及施工单位质量检查人员应加强监督检查。

d) 4.7.1　施工缝及冷缝必须进行层面处理，处理合格后方能继续施工。

〖摘编说明〗

施工缝是根据施工要求而设置的缝，冷缝是由于停工或不能连续施工而形成的。施工缝和冷缝处理不当，形成薄弱环节，会降低抗剪强度、抗拉强度和抗渗性能，影响工程的整体性和稳定性，因此必须认真处理。

首先，去掉混凝土表面乳皮是非常必要的，碾压混凝土一般采用冲毛、刷毛等方法清除缝面的浮浆及松动骨料（以露出砂粒、小石为准），其目的是为了增大混凝土表面的粗糙度，提高层面黏接能力。层面清理合格后，再均匀刮铺 1.0～1.5cm 厚的砂浆层（砂浆强度等级比混凝土高一级），然后立即在其上摊铺混凝土，并应在砂浆初凝前碾压完毕，防止所铺砂浆失水干燥或初凝。

〖检查要点和方法〗

检查施工缝及冷缝表面处理结果。监理单位应重点检查处理后的层面是否去除了表面乳皮、浮浆及松动骨料，表面粗糙度及层面清理是否符合要求，检查合格后方可继续施工。

8-0-3　《水工混凝土施工规范》 SL 677—2014

a) 3.6.1　拆除模板的期限，应遵守下列规定：

1　不承重的侧面模板，混凝土强度达到 2.5MPa 以上，保证其表面及棱角不因拆模而损坏时，方可拆除。

2　钢筋混凝土结构的承重模板，混凝土达到下列强度后（按混凝土设计强度标准值的百分率计），方可拆除。

1）悬臂板、梁：跨度 $l \leqslant 2m$，75%；跨度 $l > 2m$，100%。

2）其他梁、板、拱：跨度 $l \leqslant 2m$，50%；2m < 跨度 $l \leqslant 8m$，75%；跨度 $l > 8m$，100%。

〖摘编说明〗

混凝土悬臂结构、梁、板、拱、孔洞顶部等架空结构，在浇筑及等待强度期间，混凝土结构自重及加载在其上的其他荷载，由支撑混凝土结构的模板（即承重模板）承担，在混凝土结构强度还不能承受其自身重量及其他荷载之前拆除模板，将会导致混凝土开裂或破坏。因此，为保证混凝土结构安全，承重模板应在混凝土结构达到规范规定的强度后方可拆除；如若提前拆除，必须经过计算及试验复核。

模板拆除期限，即混凝土达到允许拆模强度的时间，与混凝土配合比、水泥品种，以及混凝土养护方式、养护环境等多种因素有关，一般需通过浇筑现场制备和养护试件的强度试验确定。

〖检查要点和方法〗

　　检查混凝土现场强度试验报告。承重模板拆模期限应按本条规定的混凝土强度确定，混凝土强度的检验，应以在混凝土浇筑地点制备并与结构实体同条件养护的试件强度为依据，施工单位应按有关规范要求进行同条件养护试件强度试验，编制试验报告，监理单位应对试验过程进行监督检查，对试验报告进行审核。若提前拆模，施工单位必须通过计算确定拆模所需的混凝土强度，并按上述方法对混凝土强度进行检验，监理单位应对其计算及试验成果进行审核。

b)　10.4.6　各种预埋铁件应待混凝土达到设计要求的强度，并经安全验收合格后，方可启用。

〖摘编说明〗

　　预埋混凝土未达到设计强度要求提前启用，混凝土容易开裂和破坏，导致预埋铁件易拔出或连接不牢，造成设备损坏或人员伤亡。

〖检查要点和方法〗

　　检查与预埋混凝土结构实体同条件养护的试件强度，安全验收合格。

9 灌 浆 工 程

本章涉及 1 项技术标准，强制性条文共 1 条，详见表 9-1。

表 9-1　　　　　　防渗墙与灌浆工程施工部分涉及标准汇总表

序　号	标　准　名　称	标准编号	条　数
1	水工建筑物水泥灌浆施工技术规范	SL 62—2014	1

9-0-1　《水工建筑物水泥灌浆施工技术规范》SL 62—2014

a)　8.1.1　接缝灌浆应在库水位低于灌区底部高程的条件下进行。蓄水前应完成蓄水初期最低库水位以下各灌区的接缝灌浆及其验收工作。

〖摘编说明〗

接缝灌浆属充填性灌浆，灌浆时缝内不应存在渗水和渗压；水库蓄水以后，水面以下的接缝灌浆区受到挤压应力和渗水压力的影响，灌浆难度增加，灌浆效果较差，甚至无法达到灌浆的目的。因此，在蓄水前应完成最低库水位以下接缝灌浆区的灌浆；蓄水后，应在库水位低于灌区底部高程时再进行接缝灌浆。

〖检查要点和方法〗

检查灌浆措施计划。施工单位在灌浆措施计划中，应明确坝体接缝灌浆施工进度计划，蓄水后对水位的控制要求及措施。监理单位应审核其灌浆措施计划是否满足本条规定。蓄水前，检查最低库水位以下各灌区的接缝灌浆及其验收工作是否全部完成；蓄水后，监督灌浆作业在库水位低于灌区底部高程时进行。

第三篇

劳动安全与卫生

保证劳动安全和工业卫生是水利水电工程建设和运行管理中一项重要工作。

水利工程一般规模大，综合性强，多处于河道及高山峡谷，工作条件和环境复杂；高边坡开挖、岩石爆破、地下工程施工、水上水下和高空作业等危险作业多；各工种交叉作业，机械施工与手工操作并行，不安全因素多。因此，必须从技术上、组织上采取一系列必要的措施，防患于未然，施工过程中加强安全控制，严格按计划、按规范、按操作规程作业，保证劳动安全。

水利工程施工强度大，机械化作业率高，工种多，作业环境常常受到粉尘、噪声、振动、热辐射及化学物质等的污染；工程地点偏僻，生活水源安全保障性差，生活和工作环境可能存在侵害人体的微生物和寄生虫等。因此，作业过程中必须采取消除或降低污染措施，改善生活和工作环境，加强疾病预防工作，保障作业人员身体健康。

10 劳 动 安 全

本章涉及 22 项技术标准，强制性条文 202 条，详见表 10-1。

表 10-1 劳动安全部分涉及标准汇总表

序 号	标 准 名 称	标准编号	条 数
1	水利水电工程劳动安全与工业卫生设计规范	GB 50706—2011	8
2	农田排水工程技术规范	SL 4—2013	1
3	水利水电工程坑探规程	SL 166—2010	16
4	水利水电工程钻探规程	SL 291—2003	18
5	水利水电工程施工组织设计规范	SL 303—2004	3
6	水利血防技术规范	SL 318—2011	5
7	水工建筑物地下开挖工程施工规范	SL 378—2007	7
8	水利水电工程施工通用安全技术规程	SL 398—2007	35
9	水利水电工程土建施工安全技术规程	SL 399—2007	24
10	水利水电工程金属结构与机电设备安装安全技术规程	SL 400—2007	19
11	水利水电工程施工作业人员安全操作规程	SL 401—2007	8
12	灌溉与排水渠系建筑物设计规范	SL 482—2011	3
13	光伏提水工程技术规范	SL 540—2011	1
14	水利水电工程鱼道设计导则	SL 609—2013	1
15	小型水电站施工安全规程	SL 626—2013	19
16	水利水电地下工程施工组织设计规范	SL 642—2013	1
17	水利水电工程调压室设计规范	SL 655—2014	1
18	村镇供水工程设计规范	SL 687—2014	1
19	水工建筑物滑动模板施工技术规范	SL 32—2014	4
20	核子水分-密度仪现场测试规程	SL 275—2014	3
21	预应力钢筒混凝土管道技术规范	SL 702—2015	2
22	水利水电工程施工安全防护设施技术规范	SL 714—2015	22

本章内容涉及工程勘探、土建工程施工、金属结构与机电设备安装等劳动安全要求。2004 年颁布的《中华人民共和国安全生产法》、2003 年颁布的《建设工程安全生产

管理条例》等，为工程安全生产进一步规范化、法制化提供了法律依据。

10-0-1　《水利水电工程劳动安全与工业卫生设计规范》GB 50706—2011

a)　4.2.2　采用开敞式高压配电装置的独立开关站，其场地四周应设置高度不低于2.2m 的围墙。

〖摘编说明〗

在水利水电工程中，采用开敞式配电装置的独立开关站一般与厂房或其他主体建筑物具有一定的距离，为了防止外界无关人员随意进出开关站，发生触电或损坏设备等事故，要求在开关站的四周设置围墙，围墙高度不低于 2.2m，可以有效防止外人翻越围墙进入。

〖检查要点和方法〗

检查其场地四周是否设置了围墙及高度是否满足要求。

b)　4.5.7　机械排水系统的排水管管口高程低于下游校核洪水位时，必须在排水管道上装设逆止阀。

〖摘编说明〗

出水口高程低于下游校核洪水位的排水管道上装设逆止阀，可有效地防止下游洪水倒灌厂房。

〖检查要点和方法〗

检查出水口高程低于下游校核洪水位的排水管道上是否装设逆止阀。

c)　4.2.6　地网分期建成的工程，应校核分期投产接地装置的接触电位差和跨步电位差，其数值应满足人身安全的要求。

〖摘编说明〗

由于某些水利水电工程需要分期建设，分期投产，接地网不能一次全部完成，需随主体建筑物的分期建设分期实施。为了保证工程分期投运整个阶段接地装置满足人身安全要求，对分期实施的接地网，应校核分期投产整个阶段已形成的接地装置的接触电位差和跨步电位差，其值应满足人身安全的要求。校核采用的接地短路电流值应为工程分期投产整个阶段的接电网可能出现的最大值，并测试接触电位差和跨步电位差。

〖检查要点和方法〗

检查分期投产接地装置的接触电位差和跨步电位差，其数值是否满足人身安全的要求。

d)　4.2.9　在中性点直接接地的低压电力网中，零线应在电源处接地。

〖摘编说明〗

低压配电网中的零线（中性线）是不允许中断的，零线（中性线）设在电源处时能有效地避免任意线路切除或负载侧配电装置检修，造成低压配电网中其他部分失地运行，能保证系统正常运行、人身及设备安全。水电工程中的低压电网一般是在厂（站）

用变压器低压侧的中性点处接地。

〖检查要点和方法〗

检查零线（中性线）在电源处是否接地。

e) 4.2.11 安全电压供电电路中的电源变压器，严禁采用自耦变压器。

〖摘编说明〗

安全电压供电电路的电源变压器，应保证在正常或故障的情况下，触及其输出电压（二次电压）时，其值均不应大于规定的安全电压值。由于自耦变压器的一、二次两个绕组具有公共部分，使得其一次输入和二次输出在电路上有相连通部分，当绕组短路时，二次电压可能会达到一次电压值，危及人身安全。故此，规定安全电压供电电路中的电源变压器不允许采用自耦变压器。

〖检查要点和方法〗

检查安全电压供电电路中的电源变压器是否违规采用了自耦变压器。

f) 4.2.13 独立避雷针、装有避雷针或避雷线的构架，以及装有避雷针的照明灯塔上的照明灯电源线，均应采用直接埋入地下的带金属外皮的电缆或穿入埋地金属管的绝缘导线，且埋入地中长度不应小于10m。装有避雷针（线）的构架物上，严禁架设通信线、广播线和低压线。

〖摘编说明〗

若照明灯电源线与避雷针或避雷线相距较近，当避雷针（线）遭雷击时，照明灯电源线的电缆金属外皮或穿线金属管上会因雷电感应造成感应电流及出现很高的电位，为防止人身和设备发生危险，照明灯电源线应采用金属外皮电缆或将导线穿入金属管中，并埋入地中长度在10m以上时，可使雷电感应电流有效泄放入地及高电位衰减到安全值以下。类同上述原因，要求严禁在避雷针（线）的构架物上架设通信线、广播线和低压线，以保证人身和设备安全。

〖检查要点和方法〗

检查是否采用了带金属外皮的电缆，并且是否直接埋入地下或穿入金属管的导线，电缆外皮或金属管埋入地中长度在10m以上。在装有避雷针（线）的构架物上是否架设通信线、广播线和低压线。

g) 4.2.16 易发生爆炸、火灾造成人身伤亡的场所应装设应急照明。

〖摘编说明〗

在水利水电工程中，易发生爆炸、火灾的危险场所，主要指厂内油库及油处理室、油浸变压器室、蓄电池室等。这些场所，为避免正常照明系统停电或故障导致次生事故发生时便于人员顺利撤出，或事故时便于工作人员应急操作，应装设应急照明。

〖检查要点和方法〗

检查是否装设了应急照明及工作正常。

h) 4.5.8 防洪防淹设施应设置不少于2个的独立电源供电，且任意一电源均应能满

足工作负荷的要求。

〖摘编说明〗

由于防洪防淹设施事关设施及相关范围内人民生命财产的安全，影响重大，一旦供电电源出问题，所造成事故的后果极为严重，因此必须要求供电电源可靠，因此对供电电源数量提出明确要求。

〖检查要点和方法〗

检查电源数、独立性及其容量是否满足要求。

10 - 0 - 2　《农田排水工程技术规范》SL 4—2013

a)　4.2.2　明沟工程可采用机械开挖或人工开挖，并应遵守下列规定：

3　挖掘机等机械在电力架空线下作业时应保持规定的安全距离或采取安全措施。

〖摘编说明〗

为防止发生触电事故，挖掘机、起重机等机械在电力架空线下作业时应保持规定的安全距离或采取安全措施。当安全距离无法满足规定时，应与电力部门协商，采取临时停电等措施，确保施工安全。

〖检查要点及方法〗

检查施工作业安全规定及安全措施。

10 - 0 - 3　《水工建筑物滑动模板施工技术规范》SL 32—2014

a)　9.3.2　操作平台及悬挂脚手架上的铺板应严密、平整、固定可靠并防滑；操作平台上的孔洞应设盖板或防护栏杆，操作平台上孔洞盖板的打开与关闭应是可控和可靠的。

〖摘编说明〗

滑模施工操作平台及悬挂脚手架上的铺板应严密、平整、固定可靠并防滑，施工人员行走或操作时不易滑落。强调孔洞盖板的打开与关闭的可控性和可靠性，从而不会因为非主观原因和人的无意识动作被打开。

〖检查要点和方法〗

检查施工平台是否严密、平整、固定可靠并防滑，孔洞是否设盖板或防护栏。

b)　9.3.3　操作平台及悬挂脚手架边缘应设防护栏杆，其高度应不小于120cm，横挡间距应不大于35cm，底部应设高度不小于30cm的挡板且应封闭密实。在防护栏杆外侧应挂安全网封闭。

〖摘编说明〗

本条规定滑模施工操作平台及悬挂脚手架边缘应设防护栏杆等要求，目的强调施工人员的安全保护。

〖检查要点和方法〗

检查施工防护设施是否满足本条规定。

c)　9.4.5　人货两用的施工升降机在使用时，严禁人货混装。

〖摘编说明〗

避免人货混装，在极端情况下可以使乘员免受货物引起的附加伤害。

〖检查要点和方法〗

检查人货两用的施工升降机的使用规定和操作规程。

d)　9.10.5　拆除滑模时，应采取防止操作人员坠落的措施，对空心筒类构筑物，应在顶端设置安全行走平台。

〖摘编说明〗

拆除模板时，正拆除的模板，其固定件处于松动待拆状态，极不稳固，故应有防止操作人员坠落的措施或安全行走平台，以保安全。

〖检查要点和方法〗

检查滑模拆模施工方案或拆除现场有无防止操作人员坠落的措施或安全行走平台。

10－0－4　《水利水电工程坑探规程》SL 166—2010

本标准主要内容包括：探坑、探槽、探洞、探井等的施工与施工安全。其中强制性条文涉及爆破安全、探洞支护、通风、有害气体、粉尘、施工保健、放射性、河底平洞、竖井提升与排水、斜井提升等。

a)　6.4.3　爆破材料使用应符合下列规定：

1　导火线外表有折伤、扭破、粗细不均，燃烧速度超过标准速度 5s/m，耐水时间低于 2h 及受潮、变质，不应使用。

2　电雷管脚线断损、绝缘、接触不良，康铜丝电桥大于 0.3Ω、镍铬丝电桥大于 0.8Ω 及受潮、变质，不应使用

3　炸药受潮变质、低温冻结变硬、高温分解渗油、不应使用。

4　1 号、2 号硝铵炸药适用于一般岩石，严禁在有瓦斯、煤尘及有可燃和爆炸性气体的探硐中使用。

〖摘编说明〗

本条规定了探洞施工中不得使用的不合格爆破材料，包括导火线、电雷管、炸药等。

（1）导火线分为普通型和缓燃型。普通导火线燃烧速度 100～125s/m，缓燃导火线燃烧速度 180～215s/m。本条规定的导火线燃烧速度超过标准燃烧速度 5s/m，指的是同厂、同型号、同批次生产的导火线，实际燃烧速度与标准燃烧速度的差值不能超过 5s/m。根据《工业导火索》（GB 9108—1995）规定：普通型导火索优级品的批燃烧时间极差不大于 10s，一级品不大于 15s；缓燃型导火索不大于 25s。

导火线燃烧速度过慢，可能导致误判为瞎炮；燃烧速度过快，不能保证作业人员有充裕的时间撤至安全地点。两种情况都对作业人员生命安全构成威胁。

（2）电雷管通电后，桥丝电阻产生热量点燃引火药头，引火药头迸发出的火焰激发雷管爆炸。桥丝是一个电阻丝，制作材料分康铜丝和镍铬丝，康铜丝电桥的电阻一般为0.7～1.0Ω，镍铬丝电桥2.5～3.0Ω。《爆破安全规程》（GB 6722—1986）规定，用于同一爆破网路的电雷管应为同厂同型号产品，康铜桥丝雷管的电阻值差不得超过0.3Ω、镍铬桥丝雷管的电阻值差不得超过0.8Ω。《爆破安全规程》（GB 6722—2011）将上述规定改为"同一起爆网路，应使用同厂、同批、同型号的电雷管；电雷管的电阻值差不得大于产品说明书的规定。"

（3）1、2号硝铵炸药主要用于无瓦斯和（或）粉尘爆炸危险、无水的中硬岩石的爆破。

〖检查要点和方法〗

（1）检查有关爆破的安全规定和对爆破材料的检查记录等。

（2）爆破材料的控制参数应符合相关行业现行标准的要求。

b）　**6.4.4　爆破材料加工应遵守下列规定：**

1　爆破材料加工应在专设的加工房进行。加工房应干燥通风、严禁烟火，配备消防器具。加工房与居民点及重要建筑物的距离不应小于500m。

2　作业人员应穿棉质工作服。防水处理用的蜡锅应放置室外，其距离不小于10m。

3　导火线、雷管加工应遵守下列规定：

1）导火线长度应根据炮眼数量、深度、点炮时间及躲炮行走时间总和的2倍确定，最短不少于1.2m。

2）雷管中如有杂物，应用手指轻轻弹出，不应用口吹。导火线切口应整齐垂直插入管中与加强帽接触，用雷管钳钳紧，不应用克丝钳或其他方式卡紧。纸雷管用缠纸或缠线等紧固。

4　起爆药卷加工应遵守下列规定：

1）加工量不应超过当天需用量，加工后要妥善保管。

2）加工时用直径约7mm竹签或木签插入药卷70mm后将雷管插入，严禁使用金属棍操作。

3）雷管插入药卷后，火雷管应用扎线将药包扎紧，电雷管应用脚线扎紧。

4）在有水炮眼中使用硝铵炸药时，起爆药包或药卷应进行防水处理。水深在2m以内可用石蜡或沥青进行防水处理，其化蜡温度不大于80℃，浸蜡时间不大于2s；水深大于2m时，可用乳胶套进行隔水处理。

〖摘编说明〗

本条规定了爆破材料加工过程中应遵守的内容，目的是避免爆破材料加工过程中发生意外，造成施工人员的伤亡。

（1）加工房可以在施工场地附近临时修建或利用废弃的民房、窑洞，但要满足安全规定。

（2）规定作业人员穿棉质工作服是防止意外烧伤。蜡锅易燃，所以应放置室外。

（3）导火线的长度应保证作业人员有充裕的时间躲避到安全地方。

（4）在任何情况下，都不应用嘴去吹雷管插口的杂物，由于起爆药受潮就会丧失火焰敏感度，加强帽上沾水就会导致拒爆；硬物在起爆药上偶然划下痕迹，可能引起爆炸。

（5）起爆药卷的制作应在装药前进行，不能事先制成成品备用。

〖检查要点和方法〗

（1）检查施工单位爆破材料加工房是否符合要求，查阅爆破材料加工的有关管理规定。

（2）爆破材料加工应符合相关行业现行标准的要求。

c）6.4.5 装炮及炮眼堵塞应遵守下列规定：

1 装药前用吹砂管将炮眼中岩粉吹净，清除堵塞的岩块及岩屑，并用炮棍探明炮眼深度、角度是否符合要求。

2 装药长度宜为炮眼长度的 1/2～2/3，掏槽眼可多装 10%～20%．紧密堵塞。

3 炮棍应用直径小于药卷直径 6mm 的竹、木质材料制成，端部应平齐，严禁使用金属棍。

4 起爆药卷宜装在由外向里的第二节药卷位置，也可采用双向起爆及反向起爆等方法。

5 炮眼堵塞物宜用黏土（塑性指数以 13 为佳），为增加摩擦阻力，黏土中可渗入 5%～10% 粒径约 1mm 的砂，不应用碎石堵塞。炮眼堵塞长度宜为炮眼深度的 1/3～1/2，但不少于 200mm。

〖摘编说明〗

本条规定了装炮及炮眼堵塞的一般要求。

（1）由于各类炮眼的位置、作用不同，故而分配的药量也有所不同。掏槽眼位于爆破面中部，爆破困难，因而要多装 10%～20%，辅助眼、周边眼则次之。

（2）炮棍严禁使用金属棍是避免因炸药与金属棍摩擦而产生爆炸事故。塑料以及其他可能产生静电的材料也不得作为炮棍使用。《爆破安全规程》（GB 6722—2011）规定"炮孔装药应使用木质或竹制炮棍。"

〖检查要点和方法〗

检查施工单位装炮及炮眼堵塞的有关管理规定和操作细则。

d）6.4.6 起爆作业应遵守下列规定：

1 火雷管起爆应遵守下列规定：

1）安全导火线长度根据点炮需用时间而定，宜为最短火线的 1/3。安全导火线燃尽或中途熄灭时，应立即离开工作面，不应继续点炮。

2）应使用电石灯或导火线，按爆发顺序点炮。每炮间隔时间应为 2s 左右。

3）点炮后应仔细听记响炮数目是否与装炮数目相符。最后一炮响后应至少隔15min，待炮烟吹散后再进入工作面检查爆破效果。

2　电雷管起爆应遵守下列规定：

1）雷雨天气严禁使用电雷管起爆。

2）有涌水或有瓦斯的工作面应使用电雷管或导爆管起爆，严禁使用火雷管。

3）应根据爆发顺序采用延期雷管。杂散电流超过30mA时，严禁使用普通电雷管。

4）起爆线路应保持良好绝缘，断面应保持并联电流要求，电压应满足雷管串联要求，母线断面不应小于$2.5mm^2$。

5）爆破线路应与照明动力线路分开架设，中途不应交叉，各工作面应有单独的电力起爆网。爆破线路及起爆网应由爆破员亲自架设，每次放炮前应采用电桥进行安全检查。

6）探硐较深时应采用分段连接，分段加设短路开关。

7）采用电力线路起爆，若发生拒爆应首先切断电源，合上短路闸刀，待即发雷管过2min或延期雷管过5min后，方可进入工作面进行检查。

〖摘编说明〗

炸药用雷管起爆的方法分为火雷管起爆和电雷管起爆。

（1）火雷管起爆，爆破工都是在装药附近点燃导火线，点燃的导火线过多、导火线不够长、人员撤到掩蔽所有困难等均可导致早爆而发生危险。

（2）漏电、感应电流、静电和雷电等各种与起爆电流无关的电流为杂散电流，它对电雷管作用，可能使炸药发生早爆。

〖检查要点和方法〗

检查施工单位爆破施工的设计报告等，设计是否满足起爆作业的规定。

e）6.4.7　瞎炮处理应遵守下列规定：

1　用掏勺轻轻掏出炮泥，到达预定标志应立即停止，装入起爆药引爆。严禁采用强行拉导火线或雷管脚线的办法处理。

2　采用上述方法处理无效时，可在瞎炮旁约400mm处平行凿眼，装药起爆处理。

3　当班瞎炮应由当班炮工亲自处理。瞎炮未经处理，不应进行正常作业。

4　严禁使用压缩空气吹出炮眼中的炮泥和炸药雷管。

〖摘编说明〗

瞎炮是指在爆破作业过程中，由于种种原因导致拒爆（电雷管和炸药都不爆炸）或残爆（电雷管爆炸，炸药不完全爆炸或不爆炸）。瞎炮的存在，给现场作业人员的人身安全带来极大危害。

如果遇到瞎炮，首先应仔细分析，查明原因；然后采取有效处理措施，加以消除。

〖检查要点和方法〗

检查施工单位爆破施工的设计报告或操作规则等，对瞎炮处理作业的规定是否满足要求。检查瞎炮处理的过程记录。

f） 6.4.9 露天爆破尚应符合下列规定：

1 相邻地区同时放炮，应统一指挥，统一信号，统一时间。

3 应控制爆破安全距离。炮眼直径应为 42mm 以内，平地水平距离应为 200m，山地水平距离应为 300m。

〖摘编说明〗

露天爆破一般用于洞口开挖和施工场地平整。露天爆破的安全生产不仅需要考虑施工人员的安全，还需要考虑邻近建筑物、居民、行人、车辆等的安全。

《爆破安全规程》（GB 6722—2011）规定的爆破安全距离有：爆破振动安全允许距离，爆破空气冲击波安全允许距离，爆破作业噪声控制标准，水中冲击波及涌浪安全允许距离。

〖检查要点和方法〗

检查施工单位编制的作业计划或实施细则、安全生产的有关规定与检查记录等。

g） 6.6.1 支护应符合下列规定：

2 支护前应检查硐壁、硐顶岩体稳定性，松动岩石应挖除。

5 支护应一次架好。靠近工作面的支护应采取加固和保护措施，及时修复放炮打坏的支护。

6 使用中的探硐，应经常检查支护的牢固性、安全性，及时加固、更换变形移位及腐朽折断的支护。

7 恢复或加固、加深旧硐时，应首先检查支护，必要时进行更换。

8 破碎松散岩（土）体应及时进行支护。必要时可采用超前临时支护。

〖摘编说明〗

支护是探洞施工中一项重要的工作，其目的是保证隧洞围岩稳定，满足洞内施工与作业安全的需要，做到及时支护，并应根据洞周岩体稳定情况采取合理的措施。

（1）放炮后，应先检查已有支护情况，发现有放炮打坏的支护应及时修复。

（2）恢复或加深旧洞要谨慎从事，应首先勘查现场，制定技术措施后方可施工。

〖检查要点和方法〗

检查施工单位编制的作业计划或实施细则、安全生产的有关规定与检查记录等。

h） 6.7.1 通风应符合下列规定：

2 开挖工作面的氧气体积应不低于 18%。

4 有瓦斯（CH_4）和其他有害气体探硐工作面，人均供新鲜空气量不应低于 5 m^3/min，通风风速不应低于 0.25m/s。

5 硐深超过 300m 时，应进行专门通风设计。按同时在硐内工作的总人数计，每人每分钟供风量不应少于 4m^3/min，工作面回风风流中，氧气、瓦斯、二氧化碳和其他有害气体含量应符合本条第 2 款及 6.8.2 条的规定。

〖摘编说明〗

通风的目的是为改善施工环境,保护施工作业人员的身体健康。《水工建筑物地下开挖工程施工技术规范》(SL 378—2007)对地下洞室开挖施工过程中,有详细规定。

〖检查要点和方法〗

检查施工单位编制的作业计划或实施细则、安全生产的有关规定与检查记录等。

i) 6.8.2 有害气体、粉尘、噪声监测及施工保健应符合下列规定:

1 有害气体、粉尘、噪声卫生安全标准应符合下列规定:

1)工作面有害气体限量(按体积计)应符合表6.8.2的规定。

表6.8.2 地下硐室有害气体最大允许浓度

名　称	符　号	最大允许(体积)浓度(%)
一氧化碳	CO	0.00240
二氧化碳	CO_2	0.50
氮氧化物	$[NO]$	0.00025
二氧化硫	SO_2	0.00050
瓦斯	CH_4	1.0
硫化氢	H_2S	0.00066
氨	NH_3	0.00400

2)工作面空气粉尘含量不应大于$2mg/m^3$。

2 有害气体及粉尘监测应符合下列规定:

3)在有瓦斯或其他有害气体的探硐施工,应对瓦斯或其他有害气体突出的断层带、老窿、破碎带等部位每班至少监测两次,发现浓度不断升高,应加密监测。当有害气体超限时,应立即撤离工作人员或采取防护措施。

5)长期停止施工的探硐恢复生产时,首先应检查氧气、二氧化碳、瓦斯和其他有害气体浓度。如不符合规定,应通风排放有害气体,达到标准后方可进硐施工。

4 施工保健应符合下列规定:

2)硐内噪声大于90dB(A)时,应采取消音或其他防护措施。

3)凿岩作业,应配带防护面罩及防护耳塞。

〖摘编说明〗

本条主要根据《水工建筑物地下开挖工程施工技术规范》(SL 378—2007)制定。这就要求施工单位配备合格的粉尘和有害气体测试仪器,并能够进行有效测量。在平洞内施工过程中,当有害气体及可燃性气体含量超过规定时,加强通风是处理的有效措施。有害气体浓度降低到低于标准值后才能正常开始相关工作。

(1)初次施工的探洞,从岩性和区域构造分析存在有害气体不大时,仍需进行监测。当掘进一定深度后,经监测确认不存在有害气体时,经项目负责人批准可取消后期监测。

（2）从地质构造及岩性判定，并经实测确认存在有害气体，但监测结果未超标的情况下，每班仍要至少监测两次。

〖检查要点和方法〗

检查施工单位编制的作业计划或实施细则、安全生产的有关规定与检查记录等。

〖案例分析〗

在某抽水蓄能电站下库勘探平洞中，就曾发生过因未注意有害气体问题，而造成人员死亡的事故。

j）6.8.3　放射性监测及施工保健应符合下列规定：

1　在火成岩地区、新构造活动部位等施工作业，应进行γ射线和放射性气体测试，判定是否存在放射性危害。

2　井、硐内施工人员的个人内外照射剂量大于年限值 1mSv/a 时，应根据国家有关标准的规定，进行氡及其子体和γ辐射的个人剂量监测及辐射环境监测，必要时采取防护措施。

〖摘编说明〗

本条主要根据《铀矿地质勘查辐射防护和环境保护规定》（GB 15848—2009）制定。放射性对人体的危害是众所周知的，当在有放射性危害的探洞中施工时，要采取有效的防护措施。

〖检查要点和方法〗

检查施工单位编制的作业计划或实施细则、安全生产的有关规定与检测、检查记录等。对存在放射性的探洞，还要检查放射性防护措施是否有效。

k）6.8.4　救护装备应符合下列规定：

1　在有瓦斯地区掘进探硐时，应按工作人员总数的110%配备自救器或送风面盔。低瓦斯地区宜用过滤式自救器，高瓦斯地区宜配用化学氧自救器。

2　施工单位应配备氧气呼吸器。

3　自救设备应定期进行气密检查。

〖摘编说明〗

救护装备是在发生有害气体、停电、停风、塌方等突发事件时，施工作业人员用于自救逃生使用的装备，可起到保护施工作业人员生命安全、有效减少人员伤亡的作用，是探洞施工中必不可少的。

〖检查要点和方法〗

检查施工单位编制的作业计划或实施细则、安全生产的有关规定与检查记录等。检查探洞施工中救护装备的配备及使用情况。

l）6.10.3　河底平硐施工尚应符合下列规定：

3　应打超前眼，深度不小于 3m。

6 导井与河底平硐连接处应设置安全硐或躲避室。

7 应对围岩变形和地下水进行监测。

8 应配置备用电源，或采取其他措施，在突发涌水或停电时能将井、硐内工作人员和设备提升到安全地点。

〖摘编说明〗

河底平洞施工时，应采取有效措施防止平洞与河水贯通，并应有应急预案，保护施工作业人员的生命安全。

（1）打超前眼的目的是探明开挖面即将开挖岩体的完整性、围岩稳定性，有无断裂或破碎带、强岩溶带、强透水地层等，避免造成围岩失稳或涌水等重大事故。

（2）备用水泵要定期启动运转和维护保养，以备急需时能正常工作。

（3）备用电源的启动与运行性能要可靠，专人负责，确保随时启动以应急需。

〖检查要点和方法〗

（1）检查施工单位编制的作业计划或实施细则、安全生产的有关规定与检查记录等。

（2）检查河底平洞施工中安全洞或躲避室的设置、围岩变形与地下水监测情况、突发事件的应急预案与抢险器材准备情况。

m）7.2.11 提升作业应符合下列规定：

1 提升钢绳安全系数应大于8，并应随时检查钢绳有无断股及损坏。

2 检查提升系统（钢绳、吊钩、吊环等）牢固程度，连接部件的安全系数应大于8。

3 提升速度应小于1m/s，升降人员时应减速50%。

〖摘编说明〗

本条是对竖井施工中提升作业有关安全方面的规定，需要注意以下几个方面：

（1）起重卷扬机选择应满足几个要求：有足够的起重能力；卷筒有足够的容量；有两速以上的变速范围。

（2）钢丝绳、吊钩、吊桶、罐笼要安全可靠，要定期检查，及时修理与更换配件。

〖检查要点和方法〗

检查施工单位编制的作业计划或实施细则、安全生产的有关规定与检查记录等。

n）7.2.12 排水应符合下列规定：

1 涌水量大时可设活动水泵吊盘，吊盘内可装一台或多台水泵。吊盘与出渣桶不应互相干扰。

2 水泵排水能力应大于预测涌水量的一倍，备用水泵比例应为1∶1，并设有备用电源。

〖摘编说明〗

在富水的地层中开挖竖井，排水常常成为影响竖井开挖成败的因素之一，同时，也是保证施工人员施工安全的重要措施。备用水泵的要求是为了在突发涌水事件出现时，能及时采取措施，防止事故的发生。

本条规定是属于常用泵从井内向井外排水。遇涌水量特大，井内排水不能满足要求时，可在井外钻凿降水井来解决。

〔检查要点和方法〕

检查施工单位编制的作业计划或实施细则、安全生产的有关规定与检查记录等。检查备用水泵的配置情况。

o)　7.3.8　提升应符合下列规定：

2　每隔5～10m宜设安全硐，提升机运行时，作业人员应进入安全硐内躲避。

3　斜井中应设挡车器，矿车应带有安全装置。

5　井口应设挡车栏杆，矿车上来应先关好挡车栏杆才准摘钩。空车下放应先将矿车挂钩挂好后再打开挡车栏杆，送下矿车。处理掉道矿车，矿车下方严禁站人。

〔摘编说明〕

斜井开挖的提升工序是施工中能否做到安全生产的一个重要环节，需用专用提升设备，不得使用其他代用机械。

〔检查要点和方法〕

检查施工单位编制的作业计划或实施细则、安全生产的有关规定与检查记录、培训记录等。检查安全洞、挡车器、挡车栏杆等的设置情况。

p)　8.0.5　坑探工程施工必须遵守下列规定：

3　工地机房、库房、宿舍等设施，不应修建在洪水位以下、危岩下以及山洪暴发所危及的冲洪积扇上。

4　爆破作业应确定安全警戒范围，设立明显的安全标志，必要时要有专人把守。

〔摘编说明〕

坑探工程施工还要注意施工与人员的安全问题，防止洪水、危岩、滑坡、泥石流等危及施工人员的生命安全。

爆破作业应设立安全警戒范围，防止对行人、车辆造成危害。

〔检查要点和方法〕

检查施工单位编制的作业计划或实施细则、安全生产的有关规定与检查记录等。检查警戒范围和安全标志的设立、专人把守等情况。

10－0－5　《核子水分-密度仪现场测试规程》SL 275－2014

a)　第1部分　7.1.2　现场测试技术要求：

f)　现场测试中的仪器使用、维护保养和保管中有关辐射防护安全要求应按附录B的规定执行。

b)　附录B（规范性附录）　辐射安全

B.1　凡使用核子水分-密度仪的单位均应取得"许可证"，操作人员应经培训并取得上岗证书。

B.2　由专业人员负责仪器的使用、维护保养和保管，但不得拆装仪器内放射源。

B.3　仪器工作时，应在仪器放置地点 3m 范围设置明显放射性标志和警戒线，无关人员应退至警戒线外。

B.4　仪器非工作期间，应将仪器手柄置于安全位置。核子水分-密度仪应装箱上锁，放在符合辐射安全规定的专门地方，并由专人保管。

B.5　仪器操作人员在使用仪器时，应佩戴射线剂量计，监测和记录操作人员所受射线剂量，并建立个人辐射剂量记录档案。

B.6　每隔 6 个月按相关规定对仪器进行放射源泄露检查，检查结果不符合要求的仪器不得再投入使用。

c)　第 2 部分　**7.1.2**　现场测试技术要求：

f)　现场测试中的仪器使用、维护保养和保管应执行本标准第 1 部分附录 B 的规定。

〖摘编说明〗

本条规定了核子水分-密度仪现场测试的技术要求。对仪器使用人员，使用、维护保管、仪器放置，使用仪器时辐射剂量监测记录，以及仪器放射源检查做出了规定。在仪器使用和保管中应严格执行防止放射伤及他人，同时保护使用者。

〖检查要点和方法〗

检查核子水分-密度仪使用单位许可证，操作人员上岗证书。检查仪器的使用、保养维护和保管是否满足规定要求。检查操作人员的个人辐射剂量记录档案。检查保管仪器放射源核泄漏情况检测记录档案等。

〖案例分析〗

2014 年 4 月 9 日，天津某检测公司携带放射源来到南京，为南京某公司预制场进行管道探伤。5 月 7 日凌晨作业完成后，将放射源回收时，按照规定，探伤作业完成后，操作人员应该使用专业的射线扫描仪器对现场进行扫描，以确保放射源没有遗留。经调查，这步重要的程序没有进行，这就是造成这次核辐射事故的主要原因。加上晚上施工，天黑光线不好，放射源又小，因此掉在地上没有看见。8 日中午，按照工作程序，天津公司的工人将现场放射源照射的胶片冲洗出来，发现曝光异常，于是通知设备生产企业来检修设备。直到这时，事发已经近 12 小时，仍没有人发现放射源不见了。8 日下午 6 点，生产企业检修技术人员赶到。检修结果把所有人都吓呆了。于是立即报警。

南京环保部门查询了天津公司放射源的购买到保存以及施工一套手续，每个环节都符合规定。从事放射源工作的技术人员也是在天津培训取得资质后才上岗的。同时，探伤作业也是安排在夜间进行。唯一的纰漏出在管理不够，工作人员在放射源操作和保管过程中违反相关规定，导致放射源铱-192 丢失。

据媒体报道，本次放射源丢失，造成一名工人受辐射，住院治疗。另外寻找丢失放射源耗费大量人力物力。因此使用单位和操作人员应严格遵守技术规程，防止放射伤及他人。

发生本次事故的主要原因是管理不够，工作人员在放射源操作和保管过程中违反相关规定。

10-0-6 《水利水电工程钻探规程》SL 291—2003

a) 3.3.2 钻探设备安装和拆迁应遵守下列规定：

2 竖立和拆卸钻架应在机长统一指挥下进行。立放钻架时，左右两边设置牵引绷绳以防翻倒，严禁钻架自由摔落。滑车应设置保护装置。轻型钻架的整体搬迁，应在平坦地区进行，高压电线下严禁整体搬迁。

〖摘编说明〗

钻探设备安装和拆迁是保证钻探能正常运行和影响生产安全的一个重要方面，该条规定主要可以从以下三个方面理解和执行：

（1）钻场在竖立和拆卸时，人员集中在很小的范围内，上下左右立体作业，最易引发事故，所以必须在机长统一指挥下进行。

（2）钻架滑车，过去因为过度磨损而意外脱落或损坏的情况时有发生，而安装之后又不好上油和检查，所以，在立架之前要特别注意检查加油。滑车的防护装置一般采用绳子或链条与钻架、架腿相连，中间留有一段距离，使卷扬机操作者留有紧急处理时间。

（3）在平坦地区，轻型钻架可以整体搬迁。但在地面崎岖时，抬架人员受力不均，容易引起人员伤亡或钻架倾倒；钻场在输电高压线下时，若钻架顶部离输电线较近，高压电容易击穿空间使人体与地面接通造成触电事故；因此，这两种情况严格禁止钻架整体搬迁。

〖检查要点和方法〗

检查施工单位编制的作业计划或实施细则、安全生产的有关规定与检查记录等。

b) 4.3.4 爆破药包的包装必须由持证专业人员在距离钻场 50m 以外安全范围进行作业。

c) 4.3.5 药包与孔口安全距离：在水下作业应大于 3m，干孔作业应大于 5m。

〖摘编说明〗

孔内爆破是覆盖层钻进时的一种辅助手段，配合其他钻进方法，利于穿透大直径的孤石和漂石，也用于事故处理。孔内爆破必须保证安全生产，特别是施工人员人身安全。

〖检查要点和方法〗

检查施工单位编制的作业计划或实施细则、安全生产的有关规定与检查记录、爆破人员的资格证书等。

d) 4.5.2 滑坡地段钻进应遵守下列规定：

4 对有危险的滑坡体应设专人观察滑坡体的动态，如发现有滑动迹象时，立即将机组撤离至安全地区。

〖摘编说明〗

在有危险的滑坡体上进行钻探，由于在钻探施工过程中增加的荷载、人工扰动和钻探冲洗液等的影响，滑坡体可能失稳而对作业人员的安全构成威胁，因此需要对滑坡体进行动态观察，一有滑动迹象立即采取措施，保证施工人员的安全。

〖检查要点和方法〗

检查施工单位编制的作业计划或实施细则、安全生产的有关规定与检查记录、滑坡体动态观察记录等。

e) **8.3.1** 在河谷狭窄、水深流急处钻探，可架设钢索桥，钢索桥的设计应遵守下列规定：

1 钢索桥应有专门设计文件，并应经上级机关批准后才能施工。

2 有关安全规定应随钢索桥设计书一并呈报，批准后执行。

3 钢索桥钻场的最低点应高于施钻期间最高水位 3m，还应符合当地航运要求。

4 钢索桥栏杆高应为 1.2m。

5 钢索桥上方应架设安全绳，装设紧急撤退吊斗一台，最大载重量为 10kN。吊斗由岸上牵引驱动。

f) **8.3.2** 架设钢索桥应遵守下列规定：

4 风速在 5 级以上或雨、雪、雾天气，禁止施工架设。

g) **8.3.3** 钢索桥钻探时设备安装应遵守下列规定：

5 禁止在 5 级大风和重雾、雨雪天气进行安装。

h) **8.3.4** 钢索桥钻探应遵守下列规定：

1 每天应有专人检查索桥桩基、钢丝绳卡子等安全情况。

〖摘编说明〗

在河谷狭窄、水深流急处进行钻探施工，钢索桥是保证施工顺利进行和安全的重要保障。因此，应对铁索桥进行专门的设计，并制定有关的安全规定。铁索桥的高度要考虑到施工过程中洪水的影响。如为通航河流，还应考虑通航的需要。

〖检查要点和方法〗

检查铁索桥设计文件和有关的安全规定、上级机关的批准文件以及施工过程中的安全生产检查记录等。

i) **8.4.1** 冰上钻探应在封冻期进行，透明冰层厚度应不小于 0.3m。冰上钻探期间，应掌握水文气象动态，设专人负责观测冰层安全情况。

〖摘编说明〗

本条仅适用于非车装钻机施工，对于车装钻机施工应进行一些调查研究，确定冰层厚度和施工期。

河水结冰时，应等待冰层到一定厚度时，才能在冰上进行钻探，本条规定的透明冰层厚度是指冰层中间没有空气夹层时的厚度。

冰上钻探，接近解冻时最危险，这时冰层的厚度虽大，但由于气温开始升高，冰内形成细小裂隙，应事先注意开江和冰层发生碎裂的可能。事前一定要注意气象与水文预报，随时做好撤离准备，一旦发现情况异常，应及时撤离。

〖检查要点和方法〗

检查施工单位编制的作业计划或实施细则、冰上钻探安全生产的有关规定与检查记录等。

j）8.5.5 近海钻探应遵守下列规定：

5 风力大于 5 级时，钻船和平台不得搬迁和定位。浪高大于 1m 或钻船横摆角大于 3°时，应停止作业。

6 风力 6 级、浪高 1.5m 时，钻船应停止作业，拔出套管避风；风力 5 级或浪高 0.8m 时，船只不得靠近平台接送工作人员，人员应通过悬吊装置上、下平台。

〖摘编说明〗

近海钻探，风浪是威胁作业人员安全的主要自然因素。规定风力大于 5 级和浪高大于 0.8m 时，船只不允许停靠平台，主要是因为海上平台的海底支持面积很小，自身稳定性有一定限度。

〖检查要点和方法〗

检查施工单位编制的作业计划或实施细则、近海钻探安全生产的有关规定与检查记录等。

k）13.2.1 钻场工作人员应遵守下列安全规定：

2 在钻塔上工作时，必须系牢安全带。

3 钻场设备安装之后，机长必须进行安全检查，确认安装合格，方可开钻。

〖摘编说明〗

钻探工作环境艰险，生产过程繁复，没有熟练的操作技术和安全意识就难以顺利完成任务。在钻塔上工作，属于高空作业（3m 以上），所以要系安全带，以防失足落下。

〖检查要点和方法〗

检查施工单位编制的作业计划或实施细则、钻塔上作业安全生产的有关规定与检查记录等。

l）13.2.4 孔内事故处理应遵守下列安全规定：

3 使用千斤顶起拔钻具时，千斤顶卡瓦应栓绑牢固，并挂好提引器，严防钻杆顶断后窜起或卡瓦飞出伤人。

〖摘编说明〗

孔内事故处理是钻探工作中一项细致工作，需要工作人员胆大心细，严格按照规定操作，避免造成人员伤亡。

〖检查要点和方法〗

检查施工单位编制的作业计划或实施细则、安全生产的有关规定与检查记录等。

m）13.3.1 井下排水取芯应遵守下列安全规定：

1 当井下采用潜水泵排水，或井壁不稳、照明不佳时，工作人员严禁在井下作业。使用的电缆必须有良好的绝缘。

4 禁止井下与井口同时作业。

5 井下作业必须戴好安全帽和系好安全带。

6 在井下取芯作业，严禁人和物同时吊起。

〖摘编说明〗

大口径钻探可用以代替竖井开挖，其钻进方法有取芯钻进和全断面钻进。坚硬和半坚硬岩层中的取芯钻进，是回转钻进的一种，断取岩芯常采用楔断法或液压顶断法，这都涉及工作人员需在井下安全作业的问题。

井下有人时，排水不得采用潜水泵进行，是因为潜水泵电机没入水中容易漏电，而且潜水泵工作时，电机周围会在水中形成感应电动势，有时它的电压非常高，对井下工作人员形成一种威胁，甚至造成触电事故。系好安全带，还包括将安全带引出井口，在万一发生异常情况时，可以由井口人员将井下人员提出井外。井下取芯，下井时应该先下物后下人；出井时应先吊人，后吊物。

〖检查要点和方法〗

检查施工单位编制的作业计划或实施细则、安全生产的有关规定与检查记录等。

n）13.3.2 升降钻具应遵守下列安全规定：

3 提放钻具时，提引器的快卡子应安全可靠；重物放倒摘掉快卡子时，应立即用绳子拉住钩子，以防摆动伤人。

〖检查要点和方法〗

检查施工单位编制的作业计划或实施细则、安全生产的有关规定与检查记录等。

o）13.3.3 井口安全应遵守下列规定：

3 井下有人员作业时，井口应设专人看守，所用工具等，一律用系绳或由吊桶运送，不得向井下投放。

〖摘编说明〗

本款所指设专人看守，主要是防止闲人和牲畜进入井口周围造成意外伤害事故。

〖检查要点和方法〗

检查施工单位编制的作业计划或实施细则、安全生产的有关规定与检查记录等。

p）13.4.1 水上钻探应遵守下列安全规定：

11 遇有重雾视线不清或5级以上大风时，禁止抛锚、起锚和移动钻船、渡船等。

〖摘编说明〗

水上钻探是在江河湖海水面上作业的一种钻探工作，是水利水电工程勘察钻探的一项重要内容。水上钻探能否顺利、安全进行，既与设备及辅助设备有关，同时也与当地的水文、气象、航运以及水库的运行条件有关。

〖检查要点和方法〗

检查施工单位编制的作业计划或实施细则、安全生产的有关规定与检查记录等。

q)　13.5.3　钻场防风应遵守下列安全规定：

1　高 10m 以上的钻塔，应设安全绷绳。

2　大风超过 6 级时，应增设绷绳或落下钻塔篷布。

〖摘编说明〗

本条规定的目的是防止大风吹倒钻架，造成不必要的人员伤亡。安全绷绳指的是 4 根安全绷绳。此外，大风超过 6 级时，风压很大，如靠绷绳不能确保钻架不倒，最佳措施是落下钻架上篷布，减小风力的影响。

〖检查要点和方法〗

检查施工单位编制的作业计划或实施细则、安全生产的有关规定与检查记录等。

r)　13.5.5　陡坡修建钻场和钻进应遵守下列安全规定：

3　遇 6 级以上大风或雨雪连绵天气应停止施工，复工前进行安全检查。

〖摘编说明〗

在陡坡修建钻场和钻进，恶劣天气时应停止施工，防止人员滑倒或钻架（塔）被风吹倒而伤到人。复工前的安全检查也是非常重要的，检查过程中要排除停工期间形成的安全隐患。

〖检查要点和方法〗

检查施工单位编制的作业计划或实施细则、安全生产的有关规定与检查记录等。

10－0－7　《水利水电工程施工组织设计规范》SL 303—2004

a)　4.7.14　防尘、防有害气体的综合处理措施应符合下列规定：

4　对含有瓦斯等有害气体的地下工程，应编制专门的防治措施。

〖摘编说明〗

地下工程中若含有瓦斯等有害气体，对人体危害严重，甚至会导致死亡，瓦斯达到一定浓度能发生燃烧或爆炸，而导致重大事故，因此应根据有关的规程规范编制专门的防治措施。地下工程瓦斯防治措施主要有超前探测预报、加强监测、加强通风、防爆、导排、超前钻孔排放、封堵等。

〖检查要点和方法〗

检查有害气体防治措施。对含有瓦斯等有害气体的地下工程，设计单位应编制专门的防治措施；设计审查部门应首先检查设计是否编制有专门的防治措施，并对其防治措施是否全面、有效、安全，是否符合相关规范、规程的有关规定进行审查。

b)　6.5.6　各施工阶段用电最高负荷宜按需要系数法计算；当资料缺乏时，用电高峰

负荷可按全工程用电设备总容量的 **25%～40%** 估算。

对工地因停电可能造成人身伤亡或设备事故、引起国家财产严重损失的一类负荷应保证连续供电，设两个以上电源。

〖摘编说明〗

水利水电工程施工现场一类负荷主要有井、洞内的照明、排水、通风，基坑内的排水，汛期的防洪、泄洪设施，医院的手术室、急诊室，重要的通信站，以及其他因停电即可能造成人身伤亡或设备事故而引起国家财产严重损失的重要负荷。由于单一电源无法确保连续供电，供电可靠性差，因此对一类负荷应具有两个或两个以上的电源，否则应建自备电厂。

需要系数法是目前设计部门计算施工用电高峰负荷的常用办法，但当资料不足时，标准允许采用总同时系数法，并给出了同时系数的建议值。

〖检查要点和方法〗

检查施工供电设计。设计审查部门应重点对施工供电负荷计算是否合理，一类负荷是否设有两个以上电源（包括自备电厂），是否能保证一类负荷的连续供电进行审查。

c) 7.2.6 下列地点不应设置施工临时设施：

1 严重不良地质区或滑坡体危害区。

2 泥石流、山洪、沙暴或雪崩可能危害区。

5 受爆破或其他因素影响严重的区域。

〖摘编说明〗

在这些地区布置临时设施，会给工程施工带来危害，使人员生命受到威胁，身体受到伤害，因此应避开在这类地区设置临建工程。

〖检查要点和方法〗

检查施工总布置设计。设计人员应充分掌握施工区可能遭受地质灾害、山洪威胁等自然灾害区，以及受施工严重影响区域的情况，按规范要求进行施工总布置设计。设计审查部门应对各施工布置区所处的地形、地质、水文、气象、施工等环境条件是否安全，是否符合本条文规定进行重点审查。

10-0-8 《水利血防技术规范》 **SL 318—2011**

a) 5.1.1 从有钉螺水域引水的涵闸（泵站），应因地制宜，修建防螺、灭螺工程设施。

b) 6.1.1 在血吸虫病疫区新建、改建或加固堤防工程时，应结合堤防建设，采取灭螺、防螺措施。

c) 7.1.1 在血吸虫病疫区新建、扩建和改建灌排渠系时，应采取防螺、灭螺措施。

d) 8.0.1 在血吸虫病疫区整治河湖时，应采取防螺、灭螺措施。

e) 9.0.1 在血吸虫病疫区新建、扩建和改建饮水工程时，应采取水利血防措施，防止钉螺污染水源和输水通道。

〖摘编说明〗

在有螺河道（渠道）引水涵闸（泵站）修建控制性的防螺、灭螺工程，可以有效地防止钉螺向无螺区扩散，控制血吸虫病的流行，避免因为修建水利工程造成血吸虫病扩散，从源头上切断传染、扩散的渠道与流行的可能。

〖检查要点和方法〗

确定的血吸虫病病疫区及其可能扩散影响地区的范围是否合理；水利血防措施规划内容是否全面，措施是否得当。

10－0－9　《水工建筑物地下开挖工程施工规范》SL 378—2007

a）　8.4.2　竖井吊罐及斜井运输车牵引绳，应有断绳保险装置。

〖摘编说明〗

若竖井吊罐或斜井运输车的牵引绳发生断绳，吊罐失控下坠或斜井运输车失控下滑，造成设备损毁，甚至人员伤亡，因此竖井吊罐及斜井运输车应有断绳保险装置。

〖检查要点和方法〗

检查竖井吊罐及斜井运输车牵引绳断绳保险装置。设备选型时，应选择有断绳保险装置的竖井吊罐和斜井运输车，或施工单位自行设计配置断绳保险装置。设备投入运行前，监理人员应对竖井吊罐和斜井运输车是否安装断绳保险装置，保险装置是否安全可靠进行检查，检查合格方能投入运行。

b）　8.4.11　井口应设阻车器、安全防护栏或安全门。

〖摘编说明〗

井口设阻车器、安全防护栏或安全门，是为了防止人员误入危险区或运输设备冲入井筒，造成设备或人员坠井事故。

〖检查要点和方法〗

检查井口阻车器、安全防护栏或安全门。当井口施工具备安装阻车器、安全护栏或安全门条件时，应及时安装。监理人员应巡视检查井口是否及时安装有阻车器、安全护栏、安全门，并对其安全可靠性及运行状况进行检查。

c）　8.4.12　斜井、竖井自上而下扩大开挖时，应有防止导井堵塞和人员坠落的措施。

〖摘编说明〗

斜井、竖井扩挖过程中，导井一旦堵塞，处理难度较大，应从导井施工和斜井、竖井扩挖施工两个方面采取措施，防止导井堵塞。为防止作业人员坠落，要求从人员进井、施工、出井整个过程采取措施，保证作业人员安全；进入工作面的人员，应首先系好安全带，方可开始施工，一般采取在井壁上设插筋，将安全绳一端固定于插筋上，另一端与作业人员腰部安全带相连，防止人员坠落导井。

〖检查要点和方法〗

检查斜井、竖井专项施工技术措施和安全措施。对于斜井、竖井施工，施工单位应制定专项施工技术措施和安全措施，其中应含有防止导井堵塞的技术措施和防止人员坠落的安全措施。监理单位应重点对下列内容进行审核：导井井壁施工质量保证措施，导井井壁障碍清理措施，扩挖爆破石渣块度控制措施，井底堆渣高度控制措施，防止人员坠落措施等；并按批准的措施计划监督实施。

d）**11.1.1 地下洞室开挖施工过程中，洞内氧气体积不应少于20%，有害气体和粉尘含量应符合表11.1.1的规定标准。**

表11.1.1 空气中有害物质的容许含量

名 称	容 许 浓 度		附 注
	按体积（%）	按重量（mg/m³）	
二氧化碳（CO_2）	0.5	—	一氧化碳的容许含量与作业时间：容许含量为50mg/m³时，作业时间不宜超过1h；容许含量为100mg/m³时，作业时间不宜超过0.5h；容许含量为200mg/m³时，作业时间不宜超过20min；反复作业的间隔时间应在2h以上
甲烷（CH_4）	1	—	
一氧化碳（CO）	0.00240	30	
氮氧化合物换算成二氧化氮（NO_2）	0.00025	5	
二氧化硫（SO_2）	0.00050	15	
硫化氢（H_2S）	0.00066	10	
醛类（丙烯醛）	—	0.3	
含有10%以上游离SiO_2的粉尘	—	2	含有80%以上游离SiO_2的生产粉尘不宜超过1mg/m³
含有10%以下游离SiO_2水泥粉尘	—	6	
含有10%以下游离SiO_2的其他粉尘	—	10	

〖摘编说明〗

地下洞室开挖施工时，打孔、爆破、燃油设备运行等会产生部分有害气体和粉尘，除对产生源采取一定措施减少排放外，主要依靠通风措施降低洞内有害气体和粉尘含量，改善施工环境，以保护施工作业人员的身体健康。对于含瓦斯地层地下工程施工，应按SL 378—2007其他条文规定，进行专项通风设计。

〖检查要点和方法〗

检查施工通风设计。施工单位应根据开挖施工方案所确定的爆破参数、洞内燃油设备数量、施工人员数量等，进行通风设计，并制定减少有害气体、粉尘排放的措施计划。监理单位应审核其通风设计是否可使洞内空气质量满足本条文规定。开挖施工过程中，施工单位应按计划及监理人员要求，对洞内氧气、各种有害气体及粉尘含量进行检测，发现超标情况及时采取措施。

e）**13.2.4 几个工作面同时爆破时，应有专人统一指挥，确保起爆人员的安全和相邻炮区的安全。**

〖摘编说明〗

洞室群相邻几个工作面同时爆破时，各相邻炮区全部安全准爆后，依照顺序向退出方向依次起爆，为此必须有专人统一指挥，以保证各炮区统一行动，确保起爆人员的安全。

〖检查要点和方法〗

检查爆破作业安全措施。洞室群开挖施工前，施工单位应进行开挖规划，制定爆破作业安全措施。监理单位应对相邻工作面同时爆破的组织措施进行重点审查，施工过程中监督落实。

f)　13.2.11　爆破完成后，待有害气体浓度降低至规定标准时，方可进入现场处理哑炮并对爆破面进行检查，清理危石。清理危石应由有施工经验的专职人员负责实施。

〖摘编说明〗

爆破完成后，未经处理的爆破面存在一些未知的危险，在有害气体未达标时进入爆破面，会影响作用人员工作状态，增大危险程度，同时作业人员也会受到有害气体的伤害，因此对哑炮处理、爆破面检查、危石清理等危险工作，必须待有害气体浓度降至规定标准时方可进行。危石清理是一项危险很高的工作，同时危石是否清理彻底，关系到后续作业人员的安全，因此应由有经验的专职人员负责实施。

〖检查要点和方法〗

检查爆破完成后有害气体检测方法及人员入洞控制措施。开挖施工过程中，应对爆破工作面有害气体含量定期检测，爆破药量增加或更换炸药品种，应在爆破前后进行有害气体测定，并应做好检测记录，需要时应及时延长允许进入爆破工作面的时间。监理人员应对有害气体检测情况及允许进入爆破工作面时间的限制方面进行检查监督，对危石清理人员安排进行审核。

g)　13.3.5　竖井和斜井运送施工材料或出渣时应遵守下列规定：

1　严禁人、物混运，当施工人员从爬梯上下竖井时，严禁运输施工材料或出渣。

2　井口应有防止石渣和杂物坠落井中的措施。

〖摘编说明〗

本条规定是为了保护施工人员安全。

〖检查要点和方法〗

检查斜井、竖井专项施工安全措施。对于斜井、竖井施工，施工单位应制定专项施工安全措施，其中应含有井内运输对人员安全的保护措施及井口防止杂物坠落措施。监理单位应对其措施是否满足本条文规定进行审核，并按批准的安全措施监督执行。

10-0-10　《水利水电工程施工通用安全技术规程》SL 398—2007

a)　3.1.4　爆破、高边坡、隧洞、水上（下）、高处、多层交叉施工、大件运输、大型施工设备安装及拆除等危险作业应有专项安全技术措施，并应设专人进行安全监护。

〖摘编说明〗

爆破、高边坡、隧洞、水上（下）、高处、多层交叉施工、大件运输、大型施工设备安装及拆除等施工作业，将可能造成重大伤亡或财产损失属危险作业。其具体部位应根据水电工程实际生产工序和周边环境决定，各自有其独特的特性和技术性能要求，要保障其安全施工作业应事先针对各自特定条件和相关标准作出专项安全技术措施和应急预案，作业过程中应有专人进行安全监护。

〖检查要点和方法〗

审查施工方案或作业指导书有无安全技术措施及应急预案，检查其安全技术措施是否结合工程实际和符合相关标准的要求；检查作业过程中有无专人负责安全监护工作。

b) 3.1.8　施工现场的井、洞、坑、沟、口等危险处应设置明显的警示标志，并应采取加盖板或设置围栏等防护措施。

〖摘编说明〗

施工现场的井、洞、坑、沟、口等危险处，现场人员可能坠落或跌摔造成伤亡。设置警示标志应符合国家安全色、图形、符号的标志，目的是提醒人员注意防止事故的发生。

〖检查要点和方法〗

检查施工现场的井、洞、坑、沟、口等危险处，有无醒目的警示标志和加盖板和围栏等防护措施。

c) 3.1.11　交通频繁的施工道路、交叉路口应按规定设置警示标志或信号指示灯；开挖、弃渣场地应设专人指挥。

〖摘编说明〗

应根据工程进度计划要求和施工强度确定"交通警示"地点，在交通频繁的施工道路、交叉路口设置警示标志和信号指示灯；开挖、弃渣场地设专人指挥目的是防止交通事故发生。

〖检查要点和方法〗

检查"交通警示"地点设置是否合适，检查设置的警示标志和信号指示灯是否符合规定标准，检查开挖和弃渣场地有无专人指挥作业。

d) 3.1.12　爆破作业应统一指挥，统一信号，专人警戒并划定安全警戒区。爆破后应经爆破人员检查，确认安全后，其他人员方能进入现场。洞挖、通风不良的狭窄场所，应在通风排烟、恢复照明及安全处理后，方可进行其他作业。

〖摘编说明〗

本条规定了爆破作业时施工现场警戒防护的要求，防止施工人员和机械设备因爆破作业时产生飞石、冲击波、炮烟尘等造成人员伤亡和财物损失。爆破后，可能有盲炮、危石等安全隐患，须经爆破人员检查排除，确认安全后，其他人员方可进入现场。洞挖、通风不良的狭窄场所，因爆破后炮烟尘不易排出，须经通风排烟，使其施工现场的氧气含量和烟尘浓度达到规定的安全标准，方可进行其他作业施工。

〖检查要点和方法〗

检查爆破作业方案对统一指挥、统一信号警戒区划定等是否符合相应规程等安全规定；检查爆破后安全处理措施是否符合要求。

e) 3.1.18 施工照明及线路，应遵守下列规定：

3 在存放易燃、易爆物品场所或有瓦斯的巷道内，照明设备应符合防爆要求。

〖摘编说明〗

存放易燃、易爆物品场所或有瓦斯的巷道内，其照明设备若无防爆设施极易因电火花而引起火灾或爆炸，危及人身、设备和财物的安全，此乃是对照明设备的基本安全要求。

〖检查要点和方法〗

检查照明设备应符合防爆要求。

f) 3.5.5 宿舍、办公室、休息室内严禁存放易燃易爆物品，未经许可不得使用电炉。利用电热的车间、办公室及住室，电热设施应有专人负责管理。

〖摘编说明〗

宿舍、办公室、休息室均是人员密集场所，如果放置易燃易爆物品，不符合消防安全规定，电热设备温度过高或线路过热可能会造成火灾，因此必须设专人负责管理，班后或无人停留必须切断电源，防止发生电气火灾。

〖检查要点和方法〗

安全人员定期或不定期进行检查。

g) 3.5.9 油料、炸药、木材等常用的易燃易爆危险品存放使用场所、仓库，应有严格的防火措施和相应的消防措施，严禁使用明火和吸烟。

〖摘编说明〗

油料、炸药、木材等均为易燃易爆的危险品，其存放使用场所、仓库应有严格的防火措施和相应的消防措施，防火措施是为防止火灾、爆炸的发生，如严禁使用明火和吸烟，就是防火措施。相应的消防措施是一旦火灾发生，就要有相应灭火、施救的应急措施、配置一定消防器材和设备，如灭火器、消防栓等等。

〖检查要点和方法〗

检查油料、炸药、木材等常用的易燃易爆危险品存放使用场所、仓库的防火措施和相应的消防措施是否符合相关标准的要求，及其落实情况，发现问题立即整改。

h) 3.5.11 施工生产作业区与建筑物之间的防火安全距离，应遵守下列规定：

1 用火作业区距所建的建筑物和其他区域不应小于 25m。

2 仓库区、易燃、可燃材料堆集场距所建的建筑物和其他区域不应小于 20m。

3 易燃品集中站距所建的建筑物和其他区域不应小于 30m。

〔摘编说明〕

本条对施工作业区与建筑物之间的防火安全距离做了基本规定，应严格遵守。

〔检查要点和方法〕

检测施工作业区与建筑物之间的距离是符合该条的规定值。

i）3.9.4 施工现场作业人员，应遵守以下基本要求：

1 进入施工现场，应按规定穿戴安全帽、工作服、工作鞋等防护用品，正确使用安全绳、安全带等安全防护用具及工具，严禁穿拖鞋、高跟鞋或赤脚进入施工现场。

3 严禁酒后作业。

4 严禁在铁路、公路、洞口、陡坡、高处及水上边缘、滚石坍塌地段、设备运行通道等危险地带停留和休息。

6 起重、挖掘机等施工作业时，非作业人员严禁进入其工作范围内。

7 高处作业时，不应向外、向下抛掷物件。

9 不应随意移动、拆除、损坏安全卫生及环境保护设施和警示标志。

〔摘编说明〕

为了防止施工人员进入施工现场或作业的过程中常见的不安全行为和习惯性违章而作出的安全文明作业规定。以防止安全事故的发生。

〔检查要点和方法〕

应加强安全文明施工教育，提高施工人员的安全意识、自觉遵守，配备专职安全员检查落实条文规定的相关内容。

j）4.1.5 在建工程（含脚手架）的外侧边缘与外电架空线路的边线之间应保持安全操作距离。最小安全操作距离应不小于表 4.1.5 的规定。

表 4.1.5　　　　在建工程（含脚手架）的外侧边缘与外电架空线路边线
之间的最小安全操作距离

外电线路电压（kV）	<1	1～10	35～110	154～220	330～500
最小安全操作距离（m）	4	6	8	10	15
注：上、下脚手架的斜道严禁搭设在有外电线路的一侧。					

〔摘编说明〕

本条规定主要参照《电气装置工程施工及验收规范》（GBJ 232）和《电力建设安全工作规程》（SDJ 65）的规定，因高压电线周围有电磁场，其强度和作用范围随高电线路的等级而异，在其作用范围内将可能发生触电事故。故考虑到土建工程在搭设脚手架时，脚手架杆延伸至架具外的操作因素而确定的最小安全距离。

〔检查要点和方法〕

现场检测最小安全操作距离应符合表 4.1.5 的要求，否则应立即整改。

k）4.1.6 施工现场的机动车道与外电架空线路交叉时，架空线路的最低点与路面的垂直距离不应小于表 4.1.6 的规定。

表 4.1.6　　　　施工现场的机动车道与外电架空线路交叉时的最小垂直距离

外电线路电压（kV）	<1	1～10	35
最小垂直距离（m）	6	7	7

〖摘编说明〗

参照《工业与民用 35kV 以下架空电力线路设计规范》（GBJ 61）而规定的最小安全距离，因高压电线周围有电磁场，其作用范围随高压线路的等级而异，在其作用范围内，将可能发生触电事故。应符合表 4.1.6 的规定，以确保车辆、设备及人身安全。

〖检查要点和方法〗

检测架空线路的最低点与路面的垂直距离应不小于表 4.1.6 的规定值。

l)　5.1.3　高处临边、临空作业应设置安全网，安全网距工作面的最大高度不应超过 3.0m，水平投影宽度应不小于 2.0m。安全网应挂设牢固，随工作面升高而升高。

〖摘编说明〗

安全网距工作面过高会导致人员坠落后冲击力过大而可能使安全网破损失去保护作用，安全网水平投影面积过小导致安全网防护面积过小而可能失去保护作用。因此，作出本规定。

〖检查要点和方法〗

检测实际安全网距工作面距离和其水平投影面积应符合本规定值的要求。

m)　5.1.12　危险作业场所、机动车道交叉路口、易燃易爆有毒危险物品存放场所、库房、变配电场所以及禁止烟火场所等应设置相应的禁止、指示、警示标志。

〖摘编说明〗

上述场所设置相应的禁止、指示、警示标志以警示提醒人员的安全意识和安全行为，以保安全。

〖检查要点和方法〗

检测上述场所相应的禁止、指示、警示标志的设置情况，如不按要求设置应立即整改。

n)　5.2.2　高处作业下方或附近有煤气、烟尘及其他有害气体，应采取排除或隔离等措施，否则不应施工。

〖摘编说明〗

煤气、烟尘及其他有害气体会导致高处作业人员头晕而导致高处坠落。因此，严禁在缺乏可靠安全措施的情况下，在煤气、烟尘及其他有害气体环境中进行高处作业施工。

〖检查要点和方法〗

检查采用的排除或隔离等措施是否安全可靠。

o）5.2.3　高处作业前，应检查排架、脚手板、通道、马道、梯子和防护设施，符合安全要求方可作业。高处作业使用的脚手架平台，应铺设固定脚手板，临空边缘应设高度不低于1.2m的防护栏杆。

〖摘编说明〗

参照《建筑施工高处作业安全技术规程》（JGJ 80）第3.1.1条文对高处作业做出的安全操作规定，排架支撑应稳固不晃动，脚手板、通道、隧道、马道、梯子应有一定宽度，铺设要固定，要设防护网、帘，临空边缘的保护栏杆高度不低于1.2m才可防止人员翻落，其目的是防止人员坠落。

〖检查要点和方法〗

高处作业前，应有专职安全员对照安全规定和要求逐一检查，符合安全要求后，方准施工作业。

p）5.2.6　在带电体附近进行高处作业时，距带电体的最小安全距离，应满足表5.2.6的规定，如遇特殊情况，应采取可靠的安全措施。

表5.2.6　　　　　　　　　　　　高处作业时与带电体的安全距离

电压等级（kV）	10及以下	20～35	44	60～110	154	220	330
工器具、安装构件、接地线等与带电体的距离（m）	2.0	3.5	3.5	4.0	5.0	5.0	6.0
工作人员的活动范围与带电体的距离（m）	1.7	2.0	2.2	2.5	3.0	4.0	5.0
整体组立杆塔与带电体的距离	应大于倒杆距离（自杆塔边缘到带电体的最近侧为塔高）						

〖摘编说明〗

参照《建筑施工高处作业安全技术规程》（JGJ 80）相关条文而规定本条，目的为保障作业人员的人身安全。

〖检查要点和方法〗

按表5.2.6的内容与要求检测，不符合要求时应整改。达标后方可作业施工，当遇特殊情况时，应审查论证所采取的措施是否安全可靠。

q）5.2.10　高处作业时，应对下方易燃、易爆物品进行清理和采取相应措施后，方可进行电焊、气焊等动火作业，并应配备消防器材和专人监护。

〖摘编说明〗

高处作业电焊、气焊等动火作业，将有焊渣火星坠落，如下方有易燃易爆物品，将会发生火灾或爆炸事故，危及人身和财物安全，所以作此规定，以保安全施工。

〖检查要点和方法〗

检查高处作业下方的易燃易爆物品是否已清理干净或采取相应的安全措施是否安全

可靠，检查应配备消防器材和监护人员是否已落实到位。

r）5.2.21　进行三级、特级、悬空高处作业时，应事先制定专项安全技术措施。施工前，应向所有施工人员进行技术交底。

〚摘编说明〛

　　三级、特级、悬空高处作业其坠落高度分别定义为 15～30m 和 30m 以上；悬空高处作业无立足点或无牢靠立足点条件下进行高处作业，其作业危险性大，为确保作业人员的人身安全，故本条规定应事先制定专项安全技术措施，并要求施工前向所有施工人员进行技术交底。

〚检查要点和方法〛

　　审查制定的专项安全技术措施的安全可靠性及其可操作性，施工前向参与施工人员进行技术交底会，并考查其施工人员对具体操作细节领会掌握情况。

s）6.1.4　设备转动、传动的裸露部分，应安设防护装置。

〚摘编说明〛

　　防止裸露的设备转动、传动部位伤人。

〚检查要点和方法〛

　　检查是否已安设防护装置，安设的防护装置是否安全可靠。

t）7.5.19　皮带机械运行中，遇到下列情况应紧急停机：

1　发生人员伤亡事故。

〚摘编说明〛

　　发生人员伤亡事故，应紧急停机，以防事态发展，便于采取施救处置措施。

〚检查要点和方法〛

　　巡视检查停机锁定是否牢靠。

u）8.2.1　安全距离

1　设置爆破器材库或露天堆放爆破材料时，仓库或药堆至外部各种保护对象的安全距离，应按下列条件确定：

　　1）外部距离的起算点是：库房的外墙墙根、药堆的边缘线、隧道式洞库的洞口地面中心。

　　2）爆破器材储存区内有一个以上仓库或药堆时，应按每个仓库或药堆分别核算外部安全距离并取最大值。

2　仓库或药堆与住宅区或村庄边缘的安全距离，应符合下列规定：

　　1）地面库房或药堆与住宅区或村庄边缘的最小外部距离按表 8.2.1－1 确定。

表 8.2.1－1　　　　地面库房或药堆与住宅区或村庄边缘的最小外部距离　　　　单位：m

存药量（t）	150～200	100～150	50～100	30～50	20～30	10～20	5～10	≤5
最小外部距离	1000	900	800	700	600	500	400	300

2) 隧道式洞库至住宅区或村庄边缘的最小外部距离不应小于表 8.2.1-2 中的规定。

表 8.2.1-2　　　　隧道式洞库至住宅区或村庄边缘的最小外部距离　　　　单位：m

与洞口轴线交角 (α)	存 药 量 (t)				
	50～100	30～50	20～30	10～20	≤10
0°至两侧 70°	1500	1250	1100	1000	850
两侧 70°～90°	600	500	450	400	350
两侧 90°～180°	300	250	200	150	120

3) 由于保护对象不同，因此在使用当中对表 8.2.1-1、表 8.2.1-2 的数值应加以修正，修正系数见表 8.2.1-3。

表 8.2.1-3　　　　　对不同保护对象的最小外部距离修正系数

序 号	保 护 对 象	修正系数
1	村庄边缘、住宅边缘、乡镇企业围墙、区域变电站围墙	1.0
2	地县级以下乡镇、通航汽轮的河流航道、铁路支线	0.7～0.8
3	总人数不超过 50 人的零散住户边缘	0.7～0.8
4	国家铁路线、省级及以上公路	0.9～1.0
5	高压送电线路 500kV	2.5～3.0
	220kV	1.5～2.0
	110kV	0.9～1.0
	35kV	0.8～0.9
6	人口不超过 10 万人的城镇规划边缘、工厂企业的围墙、有重要意义的建筑物、铁路车站	2.5～3.0
7	人口大于 10 万人的城镇规划边缘	5.0～6.0

注：上述各项外部距离，适用于平坦地形。依地形条件有利时可适当减少，反之应增加。

4) 炸药库房间（双方均有土堤）的最小允许距离见表 8.2.1-4。

表 8.2.1-4　　　　炸药库房间（双方均有土堤）的最小允许距离　　　　单位：m

存药量 (t)	炸 药 品 种			
	硝铵类炸药	梯恩梯	黑索金	胶质炸药
150～200	42	—	—	—
100～150	35	100	—	—
80～100	30	90	100	—

存药量 (t)	炸 药 品 种			
	硝铵类炸药	梯恩梯	黑索金	胶质炸药
50～80	26	80	90	—
30～50	24	70	80	100
20～30	20	60	70	85
10～20	20	50	60	75
5～10	20	40	50	60
≤5	20	35	40	50

注1：相邻库房储存不同品种炸药时，应分别计算，取其最大值。

注2：在特殊条件下，库房不设土堤时，本表数字增大的比值为；一方有土堤为2.0，双方均无土堤为3.3。

注3：导爆索按每万米140kg黑索金计算。

5）雷管库与炸药库、雷管库与雷管库之间的允许距离见表8.2.1-5中的规定。

表8.2.1-5　　　　　雷管库与炸药库、雷管库与雷管库之间的最小允许距离　　　　　单位：m

库房名称	雷 管 数 量（万发）									
	200	100	80	60	50	40	30	20	10	5
雷管库与炸药库	42	30	27	23	21	19	17	14	10	8
雷管库与雷管库	71	50	45	39	35	32	27	22	16	11

注：当一方设土堤时表中数字应增大比值为2，双方均无土堤时增大比值为3.3。

6）无论查表或计算的结果如何，表8.2.1-4、表8.2.1-5所列库房间距均不应小于35m。

〔摘编说明〕

本条中1款是确定爆破器材仓库或药堆至外部各种保护对象的安全距离的计算方法，表8.2.1-1、表8.2.1-2的规定主要是对库区外部安全距离的规定，它是爆破器材仓库同库区以外的保护对象，如村庄、住宅区、城镇、公路等之间必须保持的最小安全距离的规定，表8.2.1-3、表8.2.1-4的规定主要是对库间安全距离的规定，是爆破器材之间必须保持的最小安全距离，其目的是万一有一个仓库发生爆炸时，不致引爆相邻的仓库，以避免事态扩大。

〔检查要点和方法〕

按本条1款的规定验算检测仓库或药堆至外部各保护对象的安全距离。检测各类最小安全距离与其标准值对比，发现问题立即整改。

v)　8.2.2　库区照明

5　地下爆破器材库的照明，还应遵守下列规定：

1）应采用防爆型或矿用密闭型电气器材，电源线路应采用铠装电缆。

5）地下库区存在可燃性气体和粉尘爆炸危险时，应使用防爆型移动电灯和防爆手电筒；其他地下库区，应使用蓄电池灯、防爆手电筒或汽油安全灯作为移动式照明。

〖摘编说明〗

主要是防止因电火花、电灯泡烘烤及雷管引爆引燃爆破器材引起事故而制定的，采用铠装电缆，其绝缘性好，不易破损漏电，较安全。地下库区相对潮湿，对用电安全提出了更高的要求。故要求使用蓄电池灯，防爆手电筒或汽油安全灯作为移动式照明。

〖检查要点和方法〗

检查用库区照明电气器材、电源线路的材质是否符合规定要求。

w)　8.3.2　爆破器材装卸应遵守下列规定：

1　从事爆破器材装卸的人员，应经过有关爆破材料性能的基础教育和熟悉其安全技术知识。装卸爆破器材时，严禁吸烟和携带引火物。

2　搬运装卸作业宜在白天进行，炎热的季节宜在清晨或傍晚进行。如需在夜间装卸爆破器材时，装卸场所应有充足的照明，并只允许使用防爆安全灯照明，禁止使用油灯、电石灯、汽灯、火把等明火照明。

3　装卸爆破器材时，装卸现场应设置警戒岗哨，有专人在场监督。

4　搬运时应谨慎小心，轻搬轻放，不应冲击、撞碰、拉拖、翻滚和投掷。严禁在装有爆破材料的容器上踩踏。

5　人力装卸和搬运爆破器材，每人一次以 25～30kg 为限，搬运者相距不应少于 3m。

6　同一车上不应装运两类性质相抵触的爆破器材，且不应与其货物混装。雷管等起爆器材与炸药不允许同时在同一车箱或同一地点装卸。

7　装卸过程中司机不应离开驾驶室。遇雷电天气，禁止装卸和运输爆破器材。

8　装车后应加盖帆布，并用绳子绑牢，检查无误后方可开车。

〖摘编说明〗

装卸爆破器材的作业活动安全问题，往往是容易被人们所忽视的环节。因此，本条文对爆破器材的装卸作了比较具体的规定。从装卸人员的素质、装卸作业时间、照明灯具、搬运方式、一次搬运限量、气象要求、专人警戒监督等等，都有具体明确的要求。在执行中，可根据实际情况就装卸作业的安全注意事项作进一步补充规定，规范其操作行为，确保万无一失。

〖检查要点和方法〗

按本条规定的内容巡查现场作业情况，查询作业人员对本条内容的掌握程度，发现违章操作，令其整改。

x) **8.3.3 爆破器材运输应符合下列规定：**

1 运输爆破器材，应遵守下列基本规定：

7）禁止用翻斗车、自卸汽车、拖车、机动三轮车、人力三轮车、摩托车和自行车等运输爆破器材。

8）运输炸药、雷管时，装车高度要低于车箱 10cm。车箱、船底应加软垫。雷管箱不应倒放或立放，层间也应垫软垫。

2 水路运输爆破器材，还应遵守下列规定：

5）严禁使用筏类船只作运输工具。

6）用机动船运输时，应预先切断装爆破器材船仓的电源；地板和垫物应无缝隙，仓口应关闭；与机仓相邻的船仓应设有隔墙。

3 汽车运输爆破器材，还应遵守下列规定：

7）车箱底板、侧板和尾板均不应有空隙，所有空隙应予以严密堵塞。严防所运爆破器材的微粒落在摩擦面上。

〖摘编说明〗

（1）1 款是爆破器材运输的基本规定。运输爆破器材的主要人员是车（船）驾驶员和押运员，是保证爆破器材运输安全的关键因素之一。因此对驾驶员、押运员的岗位安全职责的条文制定一定要细、管理要严，并要经常检查落实情况。第 7、第 8 款规定要严格执行，落实到位。

（2）第 2 款是水路运输的规定。因筏类船只，包括木筏、竹筏、橡胶、皮筏等这类运输工具易进水且船行不稳，不能保证运输安全。

（3）第 3 款是汽车运输的规定。车箱底板、侧板和尾板要严密堵塞，防止所运爆破器材的微粒落在摩擦面上，避免因汽车行驶振动摩擦发生引爆事故。汽车在高速公路上行驶时，要特别注意保持车距，并按规定车速行驶。

〖检查要点和方法〗

按上述规定巡视检查现场作业情况，检查作业人员对本条文掌握熟悉程度，凡违反规定，不准驶运。

y) **8.3.4 爆破器材贮存**

3 贮存爆破器材的仓库、储存室，应遵守下列规定：

2）库房内贮存的爆破器材数量不应超过设计容量，爆破器材宜单一品种专库存放。库房内严禁存放其他物品。

〖摘编说明〗

本款规定爆破器材宜单一品种专库存放。若受条件限制时，同库存放不同品种的爆破器材，则应符合《爆破安全规程》（GB 6722—2003）表 23 爆破器材同库共放的规定。但雷管类、黑火药类必须单独存放。

〖检查要点和方法〗

照章检查，发现违规立即整改。

z) **8.4.3** 爆破工作开始前，应明确规定安全警戒线，制定统一的爆破时间和信号，并在指定地点设安全哨，执勤人员应有红色袖章、红旗和口笛。

〖摘编说明〗

爆破安全警戒范围的设计应根据飞石、地震、空气（或水）冲击波及噪声等有关因素，以及爆破可能诱发的事件等来综合考虑。统一信号是指爆破时所采用的音响和视觉信号的统一。这些都必须在爆破工作开始前确定，并有专人监护实施。

〖检查要点和方法〗

在爆破施工作业前应有专人负责检查其筹划与落实情况。

aa) **8.4.7** 往井下吊运爆破材料时，应遵守下列规定：

2 在上下班或人员集中的时间内，不应运输爆破器材，严禁人员与爆破器材同罐吊运。

〖摘编说明〗

竖井或斜井是地下工程人、物、运输及各种管线集中的地方，所以要特别注意安全。其安全规定的主导思想是：①发生意外时减少伤亡和损失；②接触的人少，产生不安全因素可能减少，第 2 款的规定就体现这一指导思想。

〖检查要点和方法〗

在上、下班或人员集中的时段内检查，严禁吊运爆破器材。

bb) **8.4.17** 地下相向开挖的两端在相距 30m 以内时，装炮前应通知另一端暂停工作，退到安全地点。当相向开挖的两端相距 15m 时，一端应停止掘进，单头贯通。斜井相向开挖，除遵守上述规定外，并应对距贯通尚有 5m 长地段自上端向下打通。

〖摘编说明〗

在执行该规定中，对贯穿爆破必须做到随时互通情报，协助作业，防止发生爆破空气冲击波、飞石等殃及相邻工作面人员。

〖检查要点和方法〗

地下相向施工时，当开挖进入达到规定的距离时，装炮前应通报对方，协调作业。

cc) **8.4.24** 地下井挖，洞内空气含沼气或二氧化碳浓度超过 1% 时，禁止进行爆破作业。

〖摘编说明〗

地下爆破作业点空气中若存在沼气，易使人中毒，遇火源发生燃炸；若一氧化碳及氮化物等有害气体浓度超标，则造成人员中毒，甚至死亡。

〖检查要点和方法〗

用仪器检测掌子面的各有害气体浓度，如超标应通风排气处理。

dd) **8.5.4** 电雷管网路爆破区边缘同高压线最近点之间的距离不应小于表 8.5.4 的规定（亦适用于地下电源）。

表 8.5.4 爆破区边缘同高压线最近点之间的距离

高压电网（kV）	水平安全距离（m）
3～10	20
10～20	50
20～50	100

〖摘编说明〗

高压线附近存在着电磁场，如果在此磁场内敷设电雷管网络，就可能在电爆网络内产生感应电流，当其超过安全允许上限时，就可能引起雷管早爆，因此，电爆网络应尽量远离电源线路。

〖检查要点和方法〗

检测爆破区边缘同高压线（或地下电源）最近点的距离应满足表 5.5.4 的安全距离要求。

ee) 8.5.5 飞石

1 爆破时，个别飞石对被保护对象的安全距离，不应小于表 8.5.5-1 及表 8.5.5-2 规定的数值。

表 8.5.5-1 爆破个别飞散物对人员的最小安全距离

爆破类型和方法			爆破飞散物的最小安全距离（m）
露天岩石爆破	破碎大块岩矿	裸露药包爆破法	400
		浅孔爆破法	300
	浅孔爆破		200（复杂地质条件下或未形成台阶工作面时不小于300）
	浅孔药壶爆破		300
	蛇穴爆破		300
	深孔爆破		按设计，但不小于200
	深孔药壶爆破		按设计，但不小于300
	浅孔孔底扩壶		50
	深孔孔底扩壶		50
	洞室爆破		按设计，但不小于300
爆破树墩			200
爆破拆除沼泽地的路堤			100

续表

爆 破 类 型 和 方 法			爆破飞散物的最小安全距离（m）
水下爆破	水面无冰时的裸露药包或浅孔、深孔爆破	水深小于1.5m	与地面爆破相同
		水深大于6m	不考虑飞石对地面或水面以上人员的影响
		水深1.5～6m	由设计确定
	水面覆冰时的裸露药包或浅孔、深孔爆破		200
	水底洞室爆破		由设计确定
拆除爆破、城镇浅孔爆破及复杂环境深孔爆破			由设计确定
地震勘探爆破	浅井或地表爆破		按设计，但不小于100
	在深孔中爆破		按设计，但不小于30

表 8.5.5－2　　　　　爆破飞石对人员安全距离

序　号	爆破种类及爆破方法			危险区域的最小半径（m）
1	岩基开挖工程	一般钻孔法爆破		不小于300
		药壶法	扩壶爆破	不小于50
			药壶爆破	不小于300
		深孔药壶法	扩壶爆破	不小于100
			药壶爆破	根据设计定但不小于300
		深孔法	松动爆破	根据设计定但不小于300
			抛掷爆破	根据设计定
2	地下开挖工程	平洞开挖爆破	独头的洞内	不小于200
			有折线的洞内	不小于100
			相邻的上下洞间	不小于100
			相邻的平行洞间	不小于50
			相邻的横洞或横通道间	不小于50
		井开挖爆破	井深小于3m	不小于200
			井深为3～7m	不小于100
			井深大于7m	不小于50
3	裸露药包法爆破			不小于400
4	用放在坑内的炸药击碎巨石			不小于400

续表

序　号	爆破种类及爆破方法		危险区域的最小半径（m）
5	用炸药拔树根的爆破		不小于 200
6	泥沼地上塌落土堤的爆破		不小于 100
7	水下开挖工程	非硬质土壤上爆破	不小于 100
		岩石上爆破	不小于 300
		有冰层覆盖时土壤和岩石爆破	不小于 300

2　洞室爆破个别飞石的安全距离，不应小于表 8.5.5－3 的规定数值。

表 8.5.5－3　　　　　　　　　洞室爆破个别飞石安全距离　　　　　　　　单位：m

最小抵抗线	对　于　人　员					对于机械及建筑物				
	n 值					n 值				
	1.0	1.5	2.0	2.5	3.0	1.0	1.5	2.0	2.5	3.0
1.5	200	300	350	400	400	100	150	250	300	300
2.0	200	400	500	600	600	100	200	350	400	400
4.0	300	500	700	800	800	150	250	500	550	550
6.0	300	600	800	1000	1000	150	300	550	650	650
8.0	400	600	800	1000	1000	200	300	600	700	700
10.0	500	700	900	1000	1000	250	400	600	700	700
12.0	500	700	900	1200	1200	250	400	700	800	800
15.0	600	800	1000	1200	1200	300	400	800	1000	1000
20.0	700	800	1200	1500	1500	350	400	900	1000	1000
25.0	800	1000	1500	1800	1800	400	500	900	1000	1000
30.0	800	1000	1700	2000	2000	400	500	1000	1200	1200

注：当 n 值小于 1 时，可将抵抗线值修改为 $W_P = \dfrac{5W}{7}$，再按 $n=1$ 的条件查表。

〖摘编说明〗

个别飞石对保护对象的安全距离的规定，主要参照 GB 6722—2003 第 6.4.2 条及相关规定制定。

控制飞石的措施有：

（1）药包位置的选择必须避开夹层、裂缝或混凝土结合面等。

（2）装药前必须认真校核各药包的最小抵抗线，严禁盲装药。

（3）确保炮孔的堵塞质量。

（4）采用低爆速炸药，不耦合含炸药，毫秒延期爆破技术等。

（5）加强对爆破体的安全防护。

（6）设置足够范围的安全警戒区。

〖检查要点和方法〗

审查爆破设计是否合理，检测各保护对象的安全距离，合理确定安全警戒区范围。

ff）9.1.6　对贮存过易燃易爆及有毒容器、管道进行焊接与切割时，要将易燃物和有毒气体放尽，用水冲洗干净，打开全部管道窗、孔，保持良好通风，方可进行焊接和切割，容器外要有专人监护，定时轮换休息。密封的容器、管道不应焊割。

〖摘编说明〗

储存过易燃易爆的容器、管道中会残留易燃易爆物，焊割前对容器或管道不进行处理或处理不当会产生爆炸；储存过有毒物的容器、管道会残留有毒物，焊割前对容器或管道不进行处理或处理不当，没有保持良好的通风会发生中毒事故。

〖检查要点和方法〗

检查储存容器或管道的清理情况，通风是否良好，规定轮换休息时间，密封的容器、管道不准焊割。

gg）9.1.8　严禁在贮存易燃易爆的液体、气体、车辆、容器等的库区内从事焊割作业。

〖摘编说明〗

储存易燃易爆的液体、气体、车辆、容器进行焊割，其残留物易发生燃炸，在库区内将可能引发更大的燃爆器材燃炸事故。

〖检查要点和方法〗

巡视检查，严格禁止。

hh）9.3.7　在坑井或深沟内焊接时，应首先检查有无集聚的可燃气体或一氧化碳气体，如有应排除并保持通风良好。必要时应采取通风除尘措施。

〖摘编说明〗

坑井或深沟内若有集聚的可燃气体（如沼气）或一氧化碳气体，如进行焊接作业可能引起爆炸火灾或中毒，应排除并保持通风良好。

〖检查要点和方法〗

施焊前应检查坑井或沟内的有害气体的浓度。

ii）11.4.8　放射性射源的贮藏库房，应遵守下列规定：
2　放射性同位素不应与易燃、易爆、腐蚀性物品放在一起，其贮存场所应采取有效的防火、防盗、防泄漏的安全防护措施，并指定专人负责保管。贮存、领取、使用、归还放射性同位素时应进行登记、检查，做到账物相符。

〖摘编说明〗

这是对放射源装置贮藏库房的安全管理所制定相关规定。目的是为了防止因使用、归还、保管不妥等原因，而发生放射源装置丢失、被盗等事故的发生。仓库常用屏蔽防护材料见表 10 - 2。

表 10 - 2　　　　　　　　　　各种射线常用的吸收屏蔽材料表

射　线　种　类	材　料　名　称
α射线	空气、铅箱
β射线	铅板、铁板、有机玻璃、塑料、木材
γ射线	铅层、铁层、铅橡皮、铅玻璃、混凝土、岩石、砖、土地、水
中子流	水、石蜡、硼酸

〖检查要点和方法〗

检查贮藏库房有无有效的防火、防盗、防泄漏的安全防护措施。检查各类射线物是否单独存储，检查贮存、领取、使用、归还的台账是否与账物相符。

10 - 0 - 11　《水利水电工程土建施工安全技术规程》 SL 399—2007

为贯彻执行《中华人民共和国安全生产法》《中华人民共和国建筑法》和《建设工程安全生产管理条例》，保证从事水利水电工程土建施工全体员工的安全和工程的安全，制定了本标准。本标准适用于大中型水利水电工程土建施工中的安全技术管理、安全防护与安全施工，小型水利水电工程及其他土建工程可参照执行。

a)　1.0.9　作业人员上岗前，应按规定穿戴防护用品。施工负责人和安全检查员应随时检查劳动防护用品的穿戴情况，不按规定穿戴防护用品的人员不应上岗。

〖摘编说明〗

防护用品的穿戴有一定方法和要求，才能起到它应有的防护作用，所以本条规定作业人员上岗前，应按规定穿戴防护用品，这里强调的是上岗前和按规定进行穿戴，否则不准上岗。施工负责人和安全员应随时检查劳动防护用品穿戴情况，是为防止作业人员安全意识淡薄或因某种原因而不按规定穿戴防护用品而发生不必要的安全事故。

〖检查要点和方法〗

检查施工单位编制的作业指导书中有无安全防护用品的使用细则规定；检查施工责任人及安全员对作业人员上岗前和作业过程中对防护用品穿戴情况的检查记录和处置情况。

b)　3.2.1　有边坡的挖土作业应遵守下列规定：

3　施工过程当中应密切关注作业部位和周边边坡、山体的稳定情况，一旦发现裂痕、滑动、流土等现象，应停止作业，撤出现场作业人员。

〖摘编说明〗

本款是根据边坡开挖可能发生滑坡安全事故而作的对策措施。要求在土方开挖施工过程中应密切关注作业部位和周边边坡、山体的稳定情况，采取必要的巡查等监控措施，一旦发生裂痕、滑动、流土等现象，应停止作业，先撤出现场作业人员，再作研究处理。

〖检查要点和方法〗

　　检查施工单位施工方案（或作业指导书）有无对边坡或山体失稳的监控方案和应对措施。在开挖作业中检查是否有专人巡查监控。

c)　3.3.4　开挖过程中，如出现整体裂缝或滑动迹象时，应立即停止施工，将人员、设备尽快撤离工作面，视开裂或滑动程度采取不同的应急措施。

〖摘编说明〗

　　在土方暗挖过程中，如出现整体裂缝和滑动迹象，这将是大面积塌方、冒顶的前兆，所以本条规定停止施工，人员、设备尽快撤离工作面的紧急处理措施。然后再对其具体情况研究应急处理措施。

〖检查要点和方法〗

　　检查施工单位方案中有无对出现整体裂缝或滑动迹象的监控方案和相应的应对措施。在开挖过程中检查监控方案和实施落实情况，当险情发生时应负责令停工撤离，待险情得到妥善处理，并经有关参建方的相关人员验收签认后，方可批复施工。

d)　3.5.1　洞室开挖作业应遵守下列规定：

　　7　暗挖作业中，在遇到不良地质构造或易发生塌方地段、有害气体逸出及地下涌水等突发事件，应即令停工，作业人员撤至安全地点。

〖摘编说明〗

　　本款是对石方暗挖作业中，对遇到不良地质构造（如断层、破碎带）或易发生塌方地段（不利的节理裂隙密集带，软弱夹层等）、有害气体逸出及地下涌水等突发事件，所作停工、撤离的紧急处理措施。

〖检查要点和方法〗

　　检查施工单位施工方案中有无对不良地质构造或易生塌方地段、有害气体逸出及地下涌水等突发事件的监控方案和相应的应对措施。在开挖施工过程中检查其监控方案和其应对措施的落实实施情况。

e)　3.5.3　竖井提升作业应遵守下列规定：

　　2　施工期间采用吊桶升降人员与物料时应遵守下列规定：

　　　　8）装有物料的吊桶不应乘人。

〖摘编说明〗

　　竖井提升和运输的安全是首要问题，应予高度重视，严格按规定的要求执行，一旦发生安全事故，将涉及人身安全，停工停产。

〖检查要点和方法〗

　　检查施工单位编制的施工安全有无相关内容，检查竖井口有无安全员专门检查人、物分乘吊运。

f)　3.5.6　不良地质地段开挖作业应遵守下列规定：

3 当出现围岩不稳定、涌水及发生塌方情况时，所有作业人员应立即撤至安全地带。

〖摘编说明〗

不良地质地段开挖作业应严格按施工技术方案实施，一旦出现围岩不稳定、涌水及发生塌方情况时，所有作业人员必须立即撤至安全地带，确保人身安全，这是第一位的。

〖检查要点和方法〗

检查施工单位对不良地质地段的施工技术方案及其应对险情的应急措施。检查施工过程中其落实情况。

g) 3.5.12 施工安全监测应遵守下列规定：

10 当监测中发现测值总量或增长速率达到或超过设计警戒值时，则认为不安全，应报警。

〖摘编说明〗

本条规定了洞室开挖施工过程中，对洞室围岩及地面岩体与土体的监测的布置、监测重点及初步判别提出了基本原则和要求，其第 10 款 当监测中发现测值总量或增长速率达到和超过允许警戒值时，则认为不安全，将会发生安全事故，应及时报警，这就要求监测人员应有高度责任心，按规定频率观测，分析处理观测数据，一旦发现异常，要及时报警，向相关人员反映，以便及时研究处理措施，确保工程和人身安全。

〖检查要点和方法〗

检查是否及时按规定频率观测，分析处理观测数据，检查观测总量和增长速率是否达到和超过允许警戒值，检查报警系统安全可靠情况。

h) 3.6.1 现场运送运输爆破器材应遵守下列规定：

4 用人工搬运爆破器材时应遵守下列规定：

2）严禁一人同时携带雷管和炸药；雷管和炸药应分别放在专用背包（木箱）内，不应放在衣袋里。

〖摘编说明〗

雷管为引爆装置，与炸药一起混装运输，易发生爆炸。所以严禁一人同时携带雷管和炸药。雷管在衣袋里，因人走动摩擦易起火引爆雷管，所以雷管和炸药应分别放在专用背包（木箱）内搬运。

〖检查要点和方法〗

检查施工单位编制的安全手册是否有其内容，检查安全员对雷管和炸药装运检查记录是否符合规定。

i) 3.6.3 洞室爆破应满足下列基本要求：

5 参加爆破工程施工的临时作业人员，应经过爆破安全教育培训，经口试或笔试合格后，方可参加装药填塞作业。但装起爆体及敷设爆破网路的作业，应由持证爆破员或爆破工程技术人员操作。

8　不应在洞室内和施工现场改装起爆体和起爆器材。

〖摘编说明〗

爆破工程施工是一种危险性高技术性强的工种，所以其作业人员均应经爆破安全教育培训并经考试合格经相关资质机关（县级公安机关）颁发的安全作业证才可上岗作业。参建装药填塞作业的临时作业人员，也须经过爆破安全教育培训，经考试合格后，方可准予参予。这里强调装起爆体及敷设爆破网络的作业，必须由持证爆破员和持证爆破工程技术人员操作。据有关资料对 280 起爆破事故统计分析表明，人的因素造成的事故占 91.7%，所以第 5 款就是强调爆破工程施工作业人员必须按《施工资质证》安排相应的爆破工作。

改装引爆体和起爆器材，易发生爆破安全事故，所以第 8 款不应在人员较集中和事故发生危害严重的洞室和施工现场改装起爆体和起爆器材。

〖检查要点和方法〗

检查爆破施工作业人员必须持有相应资质单位签发的上岗证，才准上岗从事爆破施工作业，检查在洞室和施工现场不准有改装起爆体和起爆器材作业施工。

j）3.6.5　洞室爆破现场混制炸药应遵守下列规定：

13　混制场内严禁吸烟，严禁存在明火；同时，严禁将火柴、打火机等带入加工场。

〖摘编说明〗

本款是混制炸药场内安全作业的最起码的要求，应严格执行。

〖检查要点和方法〗

检查爆破现场应有严禁吸烟、明火的明显标志，加强对施工人员的安全教育自觉遵守，并要有安全员专职检查，对进入爆破现场的作业人员收缴火柴、打火机、香烟等。

k）4.2.7　制浆及输送应遵守下列规定：

2　当人进入搅拌槽内之前，应切断电源，开关箱应加锁，并挂上"有人操作，严禁合闸！"的警示标志。

〖摘编说明〗

这是对制浆搅拌机、制浆泵的正确使用进行的规定，避免因设备不正确使用而造成人身安全事故。

〖检查要点和方法〗

检查是否已切断电源、开关箱是否加锁封闭，检查"有人操作，严禁合闸！"的警示标志是否醒目明显。

l）5.1.4　当砂石料料堆起拱堵塞时，严禁人员直接站在料堆上进行处理。应根据料物粒径、堆料体积、堵塞原因采取相应措施进行处理。

〖摘编说明〗

砂石料仓因潮湿而起拱的现象经常发生，作业人员直接站在料堆上处理，破拱后人员随料堆塌陷，易发生淹溺窒息事故，本条对此提出规定。处理方法可采取挖除料堆，高压水冲，小型爆破及机械破拱等。

〖检查要点和方法〗

　　检查起拱堵塞砂石料堆处理方案，严禁作业人员直接在料堆上处理。

m)　5.4.7　设备检修时应切断电源，在电源启动柜或设备配电室悬挂"有人检修，不许合闸"的警示标志。

n)　5.4.8　在破碎机腔内检查时，应有人在机外监护，并且保证设备的安全锁机构处于锁定位置。

〖摘编说明〗

　　以上两条是对破碎机械设备维修、检查时，防止他人不知情而操作机械设备运转，危及维修、检查人员的人身安全。

〖检查要点和方法〗

　　检查是否已切断电源，并挂有明显的"有人检修，不许合闸"的警示标志，在破碎机腔内检查时，检查机外应有人监护，检查安全锁机物是否已处于锁定位置。

o)　6.2.1　木模板施工作业时应遵守下列规定：

　　10　高处拆模时，应有专人指挥，并标出危险区；应实行安全警戒，暂停交通。

　　11　拆除模板时，严禁操作人员站在正拆除的模板上。

〖摘编说明〗

　　高空拆模，木板极易坠落伤人，所以要标出危险区，实行安全警戒，暂停交通，并应有专人指挥，以保安全。拆除模板时，正拆除的模板，其固定件处于松动待拆状态，极不稳固，故严禁操作人员站在其上，以保安全。

〖检查要点和方法〗

　　检查高处拆模时有无现场指挥管理人员，检查安全警戒区和断截交通的范围和警示标志。

p)　6.3.1　钢筋加工应遵守下列规定：

　　8　冷拉时，沿线两侧各 **2m** 范围为特别危险区，人员和车辆不应进入。

〖摘编说明〗

　　钢筋冷拉作业过程中，可能会出钢筋脱出夹具或断裂等情况而伤及人员和车辆，故本款规定沿线两侧各 2m 范围为特别危险区，警示人员和车辆不应进入。

〖检查要点和方法〗

　　检查冷拉作业危险区警示标志和安全管理人员到位情况。

q)　6.5.1　螺旋输送机应符合下列安全技术要求：

　　6　处理故障或维修之前，应切断电源，并悬挂警示标志。

〖摘编说明〗

这是处理螺旋输送机故障或维修之前，切断电源并悬挂警示标志，以防止他人不知情而误操作，使螺旋输送机运转而危及维修作业人员的人身安全。

〖检查要点和方法〗

检查电源是否已切断和警示标志是否醒目明显。

r)　6.5.4　片冰机的安全技术要求：

3　片冰机运转过程中，各孔盖、调刀门不应随意打开。因观察片冰机工作情况而应打开孔盖、调刀门时，严禁观察人员将手、头伸进孔及门内。

6　参加片冰机调整、检修工作的人员，不应少于3人，一人负责调整、检修。一人负责组织指挥（若调整、检修人员在片冰机内，指挥人员应在片冰机顶部），另一人负责控制片冰机电源开关，应做到指挥准确，操作无误。

7　工作人员从片冰机进入孔进、出之前和在调整、检修工作的过程中，应关闭片冰机的电源开关，悬挂"严禁合闸"的警示标志，这期间片冰机电源开关控制人员不应擅离工作岗位。

〖摘编说明〗

这三款规定是片冰机在运转过程中，为观察片冰机工作情况和片冰机调整、检修工作人员的人身安全而制定的安全保障措施。片冰机运转过程中如观察人员将手、头伸进孔及门内，将可能发生伤亡事故，片冰机调整、检修工作时，一定要再停机状态下进行，所以要关闭电源开关，悬挂"严禁合闸"的警示标志，以防他人不知情而误操作。并规定参加片冰机调整、检修的人员不应少于3人，一人在机内调整、检修，一人在片冰机顶部指挥，另一人员则控制片冰机电源开关，以确保安全作业。

〖检查要点和方法〗

检查操作人员持有的安全手册有无其他相关内容，检查片冰机运转或调试，维修时是否规定配置安全管理人员监守其岗位及悬挂"严禁合闸"警示标志等。

s)　6.5.6　混凝土拌和楼（站）的技术安全要求：

9　检修时，应切断相应的电源、气路，并挂上"有人工作，不准合闸"的警示标志。

10　进入料仓（斗）、拌和筒内工作，外面应设专人监护。检修时应挂"正在修理，严禁开动"的警示标志。非检修人员不应乱动气、电控制元件。

〖摘编说明〗

混凝土拌和楼（站）在检修时，应切断相应的电源、气路，并挂上"有人工作，不准合闸"警示标志，以防他人不知情而误操作，伤及检修人员。进入料仓（斗）、拌和洞内工作，外面应设专人监护，严防非检修人员乱动气、电控制元件，严禁开动运转设备，确保安全作业。

〖检查要点和方法〗

检查施工单位签发的安全手册有无其相关内容，检查电源、气路是否已切断，检查有无"有人工作,不准合闸""正在修理,严禁开动"的警示标志,检查安全监护人员是否到位等。

t) **6.7.5** 采用核子水分/密度仪进行无损检测时应遵守下列规定:

1 操作者在操作前应接受有关核子水分/密度仪安全知识的培训和训练,只有合格者方可进行操作。应给操作者配备防护铅衣、裤、鞋、帽、手套等防护用品。操作者应在胸前配戴胶片计量仪,每1~2月更换一次。胶片计量仪一旦显示操作者达到或超过了允许的辐射值,应即停止操作。

3 应派专人负责保管核子水分/密度仪,并应设立专台档案。每隔半年应把仪器送有关单位进行核泄露情况检测,仪器储存处应牢固地张贴"放射性仪器"的警示标志。

4 核子水分/密度仪受到破坏,或者发生放射性泄漏,应立即让周围的人离开,并远离出事场所,直到核专家将现场清除干净。

〖摘编说明〗

核子水分-密度仪是有放射源的无损检测仪器,国际原子能管理委员会规定的最大允许职业累计值为50mSv/h,非职业累积值目前还未统一规定,但据有关职业病防护所介绍,不应超过5mSv/h(包括本地照射),若每周吸收约1mSv就可以休假。上述说明,旨在提供一个参考依据,第1款是针对个人提出的安全防护规定。只有正确使用,保护自己。第3、第4款是针对核子水分/密度仪保管提出的规定,旨在加强管理,防止放射伤及他人。

〖检查要点和方法〗

检查核子水分/密度仪操作者岗前安全知识培训、训练记录和上岗证,检查操作者的防护用品是否齐全,检查胶片计量仪更换时间是否符合规定,检查保管专台档案及其核泄漏情况检测记录。

u) **7.1.6** 骨(填)料加热、筛分及储存应遵守下列规定:

2 加热后的骨料温度高约200℃,进行二次筛分时,作业人员应采取防高温、防烫伤的安全措施;卸料口处应加装挡板,以免骨料溅出。

〖摘编说明〗

加热后的骨料温度高达200℃,所以规定二次筛分作业人员需采取防高温、防烫伤的安全措施,以保护作业人员的安全。

〖检查要点和方法〗

检查施工单位的安全措施及其落实情况,检查缺料口装挡板安装是否牢靠,高度满足要求。

v) **7.1.10** 搅拌机运行中,不应使用工具伸入滚筒内掏挖或清理。需要清理时应停机。如需人员进入搅拌鼓内工作时,鼓外要有人监护。

〖摘编说明〗

这是对搅拌机在运行中和需要清理时的安全操作的规定。

〖检查要点和方法〗

检查施工单位签发的安全手册有无其相关内容，当搅拌机维修时，应检查安全监护人员是否到位。

w) 7.2.6 沥青混凝土碾压作业应遵守下列规定：

6 机械由坝顶下放至斜坡时，应有安全措施，并建立安全制度。对牵引机械和钢丝绳刹车等，应经常检查、维修。

〖摘编说明〗

本款规定了沥青混凝土碾压机械由坝顶下放至斜坡时，要有安全措施和相应的安全制度，以规范沥青混凝土碾压机械下放的运行方式，使之安全可靠，规定了对牵引机械、钢丝绳刹车等应经常检查、维修，以保其安全运行。

〖检查要点和方法〗

检查施工单位技术安全措施（或作业指导书）有无其安全措施和安全制度，及其施工过程中落实运行情况。检查牵引机械和钢丝绳刹车的检查、维修记录。

x) 7.2.7 心墙钢模宜应采用机械拆模，采用人工拆除时，作业人员应有防高温、防烫伤、防毒气的安全防护装置。钢模拆除出后应将表面粘附物清除干净，用柴油清洗时，不应接近明火。

〖摘编说明〗

由于沥青混凝土的特性所致心墙钢模拆模时，模板温度仍较高，热沥青有毒气体散发，所以本条规定心墙钢模应采用机械拆模，采用人工拆除时，作业人员应有防高温、防烫伤、防毒气的安全防护装置。用柴油清除时，不得接近明火，以防发生火情。

〖检查要点和方法〗

审查施工单位的施工作业措施时，建议沥青混凝土心墙钢模宜采用机械拆除；当用人工拆模时，检查作业人员的防高温、防烫伤。放毒气的安全防护装置是否齐全完备，用柴油的作业面附近不得有明火。

10-0-12 《水利水电工程金属结构与机电设备安装安全技术规程》SL 400—2007

为贯彻执行国家"安全第一、预防为主"的方针，坚持"以人为本"，保护从事金属结构制造、安装和机电设备安装全体员工的安全、健康，制定本标准。本标准适用于大中型水电水利工程现场金属结构制作、安装和水轮发电机组及电气设备安装工程的安全技术管理、安全防护与安全施工，小型水电水利工程可参照执行。

a) 4.1.7 施工设施应符合下列规定：

1 机械设备、电气盘柜和其他危险部位应悬挂安全警示标志和安全操作规程。

〖摘编说明〗

警示非运行人员不要触碰运行中的设备和盘柜，避免引起设备误动作或导致安全事故；并提醒运行人员应按操作规程操作。

〖检查要点和方法〗

安全警示标志、操作规程。

b)　5.6.6　底水封（或防撞装置）安装时，门体应处于全关（或全开）状态，启闭机应挂停机牌，并应派专人值守，严禁擅自启动。

〖摘编说明〗

人字门底水封和防撞装置安装时，门体已经于启闭机连接，需要操作门体配合，由于操作控制室离现场较远，视线完全被遮挡，操作不慎容易产生挤压伤事故，因此在门体底部进行施工时，要求在挂牌停机状态下进行，机旁应有专人值守监护。

〖检查要点和方法〗

在安装过程中，应检查是否安排专人监护启闭机，机房内是否悬挂安全警示标志。

c)　11.3.5　喷砂枪喷嘴接头应牢固，严禁喷嘴对人，沿喷射方向30m范围内不应有人停留和作业，喷嘴堵塞应停机消除压力后，进行修理或更换。

〖摘编说明〗

喷砂除锈时，喷嘴处砂子的压力很大，在30m内会对人体造成伤害，喷砂除锈所造成的粉尘也会影响人体健康。当喷嘴堵塞时如不停机修理或更换，必然会对人体造成伤害。

〖检查要点和方法〗

检查施工单位管理条例及防护措施是否到位，检查施工周围是否有操作规程及警示标志。

d)　11.5.11　在容器内进行喷涂时，应保持通风，容器内应无易燃、易爆物及有毒气体。容器外应专人监护。

〖摘编说明〗

容器内喷涂作业时，易造成缺氧甚至产生有毒有害气体，为保证作业人员的安全，应确保通风换气，及时排除容器内的易燃、易爆或有害气体。同时，工作人员应配置必要的劳保措施，容器外应有专人监护，一旦发生意外可以及时施救并报警。

〖检查要点和方法〗

通风设施、专人监护。

e)　12.3.9　导叶进行动作试验时，应事先通告相关人员，应在水轮机室、蜗壳进人门处悬挂警示标志，严禁进入导叶附近，应有可靠的信号联系，并应有专人监护。

〖摘编说明〗

导叶进行动作试验时，一般为机旁操作，应及时通知导叶附近的安装人员，撤离导叶附近，避免被导叶夹挤，造成人身伤害事故。因此，应在水轮机室、蜗壳进人门处悬挂警示标志，严禁进入导叶附近，应有可靠的信号联系，并有专人监护，一旦发生意外可以及时施救并报警。

〖检查要点和方法〗

警示标志、通信的可靠性、专人监护。

f)　12.8.1　蝴蝶阀和球阀安装时，应符合下列规定：

5　蝴蝶阀和球阀动作试验前，应检查钢管内和活门附近有无障碍物，不应有人在内工作。试验时应在进人门处挂"禁止入内"警示标志，并应设专人监护。

〖摘编说明〗

为避免有异物卡阻活门损坏阀门密封或造成人身伤害，阀动作试验前，应检查钢管内和活门附近有无障碍物，不应有人在内工作。试验时应在进人门处挂"禁止入内"警示标志，并应设专人监护，一旦发生意外可以及时施救并报警。

〖检查要点和方法〗

试验程序、警示标志、专人监护。

6　进入蝴蝶阀和球阀、钢管内检查或工作时，应关闭油源，投入机械锁锭，并应挂上"有人工作，禁止操作"警示标志。

〖摘编说明〗

为避免误操作，确保进入阀门或钢管内的人员的安全，在进入蝴蝶阀和球阀、钢管内检查或工作时，应关闭油源，投入机械锁锭，并应挂上"有人工作，禁止操作"警示标志。

〖检查要点和方法〗

油源、锁锭、警示标志。

g)　13.2.3　定子下线时，应符合下列规定：

8　铁心磁化试验时，现场应配备足够的消防器材；定子周围应设临时围栏，挂警示标志，并应派专人警戒。定子机座、测温电阻接地应可靠，接地线截面积应符合规范要求。

〖摘编说明〗

在进行铁心磁化试验时，需对铁芯搭建防护棚（有可燃材料）由于铁芯的发热及现场的临时电源的存在，有可能引发火灾，一旦发生火灾就会造成较大损失，为保证试验顺利进行及人员的安全，故要求必须设置临时围栏，挂警示标志，并应派专人警戒。另外，为防止触电事故发生，故要求可靠接地。

〖检查要点和方法〗

检查现场是否配置了足够的消防器材。定子周围是否设临时围栏，挂警示标志，是否有专人警戒。定子机座、测温电阻是否可靠接地及接地线截面积是否符合规范要求。

11　耐电压试验时，应有专人指挥，升压操作应有监护人监护。操作人员应穿绝缘鞋。现场应设临时围栏，挂警示标志，并应派专人警戒。

〖摘编说明〗

因进行耐压试验时有较高的电压及临时电源的存在，会危及人员的生命安全。为保证操作人员的安全，要求其应穿绝缘鞋。另外，为防止触电事故发生，因而要求必须设置安全警戒线及专人警戒。

〖检查要点和方法〗

检查是否有专人指挥、操作是否有监护人监护。操作人员是否穿绝缘鞋。现场是否设临时围栏、挂警示标志及是否设专人警戒。

h) 13.4.2 转子支架组装和焊接时，应符合下列规定：

1 使用化学溶剂清洗转子中心体时，场地应通风良好，周围不应有火种，并应有专人监护，现场配备灭火器材。

〖摘编说明〗

化学溶剂一般为高挥发性，易产生易燃、易爆有毒气体，为确保工作人员安全，场地应通风良好，周围不应有火种，并应有专人监护，现场配备灭火器材。

〖检查要点和方法〗

通风、周围不应有火种、专人监护、灭火器材。

i) 13.7.9 有绝缘要求的导轴瓦或上端轴，安装前后应对绝缘进行检查。试验时应对试验场所进行安全防护，应设置安全警戒线和警示标志。

〖摘编说明〗

由于轴瓦的绝缘好坏关系到机组的安全运行，因此必须对其进行检查。因试验时有较高的电压及临时电源，会危及人员的生命安全，为防止触电事故发生，因而要求必须设置安全警戒线和警示标志。

〖检查要点和方法〗

检查是否有检查记录，必要时可询问有关人员。检查现场是否设置了安全警戒线和警示标志。

j) 15.1.3 变压器、电抗器器身检查时，应符合下列规定：

15 进行各项电气试验时，应设立警戒线，悬挂警示标志。

k) 15.1.4 附件安装及电气试验时，需符合下列规定：

8 现场高压试验区应设遮栏，并悬挂警示标志，设警戒线，派专人看护。

〖摘编说明〗

因进行电气试验时有较高的电压，会危及人员的生命安全，为防止触电事故发生，因而要求必须设置安全警戒线、警示标志及派专人看护。

〖检查要点和方法〗

检查现场是否设置了安全警戒线和警示标志，是否有专人看护。

l) 15.3.2 安装、调试时，需符合下列规定：

11 试验区域应有安全警戒线和明显的安全警示标志。被试物的金属外壳应可靠接地。

12 试验接线应经过检查无误后，方可开始试验，未经监护人同意严禁任意拆线。

雷雨时，应停止高压试验。

〔摘编说明〕

因进行电气试验时会有较高的电压及临时电源的存在，会危及人员的生命安全，为防止触电事故发生，因而要求必须设置安全警戒线及警示标志。为保证试验有关人员的安全，要求被试设备的金属外壳应可靠接地。

为保证试验的正确及人员安全，要求检查无误后方可进行试验及未经监护人同意不得任意拆线。雷雨时进行高压试验有可能会引发雷击，造成人员伤害及设备损坏。

〔检查要点和方法〕

检查现场是否设置了安全警戒线和警示标志，被试物的金属外壳应可靠接地被试物的金属外壳是否可靠接地。是否进行了相关检查。

m)　15.4.2　硬母线、封闭母线安装时，应符合下列规定：

8　在高空安装硬母线时，工作人员应系好安全带，并设置安全警戒线及警示标志。

〔摘编说明〕

为保证工作人员在高空作业时生命安全，防止跌落事故发生，须系安全带。由于高空作业人员受环境条件及空间限制，在作业时有可能掉落物品危机下方人员安全，故要求设置安全警戒线及警示标志。

〔检查要点和方法〕

检查工作人员是否系安全带，是否设置了安全警戒线及警示标志。

n)　15.7.3　电缆头制作时，需符合下列规定：

6　现场高压试验区应设围栏，挂警示标志，并应设专人监护。

o)　15.8.1　试验区应设围栏、拉警戒线并悬挂警示标志，将有关路口和有可能进入试验区域的通道临时封闭，并应安排专人看守。

〔摘编说明〕

因电气试验区会有较高的电压及临时电源的存在，会危及人员的生命安全，为防止触电事故发生，保证人员安全，故做本强条要求。

为保证试验的正确及人员安全，要求检查无误后方可进行试验及未经监护人同意不得任意拆线。雷雨时进行高压试验有可能会引发雷击，造成人员伤害及设备损坏。

〔检查要点和方法〕

检查试验区是否设置了围栏、拉警戒线并悬挂警示标志，将有关路口和有可能进入试验区域的通道临时封闭及安排专人看守。

p)　15.8.6　在进行高压试验和试送电时，应由一人统一指挥，并派专人监护。高压试验装置的金属外壳应可靠接地。

〔摘编说明〕

为防止高压试验和试送电危及人员的生命安全的触电事故发生。由于试送电时涉及的带电部分较多，由一人统一指挥更为安全可靠。为保证有关人员的安全，要求被试设备的金属外壳应可靠接地。

〖检查要点和方法〗

检查现场是否设置了统一的指挥及专门的监护人员，高压试验装置的金属外壳应可靠接地被试物的金属外壳是否可靠接地。

q)　15.9.1　试验区应设围栏或拉警戒线，悬挂警示标志，将有关路口和有可能进入试验区域的通道临时封闭，并应安排专人看守。

〖摘编说明〗

因电气试验区会有较高的电压及临时电源的存在，会危及人员的生命安全，为防止触电事故发生，保证人员安全，故做本强条要求。

为保证试验的正确及人员安全，要求检查无误后方可进行试验及未经监护人同意不得任意拆线。雷雨时进行高压试验有可能会引发雷击，造成人员伤害及设备损坏。

〖检查要点和方法〗

检查试验区是否设置了围栏、拉警戒线并悬挂警示标志，将有关路口和有可能进入试验区域的通道临时封闭及安排专人看守。

r)　16.1.1　检查机组内部应3人以上，并应配带手电筒，特别是进入钢管、蜗壳和发电机风洞内部时，应留1人在进入口处守候。

〖摘编说明〗

为确保进入机组内部人员的安全，在进入钢管、蜗壳和发电机风洞内部时，除配备正常的检修照明设施外，还应随身携带手电筒作为应急照明，3人以上也是为了一旦发生意外可以相互帮助自救，在进人口留1人守候承担观察情况，发现问题及时通知的责任。

〖检查要点和方法〗

检查记录。

s)　17.4.2　桥机试验区域应设警戒线，并布置明显警示标志，非工作人员严禁上桥机。试验时桥机下面严禁有人逗留。

〖摘编说明〗

为防止非工作人员进入试验区域带来安全隐患，在桥机试验区域应设警戒线，并布置明显警示标志，非工作人员严禁上桥机。试验时桥机下面严禁有人逗留。

〖检查要点和方法〗

试验记录、警戒线、警示标志。

10-0-13　《水利水电工程施工作业人员安全操作规程》SL 401—2007

为了贯彻执行国家"安全第一、预防为主"的安全生产方针，并进行综合治理，坚持"以人为本"的安全理念，规范水利水电工程施工现场作业人员的安全、文明施工行为，以控制各类事故的发生，确保施工人员的安全、健康，确保安全生产，制定本标准。本标准适用于大中型水利水电工程施工现场作业人员安全技术管理、安全防护与安全、文明施工，小型水利水电工程可参照执行。

a) 2.0.9 严禁人员在吊物下通过和停留。

〖摘编说明〗

为防止吊钩脱落和吊物散落伤人。

〖检查要点和方法〗

检查吊钩安全防护装置是否安全可靠，吊物应捆绑稳牢，检查是否有专人指挥吊运，是否有禁止人员通行的警示标志。

b) 2.0.10 易燃、易爆等危险场所严禁吸烟和明火作业。不应在有毒、粉尘生产场所进食。

〖摘编说明〗

易燃、易爆等维修场所有吸烟和明火作业会引火灾和爆炸危及人员生命和财产安全。在有毒、粉尘生产场所进食会损害作业人员的身体健康。

〖检查要点和方法〗

设置显目的警示标志，有安全员检查。

c) 2.0.12 洞内作业前，应检查有害气体的浓度，当有害气体的浓度超过规定标准时，应及时排除。

〖摘编说明〗

洞室施工作业要求洞内氧气体积不应少于 20%，有害气体和粉尘浓度应符合《水工建筑物地下开挖工程施工规范》（SL 378—2007）表 11.1.1 容积值的规定，如经检测超标不得进行洞内施工作业，并应及时采用通风等措施排除，符合规定标准方可进行施工。

〖检查要点和方法〗

检查施工单位的洞内施工技术方案的通风系统是否满足要求，和安全作业措施是否落实到位，检查洞内氧气和有害气体、粉尘的检测记录是否达标。

d) 2.0.16 检查、修理机械电气设备时，应停电并挂标志牌，标志牌应谁挂谁取。应在检查确认无人操作后方可合闸。严禁机械在运转时加油、擦拭或修理作业。

〖摘编说明〗

检查修理机械电气设备时，只有在断电条件下进行，才能确保作业人员的安全。要求停电并挂标志牌，并要有专人挂取，这样以确保作业人员在停电状态下作业。机械在运转时加油、擦拭或修理作业极易发生安全事故，危及人身安全，应严格禁止。

〖检查要点和方法〗

检查是否已断电源，和有专人负责挂、取"有人作业，严禁合闸"的标志牌，检查有无安全人员巡视检查机械运转时的违规作业行为。

e) **2.0.20** 严禁非电气人员安装、检修电气设备。严禁在电线上挂晒衣服及其他物品。

〖摘编说明〗

电气设备的安装、检修是一项专业技术性强的工作，不懂得电气工作原理和掌握特定专业技能的人进行安装和检修，将会造成电气设备的损坏和人身安全事故，还将造成经济损失和社会影响。在电线上挂晒衣服和其他物品将可能发生触电等事故，应严格禁止。

〖检查要点和方法〗

检查电气设备安装、检修人员的上岗证件，严格执行持证上岗制度。加强安全用电教育。检查是否悬挂"勿晒衣挂物"的警示标志。

f) **2.0.26** 非特种设备操作人员，严禁安装、维修和动用特种设备。

〖摘编说明〗

特种设备有其特定的技术特性和操作标准，技术性强、难度大、操作技能要求高，非经特种技能培训并经考试合格的人员对特种设备进行安装、维修和动用，不但会损坏其设备，还将危及操作者的人身安全，故必须遵守此规定。

〖检查要点和方法〗

严格执行持证上岗制度，检查操作人员的上岗证件是否与所操作设备相对应。

g) **3.7.13** 进行停电作业时，应首先拉开刀闸开关，取走熔断器（管），挂上"有人作业，严禁合闸！"的警示标志，并留人监护。

〖摘编说明〗

这是对停电作业时，保障作业人员安全的基本规定，必须遵照执行。

〖检查要点和方法〗

检查是否已拉开刀闸开关，取走熔断器（管），已挂上"有人作业，严禁合闸"的警示牌，检查有无专人留守监护。

h) **4.2.1** 塔式起重机司机应经过专业培训，并经考试合格取得特种作业人员操作证书后，方可上岗操作。

〖摘编说明〗

塔式起重机起吊重物在空中移动并提放至预定地点，其安全性、准确性要求较高，难度较大，技术性强，属特殊工种，所以本条规定其作业人员应经过专业培训，经考试合格取得的特种作业人员操作证书后，方可上岗操作。

〖检查要点和方法〗

检查上岗证件是否与塔式起重机专业相符。

10-0-14 《灌溉与排水渠系建筑物设计规范》SL 482—2011

a) **4.2.6** 在渠系建筑物的水深、流急、高差大等开敞部位，以及临近高压线、重要管线及有毒有害物质等位置，应针对具体情况分别采取留足安全距离、设置防护隔离设施或醒目的警示标牌等安全措施。

〖摘编说明〗

在渠系建筑物的水深、流急、高差大及村镇、学校等开敞部位，以及临近高压线、重要管线及有毒有害物质等位置，容易发生跌落、溺水、触电以及毒害损伤等人身安全事故，针对具体位置的不同情况，设置安全措施，避免人身安全事故发生。

〖检查要点和方法〗

检查在上述位置的渠系建筑物设计内容是否设置了合理的安全措施。

b) **5.6.10　挖孔灌注桩仅应用于桩孔直径大于80cm且井壁不会发生塌孔伤人现象的地基，施工中井口应采用周密的安全防护措施。**

〖摘编说明〗

人工挖孔灌注桩应根据地质条件选择，防止发生涌砂、塌孔等安全事故，导致人员伤亡。一般情况下，深度不大于10m，桩径不小于0.8m；深度不大于20m，桩径不小于1.2m；深度大于20m，桩径至少要1.5m以上。施工中井口应有导水堤、埝，防止地表水进入孔内；在井口应设置必要的防护措施，防止人员、杂物坠落孔内。

〖检查要点和方法〗

检查挖孔灌注桩的地基、桩径是否满足要求。检查井口是否有安全有效的防护措施。

c) **6.6.6　倒虹吸管侧旁应设置检修通道和两岸坡上的人行台阶。高水头倒虹吸管的两岸坡人行台阶和桥式倒虹段的两侧，以及水深较大的进口、出口、压力水池周围均应设置安全围栏及安全警示牌。**

〖摘编说明〗

倒虹吸管侧旁一般高差较大，连接渠道边坡较陡，为满足工程检修、抢险需要，设置检修通道和两岸坡上的人行台阶是非常必要的。在高水头倒虹吸管的两岸坡人行台阶和桥式倒虹段的两侧，以及水深较大的进口、出口、压力水池周围，容易发生人畜跌落、溺亡事故，因此应设置安全围栏及安全警示牌。

〖检查要点和方法〗

（1）检查倒虹吸管侧旁是否设置检修通道和两岸坡上的人行台阶。

（2）检查高水头倒虹吸管的两岸坡人行台阶和桥式倒虹段的两侧，以及水深较大的进口、出口、压力水池周围是否设置安全围栏及安全警示牌。

10－0－15　《光伏提水工程技术规范》SL 540—2011

a) **4.4.1　光伏提水工程设计应符合下列基本要求：**
5　在光伏阵列、水源口、蓄水池处应设有安全防护设施或警示标志。

〖摘编说明〗

在光伏阵列、控制室设安全防护设施或警示标志，以防止无关人员误入，造成人身伤害。在水源口、蓄水池处设置安全防护设施或警示标志，防止人员掉入。

〖检查要点和方法〗

检查在光伏阵列、控制室、水源口、蓄水池处是否设有安全防护设施或警示标志。

10－0－16 《水利水电工程鱼道设计导则》SL 609—2013

a）7.1.3 电栅周围一定区域内应设明显警示标志，电极阵上应装红色指示灯。严禁在电栅周围捕鱼、围观、游泳、驶船等。

〖摘编说明〗

电栅是利用鱼对电场产生反应，并本能的避离电场这一特性，实现对鱼进行拦截和诱导。电栅多采用脉冲电源，脉冲供电电源为220V交流电，为避免发生人身触电的安全事故，必须在电栅周围设置警示标志，严禁在电栅周围捕鱼、围观、游泳、驶船等。

〖检查要点及方法〗

检查电栅周围是否设置警示标志。电极阵是否设置红色指示灯。

10－0－17 《小型水电站施工安全规程》SL 626—2013

a）2.1.8 危险作业场所、机动车道交叉路口、易燃易爆有毒危险品存放场所、库房、变配电场所以及禁止烟火场所等应设置相应的禁止、指示、警示标志。

〖摘编说明〗

同10－0－10第m）条。

〖检查要点和方法〗

同10－0－10第m）条。

b）2.2.5 非特种设备操作人员不应安装、维修和动用特种设备。非电气人员不应进行电气安装、调试和检修等作业。

〖摘编说明〗

同10－0－13第e）、第f）条。

〖检查要点和方法〗

同10－0－13第e）、第f）条。

c）2.2.6 非作业人员不应进入正在运行的挖掘机、起重机或吊索等设备工作范围内。不应在吊物下通过和停留。不应在陡坡、高处及临水边缘、滚石坍塌地段、设备运行通道等危险地带停留和休息。

〖摘编说明〗

为了防止非作业人员进入作业现场的不安全行为而作出的规定，以防止安全事故的发生，或防止吊钩脱落、滚石掉落、人员坠落和吊物散落伤人等。

〖检查要点和方法〗

检查现场作业细则中针对上述条文的安全规定和安全措施，以及现场安全员的安全检查记录。

d)　2.2.10　进入施工现场，应按规定穿戴安全帽、工作服、工作鞋等防护用品，正确使用安全绳、安全带等安全防护用具及工具，严禁穿拖鞋、高跟鞋或赤脚进入施工现场。

〖摘编说明〗

为了防止施工人员进入施工现场或作业的过程中常见的不安全行为和习惯性违章而做出的安全文明作业规定。

〖检查要点和方法〗

检查现场作业细则中针对上述条文的安全规定和安全措施，以及现场安全员的安全检查记录。

e)　2.4.1　爆破、高边坡、隧洞、水上（下）、高处、多层交叉施工、大件运输、大型施工设备安装及拆除等危险作业应有专项安全技术措施，并应设专人进行安全监护。

〖摘编说明〗

同 10 - 0 - 10 第 a) 条。

〖检查要点和方法〗

同 10 - 0 - 10 第 a) 条。

f)　2.4.2　高处作业的安全防护应符合下列规定：

1　高处作业前，应检查排架、脚手板、通道、马道、梯子等设施符合安全要求。高处作业使用的脚手架平台，应铺设固定脚手板，临空边缘设高度不低于 1.2m 的防护栏杆。

〖摘编说明〗

同 10 - 0 - 10 第 o) 条。

〖检查要点和方法〗

同 10 - 0 - 10 第 o) 条。

4　高处临边、临空作业应设置安全网，安全网距工作面的最大高度不应超过 **3.0m**，水平投影宽度不应小于 **2.0m**。安全网应挂设牢固，随工作面升高而升高。

〖摘编说明〗

同 10 - 0 - 10 第 l) 条。

〖检查要点和方法〗

同 10 - 0 - 10 第 l) 条。

8　高处作业时，应对下方易燃、易爆物品进行清理和采取相应措施后，方可进行电焊、气焊等动火作业，并应配备消防器材和专人监护。

〖摘编说明〗

　　同 10 - 0 - 10 第 q)条。

〖检查要点和方法〗

　　同 10 - 0 - 10 第 q)条。

g)　2.4.3　施工现场的井、洞、坑、沟、升降口、漏斗口等危险处应设置明显的警示标志，并应采取加盖板或设置围栏等防护措施。

〖摘编说明〗

　　同 10 - 0 - 10 第 b)条。

〖检查要点和方法〗

　　同 10 - 0 - 10 第 b)条。

h)　2.5.6　存放易燃易爆物品的场所严禁明火和吸烟。

〖摘编说明〗

　　易燃、易爆等物品的存放和使用场所，有吸烟和明火作业会引火灾和爆炸危及人员生命和财产安全。

〖检查要点和方法〗

　　设置醒目的警示标志。

i)　3.1.3　施工过程中应当密切关注作业部位和周边边坡、山体的稳定情况，一旦发现裂痕、滑动、流土、有害气体逸出及地下涌水等现象，应停止作业，撤出现场作业人员。

〖摘编说明〗

　　本条是根据边坡开挖可能发生滑坡安全事故而作的对策措施。要求在土方开挖施工过程中应密切关注作业部位和周边边坡、山体的稳定情况，采取必要的巡查等监控措施，一旦发生裂痕、滑动、流土等现象，应停止作业，先撤出现场作业人员，再作研究处理。

〖检查要点和方法〗

　　检查施工单位施工方案（或作业指导书）有无对边坡或山体失稳的监控方案和应对措施。在开挖作业中检查是否有专人巡查监控。

j)　3.1.13　施工安全监测时，当监测中发现测量值总量或增长速率达到或超过设计警戒值时，则认为不安全，应报警。

〖摘编说明〗

　　同 10 - 0 - 11 第 g)条。

〖检查要点和方法〗

　　同 10 - 0 - 11 第 g)条。

k)　3.4.4　当砂石料料堆起拱堵塞时，严禁人员直接站在料堆上进行处理。应根据料物粒径、堆料体积、堵塞原因采取相应措施进行处理。

〖摘编说明〗

同 10-0-11 第 l）条。

〖检查要点和方法〗

同 10-0-11 第 l）条。

l）3.4.9 设备检修时应切断电源，在电源启动柜或设备配电室悬挂"有人检修，不许合闸"的警示标志。

〖摘编说明〗

同 10-0-11 第 m）条。

〖检查要点和方法〗

同 10-0-11 第 m）条。

m）3.4.10 在破碎机腔内检查时，应有人在机外监护，并且保证设备的安全锁机构处于锁定位置。

〖摘编说明〗

同 12-0-11 第 n）条。

〖检查要点和方法〗

同 12-0-11 第 n）条。

n）3.5.4 混凝土拌和应符合下列规定：

5 搅拌机运行中，不应使用工具伸入滚筒内掏挖或清理。需要清理时应停机。如需人员进入搅拌鼓内工作时，鼓外应有人监护。

〖摘编说明〗

同 10-0-11 第 v）条。

〖检查要点和方法〗

同 10-0-11 第 v）条。

o）3.7.1 闸门安装应符合下列规定：

9 底水封（或防撞装置）安装时，门体应处于全关（或全开）状态，启闭机应挂停机牌，并应派专人值守，严禁擅自启动。

〖摘编说明〗

同 10-0-12 第 b）条。

〖检查要点和方法〗

同 10-0-12 第 b）条。

p）3.7.13 检查机组内部应 3 人以上，并应配带手电筒，特别是进入钢管、蜗壳和发电机风洞内部时，应留 1 人在进入口处守候。

〖摘编说明〗

　　同 10 - 0 - 12 第 r）条。

〖检查要点和方法〗

　　同 10 - 0 - 12 第 r）条。

q）3.8.5　在高空安装硬母线，工作人员应系好安全带，并设置安全警戒线及警示标志。

〖摘编说明〗

　　同 10 - 0 - 12 第 m）条。

〖检查要点和方法〗

　　同 10 - 0 - 12 第 m）条。

r）3.8.6　进行电气试验时，应符合下列规定：

　　3　耐电压试验时，应有专人指挥，升压操作应有监护人监护。操作人员应穿绝缘鞋。现场应设临时围栏，挂警示标志，并应派专人警戒。

〖摘编说明〗

　　同 10 - 0 - 12 第 g）条。

〖检查要点和方法〗

　　同 10 - 0 - 12 第 g）条。

s）3.8.8　导叶进行动作试验时，应事先通告相关人员，应在水轮机室、蜗壳进入门处悬挂警示标志，严禁进入导叶附近，应有可靠的信号联系，并应有专人监护。

〖摘编说明〗

　　同 10 - 0 - 12 第 e）条。

〖检查要点和方法〗

　　同 10 - 0 - 12 第 e）条。

10 - 0 - 18　《水利水电地下工程施工组织设计规范》SL 642—2013

a）7.2.3　下列地区不应设置施工临时设施：

　　1　严重不良地质区或滑坡体危害区。
　　2　泥石流、山洪、沙暴或雪崩可能危害区。
　　5　受爆破或其他因素影响严重的区域。

〖摘编说明〗

　　同 10 - 0 - 7 第 c）条。

〖检查要点和方法〗

　　同 10 - 0 - 7 第 c）条。

10-0-19 《水利水电工程调压室设计规范》SL 655—2014

a) 8.3.6 调压室安全防护应符合下列规定：

1 埋藏式调压室的井口周边，应设置安全防护设施。

2 半埋藏式调压室和地面式调压室应设置井口安全防护设施。

3 调压室内的钢爬梯，应设置护笼。

〖摘编说明〗

为防止人员或动物落入调压井造成伤害，必须在井口周边设置安全防护措施（设置围栏）。为防止进入调压井的工作人员发生跌落事故，调压室内的钢爬梯，必须设置护笼。

〖检查要点及方法〗

检查设计文件中对调压井井口是否设置了安全防护措施，井内的钢爬梯是否设置了护笼。

10-0-20 《村镇供水工程设计规范》SL 687—2014

a) 8.0.9 水塔应有避雷设施。

〖摘编说明〗

村镇供水工程的水塔一般均高于周围的建筑物，为防止雷击对水塔造成损害，应在水塔的设计中设置避雷设施。

〖检查要点及方法〗

检查水塔设计文件中是否设置避雷设施。

10-0-21 《预应力钢筒混凝土管道技术规范》SL 702—2015

a) 11.1.3 管道水压试验应有安全防护措施，作业人员应按相关安全作业规程进行操作。

b) 11.3.9 水压试验应符合下列规定：

3 管道水压试验过程中，后背顶撑、管道两端严禁站人。

〖摘编说明〗

管道（线）安装完成后，应进行管道功能性试验。管道功能性试验包括接口水压试验、管道闭水试验和管道水压试验。管道水压试验是对压力输水管道工程的设计、施工及安装进行综合验证。因此，进行水压试验是必要的。

〖检查要点和方法〗

（1）检查是否制定水压试验安全防护措施、相关安全作业规程。

（2）试验过程中，后背顶撑、管道两端严禁站人。

10－0－22　《水利水电工程施工安全防护设施技术规范》SL 714—2015

a）　3.2.10　电梯井、闸门井、门槽、电缆竖井等的井口应设有临时防护盖板或设置围栏，在门槽、闸门井、电梯井等井道口（内）安装作业，应根据作业面情况，在其下方井道内设置可靠的水平安全网作隔离防护层。

〖摘编说明〗

水利水电工程工地中因电缆井、电梯井和闸门门槽无防护盖板措施导致的坠落事故时有发生。因此，对施工部位已到高程和正在施工中的电梯井、闸门槽、电缆竖井及管路等井口设置临时防护盖板或设置围栏和根据安装作业面情况，在作业面下方设置可靠的水平安全网作临时隔离防护层，以防止人员坠落和落物伤人事故的发生是非常必要的。

〖检查要点和方法〗

检查施工现场电梯井、闸门井、门槽、电缆竖井等井口危险处，有无设置临时防护盖板或设置围栏。检查井道口（内）安装作业下方井道内是否根据作业面情况设置有可靠的水平安全网作隔离防护层。

b）　3.3.6　排架、井架、施工用电梯、大坝廊道、隧洞等出入口和上部有施工作业的通道，应设有防护棚，其长度应超过可能坠落范围，宽度不应小于通道的宽度。当可能坠落的高度超过 24m 时，应设双层防护棚。

〖摘编说明〗

本条是为保护作业人员免遭上部高处作业可能坠物的伤害。当出入口附近有人作业，或在出入口处可能聚集较多人员时，应增加防护棚的宽度，长度应超过可能坠落范围。防护棚长度小于可能坠落范围时，可能失去保护作用。坠落高度过高时会导致物体坠落后冲击力过大而可能使防护棚破损失去保护作用，设双层防护棚，分解坠落后冲击力，减轻对下方人员的伤害。

〖检查要点和方法〗

检查防护棚长度、宽度是否满足保护范围要求，检查按照距施工作业面的高度设置防护棚是否满足本规定的要求。

c）　3.5.3　各种施工设备、机具传动与转动的露出部分，如传动带、开式齿轮、电锯、砂轮、接近于行走面的联轴节、转轴、皮带轮和飞轮等必须安设拆装方便、网孔尺寸符合安全要求的封闭的钢防护网罩或防护挡板或防护栏杆等安全防护装置。

〖摘编说明〗

许多施工机械设备及加工机械设备的传动与转动部件的部分甚至全部裸露在外，人体某部分只要接触这些裸露的运动部件就受到伤害。为防止这类发生频率很高的事故发生，本条规定，必须安装钢防护罩将运行部件的裸露部分全部罩住，或设置防护挡板，或设置安全防护栏杆，以阻止人体进入危险区。

〖检查要点和方法〗

检查各种施工设备、机具传动与转动的露出部分是否安设安全防护装置。

d)　3.7.3　施工现场的配电箱、开关箱等安装使用应符合下列规定：

　　6　配电箱、开关箱应装设在干燥、通风及常温场所，设置防雨、防尘和防砸设施。不应装设在有瓦斯、烟气、蒸气、液体及其他有害介质环境中，不应装设在易受外来固体物撞击、强烈振动、液体浸溅及热源烘烤的场所。

〖摘编说明〗

为防止施工现场配电箱、开关箱产生漏电等事故，应针对不同施工环境状况采用不同防护等级的配电设备及防护设施。

〖检查要点和方法〗

（1）检查配电箱、开关箱设备是否满足施工环境的防护要求。

（2）检查是否设置防雨、防尘和防砸设施。

e)　3.7.4　施工用电线路架设使用应符合下列要求：

　　7　线路穿越道路或易受机械损伤的场所时必须设有套管防护。管内不得有接头，其管口应密封。

〖摘编说明〗

在线路穿越道路或易受机械损伤的场所时线路容易遭受损坏，导致施工断电或人员触电事故。因此必须设有套管防护。线路接头易发生故障，管内接头故障修复困难，所以避免管内有线路接头。

〖检查要点和方法〗

检查线路穿越道路或易受机械损伤的场所时是否设有套管防护。套管及内部线路是否满足本规定要求。

f)　3.10.10　载人提升机械应设置下列安全装置，并保持灵敏可靠：

　　1　上限位装置（上限位开关）。

　　2　上极限限位装置（越程开关）。

　　3　下限位装置（下限位开关）。

　　4　断绳保护装置。

　　5　限速保护装置。

　　6　超载保护装置。

〖摘编说明〗

载人提升机械一旦失控，就会造成人身伤亡事故，因此，可靠的安全保护装置非常重要。

〖检查要点和方法〗

检查载人提升机械的安全装置是否满足本条规定。

g)　3.12.5　在有毒有害气体可能泄漏的作业场所，应配置必要的防毒护具，以备急

用，并应及时检查、维护、更换，保证其始终处在良好的待用状态。

〖摘编说明〗

有毒有害气体泄漏时，对周围人员可能造成伤害，当有毒有害气体浓度超标时，须穿戴防毒护具，因此在有毒有害气体可能泄漏的作业场所，应配置必要的防毒护具，并应保证其始终处在良好的待用状态。

〖检查要点和方法〗

检查有毒有害气体可能泄漏的作业场所，是否配置必要的防毒护具，其状态是否良好。

h) 4.1.4 皮带栈桥供料线运输应符合下列安全规定：

9 供料线下方及布料皮带覆盖范围内的主要人行通道，上部必须搭设牢固的防护棚，转梯顶部设置必要防护，在该范围内不应设置非施工必需的各类机房、仓库。

〖摘编说明〗

供料线下方及布料皮带覆盖范围内，运输的施工材料可能掉落砸伤下方通过的行人，造成人员伤害，须搭设牢固的防护棚，转梯顶部设置必要防护；非施工必需的各类机房、仓库设置在该范围以外，避免损失。

〖检查要点和方法〗

检查该范围内的主要人行通道是否满足本规定的要求；检查该范围内有无非施工必需的各类机房、仓库。

i) 4.2.4 起重机械安装运行应符合下列规定：

1 起重机械应配备荷载、变幅等指示装置和荷载、力矩、高度、行程等限位、限制及连锁装置。

〖摘编说明〗

本条目的是确保起重机械运行安全，操作人员随时了解机械设备的状态，限位、限制及连锁装置可有效避免设备过载、超高及越位等失误，防止起吊过程中发生伤害事故和设备倾覆事故。

〖检查要点和方法〗

（1）检查起重机械是否配备荷载、变幅等指示装置。

（2）检查起重机械是否配备荷载、力矩、高度、行程等限位、限制及连锁装置。

〖案例分析〗

1998 年 6 月 22 日，某工程局第二工程处安排在某电站 1 号主变排架柱基础出渣。晚上 20 时许，25 号高架门机在将渣斗从出渣位置吊出 20 多 m 后，突然停机，司机进行简单检查后继续操作，在向右回转时，门机慢速倾斜随后瞬间倾倒，发生巨大声响，现场断电。25 号高架门机严重损坏。事故造成 2 人死亡，直接经济损失 5 万余元。

直接原因：25 号高架门机吊斗总重 16t，已超出该工作幅度的起吊重量。在门机变幅对钩过程中，变幅限位已经动作，现场无人对吊重提出质疑。操作司机在吊起 20 多

m 感到设备异常时停机检查，未发现问题。

间接原因：门机起吊重量不清，设备使用条件不明；门机没有力矩限位装置；作业人员不了解设备性能和起吊重量。

主要原因：①违章作业，彼此沟通不够，在不清楚起重重量的情况下盲目作业，造成设备倾覆；②设备限位装置不全，不能直观给出操作司机提醒。

j)　4.2.5　门式、塔式、桥式起重机械安装运行应符合下列规定：

4　桥式起重机供电滑线应有鲜明的对比颜色和警示标志。扶梯、走道与滑线间和大车滑线端的端梁下应设有符合要求的防护板或防护网。

〖摘编说明〗

桥式起重机供电滑线设有鲜明的对比颜色和警示标志是为了引起附近人员注意，防止无意触碰和损坏。设置滑线防护板或防护网是为了防止触电事故。

〖检查要点和方法〗

检查桥式起重机供电滑线是否设有鲜明的对比颜色和警示标志。滑线防护板或防护网的设置是否符合本规定。

k)　4.3.2　缆机安装运行应符合下列规定：

1　设有从地面通向缆机各机械电气室、检修小车和控制操作室等处所的通道、楼梯或扶梯。所有转动和传动外露部位应装设有防护网罩，并涂上安全色。

〖摘编说明〗

为保证缆机安装运行时作业人员安全，设置由地面通向各机械电气室、检修小车和控制操作室等处所的通道、楼梯或扶梯。并对可能引起人员伤害的所有转动和传动外露部位设置防护网罩，并涂上安全色。

〖检查要点和方法〗

检查缆机是否设有由地面通向各机械电气室、检修小车和控制操作室等处所的通道、楼梯或扶梯。检查所有转动和传动外露部位是否装设有涂有安全色的防护网罩。

l)　6.1.1　灌浆作业应符合下列要求：

3　交叉作业场所，各通道应保持畅通，危险出入口、井口、临边部位应设有警告标志或钢防护设施。

〖摘编说明〗

为防止在交叉作业及廊道出入口处高处坠物伤害、在边坡作业中平台坍塌伤亡及平台临边坠落伤亡等事故的发生，在上述位置设置警告标志或钢防护设施。

〖检查要点和方法〗

检查交叉作业场所，各通道是否畅通。检查危险出入口、井口、临边部位是否设有警告标志或钢防护设施。

m)　7.1.14　皮带机安装运行应符合下列规定：

4　皮带的前后均应设置事故开关，当皮带长度大于 100m 时，在皮带的中部还应

增设事故开关，事故开关应安装在醒目、易操作的位置，并设有明显标志。

〖摘编说明〗

皮带机是砂石料输送的主要方式，皮带机事故主要发生在运行中机械滚筒对人员的伤害，重点在机头、机尾部分。为在皮带机发生事故时尽快停机，减少损失，设置事故开关。

〖检查要点和方法〗

检查皮带机设置的事故开关是否满足本规定要求。

n）7.2.1　制冷系统车间应符合下列规定：

7　氨压机车间还应符合下列规定：

1）控制盘柜与氨压机应分开隔离布置，并符合防火防爆要求。

2）所有照明、开关、取暖设施等应采用防爆电器。

3）设有固定式氨气报警仪。

4）配备有便携式氨气检测仪。

5）设置应急疏散通道并明确标识。

〖摘编说明〗

制冷系统设备大多为压力容器，且介质（氨）为有毒、易爆物质。资料表明，在充氨工作场所，当空气中含氨量达到 0.5%～0.8%（按体积计算），停留 30min 后，会引起人员中毒；当空气中含氨量达到 16%～25%，遇明火可引起爆炸。本条规定主要防止爆炸和急性中毒事故的发生。

〖检查要点和方法〗

检查制冷系统氨压机车间是否符合本条规定。

o）8.1.2　木材加工机械安装运行应符合下列规定：

3　应配备有锯片防护罩、排屑罩、皮带防护罩等安全防护装置，锯片防护罩底部与工件的间距不应大于 20mm，在机床停止工作时防护罩应全部遮盖住锯片。

〖摘编说明〗

为防止木材加工机械锯片等相关加工设备、传动设备的机械伤害和木料飞出伤害事故发生，需要配备安全防护装置。

〖检查要点和方法〗

木材加工机械锯片等相关设备的安全防护装置是否符合本条规定。

p）10.1.2　进入施工生产区域人员应正确穿戴安全防护用品。进行 2m（含 2m）以上高空作业应佩戴安全带并在其上方固定物处可靠栓挂，3.2m 以上高空作业时，其下方应铺设安全网。安全防护用品使用前应认真检查，不应使用不合格的安全防护用品。

〖摘编说明〗

（1）为了保证进入施工现场或作业区域的人员做出的安全作业规定。

（2）3.2m 以上高空作业除作业人员的安全带要可靠拴挂外，其下方还要铺设安全网，起到双保险作用，是为了保证作业人员在高空作业时生命安全，防止跌落事故发生所做的规定。

（3）对安全防护用品在每次使用前要对照有关标准进行检查所做出的规定。

〖检查要点和方法〗

检查进入施工现场或作业区域的人员安全防护用品穿戴是否正确。检查高空作业人员的保护措施是否符合规定。检查安全防护用品是否合格。

〖案例分析〗

1996 年 2 月 11 日 14 时，某水电站河槽公路，某工程局立模板工人陈某正在安装模板。陈某站在混凝土仓外部，一手拿钉锤，一手用扒钉撬两块钢模板的 U 形扣孔，在用力过程中扒钉从 U 形孔中脱出，人体重心后仰，从 863.00m 高程坠落至 852.00m 高程，坠落高度 11m，头部严重受伤，失血过多死亡。

直接原因：高空作业未系安全带，违反高空作业安全操作规程。

间接原因：施工现场安全管理缺陷，未设施工安全网。

主要原因：在立模过程中违章作业，未系安全带。

q）10.1.7　焊接作业安全防护应符合下列要求：

10　高处焊割作业点的周围及下方地面上火星所及的范围内，应彻底清除可燃、易爆物品，并配置足够的灭火器材。

〖摘编说明〗

电焊焊接过程中温度高达 6000℃ 以上，容易使焊件接触的可燃物着火，同时在焊接过程中掉落和飞溅的焊渣接触到木、棉等可燃物时极易引发火灾。因此，高处焊割作业点的周围及下方地面上火星所及的范围内，应彻底清除可燃、易爆物品，并配置足够的灭火消防器材。

〖检查要点和方法〗

检查高处焊割作业点的周围及下方地面上是否按规范要求清理干净，是否配备足够的灭火器材。

r）10.1.11　金属加工设备防护罩、挡屑板、隔离围栏等安全设施应齐全、有效。有火花溅出或有可能飞出物的设备应设有挡板或保护罩。

〖摘编说明〗

为防止金属加工设备及相关附属设备的机械伤害和有火花溅出或有可能飞出物的设备伤害事故发生，需要配备安全设施。

〖检查要点和方法〗

金属加工设备的安全设施是否符合本条规定。

s）11.1.2　机组安装现场对预留进人孔、排水孔、吊物孔、放空阀、排水阀、预留管道口等孔洞应加防护栏杆或盖板封闭。

〖摘编说明〗

机组安装现场预留进人孔、排水孔、吊物孔、放空阀、排水阀、预留管道口等孔洞，可能造成安装作业人员高处坠落或落物造成伤亡。设置防护栏杆或盖板封闭，保护作业人员安全。

〖检查要点和方法〗

检查机组安装现场预留孔洞处，有无设置防护栏杆或盖板封闭。

t) 11.1.7 尾水管、蜗壳内和水轮机过流面进行环氧砂浆作业时，应有相应的防火、防毒设施并设置安全防护栏杆和警告标志。

〖摘编说明〗

环氧树脂、定子、转子所使用的油漆及机组全面喷刷用漆，毒性较大，挥发快，且施工部位狭小封闭易造成中毒和火灾事故，故规定必须设置通风、消防、防毒和隔离设施。

〖检查要点和方法〗

检查尾水管、蜗壳内和水轮机过流面进行环氧砂浆作业面是否有防火、防毒设施及安全防护栏杆和警告标志。

u) 11.2.6 高压试验现场应设围栏，拉安全绳，并悬挂警告标志。高压试验设备外壳应接地良好（含试验仪器），接地电阻不得大于 4Ω。

〖摘编说明〗

因高压试验时有较高的电压，会危及现场人员的生命安全，为防止触电事故发生，因而要求必须设置围栏或安全隔离绳，并悬挂警告标志。为保证试验有关人员的安全，要求被试验设备外壳应接地良好。

〖检查要点和方法〗

检查现场是否设置了安全警戒线和警示标志，是否有专人看护。高压试验设备是否按要求接地。

v) 11.3.1 水轮发电机组整个运行区域与施工区域之间必须设安全隔离围栏，在围栏入口处应设专人看守，并挂"非运行人员免进"的标志牌，在高压带电设备上均应挂"高压危险""请勿合闸"等标志牌。

〖摘编说明〗

本条为防止非运行人员进入运行区域干扰发电机组正常运行，并防止可能发生高压触电及其他电气事故。

〖检查要点和方法〗

检查水轮发电机组整个运行区域与施工区域之间是否设置安全隔离围栏及有关标志牌。

11 卫　　生

本章涉及 6 项技术标准，强制性条文共 19 条，详见表 11-1，内容涉及生产生活环境中的噪音、粉尘和有害物质等的控制及人员健康的保护，血防工作防疫和饮水安全等。

表 11-1　　　　　　　　　　工业卫生部分涉及标准汇总表

序　号	标　准　名　称	标准编号	条　　数
1	水利水电工程劳动安全与工业卫生设计规范	GB 50706—2011	7
2	村镇供水工程技术规范	SL 310—2004	1
3	水利血防技术导则（试行）	SL 318—2011	4
4	水利水电工程施工通用安全技术规程	SL 398—2007	5
5	水利水电地下工程施工组织设计规范	SL 642—2013	1
6	村镇供水工程设计规范	SL 687—2014	1

11-0-1　《水利水电工程劳动安全与工业卫生设计规范》GB 50706—2011

a)　5.6.1　六氟化硫气体绝缘电气设备的配电装置室及检修室，必须装设机械排风装置，其室内空气中六氟化硫气体含量不应超过 6.0g/m³，室内空气不应再循环，且不得排至其他房间内。室内地面孔、洞应采取封堵措施。

〖摘编说明〗

纯六氟化硫气体是无毒、无味、不燃并具有优良冷却性能，绝缘强度大大高于传统的绝缘气体。但在电弧的作用下，六氟化硫会发生分解，形成有毒的低氟化合物，如 SF_2、S_2F_2、SF_4、S_2F_{10} 等，若由于密封不严或大修解体，六氟化硫（低氟化合物）气体在空气中的含量超过 6.0g/m³，会对工作人员造成伤害，因此，应采取相应的机械排风措施，室内空气不应再循环，且不得排至其他房间内。

室内空气中六氟化硫气体含量不应超过 6.0g/m³ 是现行国家职业卫生标准《工业场所有害因素职业接触限值》GBZ 2.1—2007 中规定的平均容许浓度。

由于六氟化硫气体密度比空气大，泄漏后会沉淀在地面，考虑到室内工作人员巡视检修时头低下的位置一般在 0.3m 以上，因而，通常设计的排风管道的吸风口的顶部距地面的高度应在 0.3m 以下，同理，若室内地面孔、洞未采取封堵措施，就可能泄漏到其下面的房间，因此，室内地面孔、洞应采取封堵措施。

〖检查要点和方法〗

检查配电装置室及检修室是否设置机械排风装置、吸风口＼排风口位置是否合理、室内空气是否再循环，是否排至其他房间，有无六氟化硫浓度监测措施（一般采用气相色谱法）、室内地面孔、洞是否采取封堵措施。

b）5.6.7 水厂的液氯瓶、联氨贮存罐应分别存放在无阳光直接照射的单独房间内。加氯（氨）间和氯（氨）库应设置泄漏检测仪及报警装置，并应在临近的单独房间内设置漏氯（氨）气自动吸收装置。

c）5.6.8 水厂加氯（氨）间和氯（氨）库，应设置根据氯（氨）气泄漏量自动开启的通风系统。照明和通风设备的开关应设置在室外。加氯（氨）间和氯（氨）库外部应备有防毒面具、抢救设施和工具箱。

〖摘编说明〗

液氯汽化后即为氯气，氯气是一种黄绿色气体，有剧毒，对人的呼吸器官有强烈的刺激性，会使人中毒、窒息、甚至死亡；液氨汽化后即为氨气，氨气也是有毒气体且可燃，阳光直射将有助于液氯和液氨的汽化，因此应分别存放在无阳光直接照射的单独的房间内，同时还应采取防暴措施。

按照现行国家职业卫生标准《工业场所有害因素职业接触限值》（GBZ 2.1—2007）中规定，室内空气中氯气浓度不允许超过 $1mg/m^3$、氨气平均容许浓度不允许超过 $20mg/m^3$。为了防止泄漏对工作人员造成伤害，加氯（氨）间和氯（氨）库应设置泄漏检测仪及报警装置，并应在临近的单独房间内设置漏氯（氨）气自动吸收装置。

当室内空气中氯气浓度大于或等于 $1mg/m^3$ 时，自动开启通风装置，当氯气浓度大于或等于 $5mg/m^3$ 时，自动报警并关闭通风装置，当氯气浓度大于或等于 $10mg/m^3$ 时，自动开启漏氯吸收装置。漏氯检测仪的测量范围应为 $1\sim15mg/m^3$。

工作人员进入浓度超标的房间时，须佩戴防毒面具，并配备必要的抢救设施和工具箱。

〖检查要点和方法〗

检查液氯瓶、联氨贮存罐存放房间是否满足要求，是否设置泄漏检测仪及报警装置，临近的单独房间内是否设置漏氯（氨）气自动吸收装置，是否设置根据氯（氨）气泄漏量自动开启的通风系统。照明和通风设备的开关是否设置在室外，防毒面具、抢救设施和工具箱是否完善。

d）5.7.1 工程使用的砂、石、砖、水泥、商品混凝土、预制构件和新型墙体材料等无机非金属建筑主体材料，其放射性指标限值应符合表 5.7.1 的规定。

表 5.7.1　　　　　　　　无机非金属建筑主体材料放射性指标限值

测 定 项 目	限 值
内照射指数 I_{Ra}	≤1.0
外射指数 I_r	≤1.0

e) **5.7.2　工程使用的石材、建筑卫生陶瓷、石膏板、吊顶材料、无机瓷质砖粘接剂等无机非金属装修材料,其放射性指标限值应符合表 5.7.2 的规定。**

表 5.7.2　　　　　　　　　　　无机非金属装修材料放射性指标限值

测　定　项　目	限　　　值
内照射指数 I_{Ra}	≤1.0
外射指数 I_r	≤1.3

〖摘编说明〗

　　建筑材料中所含的长寿命天然放射性核素会放射 γ 射线,直接对室内构成外照射危害,γ 射线放射性危害的大小与建筑材料中所含放射性同位素的比活度直接相关,还与建筑物空间大小、几何形状、放射性同位素在建筑材料中分布的均匀性有关。表 5.7.1、表 5.7.2 中对主体材料和装修材料放射性指标的限量是根据国家标准《民用建筑工程室内环境污染控制规范》(GB 50325) 中的规定编制的。

〖检查要点和方法〗

　　检查建筑主体材料、装修材料的放射性指标是否满足放射性指标的限量的要求,采用国家标准《建筑材料放射性核素限量》(GB 6566) 中规定的方法检测。对采购的成品装修材料,应检查材料生产商提供该制品的放射性指标检验报告等。

f) **5.7.3　工程室内使用的胶合板、细木工板、刨花板、纤维板等人造木板及饰面人造木板,必须测定游离甲醛的含量或游离甲醛的释放量。**

〖摘编说明〗

　　甲醛是一种无色、有强烈刺激气味的有毒气体,易溶于水、醇和醚。甲醛已经被世界卫生组织确定为致癌和致畸形物质,是公认的变态反应源,也是潜在的强致突变物之一。研究表明,甲醛具有强烈的致癌和促癌作用。甲醛对人体健康的影响主要表现在嗅觉异常、刺激、过敏、肺功能异常、肝功能异常和免疫功能异常等方面。

　　甲醛是人造板材制造中树脂胶的主要材料,工程室内所使用的胶合板、细木工板、刨花板、纤维板等人造木板及饰面人造木板中都不同程度的含有甲醛,会逐渐向周围环境中释放,为了避免给人体造成伤害,对室内使用的人造板材必须进行游离甲醛含量或游离甲醛释放量的测定,不满足国家标准《民用建筑工程室内环境污染控制规范》(GB 50325) 中甲醛释放限量的规定的板材不允许使用。

〖检查要点和方法〗

　　检查工程室内装修使用的胶合板、细木工板、刨花板、纤维板等人造木板及饰面人造木板等材料,是否有制品的游离甲醛含量或游离甲醛释放量检验报告,及环保标志。

g) **5.9.2　血吸虫病疫区的水利水电工程,应设置血防警示标志。**

〖摘编说明〗

　　按照《血吸虫病防治条例》的规定,建设单位在血吸虫病疫区兴建水利水电工程时,应事先提请省级以上疾病预防控制机构对施工环境进行卫生检查,并要求设立醒目的血防警示标志，以预防、控制血吸虫病对人体的感染。

〖检查要点和方法〗

检查是否设立血防警示标志。

11-0-2 《村镇供水工程技术规范》SL 310—2004

为规范我国村镇供水工程的建设和管理，提高供水质量，保障饮水安全，充分发挥工程效益，促进村镇社会和经济的发展，制定本标准。本标准适用于建制镇、集镇、村庄供水工程的建设和管理。本标准以村镇供水工程设计为主，同时兼顾了规划、施工和运行管理的基本要求，包括：总则，供水规划，集中式供水工程设计，集中式供水工程施工与验收，集中式供水工程运行管理，分散式供水工程设计、施工与运行管理。

a) 3.2.1 集中式供水工程，生活饮用水水质应符合《生活饮用水卫生标准》（GB 5749）的要求；受水源、技术、管理等条件限制的Ⅳ型、Ⅴ型供水工程，生活饮用水水质应符合《农村实施〈生活饮用水卫生标准〉准则》的要求。

〖摘编说明〗

随着人民生活水平的提高，对生活饮用水质量的要求不断提高；由于水源水质的不断恶化，水处理难度较大、供水水质问题越来越多，加强供水水质管理非常必要。国内外生活饮用水卫生标准普遍在提高，检测项目增多、指标更加严格。随着我国适度规模村镇供水工程的发展以及小康社会建设，对村镇供水水质要求也相应提高。日供水 $200m^3$ 的工程，关系到上千人的饮水安全，因此，Ⅰ～Ⅲ型供水工程，以及有条件的Ⅳ型、Ⅴ型供水工程，生活饮用水水质应符合《生活饮用水卫生标准》（GB 5749）的要求；受条件限制的Ⅳ型、Ⅴ型供水工程，才执行《农村实施〈〉生活饮用水卫生标准〉准则》的规定。

〖检查要点和方法〗

检查的重点内容：检查供水水质；检查净水工艺及设施设计是否合理，运行是否正常。

常见的违反本条要求的几种情况：村民饮用水水质不满足相应要求，饮水安全受到威胁。

监督检查是否违反本条的方法：加强村镇供水工程卫生学评价和水质卫生监测工作，定期抽查检测供水设施水质情况；对村民生活饮用水水质进行定期抽样检查；供水工程试运行前，严格检查供水系统及净水工艺的运行情况，保证出水水质满足要求。

〖案例分析〗

某县为进一步加强村镇供水工程卫生学评价和水质卫生监测工作，摸清村镇供水设施水质情况，水务局组织开展了村镇供水设施枯水期水质普测和各水期水质抽测工作。检测范围为全县村镇集中供水厂和 376 个行政村村级供水站，对集中供水厂出厂水和末梢水、村级供水站出厂水进行监测采样。按照具体要求，对出厂水 30 项指标、末梢水 19 项指标进行检测，集中供水厂全年监测 2 次，枯水期和丰水期各一次，村级供水站枯水期监测1次，并对部分点抽测一次。对水质不达标的村进行现场勘查，会同发改委、财政、卫生等部门提出解决方案；针对水质检测合格的村镇供水工程及村级供水站，督促其办理卫生许可证，并研究制定饮水水质监测、监督长效机制。

11－0－3　《水利血防技术规范》SL 318—2011

a)　10.0.1　水利血防工程施工，应根据工程所在区域的钉螺分布状况和血吸虫病流行情况，制定有关规定，采取相应的预防措施，避免参建人员被感染。

b)　10.0.4　在血吸虫病疫区施工，应采取措施，改善参建人员的工作和生活环境，同时设立醒目的血防警示标志。

c)　11.0.1　水利血防工程运行管理单位，应制定运行管理规章制度及运行调度方案，采取预防措施，避免人员被感染。

d)　11.0.4　在水利血防工程运行管理区，应采取措施，改善运行管理人员的工作和生活环境，设立醒目的血防警示标志。

〖摘编说明〗

为了避免参建人员和运行管理人员在血吸虫病疫区感染血吸虫病，采取制定管理办法、规章制度和调度方案；改善工作和生活环境；设立醒目的血防警示标志等措施，切实加强管理，防患于未然。

〖检查要点和方法〗

检查参建和管理单位是否在血吸虫病病疫区；是否有相应的预防措施和管理规定；在施工区和工程管理区是否有醒目的血防警示标志。

通过会议或座谈的形式，了解施工和管理单位的血防知识普及程度、预防措施和管理规定执行情况等。通过工程现场查勘，检查血防警示标志和措施实施情况。

11－0－4　《水利水电工程施工通用安全技术规程》SL 398—2007

a)　3.4.2　生产作业场所常见生产性粉尘、有毒物质在空气中允许浓度及限值应符合表3.4.2的规定。

表3.4.2　　　　　　　常见生产性粉尘、有毒物质在空气中允许浓度及限值

序号	有害物质名称		阈限值（mg/m³）		
			最高容许浓度 $Pc-MAC$	时间加权平均容许浓度 $Pc-TWA$	短时间接触容许浓度 $Pc-STEL$
1	总尘	矽尘	—	—	—
		含10%~50%游离 SiO_2	—	1	2
		含50%~80%游离 SiO_2	—	0.7	1.5
		含80%以上游离 SiO_2	—	0.5	1.0

续表

序号	有害物质名称		阈限值（mg/m³）		
			最高容许浓度 Pc－MAC	时间加权平均 容许浓度 Pc－TWA	短时间接触 容许浓度 Pc－STEL
1	呼吸尘	含 10%～50% 游离 SiO₂	—	0.7	1.0
		含 50%～80% 游离 SiO₂	—	0.3	0.5
		含 80% 以上游离 SiO₂	—	0.2	0.3
2	石灰石粉尘	总尘	—	8	10
		呼吸尘	—	4	8
3	硅酸盐水泥	总尘（游离 SiO₂＜10%）	—	4	6
		呼吸尘（游离 SiO₂＜10%）	—	1.5	2
4	电焊烟尘		—	4	6
5	其他粉尘		—	8	10
6	锰及无机化合物（按 Mn 计）		—	0.15	0.45
7	一氧化碳	非高原	—	20	30
		高原 海拔 2000～3000m	20	—	—
		高原 海拔大于 3000m	15	—	—
8	氨 Ammonia		—	20	30
9	溶剂汽油		—	300	450
10	丙酮		—	300	450
11	三硝基甲苯（TNT）		—	0.2	0.5
12	铅及无机化合物 （按 Pb 计）	铅尘	0.05	—	—
		铅烟	0.03	—	—
13	四乙基铅（皮、按 Pb 计）		—	0.02	0.06

〔摘编说明〕

本条参照《工作场所空气中粉尘容许浓度》，结合水利水电工程施工特点规定了表 3.4.2，以确保职工在工作中的健康，防止职业病的产生，如尘肺、氨中毒等。

〔检查要点和方法〕

检测作业场所的粉尘、有毒物质在空气中的浓度，如超标应采用强制通风措施通风换气。

b) **3.4.4** 生产车间和作业场所工作地点噪声声级卫生限值应符合表 3.4.4 规定。

表 3.4.4　　　　　　　　　　　　生产性噪声声级卫生限值

日接触噪声时间（h）	卫生限值［dB(A)］
8	85
4	88
2	91
1	94

c) **3.4.6** 施工作业噪声传至有关区域的允许标准见表 3.4.6。

表 3.4.6　　　　　　　　　　　　非施工区域的噪声允许标准

类　　别	等 效 声 级 限 值 ［dB(A)］	
	昼　间	夜　间
以居住、文教机关为主的区域	55	45
居住、商业、工业混杂区 及商业中心区	60	50
工业区	65	55
交通干线道路两侧	70	55

〚摘编说明〛

　　以上两条参照《工业企业噪声卫生标准》和《工业企业厂界噪声标准》（GB 12348—1990），制定了表 3.4.4、表 3.4.6，以保证施工现场人员和周围居民不受噪声侵扰。

〚检查要点和方法〛

　　检测生产场所和非施工区的噪声 dB 值，如超标应采取减振隔音措施。

d) **3.4.11** 工程建设各单位应建立职业卫生管理规章制度和施工人员职业健康档案，对从事尘、毒、噪声等职业危害的人员应每年进行一次职业体检，对确认职业病的职工应及时给予治疗，并调离原工作岗位。

〚摘编说明〛

　　本条规定是为保证施工作业人员人身健康的权益。

〚检查要点和方法〛

　　每年定期检查施工作业人员体检健康状态记录，对违反规定的施工单位限期整改。

e) **4.7.1** 生活供水水质应符合表 4.7.1 的要求，并应经当地卫生部门检验合格方可使用。生活饮用水源附近不应有污染源。

表 4.7.1   生活饮用水水质标准

编　号		项　目	标　准
感官性状指标	1	色	色度不超过 15 度，并不应呈现其他异色
	2	浑浊度	不超过 3 度，特殊情况不超过 5 度
	3	臭和味	不应有异臭异味
	4	肉眼可见物	不应含有
化学指标	5	pH 值	6.5～6.8
	6	总硬度（以 CaO 计）	不超过 450mg/L
	7	铁	不超过 0.3mg/L
	8	锰	不超过 0.1mg/L
	9	铜	不超过 1.0mg/L
	10	锌	不超过 1.0mg/L
	11	挥发酚类	不超过 0.002mg/L
	12	阴离子合成洗涤剂	不超过 0.3mg/L
毒理学指标	13	氟化物	不超过 1.0mg/L，适宜浓度 0.5～1.0mg/L
	14	氰化物	不超过 0.05mg/L
	15	砷	不超过 0.04mg/L
	16	硒	不超过 0.01mg/L
	17	汞	不超过 0.001mg/L
	18	镉	不超过 0.01mg/L
	19	铬（六价）	不超过 0.05mg/L
	20	铅	不超过 0.05mg/L
细菌学指标	21	细菌总数	不超过 100 个/mL 水
	22	大肠菌数	不超过 3 个/mL 水
	23	游离性余氯	在接触 30min 后不应低于 0.3mg/L，管网末梢水不低于 0.05mg/L

〖摘编说明〗

施工区生活饮用水安全是影响施工人员人群健康的重要方面。为保证向工区人员提供符合卫生要求的饮用水，应随时掌握水源及饮用水水质变化动态，必须严格执行生活饮用水水质标准，保证施工人员饮水安全。

施工生活供水水质保证可通过水质冻凝消毒处理，所用的药剂或过滤材料应符合卫生标准，用于生活的饮用水不应含有对人体健康有害的成分；对水质应定期进行化验，确保水质符合标准。泵站（取水点）周围半径不小于 100m 的水域不应有停靠船只、游泳、捕捞和可能污染水源的活动。

〖检查要点和方法〗

检查的重点内容：检查施工生活供水是否有净水设施；净水设施设计是否合理，设施运转情况；饮用水水质是否符合表 4.7.1 的要求；检查饮用水源附近是否有污染源；检查施工人员饮水后是否出现不适症状。

常见的违反本条要求的几种情况：未安装净水设施；净水设施设计不合理，或运转不正常无法满足净水要求；监测发现表 4.7.1 中的一项或多项指标超过限值；水源附近存在污染源；施工人员饮水后出现不适症状。

监督检查是否违反本条的方法：通过环境监理监督承包商做好预防保护、加氯消毒和水质监测等工作，并对水质进行每月一次的定期监测。

〖案例分析〗

本条文涉及水利水电工程施工期环境监理工作，已作为监理工程师对施工区生活废水进行监理的重要依据。

例如：昆明市清水海引水一期工程施工人员生活饮用水保护。施工人员生活用水主要采用地下水水源，经消毒后作为生活用水。为保证生活饮用水水质，承包商要加强对取水、净化、蓄水、输水等设备的管理，建立行之有效的放水、清洗、消毒和检修等制度及操作规程，并按规定对水源水、饮用水定期监测，其供水水质应符合《生活饮用水卫生标准》（GB 5749—85）的要求。

11-0-5 《水利水电地下工程施工组织设计规范》SL 642—2013

a） 9.1.1 施工过程中，洞内氧气浓度不应小于 20%，有害气体和粉尘含量应符合下列要求：

1 甲烷、一氧化碳、硫化氢含量应满足表 9.1.1-1 的要求。

表 9.1.1-1　　　　　　　　空气中有害气体的最高允许浓度

名　称	最高允许含量		附　注
	%（按体积计算）	mg/m³	
甲烷（CH₄）	≤1.0	—	
一氧化碳（CO）	≤0.0024	30	一氧化碳的最高允许含量与作业时间 <table><tr><td>作业时间</td><td>最高允许含量（mg/m³）</td></tr><tr><td><1h</td><td>50</td></tr><tr><td><0.5h</td><td>100</td></tr><tr><td>15~20min</td><td>200</td></tr></table>
硫化氢（H₂S）	≤0.00066	10	反复作业的间隔时间应在 2h 以上

〖摘编说明〗

隧洞施工中产生的有害气体危害极大，当超过一定浓度时极易造成人身伤害事故。

甲烷（CH₄）在自然界分布很广，是天然气、沼气、坑气及煤气的主要成分之一，具有可燃性。甲烷对人基本无毒，但浓度过高时，使空气中氧含量明显降低，使人窒息。当空气中甲烷达 25%～30% 时，可引起头痛、头晕、乏力、注意力不集中、呼吸和心跳加速、供给失调。

一氧化碳（CO）是一种对血液和神经系统毒性很强的污染物。空气中的一氧化碳通过呼吸系统进入人体血液内，与血液中的血红蛋白、肌肉中的肌红蛋白、含二价铁的呼吸酶结合，形成可逆性的结合物。一氧化碳与血红蛋白的结合，不仅降低了血球携氧能力，而且还抑制、延缓氧血红蛋白的解析和释放，导致机体组织因缺氧而坏死，严重者则可能危及人的生命。

硫化氢（H_2S）气体是一种具有剧毒的气体，身体吸入少量高浓度硫化氢可短时间内致命。而低浓度的硫化氢也对人体的眼、呼吸系统及中枢神经都有影响。具有易燃性，与空气混合能形成爆炸性混合物，遇明火、高热能引起燃烧爆炸。

洞室施工作业要求洞内氧气体积不应少于 20%，有害气体和粉尘浓度应符合表 9.1.1－1 最高允许浓度的规定，如经检测超标不得进行洞内施工作业，并应及时采用通风等措施排除，符合规定标准方可进行施工。

〖检查要点和方法〗

检查施工单位的洞内施工技术方案的通风系统是否满足要求，安全作业措施是否落实到位，洞内氧气和有害气体、粉尘的检测记录是否达标。

11－0－6　《村镇供水工程设计规范》SL 687—2014

a) 11.1.1　生活饮用水必须消毒。

〖摘编说明〗

生活饮用水必须消毒，使之达到生活饮用水标准，确保安全。

〖检查要点和方法〗

检查设计文件中是否设置了生活饮用水消毒措施。

第四篇

水 利 工 程 验 收

12 质 量 检 查

　　水利水电工程是国家重要的基础设施，工程质量的优劣，不仅影响工程效益的发挥，而且直接影响人们生命财产安全和国家经济社会发展，水利水电工程涉及专业众多，施工质量检验与评定过程繁多，必须统一施工质量检验评定方法，该"规程"就是为使施工质量检验与评定工作标准化、规范化而制定的。

　　本章涉及 1 项技术标准，强制性条文共 5 条。

12-0-1　《水利水电工程施工质量验收与评定规程》SL 176—2007

　　为加强水利水电工程建设质量管理，保证工程施工质量，统一施工质量检验与评定方法，使施工质量检验与评定工作标准化、规范化，制定本标准。本标准适用于大、中型水利水电工程及符合一定条件的小型水利水电工程施工质量检验与评定，其他小型工程可参照执行。

a)　4.1.11　对涉及工程结构安全的试块、试件及有关材料，应实行见证取样。见证取样资料由施工单位制备，记录应真实齐全，参与见证取样人员应在相关文件上签字。

〖摘编说明〗

　　本条是按《建设工程质量管理条例》第三十一条规定编写的，是为了保证涉及工程结构安全的试块、试件及有关材料的真实性而做的具体规定。

　　在工程施工过程中，为了控制工程总体或相应部位的施工质量，一般要依据有关技术标准，用特定的方法，对用于工程的材料和构件抽取一定数量的样品，进行检测或试验，并根据其结果来判断其所代表部位的质量。这是控制和判断工程质量水平所采取的重要技术控制措施。试块、试件及有关材料的真实性和代表性，是保证这一控制措施有效的前提条件。建设工程施工检测应实行见证取样和送检制度。即施工单位在建设单位或监理单位见证下取样，送至由项目法人确定具有相关资质的质量检测单位进行检测。结构用钢筋及焊接试件、混凝土试块、砌筑砂浆试块、防水材料等项目，实行见证取样及送检制度。见证取样主要是为了保证技术上符合标准的要求，如取样方法、数量、频率、规格等，此外，还要从程序上保证该试块和试件等能真实代表工程或相应部位的质量特性。以求对工程及实物质量做出真实、准确的判断，防止假试块、假试验和似试验报告。

〖检查要点和方法〗

　　查验用于工程结构的原材料、中间产品、构配件等生产厂家规模的资质是否符合合同约定要求，检查其出厂产品合格证和出厂质量检验资料，查验检测单位的资质必须是经省级以上（含省级）建设行政主管部门进行资质审查和有关部门计量认证的工程质量检测单位。见证人员对见证取样的对象应按相关试验规程、规范的规定，对其取样方法、数量、规格等进行见证，并随之送样至检测试验单位进行实名签认。

b)　4.3.3　施工单位应按《单元工程评定标准》及有关技术标准对水泥、钢材等原材料与中间产品质量进行检验，并报监理单位复核。不合格产品，不得使用。

〖摘编说明〗

　　施工中对工程使用的水泥、钢材等原材料和中间产品的质量进行严格把关，这也是保证水利工程施工质量的关键性步骤。中间产品是指砂石骨料、石料、混凝土拌和物及混凝土预制件（块）等需加工生产的原材料及半成品。施工单位负有按《单元工程评定标准》及有关技术标准对水泥、钢材等原材料与中间产品质量进行全面检验的责任，并要做好检验记录，报监理单位复核，监理单位按相关规定的频次独立抽样进行平行检验复核，经检验不合格的原材料和中间产品，不得使用于工程中。

〖检查要点和方法〗

　　监理单位对施工单位报送的水泥、钢材等原材料和中间产品质量检验报告进行检查，检查其进场数量、批号、厂家的合格证、质量检测报告及其抽检试验报告，是否符合《单元工程评定标准》及有关技术标准规定的频次要求和质量标准，同时还应按相关规定的频次抽样，送符合要求资质的第二检测试验单位进行复检，复检合格才可批准其用于工程施工，否则应监督施工单位将不合格的原材料和中间产品清理出场，并见证签认。

c)　4.3.4　水工金属结构、启闭机及机电产品进场后，有关单位应按有关合同进行交货检查和验收。安装前，施工单位应检查产品是否有出厂合格证、设备安装说明书及有关技术文件，对在运输和存放过程中发生的变形、受潮、损坏等问题应做好记录，并进行妥善处理。无出厂合格证或不符合质量标准的产品不得用于工程中。

〖摘编说明〗

　　水工金属结构、启闭机及机电产品的质量状况将直接影响安装后的工程质量是否合格。因此，上述产品进场后应进行交货验收，本条文中列出了交货验收的主要内容及质量要求，交货验收办法应按有关合同约定的有关条文进行。

　　对水工金属结构、启闭机及机电产品（包括甲方供应的和乙方自己采购的），制造合同签约时，制造单位应具有生产许可证（机电产品为资格证书），供货时施工单位应检查其出厂合格证，设备安装说明书及有关技术文件是否齐全，并按照合同要求进行必要的质量检测。只有具备出厂合格证并经检测质量符合标准的产品才能安装。对在运输或存放过程中发生的变形、受潮、损坏等问题，则应做好记录，同时进行必要的维修和处理，达到合格标准才能安装。没有出厂合格证或不符合质量标准的产品，不能在工程施工中应用。

〖检查要点和方法〗

　　检查制造单位的生产许可证（资格证书），检查产品出厂合格证，设备安装说明书及其有关技术文件是否齐全，质量检测资料，现场检查实体质量有无损伤并做好记录。

d) **4.3.5** **施工单位应按《单元工程评定标准》检验工序及单元工程质量，做好书面记录，在自检合格后，填写《水利水电工程施工质量评定表》送监理单位复核。监理单位根据抽检资料核定单元（工序）工程质量等级。发现不合格单元（工序）工程，应要求施工单位及时进行处理，合格后才能进行后续工程施工。对施工中的质量缺陷应书面记录备案，进行必要的统计分析，并在相应单元（工序）工程质量评定表"评定意见"栏内注明。**

〔摘编说明〕

　　水利工程验收评定体系的实施，从"工程项目划分"开始到"质量评定"结束。工程项目划分是从大到小，即按"单位工程—分部工程—单元工程"的顺序进行，有利于从客观上进行项目评定的规划，质量评定是以低层到高层的顺序，按"单元工程—分部工程—单位工程"依次进行，可从微观上按照施工程序把好质量关，单元工程系指水利工程某项目工程中最基本单元的工程体，在施工阶段验收的同时要评出质量等级，可以理解为单元工程的质量评定是重要的基础，是水利工程质量考核的基本单位。施工单位在单元工程施工质量自检时，应严格按《单元工程评定标准》的要求操作，检验工序和检测数量都应符合规定，及时做好检验记录，并认真填写《水利水电工程施工质量评定表》。

　　质量缺陷是指还构不成一般质量事故的质量问题，质量事故的界定应按 1999 年颁布的《水利工程质量事故处理暂行规定》（水利部令第 9 号）中的标准划分。对单元工程施工出现的质量缺陷，施工单位要详细记录备案（含影像资料），并记入相应单元工程质量评定表的"评定意见"栏内，以便统计分析时应用。

　　监理单位随单元工程施工过程，应及时做好单元工程质量的抽验工作，并根据其抽验资料记录，核定该单元工程的质量等级。如果没有抽验资料记录，就不能核定单元工程的质量等级。当发现单元工程质量不合格时，应及时通知施工单位按设计要求进行处理，并重新评定其质量等级，达到合格后才能进行后续单元工程的施工。

〔检查要点和方法〕

　　按《单元工程评定标准》及设计技术要求和相应施工规程、规范的质量控制标准，施工单位检验单元工程各工序质量，合格后，填写《水利水电工程单元工程质量评定表》报监理单位复核，监理按规定的频次进行抽检，并根据抽检的资料核定单元工程质量等级，签署意见、签名盖章。对不合格单元工程令其处理或返工，待重新评定合格后，方可进行下道工序施工。

　　对单元工程的质量缺陷，应按约定的要求，详细记录其部位、范围、缺陷性质、处理方案并进行备案（含影像资料），并记入相应单元工程质量评定表的"评定意见"栏内，质量缺陷处理结果监理单位应有验收合格的签认记录，作为相应单元工程质量评定的支撑资料。

e) **4.4.5** **工程质量事故处理后，应由项目法人委托具有相应资质等级的工程质量检**

测单位检测后，按照处理方案确定的质量标准，重新进行工程质量评定。

〔摘编说明〕

　　工程质量事故是指在水利工程建设过程中，由于建设管理、监理、勘测、设计、咨询、施工、材料、设备等原因造成工程质量不符合标准和合同规定的质量标准，影响使用寿命和对工程安全运行造成隐患和危害的事件。工程质量事故按直接经济损失的大小，检查、处理事故对工程的影响时间长短和对工程正确使用的影响，分为一般质量事故、较大质量事故、重大质量事故、特大质量事故。按照《水利工程质量事故处理暂行规定》的要求，质量事故的处理及其处理情况应按照管理权限，经过质量评定与验收，方可投入使用或进入下一阶段施工。

　　发生质量事故，必须针对事故原因提出处理方案，按照管理权限，经有关单位审定后实施，处理方案中对事故处理的质量标准应有明确的规定。质量事故处理后的检验、评定和验收，对保证质量事故发生部位，在今后中能按设计工况正常运行十分重要。为保证处理质量，规定由项目法人委托有相应资质的质量检测单位进行检验，旨在使质量事故处理完成后，为重新进行的质量评定和验收提供真实、可靠的依据资料（检验资料）。

〔检查要点和方法〕

　　根据质量事故处理权限，经相应单位审定的处理方案所确定的质量标准，并经由项目法人委托有相应资质的质量检测单位对质量事故按事故处理方案实施后进行质量检测，再按其质量检测成果进行质量评定（只能定为合格）和验收。

13 验 收

随着《中华人民共和国招标投标法》《建设工程质量管理条例》《建设工程安全生产管理条例》等一系列法律法规的颁布，水利工程建设管理体制的不断深化，验收工作面临新的形势和要求。2006 年水利部颁发了《水利工程建设项目验收管理规定》，该规定第四十七条要求"水利工程建设项目验收应具备的条件、验收程序、验收主要工作及有关验收资料和成果性文件等具体要求，按照有关验收规程执行。"按上述要求对《水利水电建设工程验收规程》（SL 223—1999）进行修订，发布《水利水电建设工程验收规程》（SL 223—2008）。对加强水利水电建设工程验收管理，使水利水电建设工程验收制度化、规范化，保证工程验收质量将发挥重要作用。

本章涉及 3 项技术标准，强制性条文共 7 条。详见表 13-1。

表 13-1 验收部分涉及的技术标准汇总表

序 号	标 准 名 称	标准编号	条 数
1	灌区改造技术规范	GB 50599—2010	1
2	小型水电站建设工程验收规程	SL 168—2012	1
3	水利水电建设工程验收规程	SL 223—2008	5

13-0-1 《灌区改造技术规范》 GB 50599—2010

a) 9.3.2 对隐蔽工程，必须在施工期间进行验收，并应在合格后再进入下一道工序施工。

〖摘编说明〗

隐蔽工程在被覆盖后将难以再进行工程的质量检查，一旦出现质量问题补救工程难度大、造价高。为了保证灌区工程的整体施工质量符合设计要求，本条特别强调下一道工序施工必须在隐蔽工程验收合格后才能进行。

〖检查要点和方法〗

在下一道工序施工前，检查各项隐蔽工程施工程序、施工记录、检测结果是否符合设计要求，是否全部验收合格。

13-0-2 《小型水电站建设工程验收规程》 SL 168—2012

a) 1.0.6 当工程具备验收条件时，应及时组织验收。未经验收或验收不合格的工程

不应交付使用或进行后续工程施工。

〖摘编说明〗

同 13-0-3 第 a）条。

〖检查要点和方法〗

同 13-0-3 第 a）条。

13-0-3　《水利水电建设工程验收规程》SL 223—2008

为加强水利水电建设工程验收管理，使水利水电建设工程验收制度化、规范化，保证工程验收质量，制定本标准。本标准适用于由中央、地方财政全部投资或部分投资建设的大中型水利水电建设工程（含 1 级、2 级、3 级堤防工程）的验收，其他水利水电建设工程的验收可参照执行。

a）　1.0.9　当工程具备验收条件时，应及时组织验收。未经验收或验收不合格的工程不应交付使用或进行后续工程施工。验收工作应相互衔接，不应重复进行。

〖摘编说明〗

工程建设是否具备验收条件，应对照 SL 223—2008 的相关规定进行衡量，当条件具备时，应及时组织验收，否则将影响下一阶段的工程建设。

现实中，不按有关规定进行验收就将工程投入使用或进行下阶段施工的实例时有发生，因而给人民的生命财产造成了重大损失，为防止类似事件的出现，及时发现和解决问题，排除工程隐患，本条强调必须要经过验收方可投入使用或进行下阶段施工。

水利水电建设工程验收按验收主持单元可分为法人验收和政府验收。法人验收应包括分部工程验收、单位工程验收，水电站（泵站）中间机组启动验收；合同工程完工验收等；政府验收应包括阶段验收，专项验收，竣工验收等。验收主持单位可根据工程建设需要增设验收的类别和具体要求。水利水电工程建设验收工作是从低层向高层依次进行的，本条规定：验收工作应相互衔接，不应重复进行，就是要求验收主持单位应遵循工程建设的内在联系和不同的施工阶段，分清历次验收的目的和结果，制定严密的验收计划，精心组织，提高验收工程效率，做好验收记录，以防出现重复验收。

由验收主持单位按相关规定组成验收委员会（工作组），按程序对验收大纲进行报批，并邀请验收监督管理机关派员参加，对验收工作实施监督管理。验收结果应交验收监督机关备案或签认。工程验收的主要依据为：①国家现行有关法律、法规、规章和技术标准；②有关主管部门的规定；③经批准的工程立项文件、初步设计、调整概算文件；④经批准的设计文件及相应的工程变更文件；⑤施工图纸及主要设备技术说明等；⑥法人验收还应以施工合同为依据。工程验收结论应经 2/3 的以上验收委员会（工作组）成员同意。验收过程中发现的问题，其处理原则应由验收委员会（工作组）协商确定，主任委员（组长）对争议问题有裁决权。若 1/2 以上的委员（组员）不同意裁决意见，法人验收应报请验收监督管理机关决定；政府验收应报请竣工验收主持单位决定。

〖检查要点和方法〗

验收委员会（工作组）通过对工程现场察勘、测试和查阅承包人和监理单位提供的工程施工资料，着重检查：①工程是否按照批准的设计进行建设；②已完工程设计、施工、设备制造安装等方面的质量及相关资料的收集、整理和归档情况；③工程是否具备运行或进行下阶段建设的条件；④工程投资控制和资金使用情况；⑤对验收遗留问题提出处理意见；⑥对工程建设做出评价和结论。

b) 6.2.1 枢纽工程导（截）流前，应进行导（截）流验收。

〖摘编说明〗

枢纽工程导（截）流是水利水电工程建设的重要里程碑之一，它标志着主体工程即将进入全面施工阶段，关系到枢纽工程施工的安全。所以，导（截）流前应按设计要求对已完成导（截）流工程质量和导（截）流的准备工作进行全面检查验收。以保证导（截）流工程安全顺利进行和枢纽工程的施工安全。

〖检查要点和方法〗

验收委员会（工作组）通过对工程现场察勘、测试和查阅承包人和监理单位提供的工程施工资料，着重检查：①已完水下工程、隐蔽工程、导（截）流工程是否符合导（截）流要求；②建设征地、移民搬迁安置和库底清理完成情况；③审查导（截）流方案，检查导（截）流措施和准备工作落实情况；④为解决导航等问题而采取的工程措施落实情况；⑤鉴定与截流有关已完工工程质量；⑥对验收中发现的问题提出处理意见；⑦讨论并通过阶段验收鉴定书。

c) 6.3.1 水库下闸蓄水前，应进行下闸蓄水验收。

d) 6.4.1 引（调）排水工程通水前，应进行通水验收。

〖摘编说明〗

水库下闸蓄水和引（调）排水工程通水，标志着水库和引（调）排水工程投入使用，这将关系到整个工程安全和效益的发挥，且与上游、下游人民的生产、生活有着密切的关系。因此，在蓄水、引水前必须按设计要求对已完工程的质量和准备工作进行全面的检查验收。

水库下闸蓄水和引（调）排水工程通水验收应具备的条件应按 SL 223—2008 第6.3.2、第6.4.2条规定内容逐一检查、落实做出验收结论。

〖检查要点和方法〗

验收委员会（工作组）通过对工程现场察勘、测试和查阅承包人和监理单位提供的工程施工资料。水库下闸蓄水工程着重检查：①已完工工程是否满足蓄水的要求；②建设征地、移民搬迁安置和库底情况完成情况；③迁移库岸处理情况；④蓄水准备工作落实情况；⑤鉴定与蓄水有关的已完工程施工质量；⑥对验收中发现的问题提出处理意见；⑦讨论并通过阶段验收鉴定书。

引（调）排水工程着重检查：①已完工程是否满足通水的要求；②建设征地、村民搬迁安置和保障完成情况；③通水准备工作落实情况；④鉴定与通水有关的工程施工质量；⑤对验收中发现的问题提出处理意见；⑥讨论并通过阶段鉴定书。

e)　6.5.1　水电站（泵站）每台机组投入运行前，应进行机组启动验收。

〖摘编说明〗

机组启动验收包括电站水轮发电机组和泵站机组，机组启动验收是对已安装完成的机组的主辅机及电气设备进行全面性的试运行和检查验收。根据工程完成情况，机组可以单台单独验收，也可以多台同用时验收。机组启动运行的主要试验程序和内容应严格按《水轮发电机组安装技术规范》（GB 8564）和《泵站技术规范》（SD 204）中的有关机组试运行要求进行。试运行过程中，应做好详细记录，这些运行记录是能否通过启动运行的重要依据。

〖检查要点和方法〗

验收委员会（工作组）通过对工程现场察勘、测试和查阅承包人和监理单位提供的工程施工资料，着重检查：①审查批准施工单位编制的机组启动试运行试验文件和机组启动试运行操作规程等；②机组及相应附属设备安装、调试、试验以及分部试运行情况，决定是否进行充水试验和空载试运行；③机组充水试验和空载试运行情况；④机组带主变压器与高压配电装置试验和并列及负荷试验情况，决定是否进行机组带负荷连续运行；⑤机组带负荷连续运行情况；⑥带负荷连续运行结果后消缺处理情况；⑦审查施工单位编写的机组带负荷连续运行情况报告；⑧讨论并通过机组启动验收鉴定书。